电气精品教材丛书

电力电子装置及系统

主 编：肖华锋

参 编：章 飞 陈 涛

机械工业出版社
CHINA MACHINE PRESS

本书在电气类本科课程“电力电子技术”的基础上，充分考虑高年级本科生和研究生的知识结构和学习需求，从电力电子变换的四类基本形式，即交流-直流、直流-直流、直流-交流和交流-交流，进行分类介绍。涉及电路拓扑、调制方式、控制方法等方面，构成现代电力电子装置的核心技术基础。进一步地，选择常规高压直流输电系统、分布式光伏并网发电系统作为电力电子装置的典型应用场景，从系统层面分析电力电子装置与“源”“网”“荷”等环节的匹配规律和控制方法。最后，为满足现代电力电子装置的开发和调试需求，对变换器电磁暂态建模、仿真等技术要点和方法进行了讲解。

本书理论分析与实践设计相结合，可作为高等院校电气工程及其自动化、自动化及相关专业的本科教材，以及电力电子专业的硕士生、博士生和教师的参考用书，对从事电力电子装置开发和系统运行的科研人员和工程技术人员也有很实际的参考价值。

图书在版编目（CIP）数据

电力电子装置及系统/肖华锋主编. —北京：机械工业出版社，2023.8
（电气精品教材丛书）
ISBN 978-7-111-73692-9

Ⅰ.①电… Ⅱ.①肖… Ⅲ.①电力装置-电子设备-高等学校-教材②电力系统-高等学校-教材 Ⅳ.①TM7

中国国家版本馆 CIP 数据核字（2023）第 154401 号

机械工业出版社（北京市百万庄大街 22 号 邮政编码 100037）
策划编辑：李小平 责任编辑：李小平
责任校对：樊钟英 翟天睿 封面设计：鞠 杨
责任印制：常天培
固安县铭成印刷有限公司印刷
2023 年 10 月第 1 版第 1 次印刷
184mm×260mm · 14.5 印张 · 356 千字
标准书号：ISBN 978-7-111-73692-9
定价：68.00 元

电话服务
客服电话：010-88361066
010-88379833
010-68326294

网络服务
机 工 官 网：www. cmpbook. com
机 工 官 博：weibo. com/cmp1952
金 书 网：www. golden-book. com
机工教育服务网：www. cmpedu. com

电气精品教材丛书
编 审 委 员 会

序
Preface

电气工程作为科技革命与工业技术中的核心基础学科，在自动化、信息化、物联网、人工智能的产业进程中都起着非常重要的作用。在当今新一代信息技术、高端装备制造、新能源、新材料、节能环保等战略性新兴产业的引领下，电气工程学科的发展需要更多学术研究型和工程技术型的高素质人才，这种变化也对该领域的人才培养模式和教材体系提出了更高的要求。

由湖南大学电气与信息工程学院和机械工业出版社合作开发的“电气精品教材丛书”，正是在此背景下诞生的。这套教材联合了国内多所著名高校的优秀教师团队和教学名师参与编写，其中包括首批国家级一流本科课程建设团队。该丛书主要包括基础课程教材和专业核心课程教材，都是难学也难教的科目。编写过程中我们重视基本理论和方法，强调创新思维能力培养，注重对学生完整知识体系的构建，一方面用新的知识和技术来提升学科和教材的内涵；另一方面，采用成熟的新技术使得教材的配套资源数字化和多样化。

本套丛书特色如下：

（1）突出创新。这套丛书的作者既是授课多年的教师，同时也是活跃在科研一线的知名专家，对教材、教学和科研都有自己深刻的体悟。教材注重将科技前沿和基本知识点深度融合，以培养学生综合运用知识解决复杂问题的创新思维能力。

（2）重视配套。包括丰富的立体化和数字化教学资源（与纸质教材配套的电子教案、多媒体教学课件、微课等数字化出版物），与核心课程教材相配套的习题集及答案、模拟试题，具有通用性、有特色的实验指导等。利用视频或动画讲解理论和技术应用，形象化展示课程知识点及其物理过程，提升课程趣味性和易学性。

（3）突出重点。侧重效果好、影响大的基础课程教材、专业核心课程教材、实验实践类教材。注重夯实专业基础，这些课程是提高教学质量的关键。

（4）注重系列化和完整性。针对某一专业主干课程有定位清晰的系列教材，提高教材的教学适用性，便于分层教学；也实现了教材的完整性。

（5）注重工程角色代入。针对课程基础知识点，采用探究生活中真实案例的选题方式，提高学生学习兴趣。

（6）注重突出学科特色。教材多为结合学科、专业的更新换代教材，且体现本地区和不同学校的学科优势与特色。

这套教材的顺利出版，先后得到多所高校的大力支持和很多优秀教学团队的积极参与，在此表示衷心的感谢！也期待这些教材能将先进的教学理念普及到更多的学校，让更多的学生从中受益，进而为提升我国电气领域的整体水平做出贡献。

教材编写工作涉及面广、难度大，一本优秀的教材离不开广大读者的宝贵意见和建议，欢迎广大师生不吝赐教，让我们共同努力，将这套丛书打造得更加完美。

电气精品教材丛书编审委员会

前言 Preface

本书是高等院校电气工程及其自动化等专业的一门专业课教材。本书首先以电力电子装置涉及的核心技术为目标，重点介绍电力电子装置中四类常用的变换技术；进而以电力电子装置的服务对象为目标，介绍当前电力系统中电力电子技术的重要应用场景，如直流输电、新能源发电等系统，并讨论相关应用技术。

本书共8章，第1章绪论，简述电力电子装置包含的主要部件，并从电力电子装置服务的“源”“网”“荷”三种对象介绍电力电子系统的构成和调控方法，进而引出电力电子技术的基础——功率半导体器件；第2章交流-直流整流装置，从二极管不控整流、晶闸管半控整流、PWM全控整流逐级展开，重点介绍大功率场合使用的多脉冲二极管整流电路和具有高控制性能的PWM整流电路；第3章直流-直流变换装置，介绍非隔离、隔离和双向变换器三类典型电路的拓扑和工作原理；第4章直流-交流逆变装置，介绍两电平电压源型、多电平级联H桥、多电平中点箝位、PWM电流源型、模块化多电平等主要逆变电路的拓扑、调制方式、平衡控制方法等，本章是全书的重点；第5章交流-交流变压装置，介绍电压源型背靠背变流器、电流源型背靠背变流器、高频隔离型电力电子变压器、矩阵变换器等拓扑的电路原理和控制方法；第6章高压直流输电系统，从LCC和VSC型两类HVDC系统的优缺点对比出发，以我国某±1100kV LCC-HVDC为例，详细介绍实际工程的系统结构、关键部件参数和运行数据，重点介绍LCC-HVDC的运行特性、控制方式等关键技术，并讨论了其特有的换相失败问题；第7章新能源（光伏）并网发电系统，首先概述光伏新能源发展趋势，并以分布式光伏发电系统为例，详细介绍其与“源”匹配的MPPT技术和与“网”匹配的进网电流控制方法等，接着以非隔离光伏并网逆变器为重点，介绍直流变换器、无漏电流型逆变器、直流解耦电容、LCL滤波器等部件的设计方法，最后以江苏某14MW/10kV光伏电站为例，详细介绍实际工程的系统接线图、入网方式和监控运维方案；第8章电力电子装置仿真与开发，介绍状态空间法、节点分析法等电磁暂态仿真求解算法的基本原理，简述详细开关模型、二值电阻模型、伴随离散电路模型、平均值模型和开关函数模型等建模方法优缺点，并重点以基于详细模型、开关函数模型的MMC系统装置进行仿真验证及对比，最后给出实时仿真硬件平台的开发流程和硬件在环仿真测试示例。

肖华锋教授编写了本书的第1~7章，并负责全书统稿工作；第8章由章飞副研究员编写；陈涛博士生为全书的文字和绘图编辑做了大量的工作。国电南瑞过亮高工、国网安徽省电力公司高博高工、华能江苏能源开发有限公司牛晨晖高工等为本书第1、6、7章提供了部分工程接线图和数据资料。特别感谢加拿大科学院和工程院双院院士、IEEE Fellow、多伦多大都会大学（原瑞尔森大学）Bin Wu教授，本书第2、4章参考吸收了Wu教授专著的知识内容和组织方法。在编写过程中还得到东南大学程明教授、花为教授、王政教授、邹志翔教授的指导和帮助，在此一并向他们表示感谢！

电力电子装置及系统包含的新技术多、范围广，且发展快。受限于篇幅，本书不能涵盖所有电力电子变换技术和应用场景，希望读者在学习过程中能够举一反三，尽快地掌握电力电子电路和装置的基本分析方法和设计应用技术。由于作者团队水平有限，参阅资料有限，书中难免有疏漏和不妥之处，恳切读者批评指正。

肖华锋

于东南大学动力楼

目录
Contents

第1章 绪 论

本章叙述电力电子装置的定义和主要构成部分，包括功率单元、控制单元、散热单元、机箱、人机接口等；进而讨论电力电子装置用于生产实际，服务于电力“源”“网”“荷”等对象时构成的电力电子系统；最后介绍电子电子技术的根基——功率半导体器件。

1.1 电力电子装置概述

世界各国发展依赖的能源、交通、通信、军事等都需要以电力电子技术为核心的高品质电源。据统计，全球70%的电能都要经过电力电子装置变换处理后才可供负载使用（我国约50%）。根据我国“3060碳达峰、碳中和”目标，到2060年我国总发电量至少50%将来自经由电力电子装置的新能源。可见，电力电子装置将在电能的生产和消费环节占据主导地位。

电力电子装置是以满足发电要求和（或）用电要求为目标，以电力半导体器件为核心，通过合适的电路拓扑和控制策略，辅以无源元件对电能进行高效变换和高性能控制的装置；是将一种形式的电能转化为另一种形式的电能，如图1.1所示，常用的电能形式有交流（AC）、直流（DC）等，可以实现交流到直流、直流到直流、直流到交流、交流到交流四种形式的变换。

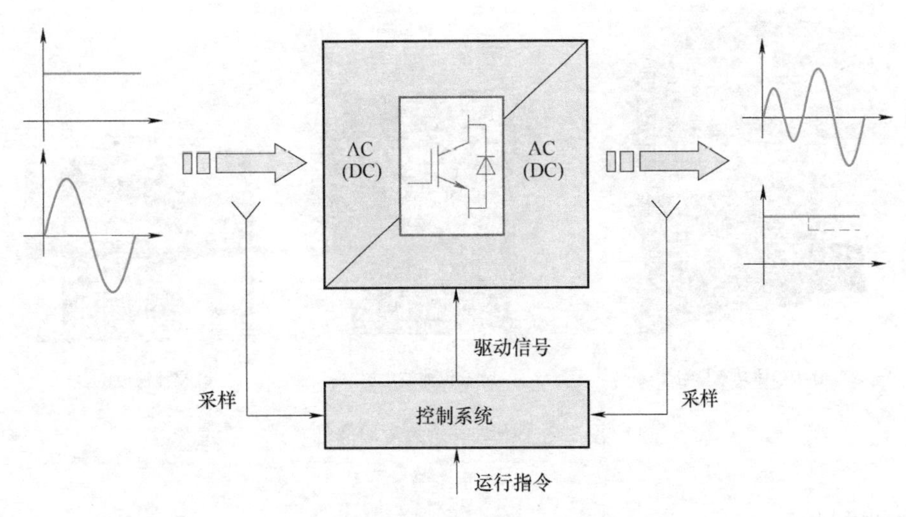

图1.1 电力电子装置示意图

图1.2为国电南瑞科技股份有限公司开发的全国产化6MW海上风电变流器装置图片，主要包括功率单元、控制单元、散热单元、滤波部件、隔离开关、机箱、人机接口等部分。

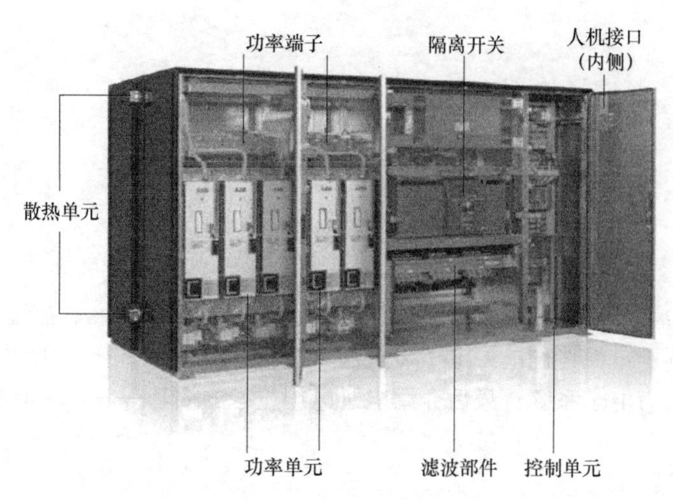

图 1.2　南瑞 6MW 海上风电变流器装置（NES5412-6000L 产品照片图得到南瑞电控分公司授权使用）

1.1.1　功率单元

功率单元可以看作电力电子装置的骨骼和肌肉。它利用功率半导体器件的开关动作实现电能变换，并借助无源滤波元件得到高质量的输出电压或电流，电力供负载使用或消纳，具体使用的变换电路和工作方式将在本书的第 2~5 章详细介绍。图 1.3a、b 和 c 分别为电压源型功率变换电路用半导体功率模组（含直流母线电容、汇流排、半导体开关等）、交流滤波电感和交流滤波电容的示意图，是电能流经的主要部件，其运行效率、可靠性和成本决定了电力电子装置的效率、寿命和售价。

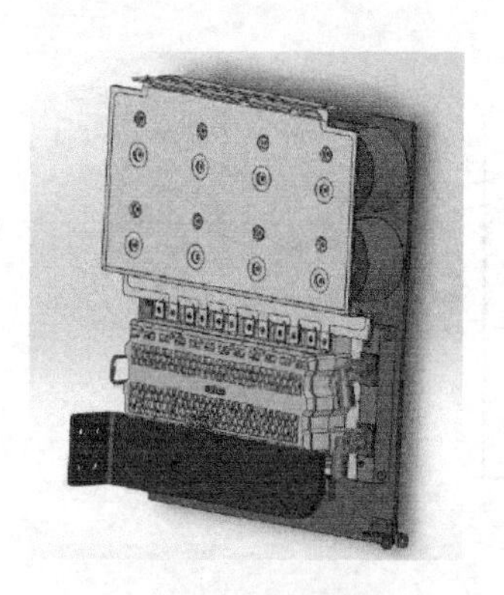

a) 半导体功率模组

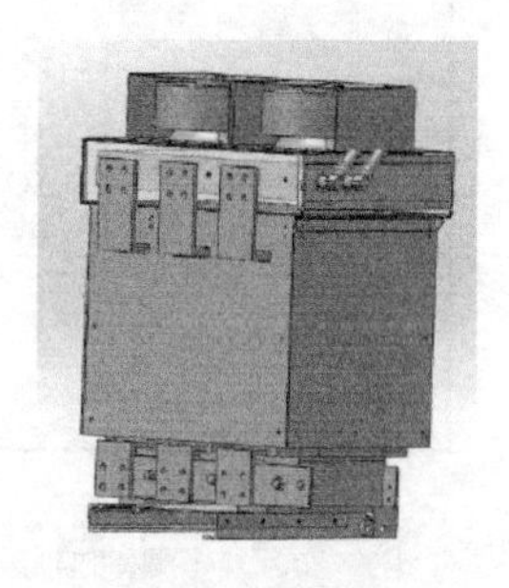

b) 交流滤波电感

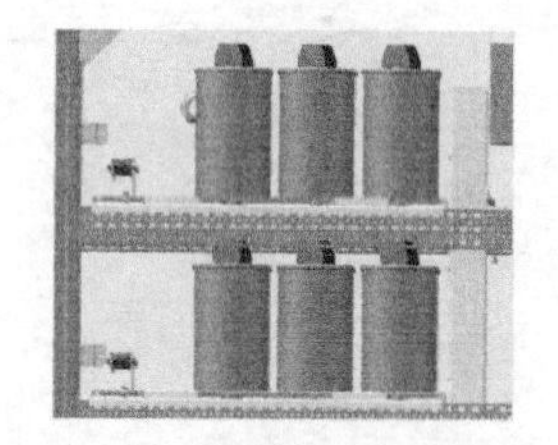

c) 交流滤波电容

图 1.3　功率单元的常用部件

1.1.2　控制单元

控制单元可以看作电力电子装置的大脑。在早期主要由模拟电路构成，功能单一且不利于调试、移植和升级；现代电力电子装置的控制单元主要基于数字信号处理（Digital Signal

Processor，DSP）芯片、现场可编程门阵列（Field Programmable Gate Array，FPGA）芯片等构成，如图1.4a所示。根据电力电子装置的复杂程度和运算量的大小，可以选择不同算力配置的控制单元，外观分别如图1.4b和图1.4c所示。

a) 控制板　b) 控制模块　c) 控制箱

图1.4 控制单元的常见形式

一般来讲，控制单元需要采样获取电路电气量的状态，利用各种控制算法对电力电子装置的电气量进行调控，并转化为脉冲宽度调制（Pulse Width Modulation，PWM）信号对功率半导体器件进行开关控制以实现电力输出的精准控制。

1.1.3 散热单元

散热单元可以看作电力电子装置的皮肤，负责将功率单元和控制单元工作产生的热量散入大气环境中以免受损，特别要注意的是避免功率半导体器件的热损坏。根据功率器件损耗的大小和对电力电子装置功率密度的不同要求，散热单元可以有如图1.5所示的不同选择。当功率器件总损耗不大且对装置体积（功率密度）要求不高时可以选择图1.5a所示的插片散热器，将半导体功率器件贴装在散热器的光洁平面即可；当功率器件总损耗较大且对装置体积有一定要求时可以选择如图1.5b所示的风冷散热模块，可以大幅提高散热效率，这种情况常用于新能源发电系统；而当功率器件总损耗较大且对装置体积有苛刻要求时必须选择如图1.5c所示的水（液）冷散热模块，实现电力电子装置的高功率密度，这种情况常用于运载系统。

1.1.4 机箱

机箱可以看作电力电子装置的衣服，负责对电力电子装置进行保护和美化，可以起到固定支撑、便于运输安装，并且有防水、防灰、防盐雾、便于电气隔离等作用。根据电力电子装置的功率等级、防护要求等可以有不同的机箱选择，如图1.6所示。对于小功率电源，如台式计算机电源，可选择如图1.6a所示的简易金属机壳；对于中等功率电力电子装置，如分布式光伏并网逆变器，可以选择如图1.6b所示的防水等级为IP65的机箱；对于大功率电力电子装置，如工业用中压变频器可以选择如图1.6c所示的机柜。

除了图1.6所示的电源机箱外，还有大量的个性化和专门化设计的机箱，如用于手机和便携式计算机的充电器外壳、用于大型储能变流器的集装箱式机柜等。

1.1.5 人机接口

人机接口可以看作电力电子装置的五官，负责与外界（包括人和设备）的信息交流，

a) 插片散热器

b) 风冷散热模块

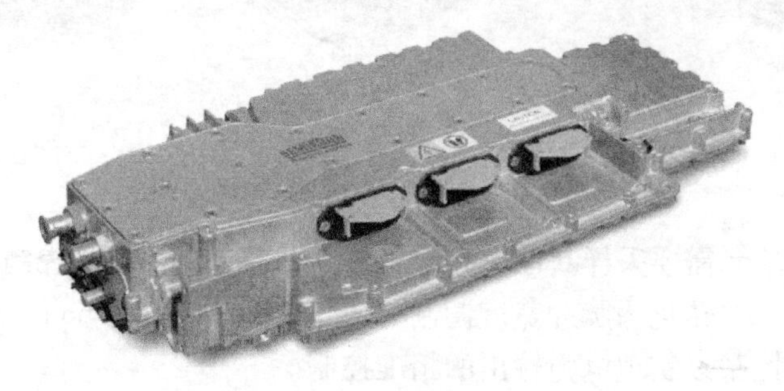

c) 水冷散热模块

图 1.5　散热单元的常见形式

a) 小功率机箱

b) 中功率机箱

c) 大功率机箱

图 1.6　常见的电力电子机箱外形

如调试人员可以通过人机接口对电力电子装置的运行模式进行设置、对故障信息进行读取、对控制算法进行升级等；现场运维人员可以查看设备运行状态和数据、获得报警信息等；上层管理系统可通过通信媒介获取装置状态和下达运行调度指令。

图 1.7a 所示为交流不停电电源（Uninterrupted Power Supply，UPS）机箱上的液晶显示界面，可以清楚地得知交流电网电压、输出交流电压、电池电压等关键实时信息；图 1.7b 所示为光伏发电系统的监控界面，可以呈现各个时间刻度的发电量、逆变器效率、综合效率、等效减排效果等数据。

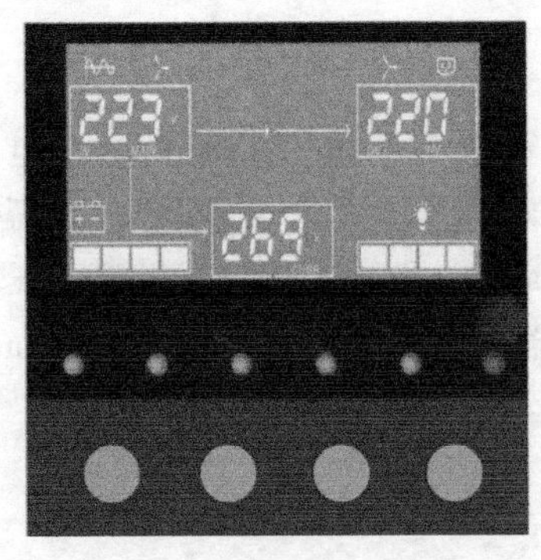

a) UPS显示界面

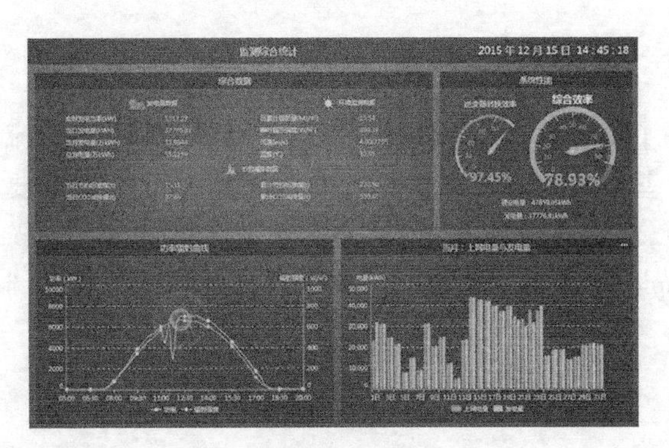

b) 光伏发电系统监控界面

图 1.7　人机接口的常见形式

1.2　电力电子系统概述

电力电子装置的发展和普及是由各种应用需求驱动的，如煤炭石油等开采行业的电控装备、运载工具的电驱装备和电气化改造、电力系统的输配电装备、新能源发电的并网装备等。

电力电子系统是以满足电力源、电力网络和电力负荷需求为目标，利用电力电子装置与“源”“网”“荷”深度融合，为它们的高效可靠运行提供服务。此时的电力电子系统不再以电力电子变换特征命名，而是以服务的对象特征进行命名。如用于光伏电池阵列的电力电子系统将光能转化为电能，称为“光伏发电系统”，如图 1.8a 所示；用于风力发电机的电力电子系统将风能转化为电能，被称为“风力发电系统”，如图 1.8b 所示；用于远距离输电的换流站将交流电力转化为直流电，再将直流电转化为交流电，被称为“高压直流输电系统”，如图 1.8c 所示。

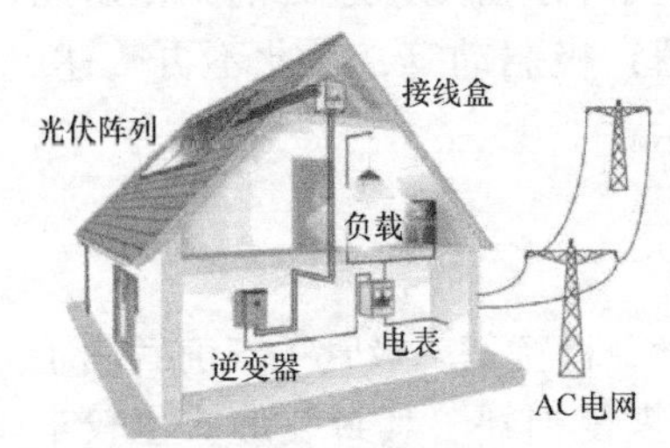

a) 光伏发电系统

b) 风力发电系统

c) 高压直流输电系统

图 1.8　常见电力电子变换系统

1.2.1　与“源”匹配

如图 1.8a 所示，光伏发电系统中的电力电子装置要与发电“源”光伏电池阵列匹配完成最大功率点追踪，同时要将产生的电力按要求送入并网。类似地，如图 1.8b 所示，风力发电系统中电力电子装置一方面需要与发电“源”永磁同步电机匹配完成风能的最大追踪，另一方面要与交流电网匹配完成电能的友好并网。

1.2.2 与“网”匹配

除了新能源发电系统中电力电子装置在输出交流侧需要与“网”匹配外，在电力输电环节，基于电力电子技术的各种柔性输电设备也需要与“网”配合，助力电力的高效输送和调控，如静止同步补偿器（Static Synchronous Compensators，STATCOM）、动态电压恢复器（Dynamic Voltage Restorer，DVR）、统一潮流控制器（Unified Power Flow Controller，UPFC）等。

1.2.3 与“荷”匹配

电力电子装置同样可以匹配各类“负荷”，如中压大功率变频器广泛应用于化石行业中的管道泵、水泥行业中的风机、水泵站的供水泵、运输行业中的牵引电机、冶金行业中的轧机等，以及为满足电池安全充电需求的各类充电器、满足灯光调节和节能需求的适配器等，都是典型的与“荷”匹配的电力电子系统。

1.3 功率半导体器件

20世纪50年代以来，可用于电力电子电路的各类全控型功率半导体器件相继问世，如门极可关断晶闸管（Gate Turn-Off Thyristor金属氧化物半导体GTO）、绝缘栅双极型晶体管（Insulated Gate Bipolar Transistor，IGBT）、门极换向晶闸管（Gate Commutated Thyristor，GCT）、金属氧化物半导体场效应晶体管（Metal Oxide Semiconductor Field Effect Transistor，MOSFET）等，有力地促进了各类电力电子装置的快速发展和新型电力电子装置的不断涌现，并呈现出功率等级从几个千瓦到几十兆瓦、电压等级从几十伏到几十千伏、开关频率从几十赫兹到几兆赫兹极大的多样化。因此，在电力电子行业也有“一代半导体器件决定一代电力电子技术”的说法，生动地说明了半导体器件对电力电子学科的重要性。

功率半导体开关器件的发展历程就是对理想开关性能的追求和探索过程。已有大量研究致力于如何降低器件的损耗、提高开关频率以及简化门（栅）极驱动等，在此不再赘述。电力电子装置常用的半导体器件及功率应用范围如图1.9所示。

1.3.1 电力二极管

电力电子装置用二极管有普通型二极管、快恢复型二极管、肖特基二极管等。前者用于普通工频不控整流器，后者用于高频变换电路，可减少反向恢复损耗。其封装形式也较丰富，根据功率等级的大小，可以有压接式、模块式、直插式、贴片式等，如图1.10所示。

电力二极管属于不控型器件，即不需要门极驱动信号，仅有阳极A和阴极K，如图1.11a所示，需要借助两端电压的变化使其工作于正向导通或反向截止（击穿）状态，其工作伏安特性如图1.11b所示。对于功率电路中二极管的选型，除了需要关注电压和电流应力外，还要特别关注其反向恢复问题，如图1.11c中阴影区域所示，其面积大小（反向恢复电荷Q_{rr}）反映了反向恢复的严重程度，主要由反向恢复时间t_{rr}和反向恢复电流I_{rr}两者共同决定。需要选择合适的快恢复型二极管来降低高频工作时的关断损耗，或通过辅助电路帮助二极管实现零电流关断，助其避免或减小反向恢复电流I_{rr}。

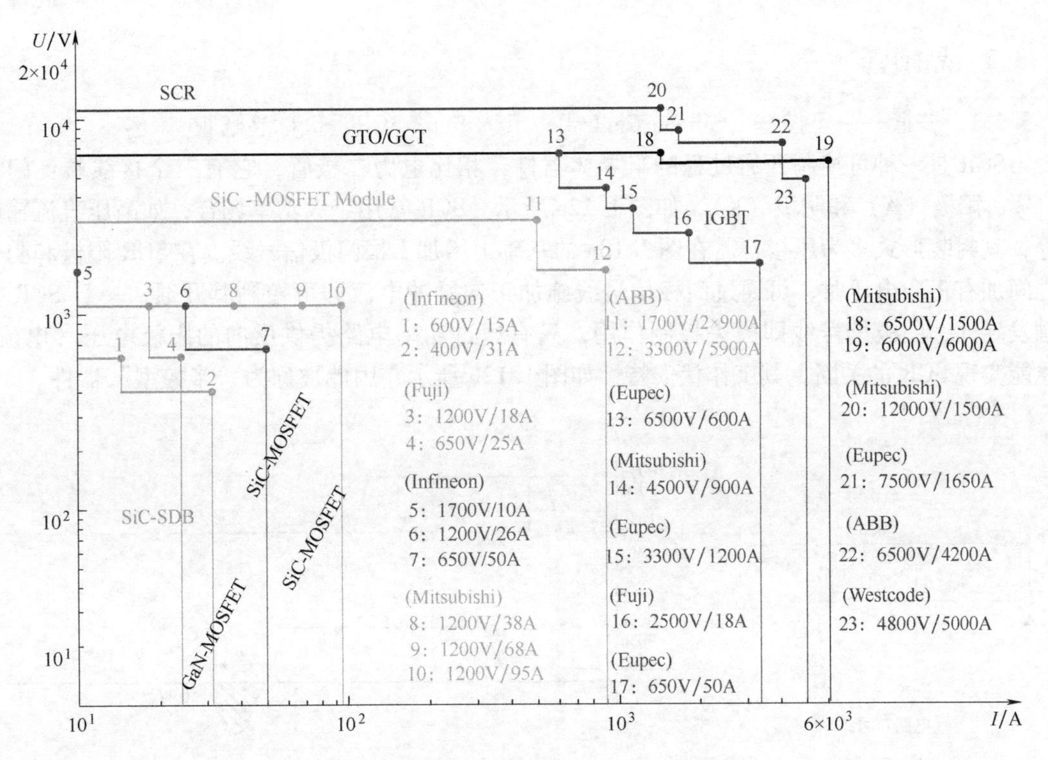

图 1.9　功率半导体器件的电压和电流等级分布

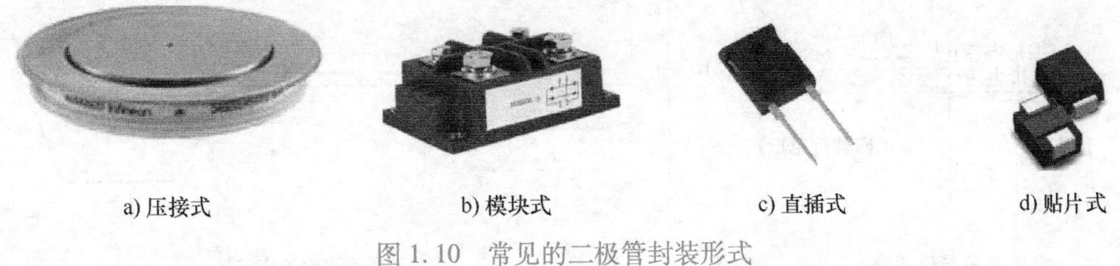

图 1.10　常见的二极管封装形式

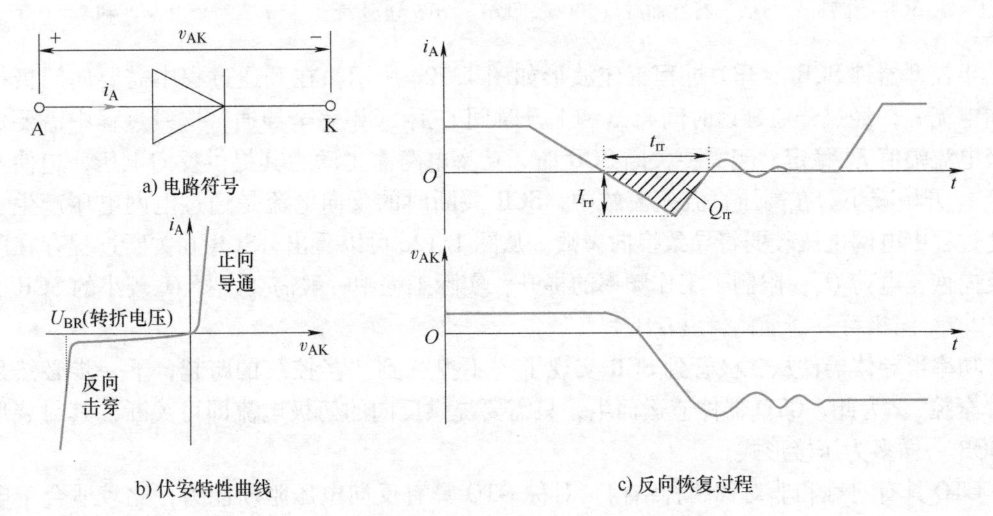

图 1.11　二极管电路符号与特性曲线

1.3.2 晶闸管

1.3.2.1 普通——可控硅（Silicon Controlled Rectifier，SCR，也称晶闸管）

SCR 是一种可控制开通过程的半导体器件，相比电力二极管，它有三个接线端：门极（G）、阳极（A）和阴极（K），如图 1.12a 所示。SCR 常用于大功率场合，如高压直流输电等，其封装形式多为压接，需在图 1.10a 的基础上增加 1 根门极信号线。在 SCR 阳极和阴极之间加有正向电压时，可通过门极信号线施加正向脉冲电流即可控制其开通；一旦 SCR 被触发导通，门极信号线即失去控制作用，只有通过功率电路提供反向的阳极电压（电流）才能实现 SCR 的关断，其工作伏安特性如图 1.12b 所示，因此被称为“半控型”器件。

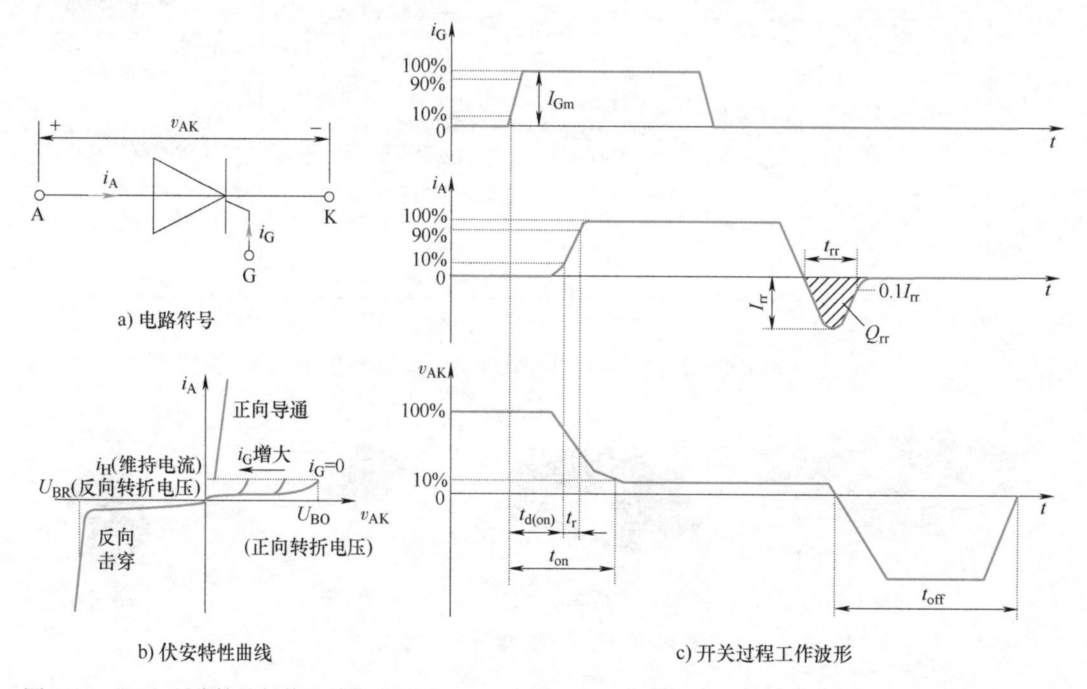

图 1.12 SCR 电路符号与伏安特性曲线（100%，90%，10%分别表示 $i_G=I_{Gm}$，$i_G=0.9I_{Gm}$和 $i_G=0.1I_{Gm}$）

半控型器件 SCR 的开关过程工作波形如图 1.12c 所示，在开通过程中需要向门极提供正向电流 i_G，经过开通延迟时间 $t_{d(on)}$和上升时间 t_r 后 SCR 完全导通，这一过程中需要保持门极电流幅值 I_{Gm}稳定。当需要关断 SCR 时，功率电路需主动为其提供反向电压，迫使阳极电流 i_A 开始减小。在高压直流换流站中，SCR 关断时的反向电流是通过电网电压产生，如果此过程中电网电压较弱将导致换向失败。从图 1.12c 可以看出，SCR 在关断过程存在明显的反向恢复电荷 Q_{rr}，限制了工作频率的提升，实际工程中一般需要选择 Q_{rr}较小的 SCR。

1.3.2.2 门极可关断晶闸管（GTO）

功率半导体器件从二极管到 SCR 实现了“不控”到“半控”的跨越，下一步必然是实现“全控”。为此，GTO 器件应运而生，只需要提供反向的门极电流即可关断，其封装形式与 SCR 一样多为压接形式。

GTO 具有对称和非对称两种结构。对称 GTO 具有反向电压阻断能力，比较适合于电流源型变流器，其阻断正向电压和反向电压的能力基本一致；而非对称 GTO 通常用于电压源型变流器，此时不需要具有反向电压阻断能力，一般需要反并联二极管提供电压源逆变器的续流回路。

图 1.13 为 GTO 开关工作过程中的电压、电流和门极电流波形图，其开通过程与 SCR 基本一致。当要使 GTO 关断时仅需提供反向门极电流即可，为可靠关断，反向门极电流的变化 di_{G2}/dt 必须满足一定的要求，一般小于 40A/μs。

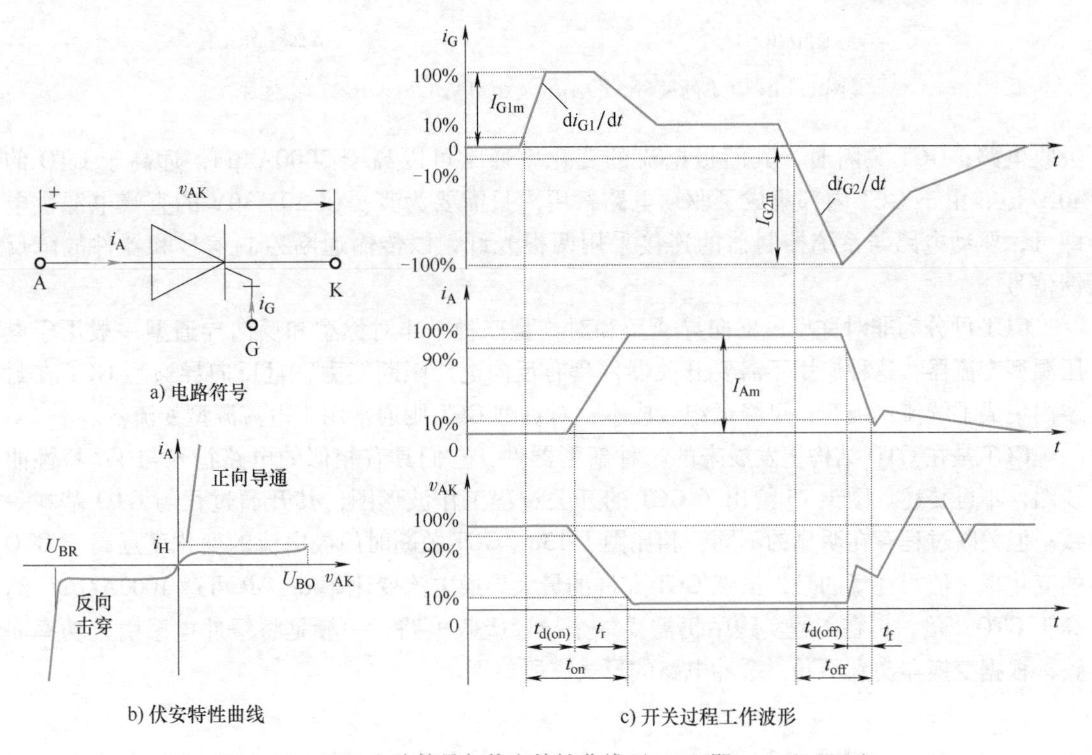

图 1.13　GTO 电路符号与伏安特性曲线（−10%即 $i_G=-0.1I_{Gm2}$）

无疑，GTO 在功率半导体发展史上具有重要意义，同时保留了 SCR 的高通态电流和高阻断电压等优点。但 GTO 也存在许多缺点，包括：①由于电压上升率 dv_{AK}/dt 较低，其关断吸收电路体积大、成本高；②开关损耗（特别是关断损耗）和吸收电路的损耗比较大；③需要复杂的门极驱动电路且驱动功耗大；④GTO 需要一个导通吸收电路来限制电流上升率 di_A/dt。上述特点都使得 GTO 的应用较复杂。

1.3.2.3　门极换向晶闸管（GCT）

GCT 是在 GTO 结构上发展来的一种新型器件，主要为了提升 GTO 的关断特性，也被称为集成门极换向晶闸管（Integrated Gate Commutated Thyristor，IGCT），如图 1.14 所示。GCT 的核心技术包括：硅片的重大改进、门极驱动电路和器件的封装形式。GCT 主要有通用型和环绕型两种封装结构，分别如图 1.14a 和图 1.14b 所示，环绕型比通用型更加紧凑和坚固，可承受较大的机械应力。其中，通用型容量可达到 6.5kV/6kA，环绕型可达到 6.5kV/1.5kA。

具体地，GCT 的硅片比 GTO 的硅片要薄很多，使得通态功率损耗也有了较大的降低；GCT 的门极驱动采用特殊的环形封装，使得门极电感非常小（通常低于 5nH），因此无需

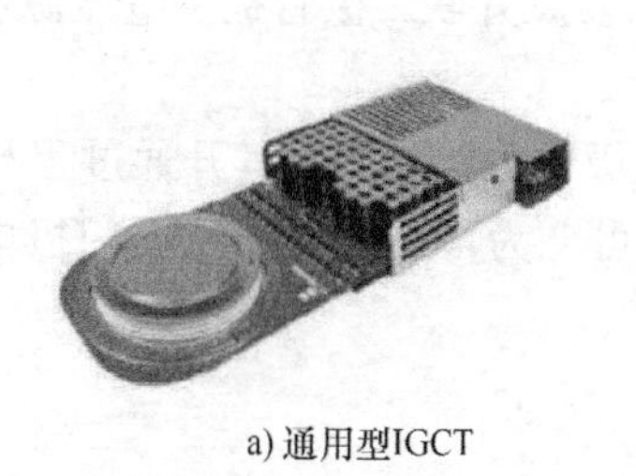

a) 通用型IGCT

b) 环绕型IGCT

图 1.14　GCT 的两种封装结构及 6.5kV/1.5kA IGCT 实物图

吸收电路；GCT 关断时，其门极电流的变化率通常可以高于 3000A/μs，远高于 GTO 的 40A/μs；由于 GCT 内部集成了驱动电路，用户只需要为其提供 20~30V 的直流电源供电即可，驱动电路与系统控制器的连接采用两根光纤，以传输通断控制信号和器件故障反馈信号。

GCT 可分为非对称型、反向导通型和对称型三种。非对称型和反向导通型一般用于电压源型变流器，这种应用不需要开关器件具有反向电压阻断能力，且反向导通型 GCT 在封装内集成了续流二极管，可降低组装成本；对称型 GCT 则通常用于电流源型变流器。

GCT 是在 GTO 结构上发展来的一种新型器件，它们具有相似的电路符号与 *V-I* 特性曲线图，不再赘述。图 1.15 给出了 GCT 的开关过程工作波形图，其开通过程与 GTO 基本一致；但关断过程存在明显的不同，相比图 1.13c，GCT 关断时门极电流的变化率远高于 GTO 的变化率。值得注意的是，虽然 GCT 允许的最大导通电流变化率 di_A/dt 可达 1000A/μs，约高于 GTO 2 倍，但在工程实践中仍需要一个导通吸收电路，一般是将缓冲电感引入功率回路，根据变换器类别不同，缓冲电路的形式有所差别。

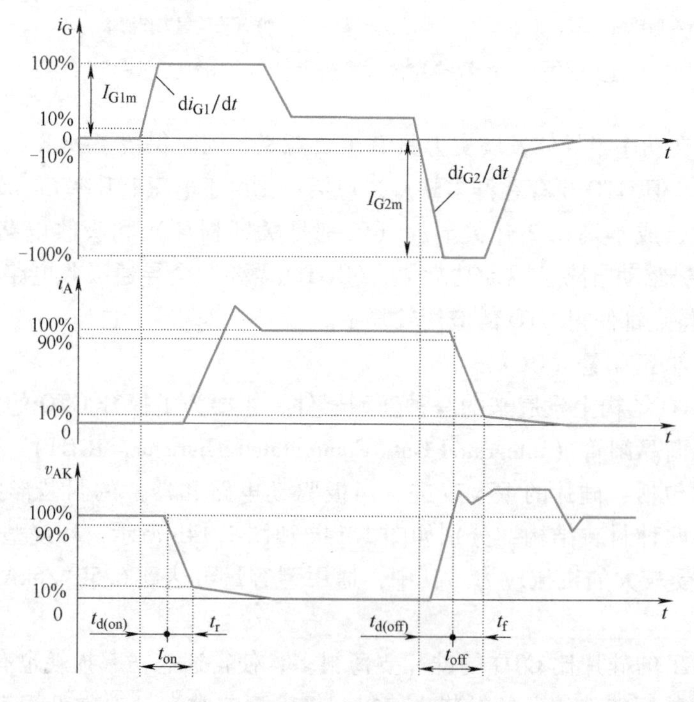

图 1.15　GCT 开关过程工作波形

1.3.3 功率晶体管

大功率晶体管（Giant Transistor，GTR）是一种具有两种极性载流子（空穴和电子）均起导电作用的半导体器件，与晶闸管类器件一样可称为双极性器件。不同的是GTR具有线性放大特性，可用在传统的线性电源中，而在现代电力电子装置中却是工作在开关状态，以减小其功率损耗和提升工作频率。它可以通过基极信号（电流）方便地进行通、断控制，属于全控型器件。

相比模拟电子技术中讨论的普通晶体管，功率晶体管与其并无本质差别，但在工作特性上关注的参数不同。一般来说，普通晶体管关注的特性参数有电流放大倍数、线性度、频率响应、噪声、温漂等；而GTR则关注击穿电压、最大允许功耗、开关速度等。图1.16a和图1.16b分别为GTR的电路符号和伏安特性曲线，可以看到它有三个工作区：饱和区（开通）、放大区和截止区（关断）。

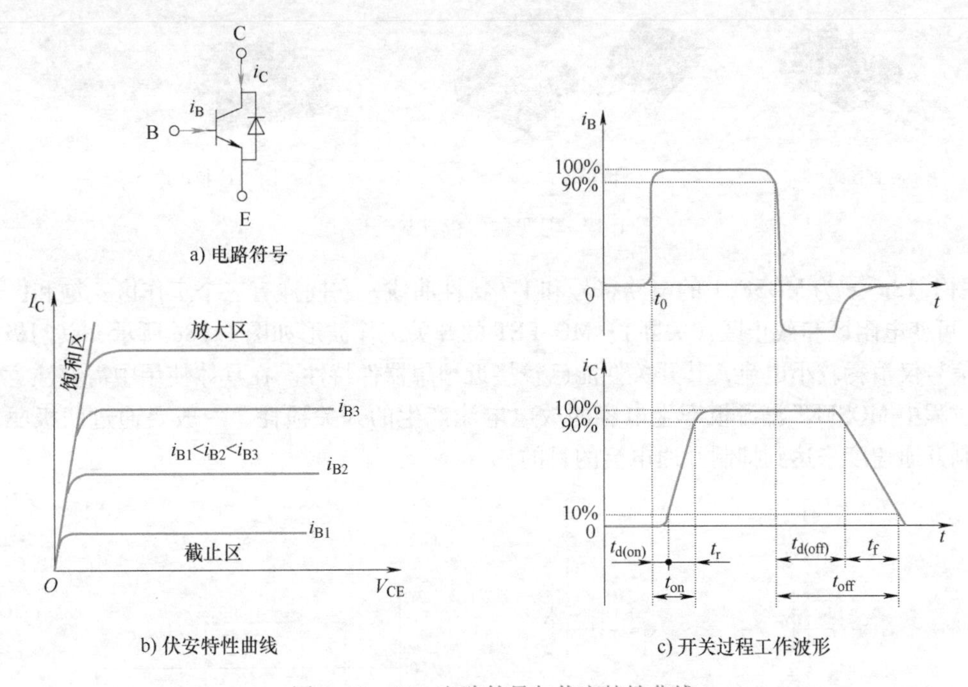

图1.16 GTR电路符号与伏安特性曲线

电力电子装置要求设置GTR工作在截止区和饱和区，切换过程中快速通过放大区，并通过在GTR基极施加脉冲电流信号，如图1.16c所示。在t_0时刻加入正向基极电流，GTR经上升延迟$t_{d(on)}$和上升阶段t_r后达到饱和区；但需要关断GTR时，可将反向基极电流信号加到基极，经下降延迟$t_{d(off)}$和下降阶段t_f后GTR才返回截止区。

在GTR的使用设计中除了关注电压电流参数和集电极最大耗散功率等参数外，GTR的二次击穿现象要特别关注。二次击穿是指GTR在雪崩击穿的基础上再次被施加高的集射极电压致其局部过热而烧毁。

1.3.4 功率场效应晶体管

功率场效应晶体管（MOSFET）是一种不同于上述双极性晶体管的单极性器件，它只有电子或空穴导电，最大的优势是门极（栅极）的静态内阻极高，可达 $10^9\Omega$；使其具有电压控制型半导体器件特性，驱动功率小、开关速度快、无二次击穿问题。但 MOSFET 的电流容量小、耐压较低、通态压降较高，适合应用于高频、小功率电力电子装置。图 1.17 为功率 MOSFET 的常见封装形式，图 1.17a 为应用最为广泛的直插式 MOSFET 单管；为了缩减体积和降低寄生参数，图 1.17b 所示的贴片封装形式在高频高功率密度小功率开关电源中受到欢迎；MOSFET 也有模块封装形式，如图 1.17c 所示，一种需求是为了应付更大的通态电流，将多只 MOSFET 芯片并联封装为一个模块，另一种需求是为了简化电路布局，将整个电路的功率器件封装进一个模块，如分布式光伏并网逆变器专用 MOSFET 模块将 1 路或多路 Boost 电路和 1 路全桥电路所用的器件集成为一个模块。

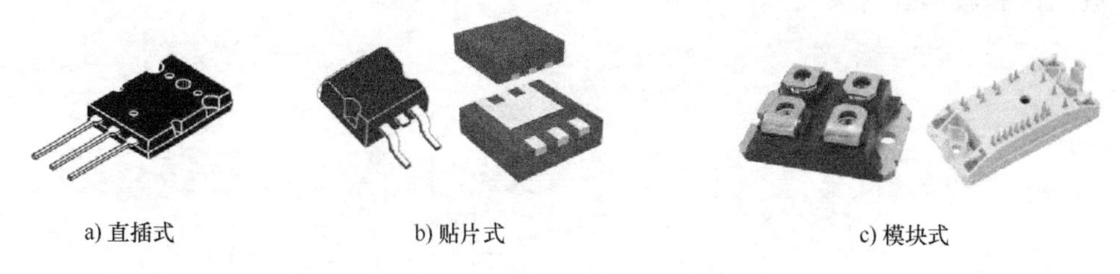

图 1.17　常见的二极管封装形式

图 1.18a~c 为 MOSFET 的电路符号和 *V-I* 特性曲线，它同样有三个工作区：饱和区（开通）、可变电阻区和截止区（关断）；MOSFET 的开关工作波形如图 1.18c 所示，其门极施加电压信号仅消耗较小电流，其开关性能已较接近理想器件特性。在具体使用中需要注意的是开通过程中 MOSFET 漏源极寄生电容的放电电流产生的开关损耗，一般要通过门极驱动电阻限制开通速度来达到抑制开通电流的目的。

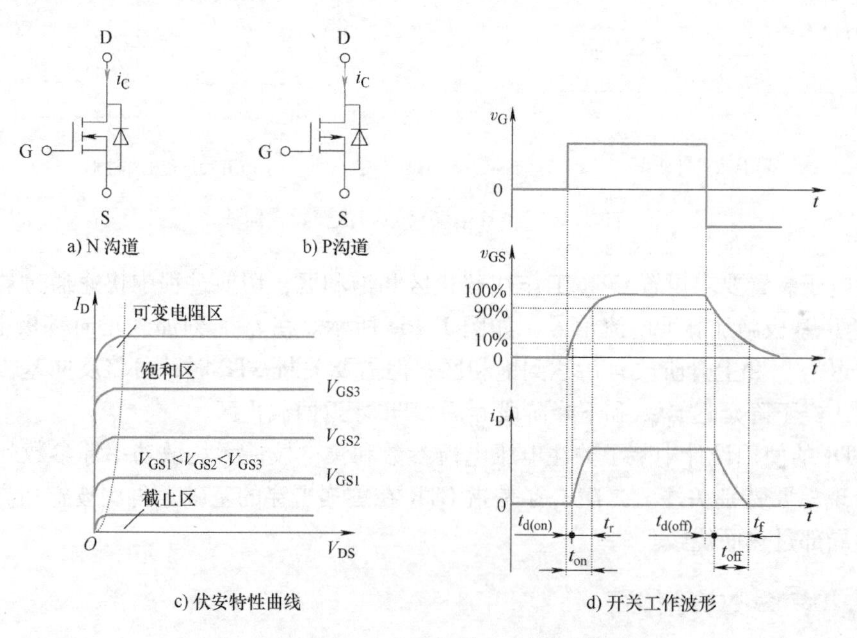

图 1.18　MOSFET 电路符号和 *V-I* 特性曲线

1.3.5 绝缘栅双极型晶体管

一般将绝缘栅双极型晶体管（IGBT）理解为 GTR 与 MOSFET 的组合，以充分利用 GTR 通态压降低和 MOSFET 门极驱动电流小的优势而避开其缺点，使得 IGBT 成为一种电压控制型且适合高电压大电流应用场合的开关器件。IGBT 是目前在商业应用上最为成功的功率半导体器件。

图 1.19 为 IGBT 常用的封装形式，模块式 IGBT 常用在新能源发电装备、大功率驱动装置等工业场合；压接式 IGBT 多用于柔性直流输电系统。IGBT 也有图 1.17a 所示的单管直插式封装形式，多用于小功率场合。

a) 模块式

b) 压接式

图 1.19 常用的 IGBT 封装形式

图 1.20a 和 b 分别为 IGBT 的电路符号和 *V-I* 特性曲线，它同样有三个工作区：饱和区（开通）、线性放大区和截止区（关断）。IGBT 的开关工作波形如图 1.20c 所示，其门极施加正/负电压信号即可开通/关断器件。例如，IGBT 栅极可采用+15V 电压即可可靠饱和导通、0V 电压即可关断，实际应用中为了提高 IGBT 的抗干扰能力常采用负栅压（-5V 或-9V）来保障其可靠关断。

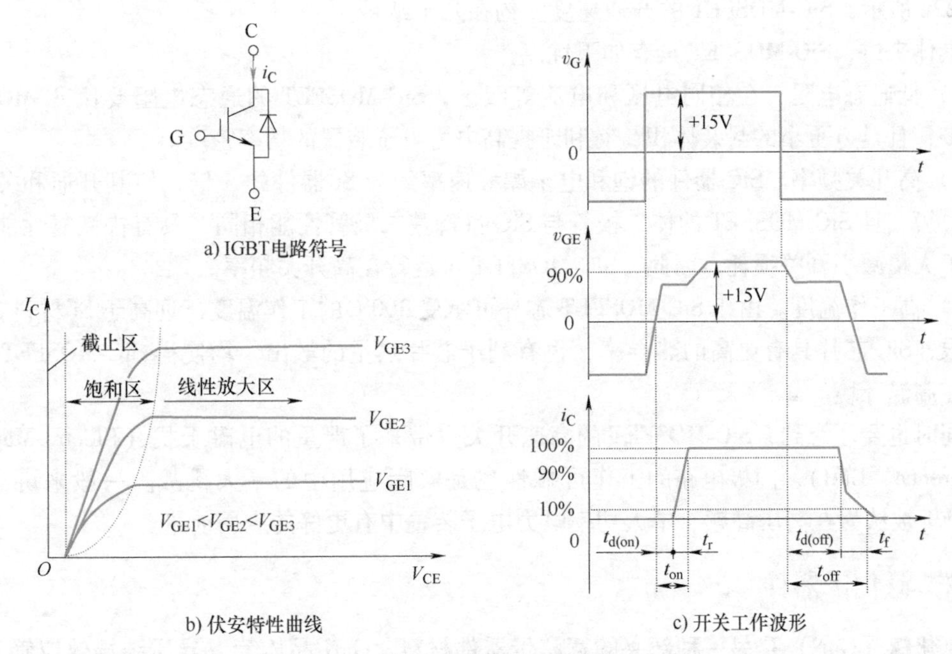

图 1.20 IGBT 电路符号与 *V-I* 特性曲线

相比 MOSFET，IGBT 的开通特性不再受寄生电容放电电流的限制，但存在明显的关断电流拖尾现象，这是其开关损耗的主要来源，制约了 IGBT 开关频率的提升。

1.3.6 碳化硅器件

碳化硅器件是一种宽禁带器件，从 2000 年开始发展应用的碳化硅二极管算起，已有二十多年的发展历史；当前最为关注的碳化硅器件是 SiC-MOSFET，围绕提高其开关性能、应用技术的研究一直是学术界和工业界的研究热点。

图 1.21 为 SiC-MOSFET 的常见封装形式。贴片式 SiC-MOSFET 可用于高功率密度光伏发电逆变装置；直插式 SiC-MOSFET 可应用于开关电源转换器、电磁炉加热装置和电机驱动器等小功率场合；模块式 SiC-MOSFET 可应用于牵引机车辅助供电电源系统等大功率场合。

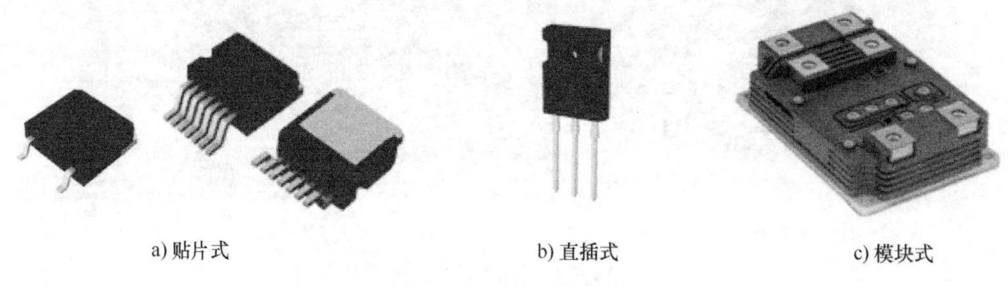

a) 贴片式　　b) 直插式　　c) 模块式

图 1.21　SiC-MOSFET 的常见封装形式

图 1.22a、b 分别为 SiC-MOSFET 的电路符号和 *V-I* 特性曲线。与图 1.18c 相比，SiC-MOSFET 的输出特性曲线不存在明显饱和区。例如，栅极电压即使达到 15V 左右，继续增大栅极驱动电压仍有明显变化，仍能显著减少通态电阻。因此在不超过栅极极限电压的情况下，应尽可能提升驱动电压以获得更低的通态电阻。SiC-MOSFET 的开关工作波形如图 1.22c 所示，SiC-MOSFET 的开通速度大约在几十纳秒。

具体来讲，SiC-MOSFET 具有如下优点：

1）低通态电阻。在相同电压和电流等级下，SiC-MOSFET 的通态电阻要比 Si MOSFET 小很多，且具有更小的封装体积，有利于提高电力电子装置的功率密度。

2）高开关频率。SiC 器件的饱和电子漂移速率约为 Si 器件的 3 倍，使其开通和关断的时间更短，且 SiC-MOSFET 的体二极管与 SiC 肖特基二极管性能相同，具有快恢复性能，都有利于大幅减小开关损耗。因此，SiC-MOSFET 可运行在高开关频率。

3）高工作温度。由于 SiC-MOSFET 芯片可承受 300℃ 的工作温度，远高于 Si 材料 150℃ 的极限，SiC 芯片具有更高的热导率，也有利于芯片热量的散出，均使得 SiC-MOSFET 更适合用在高温环境。

同时也要注意到，SiC-MOSFET 的高速开关也带来了严重的电磁干扰（Electro-Magnetic Interference，EMI），门极电路的工作可靠性也是实际应用中的一大挑战。一般来讲，SiC-MOSFET 被认为在高压高频、中大功率电力电子装置中有更好的应用前景。

1.3.7 氮化镓器件

氮化镓（GaN）是另一种新兴的宽禁带器件材料，GaN 晶体管以异质结场效应管为主，

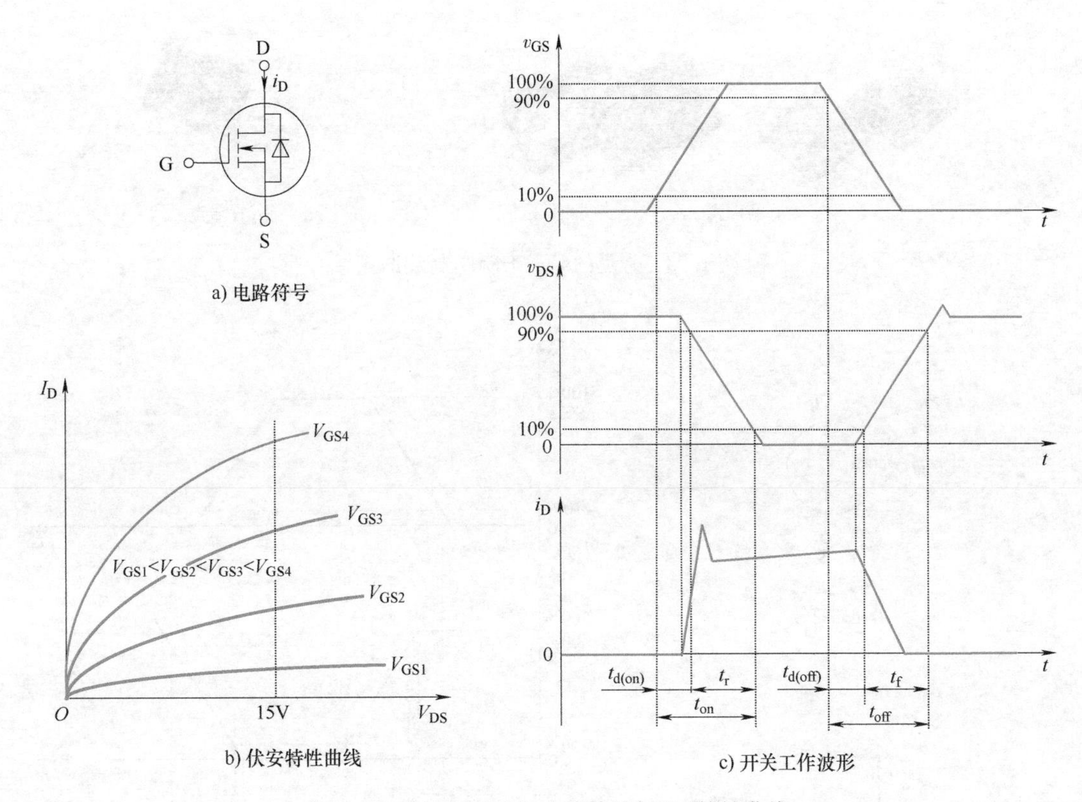

图 1.22　SiC-MOSFET 电路符号与 *V-I* 特性曲线

又称为 GaN 高电子迁移率晶体管（High Electron Mobility Transistors，HEMT）。GaN HEMT 器件的结构目前主要有耗尽型和增强型。

对于耗尽型 GaN HEMT，要关断器件，必须加负栅压。这意味着电路中一旦有耗尽型 GaN HEMT，就会增加栅极驱动设计的复杂性，而且易发生误导通，有直通的潜在威胁，使电路稳定性和安全性降低。增强型 GaN HEMT 则相反，只有加正偏压才会导通，减小了电路复杂度，稳定性和安全性也较好。目前，增强型 GaNFET 主要是在耗尽型 GaN HEMT 结构的基础上改进而成。因此，从电力电子装置实用的角度来讲，具有常断特性的增强型 GaN HEMT 更具有安全和高效的潜力。

增强型 GaN HEMT 的封装结构中贴片式的使用较多，直插式的较少，如图 1.23 所示。贴片式的外部引脚寄生效应影响较小，但不利于散热；直插式则相反，其散热能力较好，但高频时往往易受寄生参数影响。目前，GaN HEMT 封装结构常用于以低功耗、高功率密度、高效率为目标的 LED 驱动、电机驱动、光伏逆变器等中小功率场合。利用 GaN HEMT 高开关频率、低开关损耗优势，可大幅减小装置体积、提高效率和降低成本。

图 1.24a、b 分别为 GaN HEMT 的电路符号和 *V-I* 特性曲线。GaN HEMT 没有寄生体二极管，但有二极管特性，这种结构使得 GaN HEMT 具有对称的传导特性，即 GaN HEMT 既可以被正向栅极至源极电压（V_{GS}）驱动也可以被正向栅极至漏极电压（V_{GD}）驱动，其工作状态可分正向阻断和正向导通、反向阻断和反向关断。图 1.24c 所示为 GaN HEMT 的开关工作波形图（与图 1.22c 基本一致）。

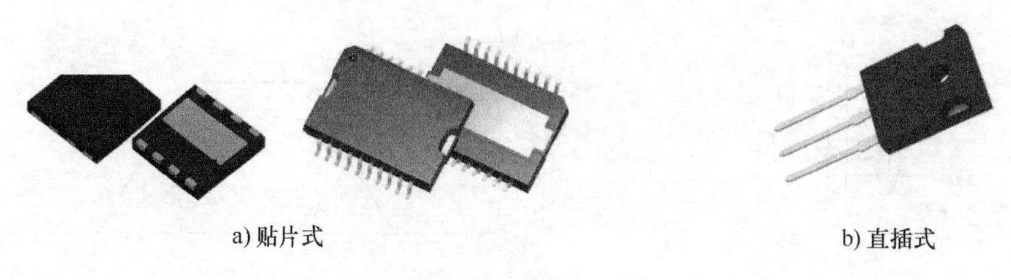

图 1.23　常见的 GaN HEMT 封装形式

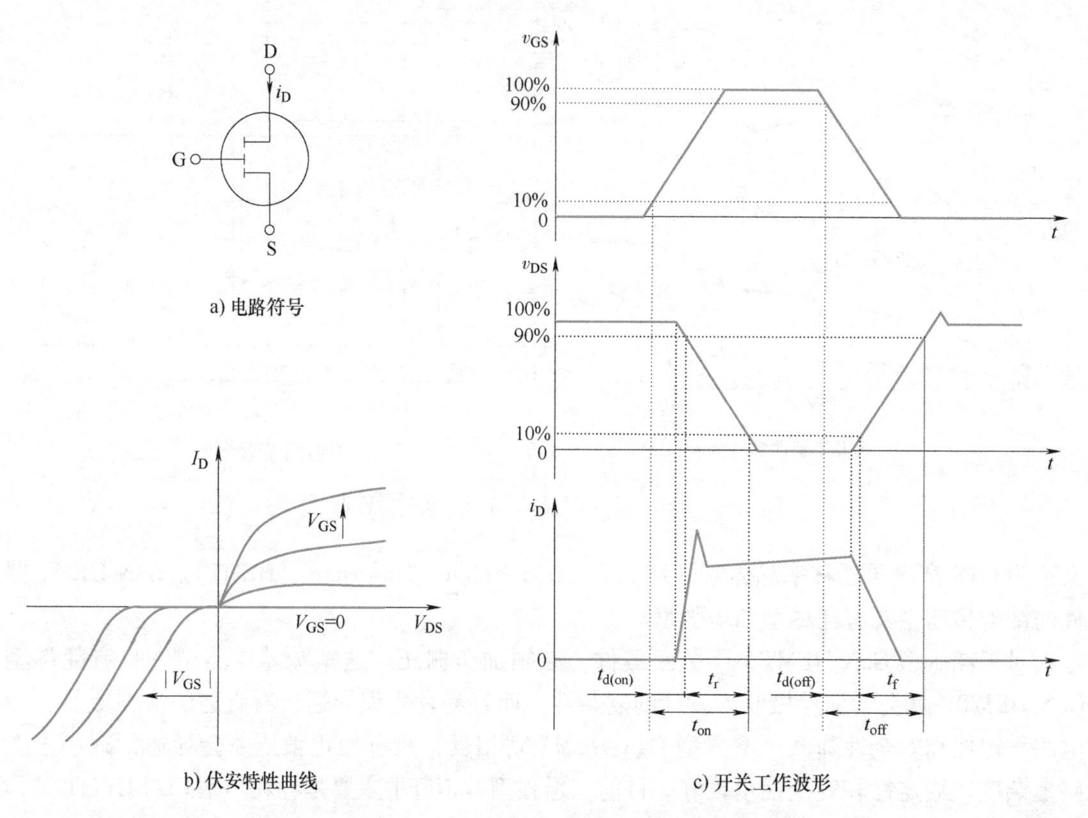

图 1.24　GaN HEMT 的电路符号与 *V-I* 特性曲线

GaN HEMT 器件的结电容非常小，开关速度更高，可以在几纳秒内完成开关过程，有效地减小了开关损耗，有利于工作在兆赫兹开关频率水平。但 GaN HEMT 也存在电压等级不高、功率容量不大的局限，常用于高频小功率电力电子装置。

从飞速发展的宽禁带器件应用现状来看，现有电力电子电路的设计方法和技巧用于这类高速器件均存在无法充分发挥其性能的窘境，亟需创新的设计思想。再次印证了“一代半导体器件决定一代电力电子技术”，未来研究和应用空间潜力大。

习　题

1. 简述电力电子装置的定义，电力电子装置一般包括哪几个部分？
2. 简述光伏发电系统中电力电子装置的作用。

3. 简述二极管的反向恢复现象，有哪些措施可以减小或消除二极管的反向恢复现象？

4. 晶闸管开通需要哪些条件？如何关断晶闸管？

5. 已知 NPN、PNP 两类 GTR 和 N 沟道、P 沟道两类 MOSFET，尝试设计几种可行的组合达到上述 IGBT 的工作特点，并绘制出复合电路符号。

6. 尝试采用分离元件设计一种可用于 IGBT 门极驱动的正负电压驱动电路，并绘制出电路图。

7. 简述 SiC 器件和 GaN 器件的性能特点、应用场合及前景。

8. 尝试以文献综述的形式撰写《半导体开关器件的发展历史、现状和展望》。

第 2 章　交流-直流整流装置

交流-直流（AC-DC）变换常被称为整流器，可以选用不控型器件、半控型器件、全控型器件将交流电变换为直流电。当采用不控型器件功率二极管时，输出直流电压不可调节，称为不控整流或二极管整流；当采用可控型器件时，可通过门极信号来调整输出直流电压的大小，称为可控整流或 PWM 整流。

特别值得指出的是，对电力电子电路中各元件的电压、电流波形的分析至关重要。换句话说，能独立绘制出电路中各点电压、电流波形才能算得上掌握了电路的工作原理。

2.1　二极管整流器

二极管整流器具有电路简单、可靠、宜扩展等优点，在微小功率等级和大功率等级都能得到应用。在微小功率等级，国内外谐波标准对输入功率因数和谐波含量无要求或要求较低，采用二极管整流具有成本低的优势；在大功率场合，基于基本三相整流电路与移相变压器配合可得到的 12、18、24 等脉冲整流器，可降低网侧电流的谐波畸变，即可满足各国的谐波标准，例如国家技术监督局制定的电能质量公用电网谐波标准 GB/T 14549—1993、国际标准 IEEE 519、IEC 61000-3 等。

2.1.1　六脉波二极管整流电路

2.1.1.1　阻性负载

带电阻负载的基本 6 脉波二极管整流电路如图 2.1a 所示，其中 v_A、v_B 和 v_C 是三相供电电源的相电压，$D_1 \sim D_6$ 代表 6 只二极管，当用于高电压场合时，每只二极管可以采用 2 个或多个低压二极管串联组成。为简单起见，下面的理论分析假定所有二极管为理想二极管，即不考虑功率损耗和开通关断过程。

图 2.1b 给出了基本 6 脉波二极管整流电路带电阻负载时的关键电压和电流波形。供电电源的相电压表达式为

$$\begin{cases} v_A = \sqrt{2}\,V_{PH}\sin(\omega t) \\ v_B = \sqrt{2}\,V_{PH}\sin(\omega t - 2\pi/3) \\ v_C = \sqrt{2}\,V_{PH}\sin(\omega t + 2\pi/3) \end{cases} \tag{2.1}$$

式中，V_{PH}为相电压有效值；ω 为供电电源的角频率，且 $\omega = 2\pi f$。

式（2.1）所示的相电压波形如图 2.1b 中第一个子图所示。根据电力电子技术的知识可知，6 脉波二极管整流电路的工作机制是：任何时候有且仅有 2 只二极管导通，并且必须有 1 只来自上半桥臂二极管组（由 D_1、D_3 和 D_5 组成）、另 1 只来自下半桥臂二极管组（由

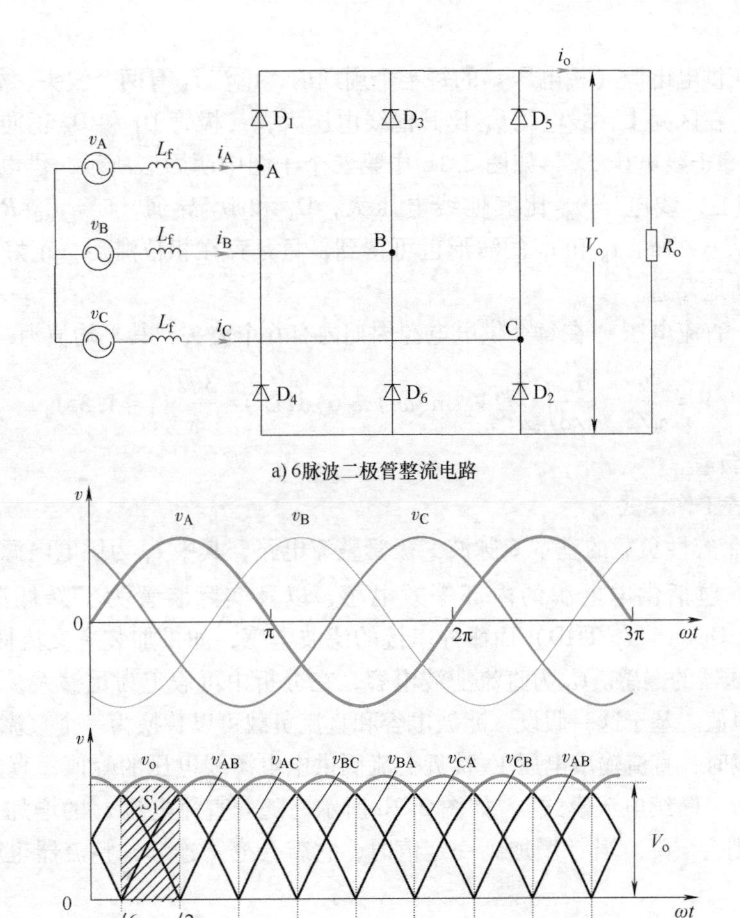

a) 6脉波二极管整流电路

b) 电压电流波形

图 2.1　带电阻负载的基本 6 脉波二极管整流电路

D_4、D_6 和 D_2 组成），这 2 只二极管也不能来自同一桥臂。因此，直流侧输出电压的幅值为线电压幅值。

根据相电压表达式可以得到供电电源的线电压为

$$\begin{cases} v_{AB}=v_A-v_B=\sqrt{2}\,V_L\sin(\omega t+\pi/6) \\ v_{BC}=v_B-v_C=\sqrt{2}\,V_L\sin(\omega t-\pi/2) \\ v_{CA}=v_C-v_A=\sqrt{2}\,V_L\sin(\omega t-7\pi/6) \end{cases} \tag{2.2}$$

式中，V_L 为线电压有效值，它和相电压有效值的关系为 $V_L=\sqrt{3}\,V_{PH}$。

在 6 个二极管的两两轮流导通下，从直流侧看，是对线电压进行绝对值和最大值选取处理，即将所有线电压的负半部分反转到正值，如图 2.1b 中第二个子图所示，并取每个时刻的最大值，得到一个电网周期有 6 个波头的直流电压，这也就是“6 脉波二极管整流电路”

名称的来历。

具体地，在供电电源（相电压）的每半个周期内，电流 i_A 有两个波头，如图 2.1b 中第二个子图所示。在区间Ⅰ，线电压 v_{AB} 比其他线电压大，二极管 D_1 和 D_6 正向偏置导通，输出直流电压 v_o 等于线电压 v_{AB}，如图 2.1b 中第二个子图中阴影区所示，供电电源电流 $i_A = v_{AB}/R_o$；在区间Ⅱ，线电压 v_{AC} 比其他线电压大，D_1 和 D_2 导通，$i_A = v_{AC}/R_o$。依次类推，i_A 在负半周（从 π~2π）i_B 和 i_C 的波形也可得到，只是存在相位滞后，正好实现了 6 个二极管轮流、均衡地导通。

如前所述，直流电压 v_o 在每个供电电源周期内有 6 个波头，其平均值为

$$V_o = \frac{S_1}{\pi/3} = \frac{1}{\pi/3}\int_{\pi/6}^{\pi/2}\sqrt{2}V_L\sin(\omega t+\pi/6)\,d(\omega t) = \frac{3\sqrt{2}}{\pi}V_L \approx 1.35V_L \tag{2.3}$$

2.1.1.2 容性负载

1. 断续电流工作模式

图 2.2a 为带容性负载的基本 6 脉波二极管整流电路，其中 L_f 为供电电源和整流器之间的线路总电感，包括供电电源的内部等效电感，以及实际装置为了降低源侧电流谐波（Total Harmonic Distortion，THD）而额外串接的滤波电感，如果加装有交流侧隔离变压器，则 L_f 还包括变压器的漏感。C_f 为直流滤波电容，在分析中可假定为足够大，从而认为直流输出电压为一恒值。基于这一假设，滤波电容和直流负载可以替换为一个直流电压源，如电池类负载。轻载时，直流输出电压 V_o 接近交流侧供电电源线电压的峰值，直流电流 i_o 可能为断续，称之为"断续电流模式"，如图 2.2b 所示。随着直流电流 i_o 的增加，L_f 上的压降也会增加，V_o 则会下降。当 i_o 增加到一定值时，它就会变为连续，整流器也就工作在"连续电流模式"。

如图 2.2b 所示，6 脉波二极管整流器工作在轻载时每半个交流供电电源周期内各相电流包含 2 个波头；直流侧电流在每个交流供电电源周期内有 6 次减小至零的波头。

图 2.3 给出了 6 脉波二极管整流器工作在断续电流工作模式下电压和电流波形的放大图。波形分析如下：当 $\theta_1 \leqslant \omega t < \theta_2$ 时，线电压 v_{AB} 比直流电压 V_o 大，D_1 和 D_6 导通，i_o 从 0 开始增加，L_f 储存能量；在 θ_2 时刻，$v_{AB} = V_o$，L_f 两端的电压降为 0，i_o 达到最大值；当 $\omega t \geqslant \theta_2$ 时，$v_{AB} < V_o$，储存在 L_f 中的能量通过 D_1 和 D_6 向负载释放；在 θ_3 时刻，L_f 中能量全部释放，i_o 减小到 0；当 $\theta_4 \leqslant \omega t < \theta_5$ 时，线电压 $v_{AC} > V_o$，二极管 D_1 和 D_2 导通。显然，每个二极管在半个供电电源周期内各导通 2 次，二极管的导通角可以由下式计算：

$$\theta_c = 2(\theta_3 - \theta_1) \tag{2.4}$$

式中，$0 \leqslant \theta_c < 2\pi/3$。

在 θ_1 和 θ_2 时刻，线电压 v_{AB} 等于直流输出电压 V_o，则有

$$\begin{cases} \theta_1 = \arcsin\left(\dfrac{V_o}{\sqrt{2}V_L}\right) \\ \theta_2 = \pi - \theta_1 \end{cases} \tag{2.5}$$

在 D_1 和 D_6 导通（$\theta_1 \leqslant \omega t < \theta_3$）时，A 相和 B 相两个电感上总的压降为

$$2L_f\frac{di_o}{dt} = v_{AB} - V_o \tag{2.6}$$

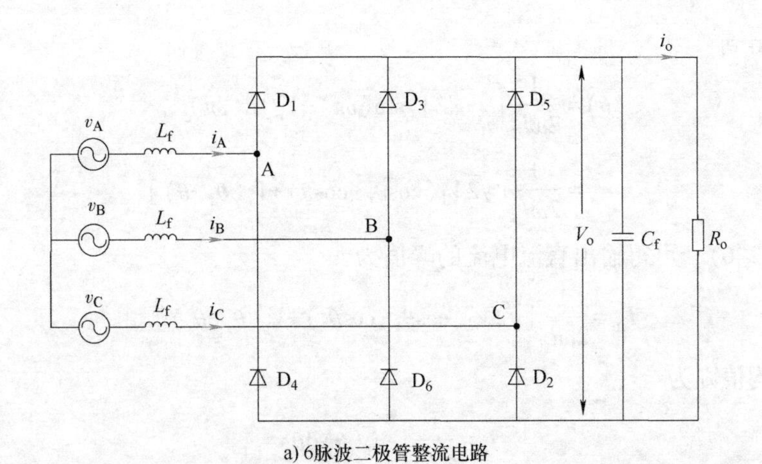

a) 6脉波二极管整流电路

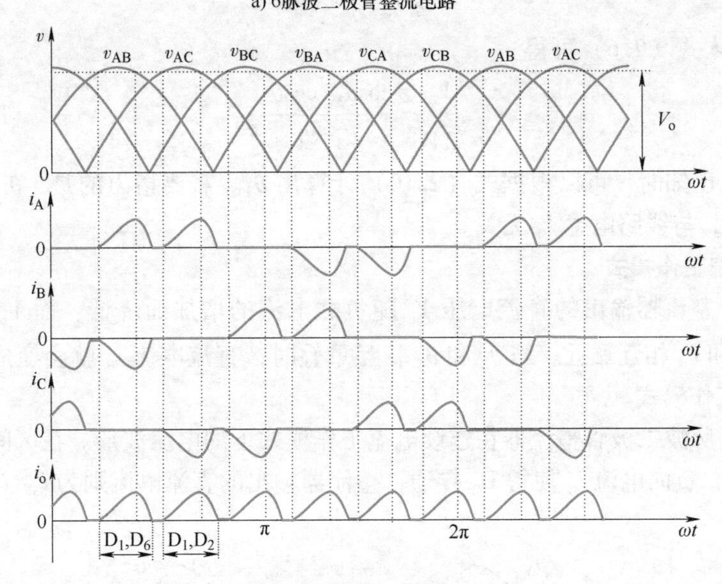

b) 断续时各电压电流波形

图 2.2　带电容性负载的 6 脉波二极管整流器

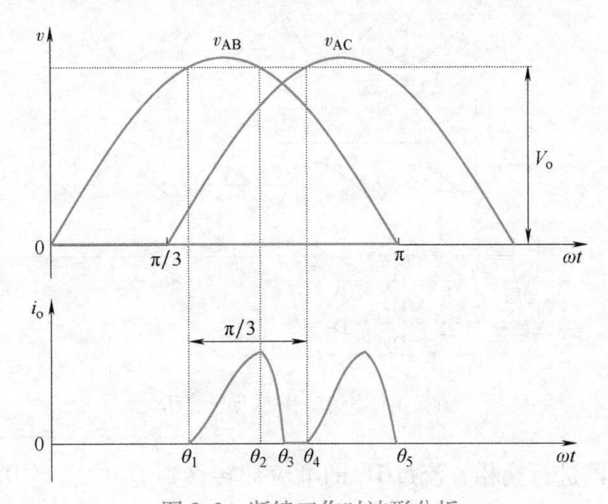

图 2.3　断续工作时波形分析

由此可进一步得到

$$
\begin{aligned}
i_o(\theta) &= \frac{1}{2\omega L_f}\int_{\theta_1}^{\theta}[\sqrt{2}V_L\sin(\omega t)-V_o]\mathrm{d}(\omega t) \\
&= \frac{1}{2\omega L_f}[\sqrt{2}V_L(\cos\theta_1-\cos\theta)+V_o(\theta_1-\theta)]
\end{aligned}
\tag{2.7}
$$

把 θ_2 代入式（2.6），可得输出直流电流的峰值为

$$
I_{op}=\frac{1}{2\omega L_f}[\sqrt{2}V_L(\cos\theta_1-\cos\theta_2)+V_o(\theta_1-\theta_2)] \tag{2.8}
$$

直流电流的平均值则为

$$
I_o=\frac{1}{\pi/3}\int_{\theta_1}^{\theta_3}i_o(\theta)\mathrm{d}\theta \tag{2.9}
$$

把 $i_o(\theta_3)=0$ 代入式（2.6）可得

$$
\frac{V_o}{\sqrt{2}V_L}=\frac{\cos\theta_3-\cos\theta_1}{\theta_3-\theta_1} \tag{2.10}
$$

当 V_L 和 V_o 已知时，可以根据式（2.10）计算出 θ_3。需要指出的是，θ_1、θ_2 和 θ_3 只是 V_L 和 V_o 的函数，与线路电感 L_f 无关。

2. 连续电流工作模式

如前所述，整流器输出的直流电压 V_o 随负载电流的增加而降低，而 V_o 的降低则使得图 2.3 中的 θ_3 和 θ_4 相互靠近。当 θ_3 和 θ_4 相互重叠时，直流电流 i_o 就会变成连续，整流器进入连续电流工作模式。

图 2.4 为 6 脉波二极管整流器在连续电流工作模式下的电流波形。在区间Ⅰ，正向电流 i_A 使得 D_1 导通，负向电流 i_C 使得 D_2 导通，整流器输出的直流电流则为 $i_o=i_A=-i_C$。

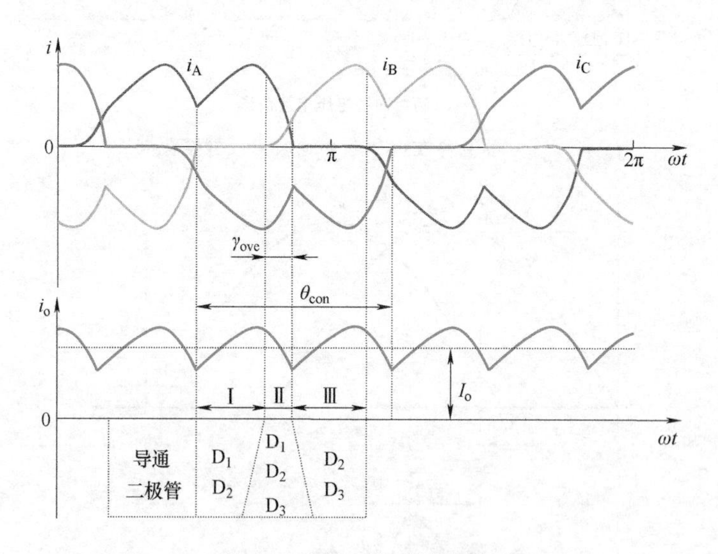

图 2.4 连续工作时波形分析

在区间Ⅱ，整流器进行换相，流过 D_1 的电流被转移到 D_3 中。当 D_3 上为正向偏置电压时，D_3 导通，换相开始。由于系统中存在线路电感 L_f，换相过程不可能立即完成，D_3 中电

流 i_B 增加和 D_1 中电流 i_A 减小都需要一个短暂的时间。在换相过程中，3个二极管（D_1、D_2 和 D_3）同时导通，直流电流为 $i_o=i_A+i_B=-i_C$。当 i_A 减小到0时，D_1 关断，换相过程结束。

在区间Ⅲ，二极管 D_2 和 D_3 导通，直流电流 $i_o=i_B=-i_C$。连续电流工作模式下，二极管的导通角 $\theta_c=2\pi/3+\gamma_{ove}$（$\gamma_{ove}$为换相导通角/重叠角）。与断续电流工作模式相比，连续电流工作模式下，整流器从电源吸收的电流THD更低。

3. THD和功率因数（Power Factor，PF）

假定供电电源相电压为纯正弦波（见式（2.1）），而整流器的网侧电流通常为周期性的非正弦波，可用傅里叶级数表示为

$$i_A=\sum_{n=1,2,3,\cdots}^{\infty}\sqrt{2}I_{An}[\sin(\omega_n t)-\varphi_n] \tag{2.11}$$

式中，n 为谐波次数；I_{An} 和 ω_n 分别为 n 次谐波电流的有效值和角频率；φ_n 为电源电压与 n 次谐波电流之间的相移。

网侧电流 i_A 的有效值表示为

$$I_A=\left[\frac{1}{2\pi}\int_0^{2\pi}(i_A)^2\mathrm{d}(\omega t)\right]^{1/2}=\left(\sum_{n=1,2,3,\cdots}^{\infty}I_{An}^2\right)^{1/2} \tag{2.12}$$

电流THD定义为

$$\mathrm{THD}=\frac{\sqrt{I_A^2-I_{A1}^2}}{I_{A1}} \tag{2.13}$$

式中，I_{A1}为 i_A 的基波电流有效值。

整流器从每相供电电源吸收的平均功率为

$$P=\frac{1}{2\pi}\int_0^{2\pi}v_A i_A\mathrm{d}(\omega t) \tag{2.14}$$

把式（2.12）、式（2.13）代入式（2.14）可得

$$P=V_A I_{A1}\cos\varphi_1 \tag{2.15}$$

式中，φ_1 为 V_A 与 I_{A1}之间的相移。

供电电源每相输出的视在功率为

$$S=V_A I_A \tag{2.16}$$

输入功率因数定义为

$$\mathrm{PF}=\frac{P}{S}=\frac{I_{A1}}{I_A}\cos\varphi_1=\mathrm{DF}\times\mathrm{DPF} \tag{2.17}$$

式中，DF（Distrotion Factor，DF）为畸变因数；DPF（Displacement Power Factor）为位移功率因数，它们分别为

$$\begin{cases}\mathrm{DF}=I_{A1}/I_A\\ \mathrm{DPF}=\cos\varphi_1\end{cases} \tag{2.18}$$

当THD和DPF已知时，PF也可以由下式计算得到

$$\mathrm{PF}=\frac{\mathrm{DPF}}{\sqrt{1+\mathrm{THD}^2}} \tag{2.19}$$

4. 标幺值体系

在分析能量转换系统时，通常采用标幺值系统进行分析。假设分析对象为一个三相对称

系统，其视在功率为S，额定线电压为V_L，则标幺值系统中的电压基值可取为系统的额定相电压，即

$$V_B=\frac{V_L}{\sqrt{3}} \tag{2.20}$$

电流基值和阻抗基值分别定义为

$$\begin{cases}I_B=\dfrac{S_R}{3V_B}\\ Z_B=\dfrac{V_B}{I_B}\end{cases} \tag{2.21}$$

频率基值为

$$\omega_B=2\pi f \tag{2.22}$$

式中，f为供电电源的频率或逆变器的额定输出频率（工频）。

电感和电容的基值则分别为

$$\begin{cases}L_B=\dfrac{Z_B}{\omega_B}\\ C_B=\dfrac{1}{\omega_B Z_B}\end{cases} \tag{2.23}$$

从而可采用各电气量和元件参数实际值比上基值，可得标幺值。值得说明的是，电力电子装置的标幺值是一套无量纲的数值。

2.1.2 串联型多脉冲二极管整流电路

1. 12脉波串联型二极管整流器

图2.5为12脉波串联型二极管整流器的简化结构图，它包括2个完全相同的6脉波二极管整流器，分别由移向变压器二次侧2个三相对称绕组供电，并在直流侧输出串联连接。图2.5中的结构图用中心含“Y”和“△”的圆圈来表示绕组，“Y”表示星形联结、“△”表示三角形联结的三相绕组。L_f表示供电电源和变压器之间总的线路电感，L_{lk}为折算到二次侧的变压器总的漏电感。在下面的分析中，假定直流滤波电容C_f足够大，从而可以忽略直流电源V_o中的纹波含量。

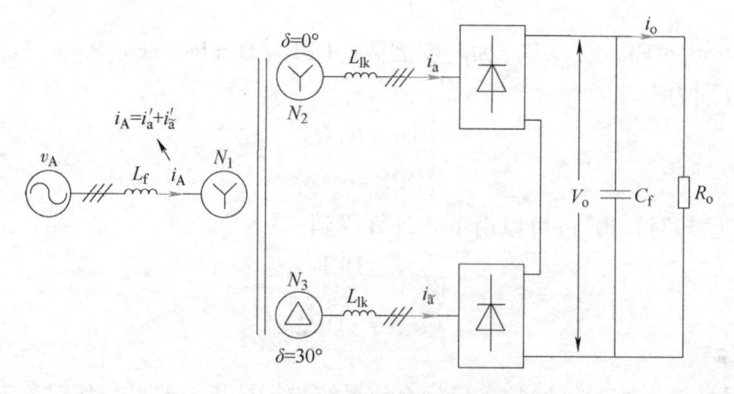

图2.5 12脉波串联型二极管整流器结构

为了消除网侧电流 i_A 中的低次谐波，可令变压器二次侧丫联结绕组的线电压 v_{ab} 与变压器一次绕组线电压 v_{AB} 同相；而△联结绕组的线电压 $v_{\tilde{a}\tilde{b}}$ 超前 v_{AB} 一个角度，即

$$\delta=\angle v_{\tilde{a}\tilde{b}}-\angle v_{AB}=30° \tag{2.24}$$

在绕组电压幅值方面需满足如下条件：

$$V_{ab}=V_{\tilde{a}\tilde{b}}=V_{AB}/2 \tag{2.25}$$

因此，可得到2组移相绕组匝比分别为

$$\begin{cases}\dfrac{N_1}{N_2}=2\\[2ex]\dfrac{N_1}{N_3}=\dfrac{2}{\sqrt{3}}\end{cases} \tag{2.26}$$

假定 $L_f=0$，总漏抗 $L_{lk}=0.05$pu，则12脉波串联型二极管整流器电流波形如图2.6所示。

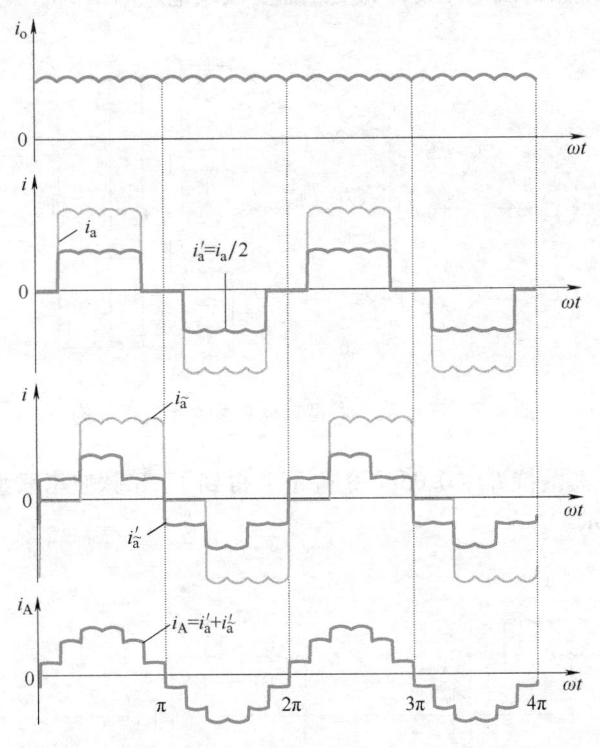

图2.6　12脉波串联型二极管整流器电流波形

从图2.6中可以看出，直流侧电流 i_o 连续，且在每个供电频率周期内包含12个脉波，即电路名称的由来。在任何时刻（换相过程除外），上、下2个6脉波二极管整流器中各有2个二极管导通，且遵守基本6脉波二极管整流电路的工作机制，使得 i_o 流经4个二极管形成的回路。由于2个6脉波二极管整流器的输出为串联连接，二次绕组的漏电感也是串联连接，有利于直流电流纹波进一步减小。

丫联结二次绕组中的电流 i_a 近似为梯形波，只是在顶端有4个波头；△联结二次绕组中的电流 $i_{\tilde{a}}$ 同样近似为方波，但与 i_a 有30°的相位差。当它们折算到变压器一次时，i'_a 与

i_a 波形相同但幅值减半［由式（2.26）中绕组匝比确定］；但由于△联结绕组的不同，$i'_{\tilde{a}}$ 与 $i_{\tilde{a}}$ 波形发生了变化，包括幅值［由式（2.26）确定］和相位［由式（2.24）中相移角确定］。

由于变压器为线性电路，根据式（2.27）叠加原理，得到了整流器网侧电流 i_A 波形为

$$i_A = i'_a + i'_{\tilde{a}} \tag{2.27}$$

通过对比 i_A、$i_{\tilde{a}}$、i_a 波形可以看出，i_A 波形更接近于正弦波。因此，12 脉波二极管整流器网侧电流谐波抑制原理是利用移相变压器将两个 6 脉波二极管整流器输入电流中的低次特征谐波（5 次、7 次）相互抵消。

2. 18 脉波串联型二极管整流器

18 脉波串联型二极管整流器电路结构如图 2.7 所示，由 3 个完全相同的 6 脉波二极管整流器组成，并在直流侧输出串联连接，分别由移相变压器二次侧 3 个三相对称绕组供电。特别地，3 个二次绕组依次相移 20°来消除 4 个主要的低次谐波，即 5 次、7 次、11 次和 13 次谐波，并将每个二次绕组的线电压设计为变压器一次线电压的 1/3。

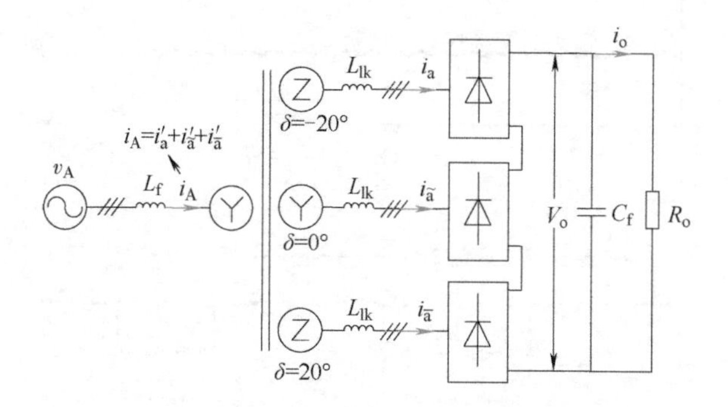

图 2.7　18 脉波串联型二极管整流器电路结构

同样，在 $L_f=0$，总漏抗 $L_{lk}=0.05$pu 条件下，得到了 18 脉波串联型二极管整流器中各电流波形如图 2.8 所示。

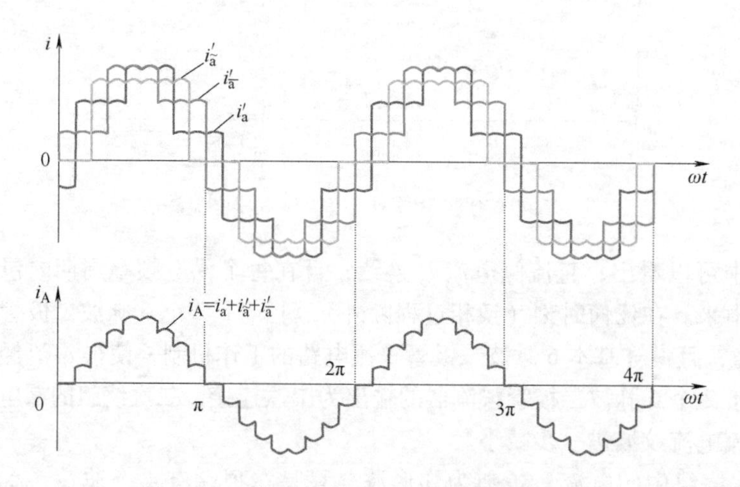

图 2.8　18 脉波串联型二极管整流器电流波形

根据图 2. 7 中设计的变压器结构，变压器二次绕组电流 i_a、$i_{\tilde{a}}$ 和 $i_{\bar{a}}$ 幅值相等，相位依次相差 20°；由于变压器二次绕组结构的差异，电流 i_a、$i_{\tilde{a}}$ 和 $i_{\bar{a}}$ 折算到一次的电流 i'_a、$i'_{\tilde{a}}$ 和 $i'_{\bar{a}}$ 的波形形状却发生了变化，如图 2. 8 所示。在 i'_a、$i'_{\tilde{a}}$ 和 $i'_{\bar{a}}$ 的叠加作用下，得到变压器一次总电流 i_A，已较接近正弦波。通过对比图 2. 6 和图 2. 8 中整流器网侧输入电流波形 i_A 波形，可以发现 18 脉波二极管整流器网侧输入电流 i_A 波形比 12 脉波二极管整流器网侧输入电流波形更接近于正弦波，这意味着输入电流 i_A 的谐波总畸变率更小。

3. 24 脉波串联型二极管整流器

24 脉波串联型二极管整流器电路结构如图 2. 9a 所示，其中 4 个基本整流器由移相变压器的 4 个二次绕组供电。为了消除 5 次、7 次、11 次、13 次、17 次和 19 次谐波，4 个二次绕组依次相移 15°、绕组线电压为变压器一次线电压的 1/4。同样，在 $L_f = 0$，总漏抗 $L_{lk} = 0.05$pu 条件下，得到了 24 脉波串联型二极管整流器电流波形，如图 2. 9b 所示。

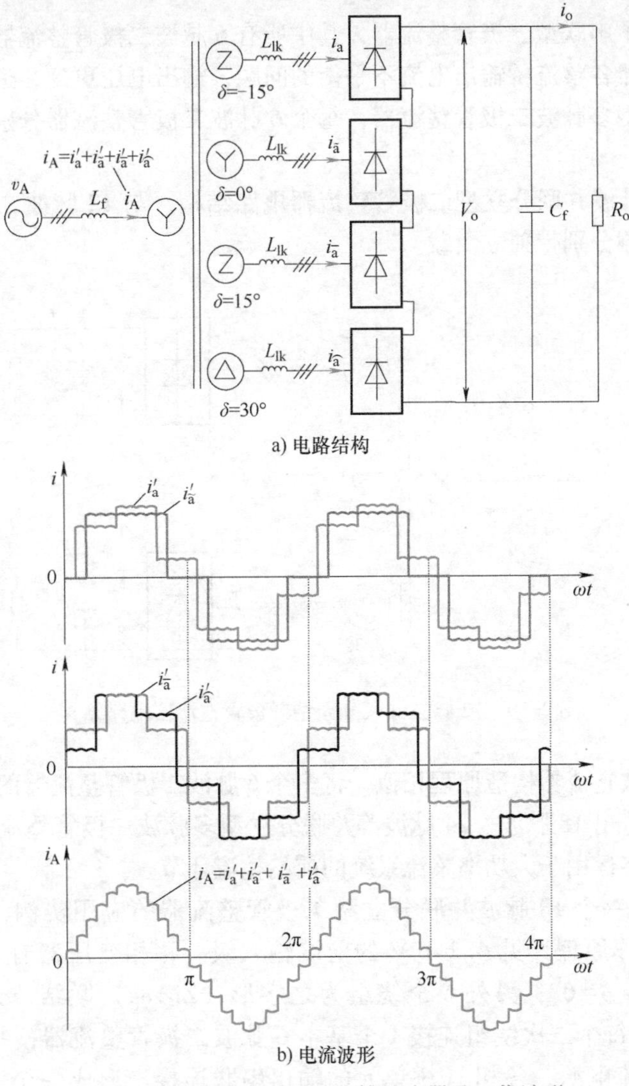

图 2. 9　24 脉波串联型二极管整流器及工作波形

图 2. 9b 中，i'_{a}、$i'_{\tilde{a}}$、$i'_{\bar{a}}$和$i'_{\hat{a}}$为变压器二次绕组电流折算到一次的电流的波形；可以看出在i'_{a}、$i'_{\tilde{a}}$、$i'_{\bar{a}}$和$i'_{\hat{a}}$的叠加作用下，变压器一次总电流 i_{A} 波形已经非常接近正弦波。

综上所述，多脉波二极管整流器的主要特点是通过移相多重联结多个全桥整流电路对同一负载供电；整流电路的移相多重联结，可使一组整流桥产生的谐波被其他整流桥消除，达到抑制电流谐波的目的。在实现移相多重联结的过程中，移相变压器是多脉波整流器中的必需元件，其作用主要是产生几组存在一定相位差的三相电压。在移相电压作用下，各 6 脉波二极管整流器产生的低次谐波互相抵消。一般来说，二极管整流器脉波数目越多，输入网侧电流的谐波畸变越小。然而，在实际产品中很少采用脉波数多于 24 的二极管整流器，主要原因在于移相变压器的成本会大幅增加，而谐波消除效果的提升却并不明显。

2. 1. 3 并联分立型多脉波二极管整流电路

前面已经介绍了串联型二极管整流器，其中所有 6 脉波二极管整流器的直流输出侧相互串联，不存在整流器各整流桥输出电流不平衡的问题，输出电压更高，适于高电压场合。本节将介绍并联分立型多脉波二极管整流器，每个 6 脉波二极管整流器分别给一个独立的直流负载供电。

图 2. 10 为 12 脉波并联分立型二极管整流器电路结构，与 12 脉波二极管整流器基本相同，区别在于直流侧分别带独立负载。

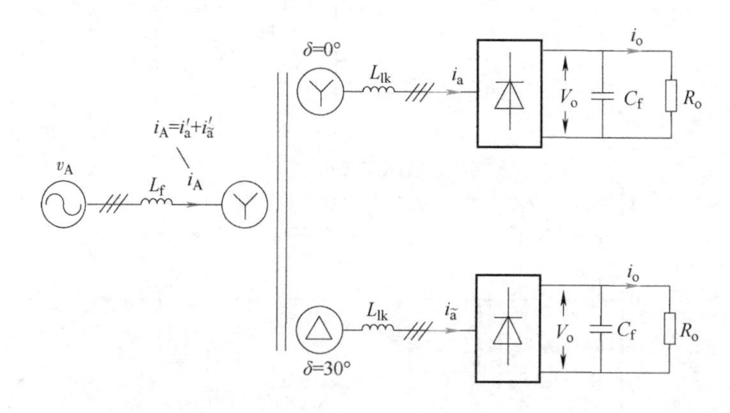

图 2. 10　12 脉波并联分立型二极管整流器电路结构

与串联型多脉波整流器构造原理相似，将多个 6 脉波二极管整流器的直流输出侧分别带独立负载，也可构造出 18 脉波、24 脉波等并联分立型多脉波二极管整流器。并联分立型多脉波二极管整流器多运用于大功率整流系统的前端整流环节。

图 2. 11 给出了一个 18 脉波并联分立型二极管整流器的应用实例，它用作级联 H 桥多电平逆变器（工作原理详见 4. 2 节）的前端输入级。移相变压器有 9 个二次绕组，其中 3 个为星形联结，$\delta = 0°$；另外 6 个绕组为之字形（Zigzag）联结，分为两组，分别为 $\delta = -20°$和 $\delta = 20°$。每个二次绕组连接 1 个基本 6 脉波二极管整流器，并为一个单相 H 桥单元提供独立的直流电源，各相 H 桥单元的输出串联连接，形成一个三相交流电压为电动机供电。

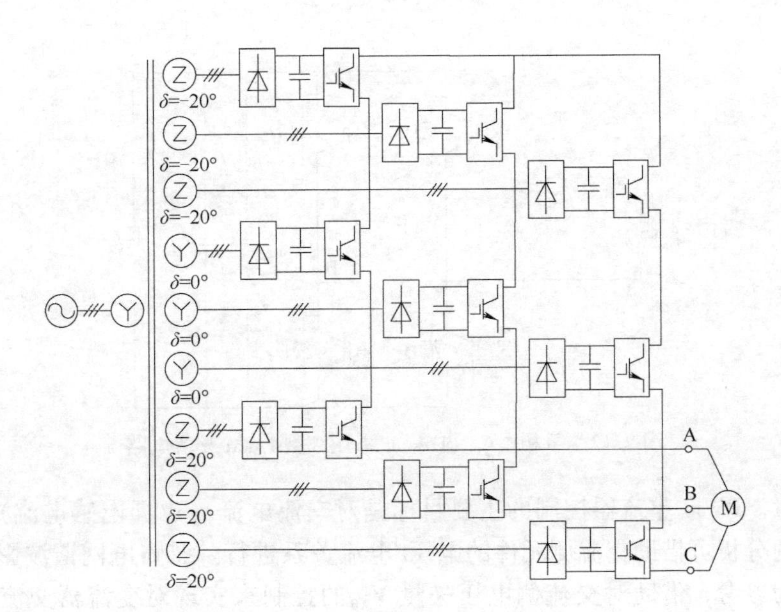

图 2.11　18 脉波并联分立型二极管整流器在级联 H 桥变频驱动系统中的应用

2.2　晶闸管整流器

将 2.1 节中各二极管整流器电路中的二极管替换为 SCR，即可得到对应的晶闸管整流电路，可用于高压直流输电系统的换流站（详见第 6 章）。基本 6 脉波晶闸管整流电路的工作原理可参考《电力电子技术》教材。

2.3　PWM 整流器

PWM 整流器用全控型功率开关器件取代前述整流电路中的半控型器件或二极管，以 PWM 斩波取代相控或不控，可大幅提升控制性能：①网侧功率因数控制；②能量双向传输控制；③较快的动态响应能力。

根据直流侧储能元件不同，可将 PWM 整流器分为电压源型和电流源型两类，本节以电压源型的电路为例，介绍单相和三相全桥电压型 PWM 整流电路的构成及其工作原理。

2.3.1　单相 PWM 整流电路

2.3.1.1　电路结构

图 2.12 为单相全桥（H 桥）电压源型 PWM 整流电路，也称为“功率因数校正器（Power Factor Correction，PFC）”，图中，v_{in}、L_f 和 i_{in} 分别为整流电路的交流电源电压、交流侧集总电感以及交流电流；v_o、i_o 和 C_f 分别为直流侧电压、电流以及电容，直流侧电容 C_f 用以滤波和储能，从而使直流侧输出呈低阻抗的电压源特性。

2.3.1.2　工作原理

在图 2.12 中，设 $\boldsymbol{V}_{in}$ 为电网电压矢量、$\boldsymbol{V}_{AB}$ 为交流侧 A、B 两点之间电压矢量、$\boldsymbol{V}_{Lf}$ 为

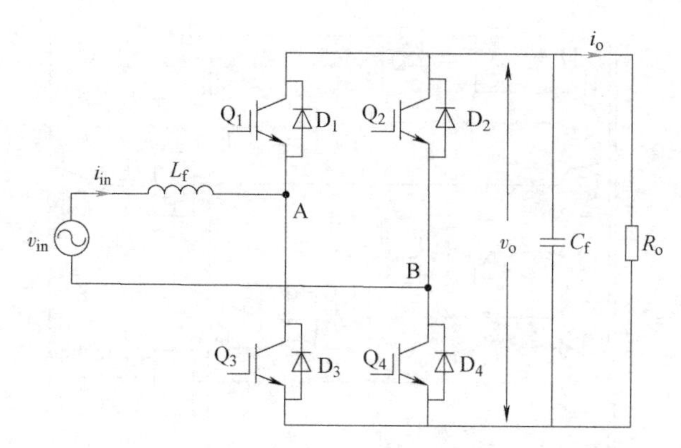

图 2.12　单相全桥（H 桥）电压源型 PWM 整流电路

电感电压矢量。PWM 整流器控制的主要目标是对交流电流（也即电感电流）进行控制，其工作原理的分析可借助交流侧元件的电压/电流关系进行。忽略电网谐波影响，以电网电压矢量作为参考，借助对交流侧电压矢量 $\boldsymbol{V}_{AB}$ 的控制来实现对变流器交流电流的间接控制。

对交流侧回路采用 KVL（基尔霍夫电压定律），可得

$$\boldsymbol{V}_{in}=\boldsymbol{V}_{Lf}+\boldsymbol{V}_{AB} \tag{2.28}$$

基于电感 L_f 的电压电流关系 $|\boldsymbol{V}_{Lf}|=\omega L_f|\boldsymbol{I}_{in}|$，可得整流器交流侧电压矢量 $\boldsymbol{V}_{AB}$ 端点的运动轨迹是以 $|\boldsymbol{V}_{Lf}|$ 为半径的圆，如图 2.13 所示，为全功率因数范围下整流器交流侧电压稳态运行矢量关系图，整流器交流侧电压矢量 $\boldsymbol{V}_{AB}$ 端点轨迹上有 4 个特殊的运行工作点 A、B、C、D，下面对工作状态进行分析。

（1）如图 2.13a 所示，当整流器交流侧电压矢量 $\boldsymbol{V}_{AB}$ 端点工作在 A 处时，交流电流矢量 $\boldsymbol{I}_{in}$ 和电网电压矢量 $\boldsymbol{V}_{in}$ 之间相角差为-90°，此时整流器只从电网吸收感性无功功率，可等效为纯电感；当交流侧电压矢量 $\boldsymbol{V}_{AB}$ 的端点位于 $\overset{\frown}{AB}$ 段时，整流器从电网吸收有功功率和感性无功功率，为阻感性整流运行，能量从电网流向整流器直流侧。

（2）如图 2.13b 所示，当整流器交流侧电压矢量 $\boldsymbol{V}_{AB}$ 端点工作在 B 处时，交流电流矢量 $\boldsymbol{I}_{in}$ 和电网电压矢量 $\boldsymbol{V}_{in}$ 同向，整流器只从电网吸收有功功率，可等效为纯电阻，即实现了单位功率因数运行；当交流侧电压矢量 $\boldsymbol{V}_{AB}$ 的端点位于 $\overset{\frown}{BC}$ 段时，整流器从电网吸收有功功率和容性无功功率，为阻容性整流运行，能量从电网流向整流器直流侧。

（3）如图 2.13c 所示，当整流器交流侧电压矢量 $\boldsymbol{V}_{AB}$ 端点工作在 C 处时，交流侧电流矢量 $\boldsymbol{I}_{in}$ 和电网电压矢量 $\boldsymbol{V}_{in}$ 相差为 90°，整流器只从电网吸收容性无功功率，可等效为纯电容；当交流侧电压矢量 $\boldsymbol{V}_{AB}$ 的端点位于 $\overset{\frown}{CD}$ 段时，电网侧从整流器直流侧吸收有功功率和容性无功功率，为阻容性逆变运行，能量从整流器直流侧流向电网。

（4）如图 2.13d 所示，当整流器交流侧电压矢量 $\boldsymbol{V}_{AB}$ 端点工作在 D 处时，交流电流矢量 $\boldsymbol{I}_{in}$ 和电网电压矢量 $\boldsymbol{V}_{AB}$ 相差为 180°，电网只从整流器直流侧吸收有功功率，可等效为负电阻。当交流侧电压矢量 $\boldsymbol{V}_{AB}$ 的端点位于 $\overset{\frown}{DA}$ 段时，电网从整流器直流侧吸收有功功率和感性无功功率，为阻感性逆变运行，能量从整流器直流侧流向电网。

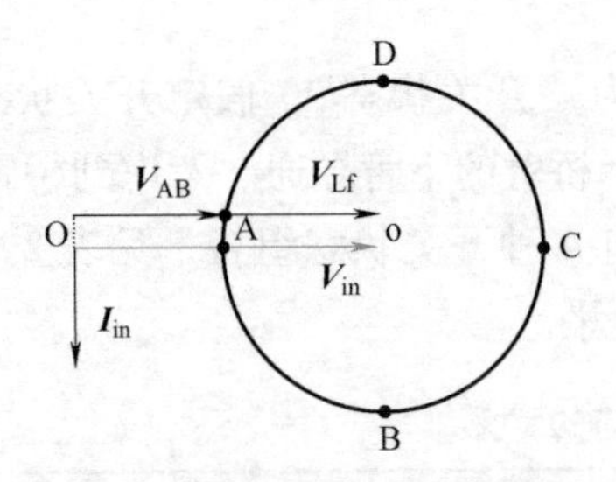

a1) 纯电感特性运行(A点)

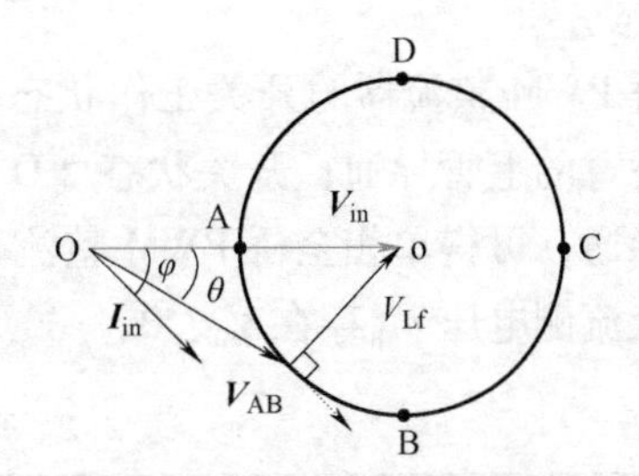

a2) 阻感性整流运行

a) $\overset{\frown}{AB}$段运行

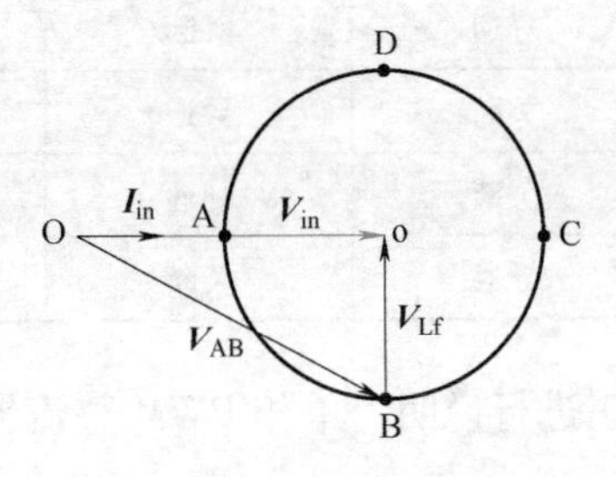

b1) 正阻特性运行(B点)

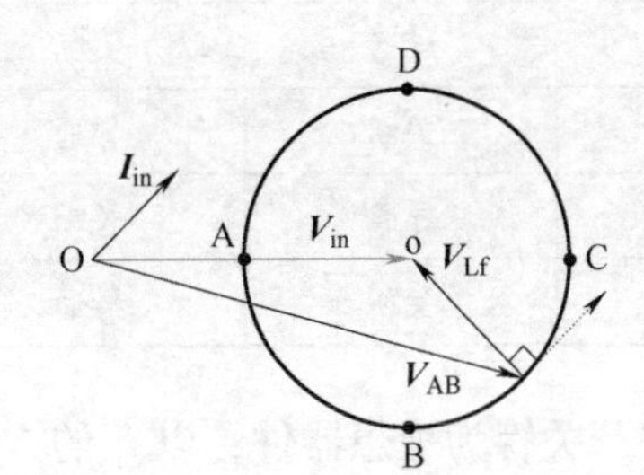

b2) 阻容性整流运行

b) $\overset{\frown}{BC}$段运行

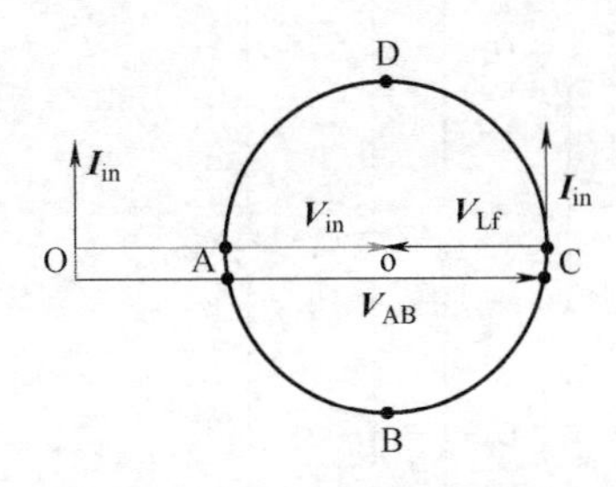

c1) 纯电容特性运行(C点)

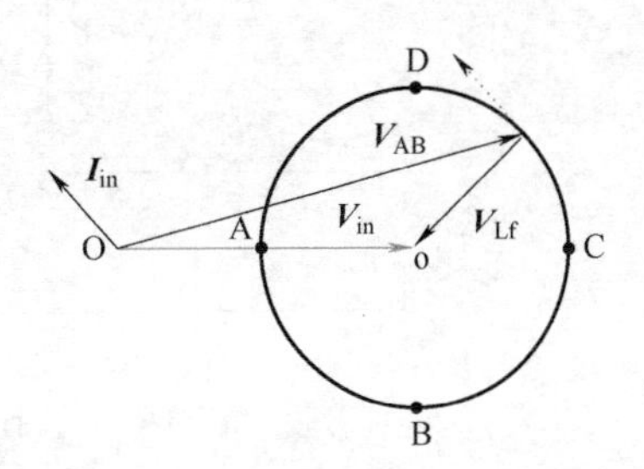

c2) 阻容性逆变运行

c) $\overset{\frown}{CD}$段运行

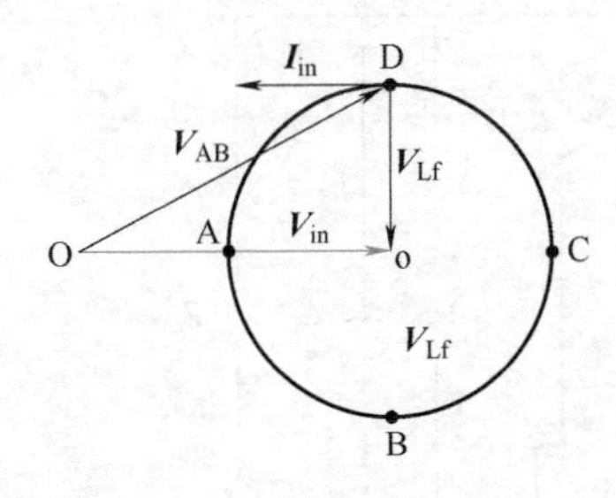

d1) 负阻特性运行(D点)

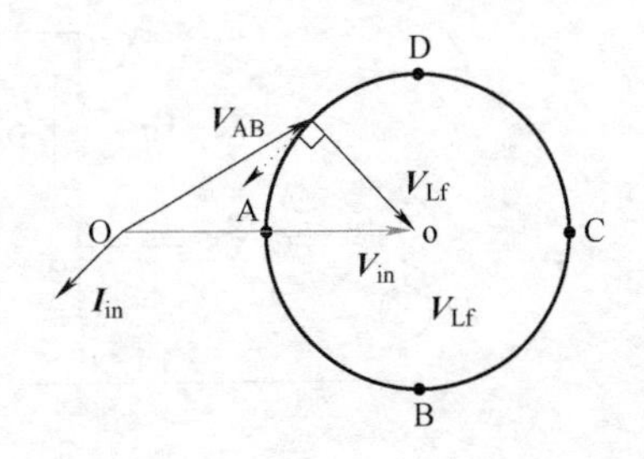

d2) 阻感性逆变运行

d) $\overset{\frown}{DA}$段运行

图 2.13　交流侧电压稳态运行矢量关系图

2.3.1.3 模态分析

单相全桥 PWM 整流器的开关工作状态也称为“开关状态”，假定开关状态［P］表示整流器一个桥臂的上管导通；开关状态［O］表示桥臂的下管导通。考虑到桥臂中两个开关管不能同时导通，可得单相全桥 PWM 整流器共有 4 种开关状态组合，见表 2.1。当开关状态不同时，交流侧电压 v_{AB}存在 V_o、0、$-V_o$ 3 种电平。

表 2.1 开关状态的定义

开关状态	A 相桥臂		B 相桥臂		交流侧电压
	Q_1	Q_3	Q_2	Q_4	v_{AB}
［PP］	导通	关断	导通	关断	0
［OO］	关断	导通	关断	导通	0
［PO］	导通	关断	关断	导通	V_o
［OP］	关断	导通	导通	关断	$-V_o$

假设功率开关管为理想器件，以 i_{in}的方向为正进行说明，单相 PWM 整流器有 4 种工作模态，如图 2.14 所示。

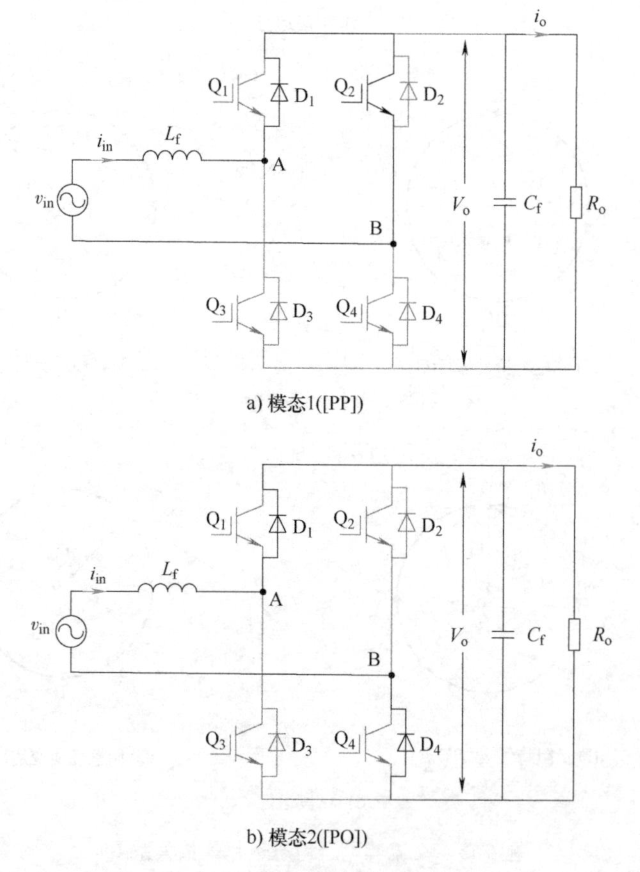

图 2.14 单相 PWM 整流器的 4 种工作模态

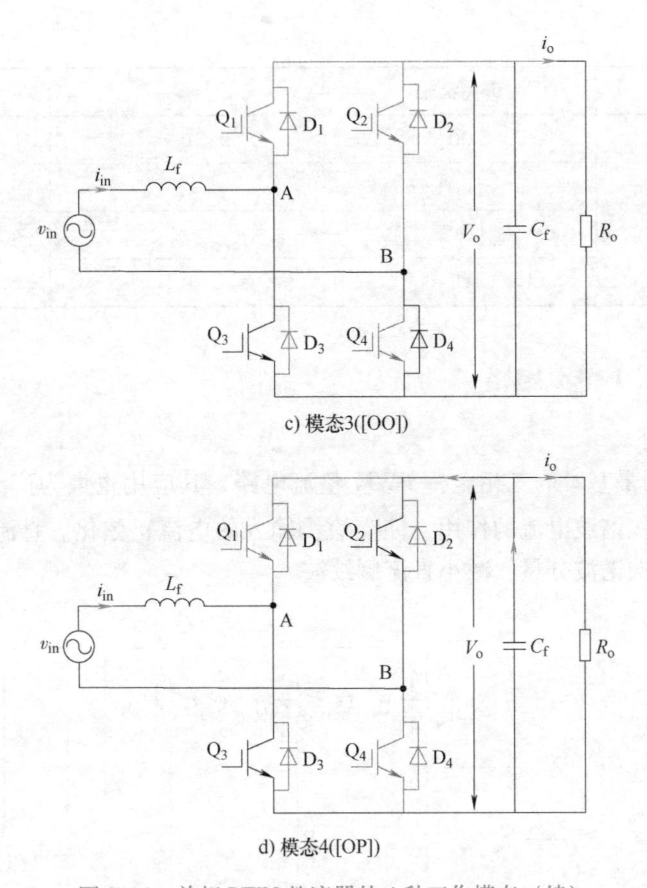

c) 模态3([OO])

d) 模态4([OP])

图2.14 单相PWM整流器的4种工作模态（续）

模态1：对应开关状态［PP］，如图2.14a所示，电压v_{in}和电流i_{in}同向。i_{in}从D_1管流入经Q_2管返回，对电感L_f储能；电容C_f为负载R_o供电，电容C_f两端电压下降。

模态2：对应开关状态［PO］，如图2.14b所示。电感L_f释能至直流侧，i_{in}经D_1、D_4管为电容C_f充电，并为负载R_o供电，且电容C_f两端电压升高，能量从交流侧传送至直流侧。

模态3：对应开关状态［OO］，如图2.14c所示，电压v_{in}和电流i_{in}反向。i_{in}从Q_3管流入经D_4管返回，电感L_f释能至交流侧。

模态4：对应开关状态［OP］，如图2.14d所示。i_{in}从Q_3管流入，经Q_2管为电感L_f储能，并向电网供电，能量从直流侧传送至交流侧。

与之类似，当i_{in}的方向为负时，可得到开关状态不同时直流侧电压V_o的变化规律，总结见表2.2。

表2.2 开关状态对直流侧电压的影响

i_{in}方向	开关状态	v_{AB}	V_o变化
正	[OO]	0	减小
	[PO]	V_o	增大
	[OP]	$-V_o$	减小
	[PP]	0	减小

（续）

i_{in}方向	开关状态	v_{AB}	V_o 变化
负	[OO]	0	减小
	[PO]	V_o	减小
	[OP]	$-V_o$	增大
	[PP]	0	减小

2.3.2 三相 PWM 整流电路

2.3.2.1 电路结构

图 2.15 所示为最基本的三相全桥 PWM 整流电路，其应用也最为广泛。交流侧电感 L_f 具有平衡和抑制高次谐波电流的作用，使交流侧输入的电流正弦化。直流侧电容 C_f 用以滤除直流电流中的高次谐波分量，减小直流侧纹波。

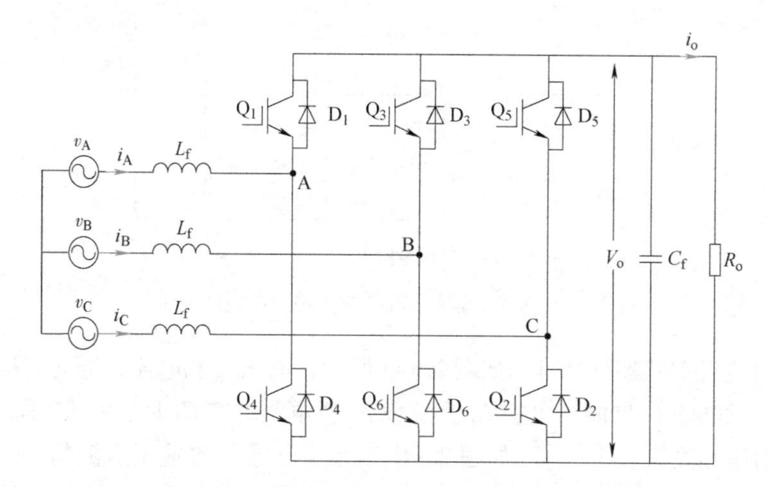

图 2.15 三相桥式 PWM 整流电路

2.3.2.2 工作原理

对于三相电压源型 PWM 整流器，可以任意控制其输入电流的变化。以 A 相为例，三相电压源型 PWM 整流器整流运行时，若要控制 A 相电流正方向流动（即流入整流器，$i_A>0$）且幅值（$|i_A|$）增大时，必须要使 Q_4 导通，而要使得 A 相电流正方向流动且幅值减小时，必须要关断 Q_4，使电流通过续流二极管 D_1；若要控制 A 相电流反方向流动（即流入整流器，$i_A<0$）且幅值增大时，必须要使得 Q_1 导通，而要使 A 相电流反方向流动且幅值减小时，必须要关断 Q_1，使电流通过续流二极管 D_4。总之，对于三相电压源型 PWM 整流器上、下桥臂的通断，由 $i_i(i=A,B,C)$ 和 Δi_i 来共同决定。

和上述单相 PWM 整流电路工作原理类似，三相全桥 PWM 整流器是通过功率器件的开通/关断来改变交流侧电流 i_A、i_B、i_C，改变其与电网电压的相位关系，从而达到控制功率因数角的目的。而三相电压源型 PWM 整流器的开关状态可由调制波来决定，从而使得输入电流按给定规律变化，具体控制方法详见本书 5.1.2 节。

2.3.2.3 模态分析

为便于换流模态分析，假设三相电网平衡，整流电路运行于单位功率因数状态。则在一个工频周期之内，可以划分为6个区域，如图2.16所示，每个区间均有固定的电流流向。下面对三相电压源型PWM整流器进行换流分析，以帮助理解电压源型PWM整流器的工作原理。以区间Ⅱ为例进行换流分析，由于网侧电流 i_i 与对应电网电压 v_i 同相位，此时有 $i_A>0$、$i_B<0$、$i_C<0$，且三相电流的流向保持不变。图2.17给出了三相电压源型PWM整流器在此区间内的所有可能换流工作模态。

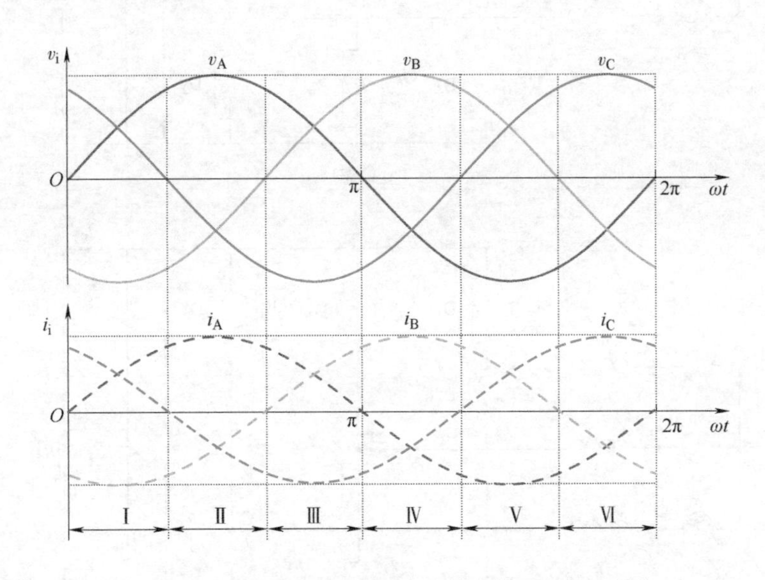

图2.16 三相桥式PWM整流电路工作过程相区划分

模态1：如图2.17a所示，电流经过 D_1，流经直流侧电容与负载（电容充电），再经过 D_6 和 D_2 流回到B相和C相。此阶段 $|i_A|$、$|i_B|$、$|i_C|$ 均减小。

模态2：如图2.17b所示，电流经过 D_1，流经 Q_5 回到C相；流经直流侧电容与负载（电容充电），再经过 D_6 回到B相。此阶段 $|i_A|$、$|i_B|$ 均减小，$|i_C|$ 增大。

模态3：如图2.17c所示，电流经过 D_1，流经 Q_3 回到B相；流经直流侧电容与负载（电容充电），再经过 D_2 回到C相。此阶段 $|i_A|$、$|i_C|$ 均减小，$|i_B|$ 增大。

模态4：如图2.17d所示，整流器下桥臂器件均为关断状态，电流经过 D_1、Q_3、Q_5 流回到B相和C相。此阶段 $|i_B|$、$|i_C|$ 均增大，$|i_A|$ 减小。

模态5：如图2.17e所示，整流器上桥臂器件均为关断状态，电流经过 Q_4、D_6、D_2 流回到B相和C相。此阶段 $|i_B|$、$|i_C|$ 均减小，$|i_A|$ 增大。

模态6：如图2.17f所示，流经过 Q_4，流经 D_6 回到B相；流经直流侧电容与负载（电容放电），再经过 D_5 回到C相。此阶段 $|i_A|$、$|i_C|$ 均增大，$|i_B|$ 减小。

模态7：如图2.17g所示，流经过 Q_4，流经 D_2 回到C相；流经直流侧电容与负载（电容放电），再经过 Q_3 回到B相。此阶段 $|i_A|$、$|i_B|$ 均增大，$|i_C|$ 减小。

模态8：如图2.17h所示，电流经过 Q_4，流经直流侧电容与负载（电容放电），再经过 Q_3 和 Q_5 流回到B相和C相。此阶段 $|i_A|$、$|i_B|$、$|i_C|$ 均增大。

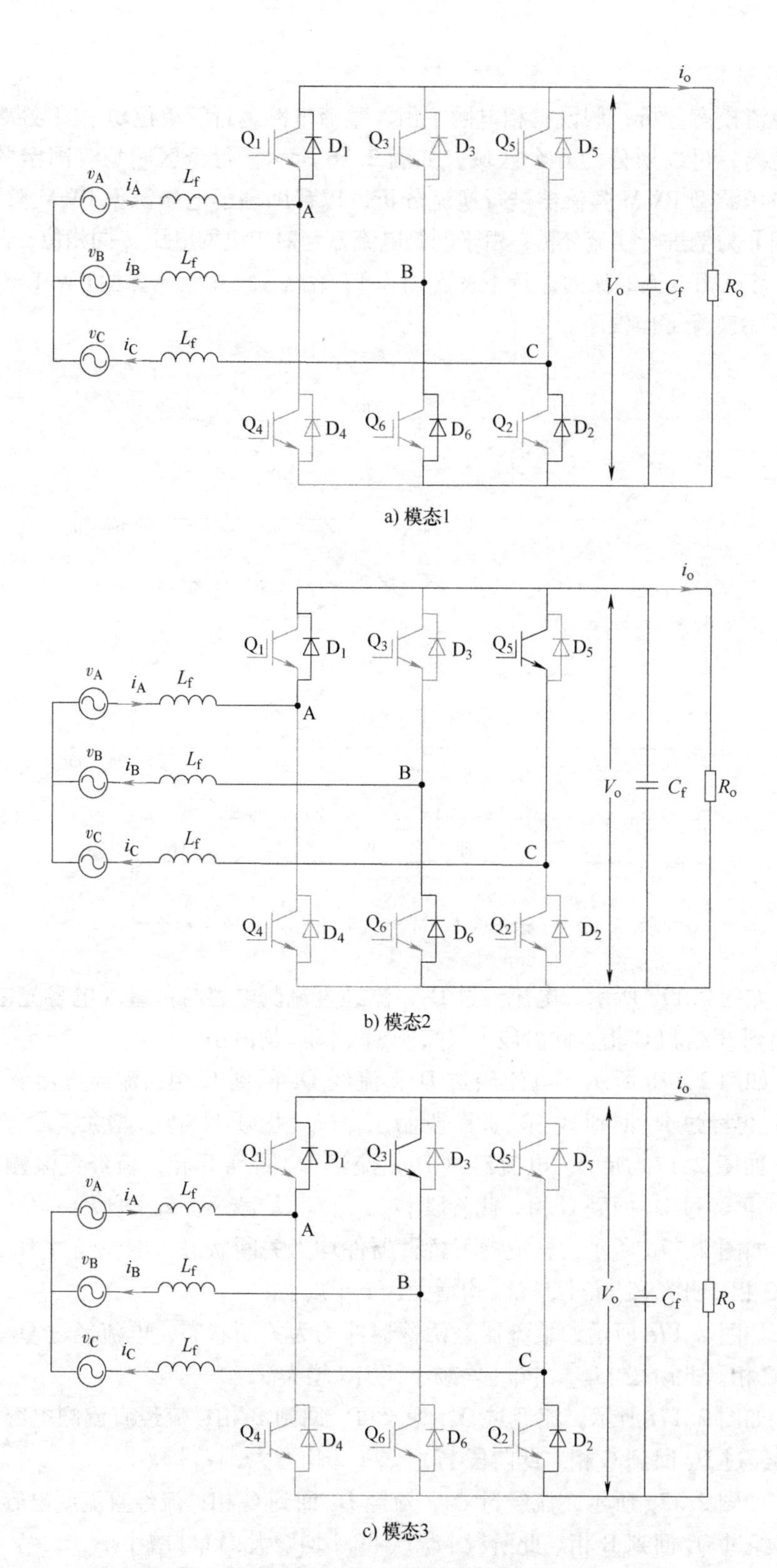

a) 模态1

b) 模态2

c) 模态3

图 2.17　三相 PWM 整流器的 8 种工作模态

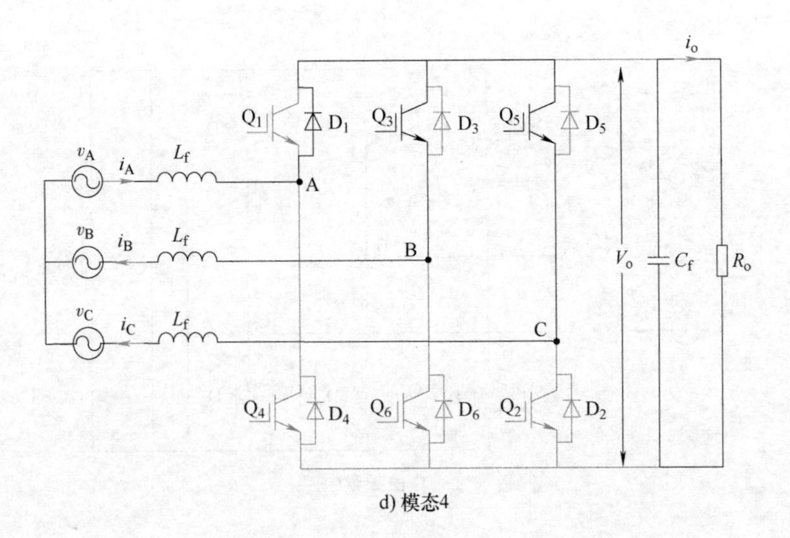

d) 模态4

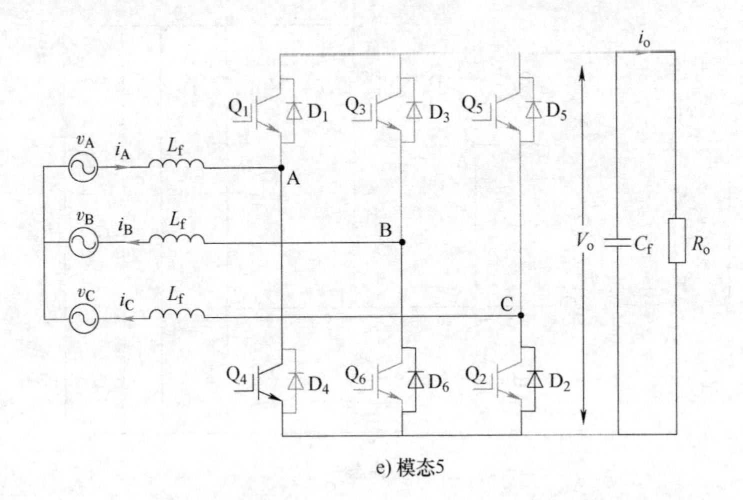

e) 模态5

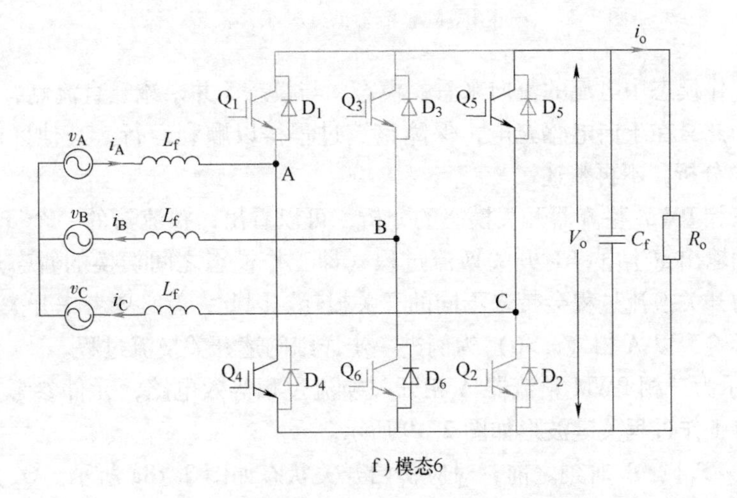

f) 模态6

图 2.17　三相 PWM 整流器的 8 种工作模态（续）

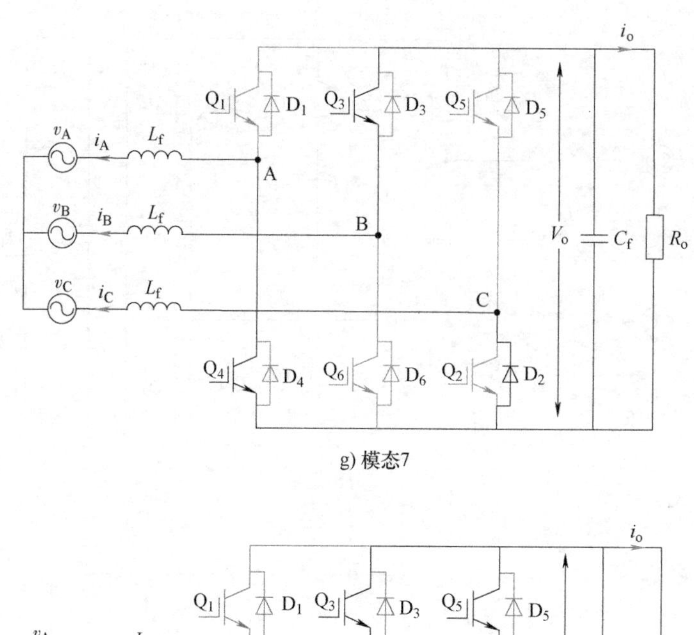

g) 模态7

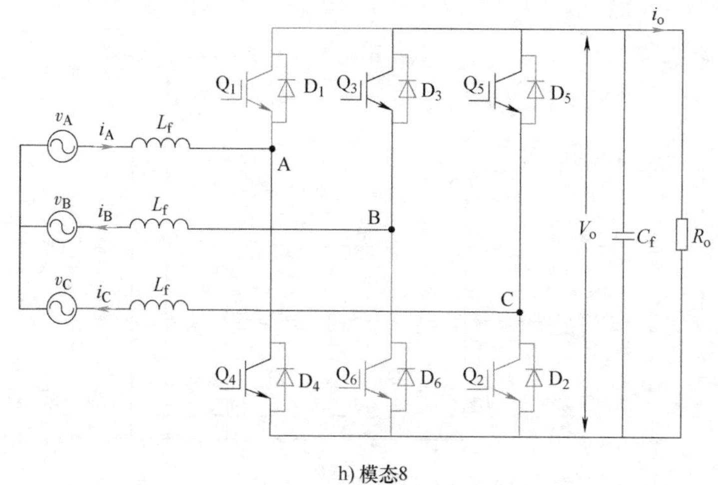

h) 模态8

图 2.17　三相 PWM 整流器的 8 种工作模态（续）

从这 8 种工作模态中电流的流向来看，模态 4 与模态 5 并未流经直流侧，没有整流的作用，但其存在的意义在于向电感充电，保障整流过程得以顺利运行。其他区间情况（运行阶段）类似这样分析，不再赘述。

基于前述三相 PWM 整流器开关模态的分析，可以看出，整流器的一个开关周期 T_s 中，由于开关器件的输出寄生电容对开关换流过程（即工作模态之间切换的暂态过程）具有重要影响，不同的开关换流过程会带来不同的开关损耗。因此，有必要考虑开关器件寄生电容对工作模态的影响，以 A 相（i_A>0）为例进一步详细阐述开关换流过程。

图 2.18 所示为三相 PWM 整流器 A 相开关换流过程等效电路，元件参考方向如图中箭头所示，其对应工作过程关键波形如图 2.19 所示。

阶段 1（T_0~T_1）： T_0 时刻之前，对应初始开关状态如图 2.18a 所示。Q_1 反并联二极管导通 D_1，经过死区延时 T_d 到 T_1 时刻，Q_4 开通，如图 2.18b 所示，i_{Q4} 和 i_{Q1} 共同承担电流 i_{Lf}。

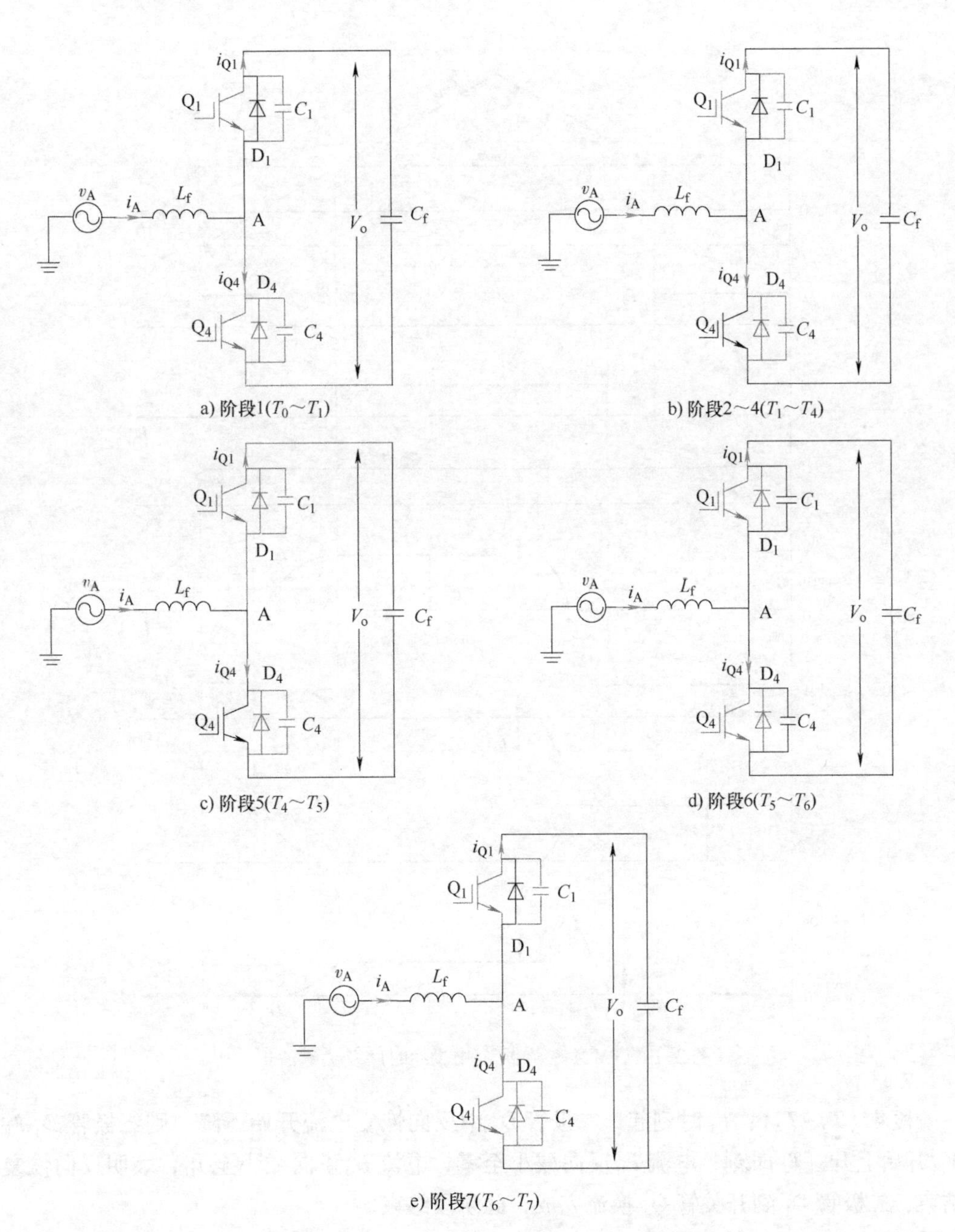

图 2.18　三相 PWM 整流器 A 相开关换流过程等效电路

阶段 2（T_1~T_2）： T_1 时刻，Q_4 开通，电流 i_{Q4}开始增大，电流 i_{Q1}开始减小；T_2 时刻，电流 i_{Q1}减小至零。

阶段 3（T_2~T_3）： T_2 时刻，二极管 D_1 中电流全部转移到 S_4 中，S_4 中电流 i_{Q4}增大至 i_{Lf}，此后二极管进入反向恢复阶段，D_1 中电流 i_{Q1}开始反向增大，由于在 1 个开关周期内，i_{Lf}基本保持不变，导致 S_4 中电流 i_{Q4}也继续增大，此期间 i_{Q4}的增加量是由二极管 D_1 反向恢复电流 I_{rr}导致的；T_3 时刻，电流 i_{Q1}增大至反向恢复电流峰值 I_{rr}，同时，电流 i_{Q4}也增大至（i_{Lf}+I_{rr}）。

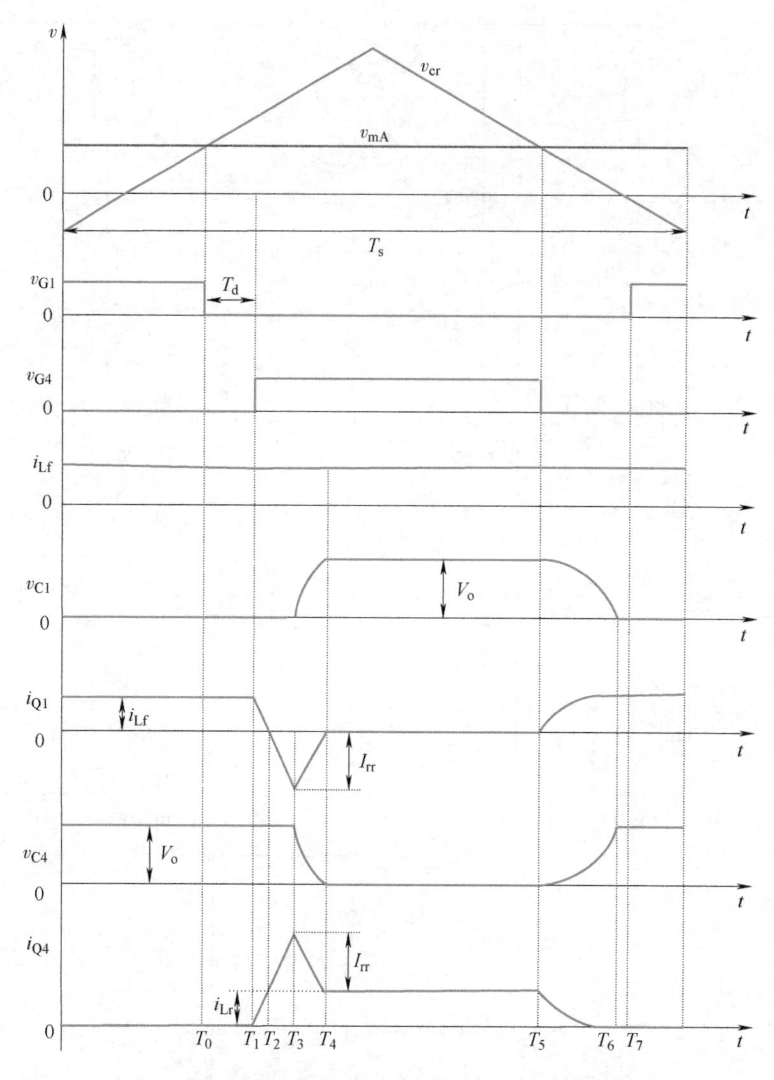

图 2.19　PWM 整流器 A 相驱动时序及关键波形

阶段 4（T_3~T_4）： T_3 时刻起，二极管 D_1 中反向恢复电流开始下降，则二极管 D_1 端电压 V_{c1}开始上升；T_4 时刻，电流 i_{Q1}反向减小至零，电流 i_{Q4}正向减小至 i_{Lf}，表明反向恢复过程结束，二极管 D_1 到开关管 Q_4 换流完成，此阶段结束。

阶段 5（T_4~T_5）： 如图 2.18c 所示，D_1 关断，Q_4 完全导通阶段。此时，$V_{C4}=0$，$V_{C1}=V_0$。T_5 时刻，Q_4 开始关断，此阶段结束。

阶段 6（T_5~T_6）： 如图 2.18d 所示，T_5 时刻，电流 i_{Lf}给 C_4 充电，C_1 放电，V_{C4}从 0 开始增加，电流 i_{Q4}逐渐降低，V_{C1}从 V_0 开始减小，i_{Q1}逐渐增大；T_6 时刻，V_{C1}降为 0，$V_{C4}=V_0$，此时 Q_4 完全关断，D_1 自然导通，开关管 Q_4 到二极管 D_1 换流完成，此阶段结束。

阶段 7（T_6~T_7）： 如图 2.18e 所示，T_6 时刻起，D_1 导通续流，如果此阶段开通 Q_1，Q_1 即为零电压开关（Zero-Voltage-Swtiching，ZVS）开通。T_7 时刻，Q_1 ZVS 开通，但由于电流 $i_A=i_{Lf}>0$，Q_1 的开通并不影响整流器工作状态。

根据上述分析，A 相桥臂下开关管 Q_4 存在一个硬开通（D_1 向 Q_4 换流），即只要在 t_1 时刻开通 Q_4，二极管 D_1 就会经历反向恢复过程；二极管 D_1 的反向恢复电流不仅流经 D_1，还流经开关 Q_4，引起 D_1 的反向恢复损耗和 Q_4 的开通损耗，这个换流过程称为换流类型Ⅰ。t_3 时刻，Q_4 关断，电感电流 i_{Lf} 给电容 C_4 充电、给 C_1 放电，借助寄生电容 C_1 和 C_4 的缓冲作用，Q_4 实现零电压（ZVS）关断，这个换流过程称为换流类型Ⅱ。一般来讲，换流类型Ⅰ可引入软开关技术来消除或减小换流损耗。

由上述工作模态换流分析可知，通过合理控制开关管的导通和关断时序，可控制每相输入电流的功率因数和波形质量，具体开关调制策略及其控制方法可分别详见本书 4.1 节和 5.1.2 节。

2.3.3 维也纳整流电路

三相维也纳（Vienna）整流器是一种三电平整流器，可减小网侧电感大小和提升电流质量。

2.3.3.1 电路结构

在图 2.20 所示的基本 Vienna 整流器中，主要有 6 个快恢复二极管（D_1~D_6）、3 个升压电感（L_f）、3 组双向开关（Q_A、Q_B、Q_C）和 2 个输出滤波电容（C_{f1}、C_{f2}）等构成。其中，双向开关（两个开关管共发射极串接而成）连接二极管桥臂中点和电容桥臂中点。

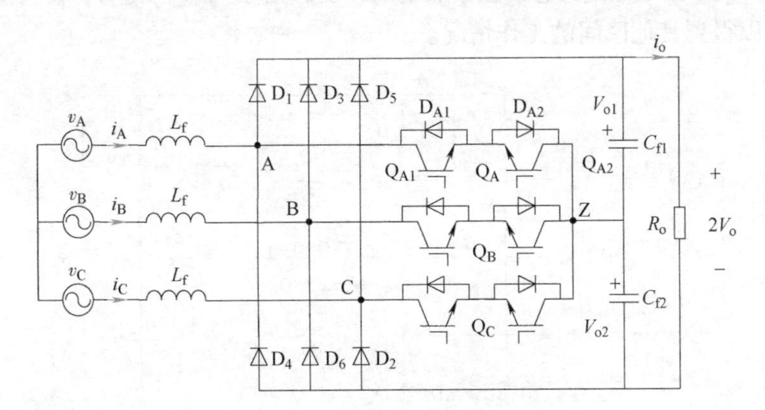

图 2.20 三相 Vienna 整流器

2.3.3.2 工作原理

为便于工作模态分析，如图 2.16 所示，将电网电压每个工频周期划分为 6 个间隔 60°的区间，下面以 $i_A<0$、$i_B>0$、$i_C<0$（即区间Ⅳ）的情况为例进行介绍，图 2.21 为该区间的工作模态。

模态 1：如图 2.21a 所示，此模态下 Q_A、Q_B、Q_C 均关断，有 $v_{AZ}=-V_{o2}$、$v_{BZ}=V_{o1}$、$v_{CZ}=-V_{o2}$。同时，电源通过电感 L_f 对电容 C_{f1}、C_{f2}同时充电，但中点电压不变；由于水平开关管均为关断，$i_Z=0$。

模态 2：如图 2.21b 所示，此模态下 Q_A 与 Q_B 关断，Q_C 导通，有 $v_{AZ}=-V_{o2}$、$v_{BZ}=V_{o1}$、$v_{CZ}=0$。同时，电源通过电感 L_f 对电容 C_{f1}充电、C_{f2}放电，导致 V_{o1}增大，V_{o2}减小，中点电压降低；此时 i_Z 流出中点，有 $|i_Z|=|i_C|$。

模态3：对应图2.21c，此模态下 Q_B 开通，Q_A 与 Q_C 关断，有 $v_{AZ}=-V_{o2}$、$v_{BZ}=0$、$v_{CZ}=-V_{o2}$。同时，电源通过电感 L_f 对电容 C_{f2} 充电，C_{f1} 对负载放电，导致 V_{o2} 增大，V_{o1} 减小，中点电压升高；此时 i_Z 流入中点，有 $|i_Z|=|i_B|$。

模态4：对应图2.21d，此模态下 Q_A 关断，Q_B 与 Q_C 开通，有 $v_{AZ}=-V_{o2}$、$v_{BZ}=0$、$v_{CZ}=0$。同时，电源通过电感 L_f 对电容 C_{f2} 充电，C_{f1} 对负载放电，导致 V_{o2} 增大，V_{o1} 减小，中点电压降升高；此时由于 $|i_B|>|i_C|$，使得 i_Z 流入中点，有 $|i_Z|=|i_B|-|i_C|$。

模态5：对应图2.21e，此模态下 Q_A 导通，Q_B 与 Q_C 关断，有 $v_{AZ}=0$、$v_{BZ}=V_{o1}$、$v_{CZ}=-V_{o2}$。同时，电源通过电感 L_f 对电容 C_{f1} 充电，C_{f2} 对负载放电，导致 V_{o1} 增大，V_{o2} 减小，中点电压降低；此时 i_Z 流出中点，有 $|i_Z|=|i_A|$。

模态6：对应图2.21f，此模态下 Q_A 与 Q_C 导通，Q_B 关断，有 $v_{AZ}=0$、$v_{BZ}=V_{o1}$、$v_{CZ}=0$。同时，电源通过电感 L_f 对电容 C_{f1} 充电，C_{f2} 对负载放电，导致 V_{o1} 增大，V_{o2} 减小，中点电压降低；此时 i_Z 流出中点，有 $|i_Z|=|i_A|+|i_C|$。

模态7：对应图2.21g，此模态下 Q_A 与 Q_B 导通，Q_C 关断，有 $v_{AZ}=0$、$v_{BZ}=0$、$v_{CZ}=-V_{o2}$。同时，电源通过电感 L_f 对电容 C_{f2} 充电，C_{f1} 对负载放电，导致 V_{o2} 升高，V_{o1} 降低，中点电压升高；此时由于 $|i_B|>|i_A|$，使得 i_Z 流入中点，有 $|i_Z|=|i_B|-|i_A|$。

模态8：对应图2.21h，此模态下 Q_A、Q_B、Q_C 均导通，有 $v_{AZ}=0$、$v_{BZ}=0$、$v_{CZ}=0$。同时，电容 C_{f1}、C_{f2} 同时对负载放电，但中点电压不变；由于 $i_A+i_B+i_C=0$，使得 $i_Z=0$。

同理，可以得到其他区间的工作情况。

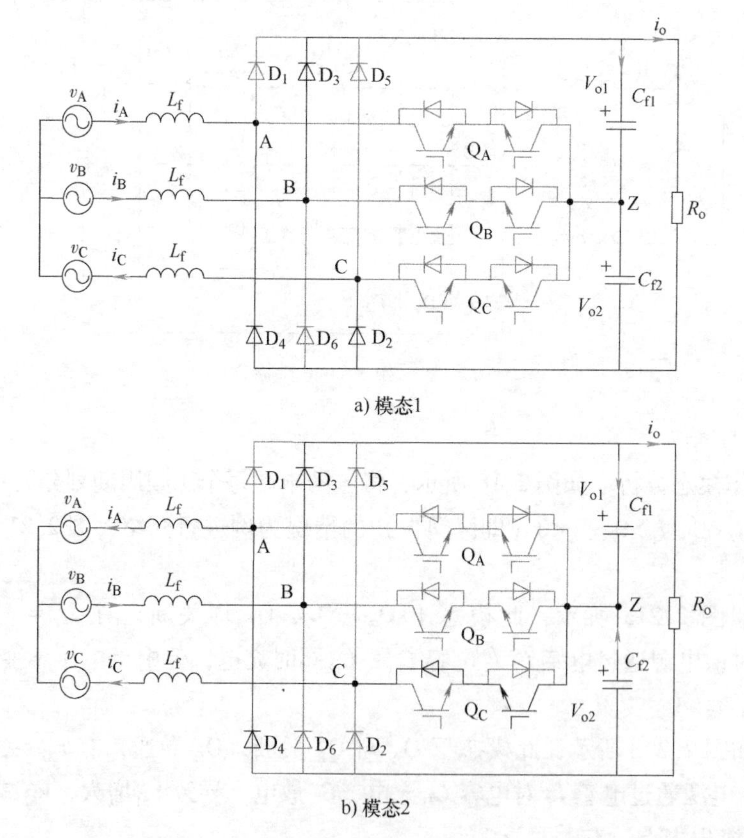

a) 模态1

b) 模态2

图2.21 $i_A<0$、$i_B>0$、$i_C<0$ 运行阶段下的Vienna整流器工作模态

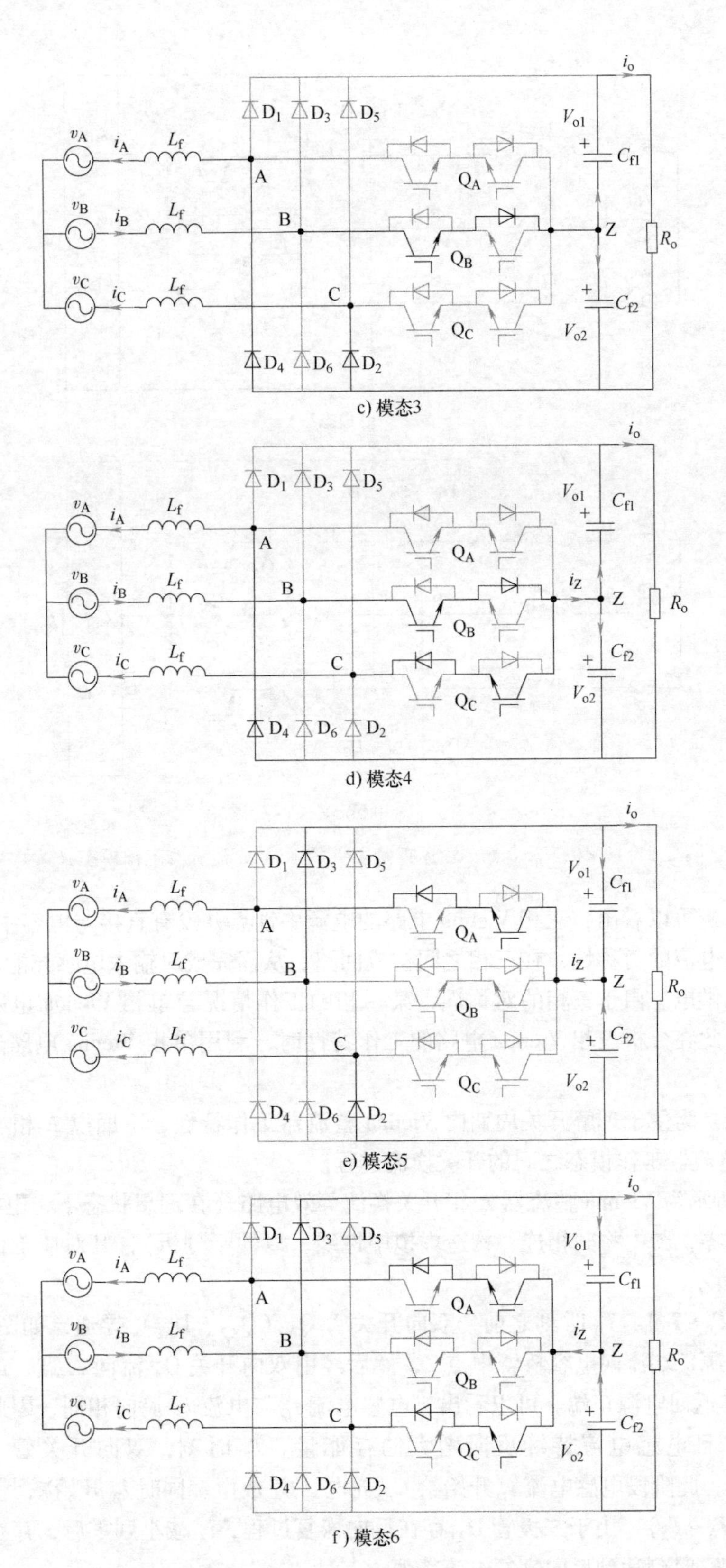

c) 模态3

d) 模态4

e) 模态5

f) 模态6

图 2.21　$i_A<0$、$i_B>0$、$i_C<0$ 运行阶段下的 Vienna 整流器工作模态（续）

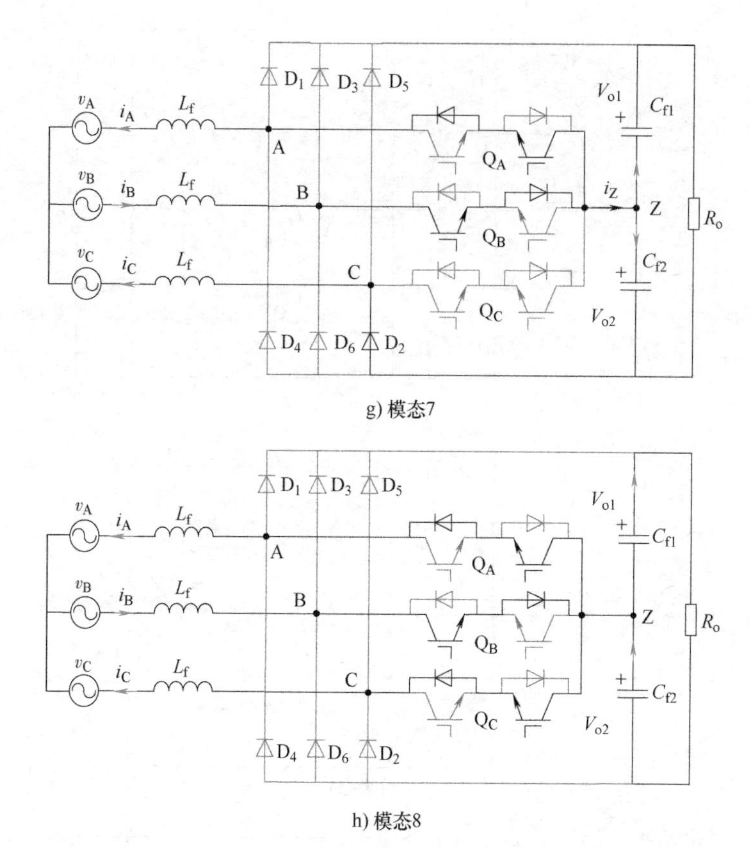

g) 模态7

h) 模态8

图 2.21　$i_A<0$、$i_B>0$、$i_C<0$ 运行阶段下的 Vienna 整流器工作模态（续）

经以上分析可以看出，三相 Vienna 电路的电源中性点并没有直接与电容中性点 Z 相连，而是利用三相电流的对称性，在三相之间构成回路，从而完成对输入电感充能，对输出电容充电，对负载供电。由于三相的对称性，某一相的工作情况与单相 Vienna 电路的工作情况基本一致，因此在分析三相 Vienna 电路的工作特性时，利用单相 Vienna 电路进行等效，简化分析。

进一步地，为便于理解开关周期内 Vienna 整流器工作特性，下面以 A 相（$i_A<0$）为例阐述 Vienna 整流器工作模态之间的开关换流过程。

图 2.22 所示为 Vienna 整流器 A 相开关换流等效电路（在理想状态下，电源中性点与 Z 点间的电位为零，图中将其相连，构造虚拟中性线，以便于分析），其对应工作过程关键波形如图 2.23 所示。

阶段 1（T_0~T_1）：T_0 时刻之前，双向开关管 Q_A（Q_{A2}、D_{A1}）导通，如图 2.22a 所示。电流首先从电源负端流向电容桥臂中点 Z，然后经由双向开关 Q_A 流向 A 点，最后经过交流侧滤波电感 L_f 返回电源正端。可以看出，电感电流 i_{Lf}与电流 i_A 流向相同，因此电感电流始终小于零，并且电感电流持续反向增大储存能量。T_0 时刻，双向开关管 Q_A 关断，如图 2.22b 所示。此阶段电感电流 i_{Lf}开始给 C_{A2}充电、C_4 放电；同时 i_Z 开始减小。

阶段 2（T_1~T_2）：由于二极管 D_{A1}存在反向恢复过程，i_Z 减小到零后，存在反向恢复电流反向增大，T_2 时刻达到反向恢复电流峰值 I_{rr}。

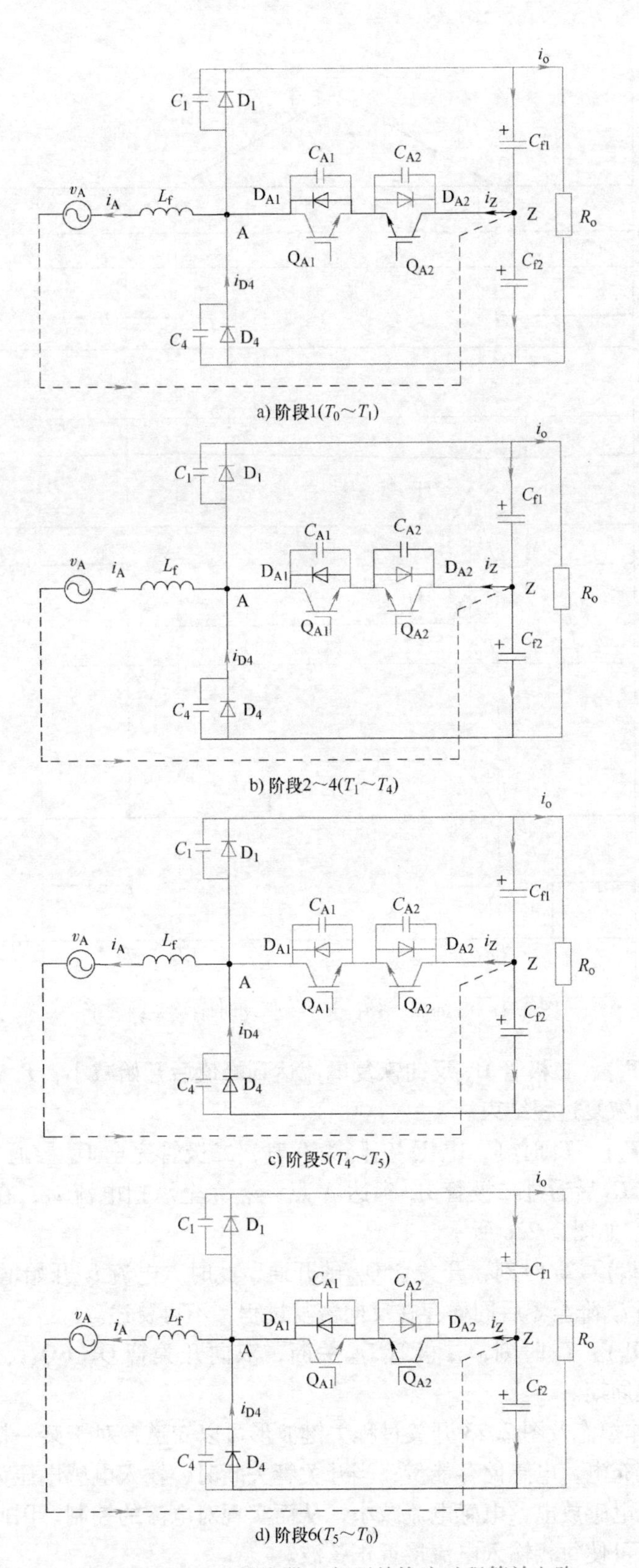

图 2. 22　Vienna 整流器 A 相开关换流过程等效电路

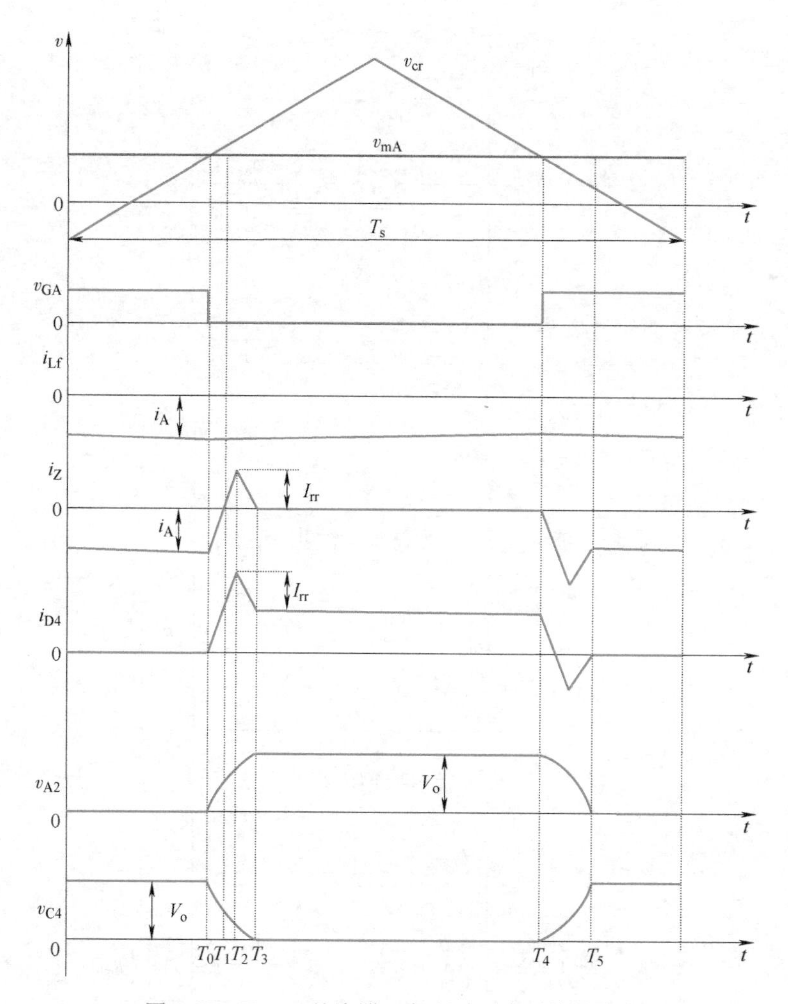

图 2.23　Vienna 整流器 A 相驱动时序及关键波形

阶段 3（T_2~T_3）：二极管 D_{A1}反向恢复电流达到峰值后开始减小，T_3 时刻，i_Z 再次减小到零后意味着反向恢复过程结束。

阶段 4（T_3~T_4）：T_3 时刻，电压 V_{C4}降为 0 时，二极管完全 D_4 导通，V_{A2} 达到最大值 V_o，电流经下电容 C_{f2}后通过二极管 D_4 到达 A 点，i_{D4}完全承担电流 i_A，在此期间，电感 L_f 为 C_{f2}和负载供电，如图 2.22c 所示。

阶段 5（T_4~T_5）：T_4 时刻，开关管 Q_{A2}硬开通，此时，电流 i_Z 开始增加，i_{D4} 减小，如图 2.22d 所示。当 i_{D4}降至零后同样存在反向恢复过程，不再赘述。

阶段 6（T_5~T_0）：T_5 时刻，二极管 D_4 关断，双向开关管 Q_A（Q_{A2}、D_{A1}）完全导通，重新进入下一开关周期。

从图 2.22 工作模态及图 2.23 开关过程关键波形可以知道，对于某一相，当开关管导通时，对应输入电感充电，电感储存能量；当开关管关断时，输入电感电压为直流侧电压与交流电压之差，输入电感放电，电感电流减小，从而实现对电流的控制。因此，合理控制开关管的导通和关断，可使每相输入电流接近正弦波。

2.3.3.3 开关状态及其电压矢量

根据上述三电平 Vienna 电路工作模态分析，可以得其开关工作状态见表2.3。对于A相桥臂，开关状态［P］表示桥臂上端二极管（D_1）导通，整流器A端相对于中点Z的端电压为$v_{AZ}=+V_o$同样地，［N］表示桥臂下端二极管（D_4）导通，此时$v_{AZ}=-V_o$；而［O］表示桥臂连接水平双向开关管（Q_A）导通，此时$v_{AZ}=0$。特别说明的是，在［O］状态时，双向开关管（Q_A）中哪只开关管（Q_{A1}/Q_{A2}）导通取决于A相电流的方向，例如，A相正向电流（$i_A>0$）时主开关管Q_{A1}和Q_{A2}的反并联二极管D_{A2}导通，则A端通过导通的主开关管Q_{A1}和二极管D_{A2}连接到中点Z；当$i_A<0$时，A端通过导通的主开关管Q_{A2}和二极管D_{A1}连接到中点Z。对于B、C相桥臂，开关状态分析类似。

表2.3 三电平 Vienna 电路桥臂开关状态

开关状态	器件开关状态（A相）				桥臂输出电压
	D_1	D_4	Q_{A1}/D_{A1}	Q_{A2}/D_{A2}	v_{iZ}（i=A，B，C）
［P］	导通	关断	关断/关断	关断/关断	V_o
［O］	关断	关断	导通/关断（$i_A>0$） 关断/导通（$i_A<0$）	关断/导通（$i_A>0$） 导通/关断（$i_A<0$）	0
［N］	关断	开通	关断	关断	$-V_o$

从表2.3可以看出，二极管D_1、D_4和Q_A运行在互补模式，即一个开关导通，另两个必须关断。同样地，B、C桥臂也运行在互补模式。

通过上述开关工作状态，Vienna 整流器每相桥臂的运行状态可以用3个开关状态［P］、［O］和［N］表示，三相 Vienna 整流器一共有27种开关状态，但由于输出电压与电流方向存在一定的联系，Vienna 整流器为三相对称系统，三相电流不可能同时为正或负。因此，Vienna 整流器不存在开关状态［PPP］和［NNN］，只有一个零电位输出组合（［OOO］），一共可以输出25组有效的电平状态，这与4.3节三电平中点钳位逆变器稍有不同（27组有效的电平状态，包含［PPP］和［NNN］两种零电位输出组合），但开关状态在$\alpha\beta$坐标系下所对应的空间矢量分布与三电平中点钳位逆变器一致，基本矢量的分类原理及其分类结果相同，具体详见4.3节。

2.3.3.4 基本矢量对中点电压偏移的影响

下面对各类矢量对中点电位的影响进行分析。为便于理解，图2.24给出了各类型矢量对中点电位影响的等效示意图。

（1）对于大矢量（［PPN］），由于三相桥臂没有与输出中点相连接，故不改变中点电压，如图2.24a所示。

（2）对于零矢量（［OOO］），由于三相桥臂都与输出中点相连接，如图2.24b所示，有$i_Z=i_A+i_B+i_C=0$，故对中点电压不产生影响。

（3）对于中矢量（［PON］），B相桥臂与输出中点相连接，有$i_Z=i_B$，故对输出中点电压的影响取决于电流i_B的方向，分别如图2.24c、d所示。当i_Z流入中点（$i_Z>0$）时，电容C_{f1}放电、C_{f2}充电，$\Delta V=V_{o1}-V_{o2}<0$，导致中点电位上升；而当i_Z流出中点（$i_Z<0$）时，电容C_{f1}充电、C_{f2}放电，$\Delta V=V_{o1}-V_{o2}>0$，导致中点电位下降。

（4）对于小矢量，是成对出现，［PPO］和［OON］分别是P型和N型小矢量对应的

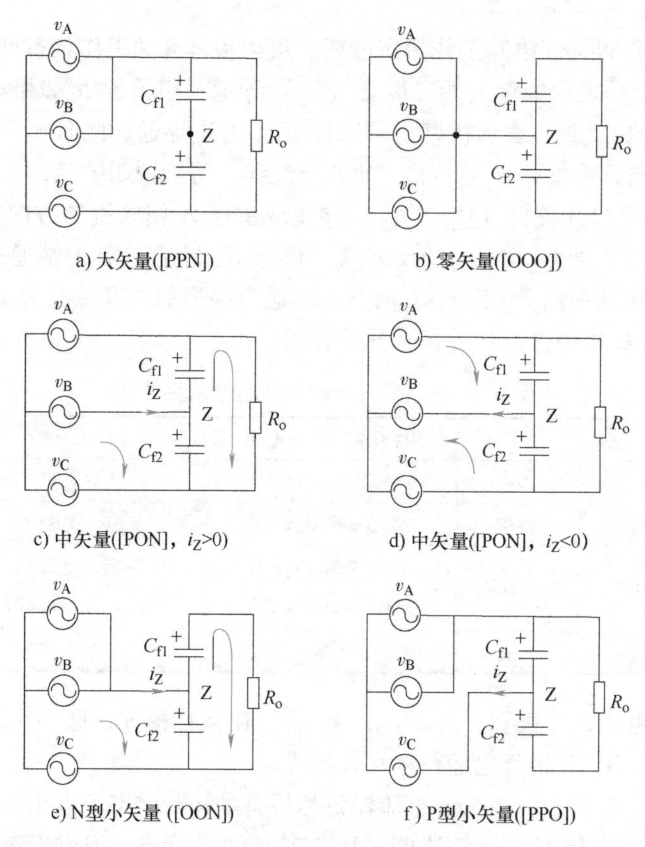

图 2.24　各类型矢量对中点电位的影响等效示意图

开关状态，如图 2.24e、f 所示。当 N 型小矢量（[OON]）作用时，电容 C_{f1} 放电、C_{f2} 充电，$\Delta V=V_{o1}-V_{o2}<0$，导致中点电位上升；而当 P 型小矢量（[PPO]）作用时，电容 C_{f1} 充电、C_{f2} 放电，$\Delta V=V_{o1}-V_{o2}>0$，导致中点电位下降。

直流侧的中点电位变化量 ΔV 为

$$\Delta V=\frac{1}{2C_f}\int i_Z \mathrm{d}t \tag{2.29}$$

由式（2.29）可知，中点电流的积分量与中点电位的变化量成正比。可见，中点电流的流入或流出是导致中点电位不平衡的根本原因。

上述基本矢量对中点电压偏移影响机理的分析表明：中、小矢量作用会使中点电位产生偏移，其中对于中矢量而言，输出中点电压的影响取决于相桥臂电流的方向，因此，消除中矢量产生的影响需要根据电流极性而定，但正、负小矢量对中点电位的影响恰好相反，可以通过改变它们的作用时间来抵消对中点电位的影响。

习　题

1. 已知某单相交流二极管整流电路供电电压为理想电压源，电压有效值为 220V、频率为 50Hz，交流电流基波幅值为 50A、3 次谐波幅值为 42A、5 次谐波幅值为 24A、7 次谐波幅值为 6A、9 次谐波幅值为

3.1A、11次谐波幅值为2.3A，其中基波电流滞后电源电压为15°，试计算输入交流电流的THD和DPF。

2. 利用MATLAB/Simulink仿真软件搭建如图2.2所示的6脉波二极管整流电路并回答以下问题：

（1）请分别绘制出轻载（0.2pu）和额定负载（1.0pu）条件下，整流器交流电源侧的电流波形，并分析其谐波含量分布情况。

（2）请绘制出线路电感 L_f 分别为0.05pu、0.1pu和0.15pu时，负载变化范围为0~1pu情况下，整流器的THD和PF变化曲线图，并分析曲线变化的原因。

3. 利用MATLAB/Simulink仿真软件搭建如图2.5所示12脉波串联型二极管整流电路。电感 L_f 通常随供电电源的功率及运行情况而变化。为了考察 L_f 的影响，请绘制出线路电感 L_f 分别为0.05pu、0.1pu和0.15pu时，负载变化范围为0~1pu情况下，整流器的THD和PF变化曲线图。

4. 利用MATLAB/Simulink仿真软件搭建如图2.10所示12脉波并联分立型二极管整流电路，并回答以下问题：

绘制线路电感 L_f 分别为0.05pu、0.1pu和0.15pu时，负载变化范围为0~1pu情况下，整流器的THD和PF变化曲线图。

5. 什么是PWM整流电路，它和二极管整流电路的工作原理和性能有何不同？

6. 在图2.15中，分析三相电压源型PWM整流器运行于单位功率状态时，在区间Ⅰ内的换流过程，并绘制对应工作模态图。

7. 在图2.18中，画出维也纳整流器运行于单位功率状态时，在区间Ⅴ内的工作模态图，并尝试分析电流变化对中点电压的影响。

第3章 直流-直流变换装置

直流-直流（DC-DC）变换常被称为“直流变换器”，或“开关电源”。按照是否带隔离变压器，直流变换器可分为非隔离型和隔离型两种。

3.1 非隔离变换器

3.1.1 基本非隔离型电路

非隔离变换器主要有6种具有不同工作原理的电路结构，包括Buck变换器、Boost变换器、Buck-Boost变换器、Cuk变换器、Zeta变换器和Sepic变换器，考虑到《电力电子技术》教材中已对它们的工作原理进行了详细分析，本节仅列出几种基本非隔离变换器的电路图，如图3.1所示。

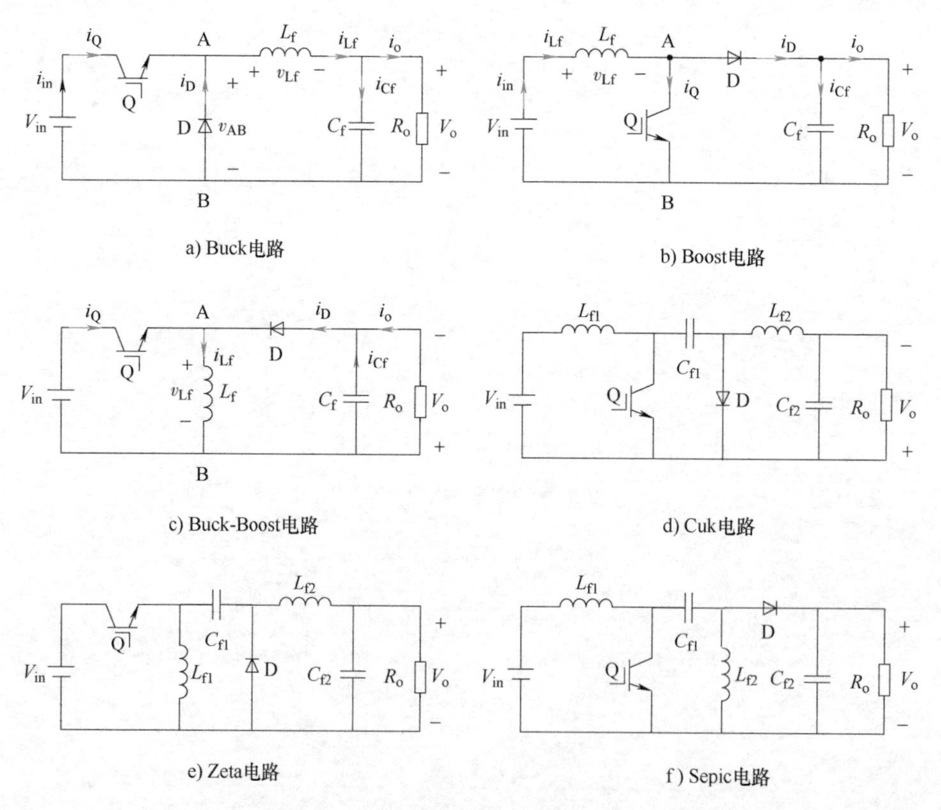

图3.1 基本非隔离变换器

3.1.2 高增益电路

由 Boost 变换器工作原理可知，当变换器工作于电感电流连续模式（Current Continuous Mode，CCM）时，其电压增益为 $1/(1-D)$。理论上，可以通过增加输入电压 V_{in} 或者增大占空比 D 来获取更高输出电压 V_o，但一般情况下很难通过增加输入电压 V_{in} 来提高其输出电压 V_o；同时，受电路线路和元器件寄生参数的影响，电压增益甚至会随占空比 D 增大而减小，不能满足高输出电压的应用需求。本节介绍 2 种典型的实现大升压比的拓扑结构。

3.1.2.1 级联型高增益直流变换器

该类型变换器是最简单、最直接的提升输出电压的方法，其原理是将两个或者多个直流变换器依次前后级联，即上一级变换器的输出为下一级变换器的输入，得到总输出电压增益为各级变换器电压增益之积，进而达到提升变换器升压能力的目的。图 3.2 所示为两个 Boost 变换器前后级联构建而成的级联型高增益直流变换器。

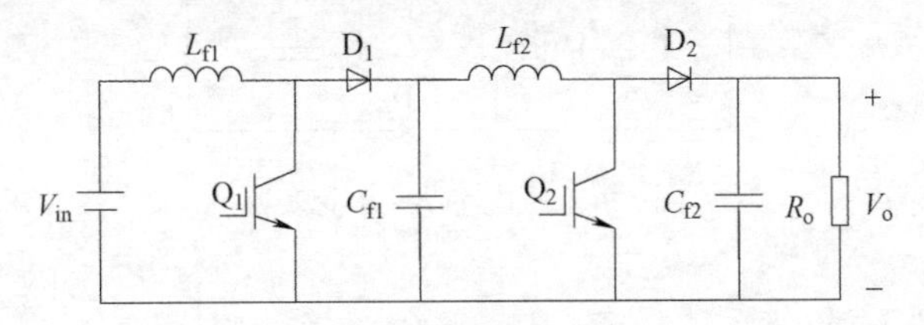

图 3.2 两级 Boost 级联型高增益直流变换器

当变换器的两个开关管 Q_1 和 Q_2 的占空比相同时，其电压增益为 $1/(1-D)^2$。在前级变换器中，开关器件的电压应力较小，功耗较小；而后级变换器开关器件的电压应力较高，导致其开关损耗较大，且输出侧二极管的反向恢复损耗较大。从输出功率角度考虑，级联型变换器中所有开关器件都工作在硬开关状态，等效导通电阻比较大，增加了变换器损耗，而且能量是通过级联单元层层传递转换，损耗级级递增，导致变换器系统的最终效率较低。因此该级联型高增益直流变换器不适用于高效率应用场合。

上述级联型变换器的构建不改变单个变换器的拓扑结构，使得级联型变换器中至少存在两个开关器件和两套控制系统，导致变换器系统结构复杂、成本高。若图 3.2 中的开关管 Q_1、Q_2 工作状态保持一致，则这两个开关管可以集成，得到如图 3.3 所示拓扑结构。

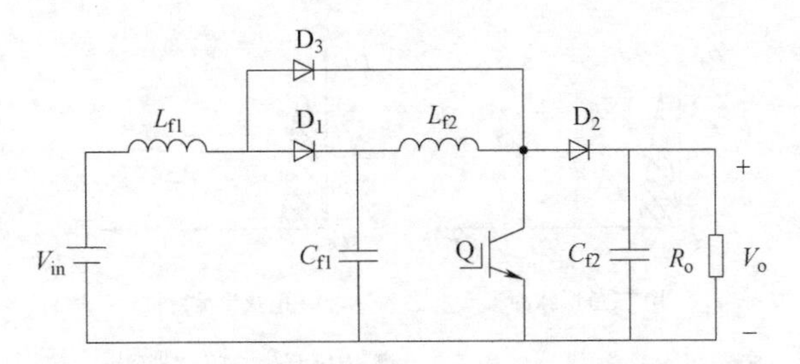

图 3.3 单开关二次升压 Boost 级联型高增益直流变换器

简化后的变换器只含有一个有源开关管 Q，与图 3.2 相比，降低了系统的控制难度，同时电压增益也可保持为 $1/(1-D)^2$。但为了与图 3.2 所示变换器工作原理保持一致，图 3.3 将 Q_1、Q_2 合并为 Q 的同时又增加了一个二极管 D_3，且开关管和二极管仍处于硬开关状态，电压应力等于输出电压，输出侧二极管的反向恢复问题依旧存在。因此级联型高增益变换器常用于中小功率等级的场合。

3.1.2.2 三电平高增益直流变换器

如图 3.4 所示，原 Boost 变换器的有源开关管被两个有源开关管替换。当两个开关管交替导通时，该变换器的电压增益可提升为原 Boost 变换器电压增益的两倍，且每个开关管和二极管的电压应力减小为输出电压的 1/2，在实际设计过程中，可选择电压应力较低的元器件，从而减小电路损耗，提高变换器效率。但三电平 Boost 变换器也会因为两个开关管占空比不能完全一致而出现中点电位偏移问题，需要增加均衡控制。

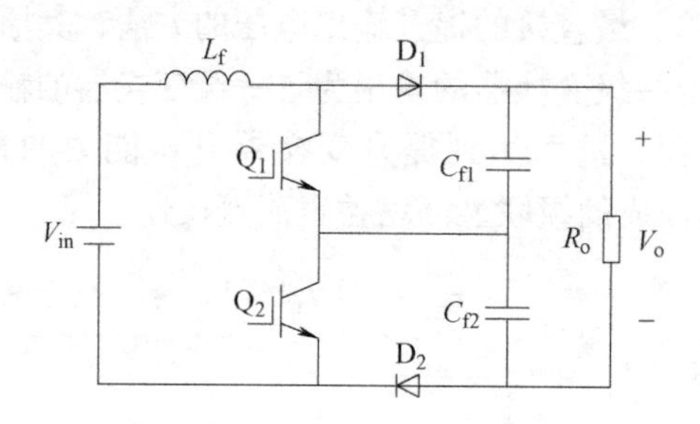

图 3.4 三电平 Boost 变换器

3.1.3 PWM 控制方法

PWM 控制就是对脉冲的宽度进行调制的技术，即通过对一系列脉冲的宽度进行调制，来等效地获得所需要的波形（含形状和幅值）。直流-直流变换电路中开关管的通断控制就是采用的 PWM 技术，它通过功率开关管把直流电压“斩”成一系列脉冲，改变脉冲的占空比来获得所需的输出电压。

1. 面积等效原理

采样控制理论认为，冲量相等而形状不同的窄脉冲加在具有低通滤波特性的环节上时，它们的输出响应波形基本相同。如图 3.5 所示的 4 个窄脉冲，它们具有不同的形状，分别为矩形脉冲、三角形脉冲、正弦半波脉冲和单位脉冲，但它们的面积（即冲量）都等于 1。

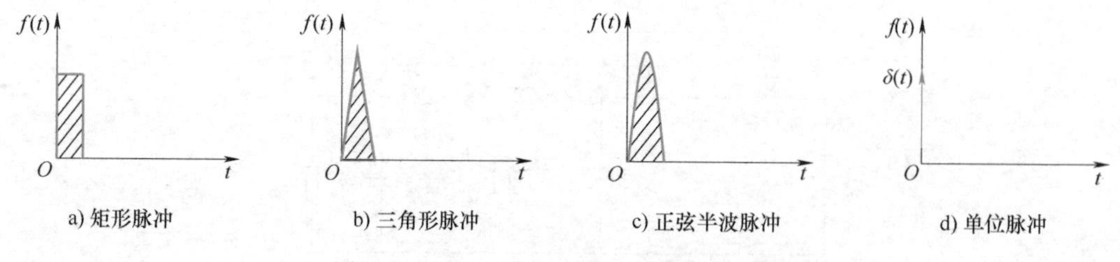

图 3.5 形状不同而冲量相同的各种窄脉冲

在图 3.6 中，假设 $e(t)$ 为电压窄脉冲激励，其形状和面积分别如图 3.5a、b、c、d 所示，将它们作为输入分别作用在图 3.6a 所示的 *R-L* 电路上，电流 $i(t)$ 为输出响应。图 3.6b 给出了 4 种窄脉冲下 $i(t)$ 的响应波形，可以看出，在 $i(t)$ 的上升段，脉冲形状不同时 $i(t)$

的形状略有不同，但它们的下降段则几乎完全相同。采用傅里叶级数分解可发现，各 $i(t)$ 在低频段的特性非常接近，仅在高频段略有差异。

上述原理可以称之为面积等效原理，它是 PWM 控制技术的重要理论基础。

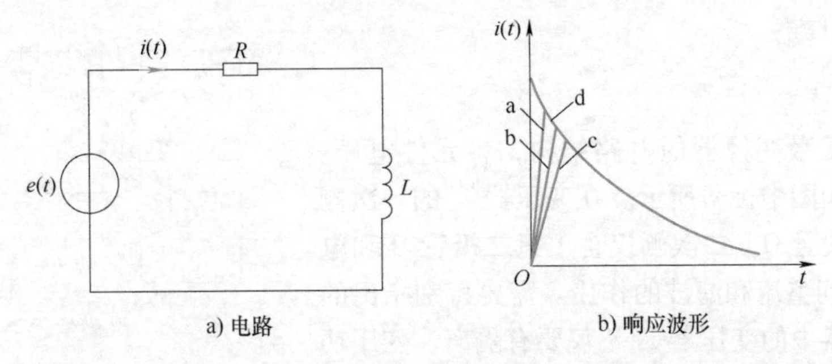

图 3.6 冲量相同的各种窄脉冲的响应波形

2. PWM 控制的基本原理

将图 3.7 中的矩形直流电压波形切分为 N 等份，可以将直流电压看成由 N 个彼此相连的脉冲序列组成的波形，这些脉冲序列具有“等宽不等幅”特征。

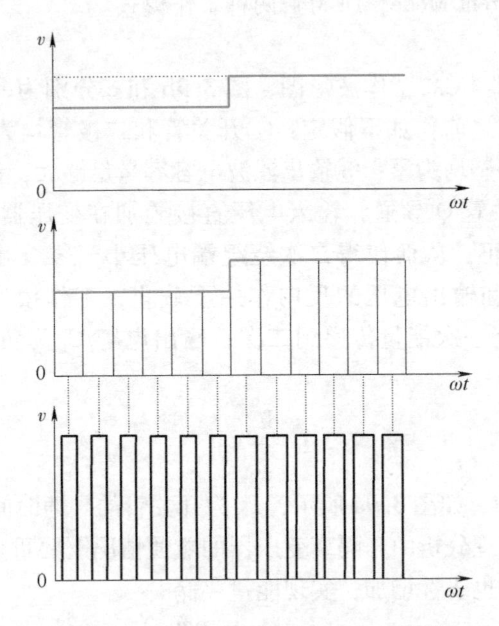

图 3.7 用 PWM 波代替直流电压波形

下一步，基于面积等效原理，可将上述“等宽不等幅”脉冲变换为“等幅不等宽”脉冲，如图 3.7 所示，这就是 PWM 波形。特别指出的是，PWM 波可以是 PWM 电压波和 PWM 电流波。

3.2 隔离变换器

隔离变换器是指在功率回路中插入高频变压器，具有电气隔离、电压幅值匹配、电压极性设置等优势。从溯源的角度来看，现有隔离变换器主要来自 Buck 型和 Boost 型非隔离变换器。本节主要介绍 4 种 Buck 型隔离变换器，包括反激变换器、正激变换器、半桥变换器、全桥变换器和 1 种 Boost 型隔离变换器。

3.2.1 反激电路

3.2.1.1 电路结构

图 3.8 为反激变换器的电路结构，各元件电压、电流参考方向如图中标号所示。在变压器 T_r 的一次侧仅包含 1 只开关管 Q，二次侧仅含 1 只二极管 D 和电容 C_f，分别起到整流和滤波的作用。需要特别指出的是，反激变换器中的变压器 T_r 不仅要有隔离、变压功能，还起到电感储能的作用。通常这个储能电感不用专门设置，而是采用变压器 T_r 的励磁电感来实现，被称为“耦合电感”。

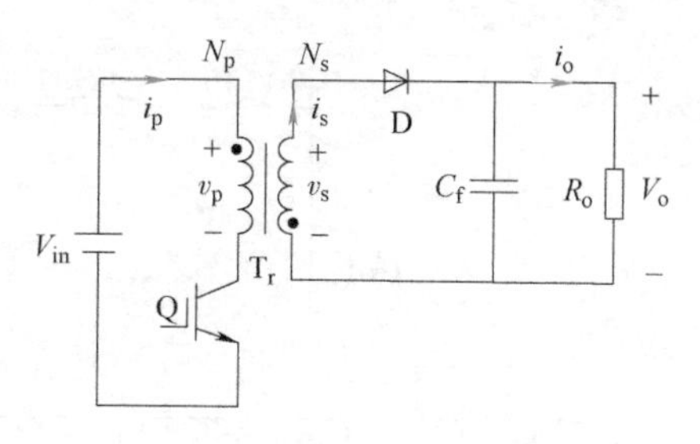

图 3.8 反激变换器电路结构

3.2.1.2 工作原理

反激变换器可以看成源自 Buck-Boost 变换器，具有类似的工作原理，可分为 CCM 和断续模式（Discontinous Current Mode，DCM）两种工作模式。

1. CCM 工作模式

图 3.9a 为反激变换器 CCM 工作波形图，图 3.9b 和 c 分别为一个开关周期中的 2 个开关模态。在分析工作模态之前作如下假定：①开关管和二极管均为理想器件；②变压器 T_r 为理想元件，其一二次漏感均为零；③输出滤波电容容量足够大，认为其电压恒为 V_o。

模态 1[0,T_{on}]：开关管 Q 导通，输入电压直接施加在变压器 T_r 的一次绕组，即 $v_p = V_{in}$，且同名端“·”为正；从而使得二次绕组端电压小于零（由同名端关系可得），二极管 D 在二次绕组电压和输出电压的反向作用下截止，工作模态等效电路如图 3.9b 所示。可见，该模态无法将一次能量传递到二次，输出电容 C_f 为负载供能。设变压器励磁电感为 L_p，可得

$$L_p \frac{di_p}{dt} = V_{in} \tag{3.1}$$

电感电流 i_p 线性增加，如图 3.9a 所示，T_{on}为开关管的导通时间。

隔离变换器的工作原理分析中，隔离变压器的磁通情况需要重点关注。在此模态中，变压器磁芯被磁化，其磁通也线性增加，实现能量存储。

$$\Delta\psi_{(+)} = \frac{V_{in}DT}{N_p} \tag{3.2}$$

式中，D 为开关管 Q 的占空比。

模态 2[T_{on}, T]：开关管 Q 关断，变压器 T_r 的一次绕组断开，电流被转移到二次绕组，从而感应出反向电动势 $v_s(<0)$，使得二极管 D 导通为耦合电感提供能量释放通路，如图 3.9c 所示，在给输出电容 C_f 充电的同时也为负载供电。设变压器 T_r 的二次电感为 L_s，可得

$$L_s \frac{di_s}{dt} = -V_o \tag{3.3}$$

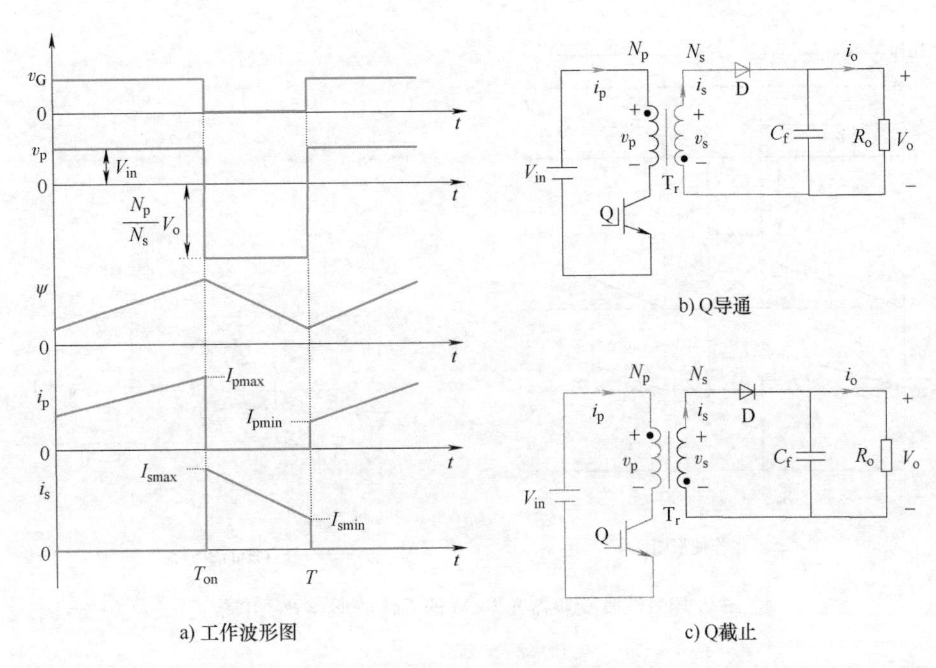

图 3.9　反激变换器在 CCM 的工作波形和等效电路

转移到二次电感的电流 i_s 从最大值 I_{smax} 开始线性减小，在此模态中，变压器磁芯被去磁，其磁通也线性下降

$$\Delta\psi_{(-)}=\frac{V_o(1-D)T}{N_s} \tag{3.4}$$

稳态工作时，磁通的增加量与减少量在一个开关周期中幅值相等，才能维持变压器工作平衡。令式（3.2）和式（3.4）相等，可得输出和输入电压的关系为

$$V_o=\frac{N_s}{N_p}\frac{D}{1-D}V_{in} \tag{3.5}$$

2. DCM 工作模式

图 3.10a 为反激变换器在 DCM 的工作波形图，相比图 3.9a 的 CCM 工作波形图，多了一个磁芯磁通 ψ 为 0 的模态，如图 3.10b 所示。

模态 3[T_0,T]：开关管 Q 截止正向承受电压 V_{in}，二极管 D 承受反向电压 V_o 而截止，如图 3.10b 所示；此模态中，变压器一二次电压和电流均为零，负载电流由电容 C_f 放电支撑。

类似地，可得 DCM 工作模式下输出电压关系

$$V_o=\frac{N_s}{N_p}\frac{D^2V_{in}^2T}{2L_pI_o} \tag{3.6}$$

可以看出，DCM 下输入输出电压为非线性关系，不仅与占空比 D 有关，还与输出电流 I_o、电感值 L_p 有关。

实际上，除了变压器 T_r 的变压比关系，反激变换器在 CCM 和 DCM 下的电压关系与 Buck-Boost 变换器一致；这也说明了反激变换器与 Buck-Boost 变换器同源。

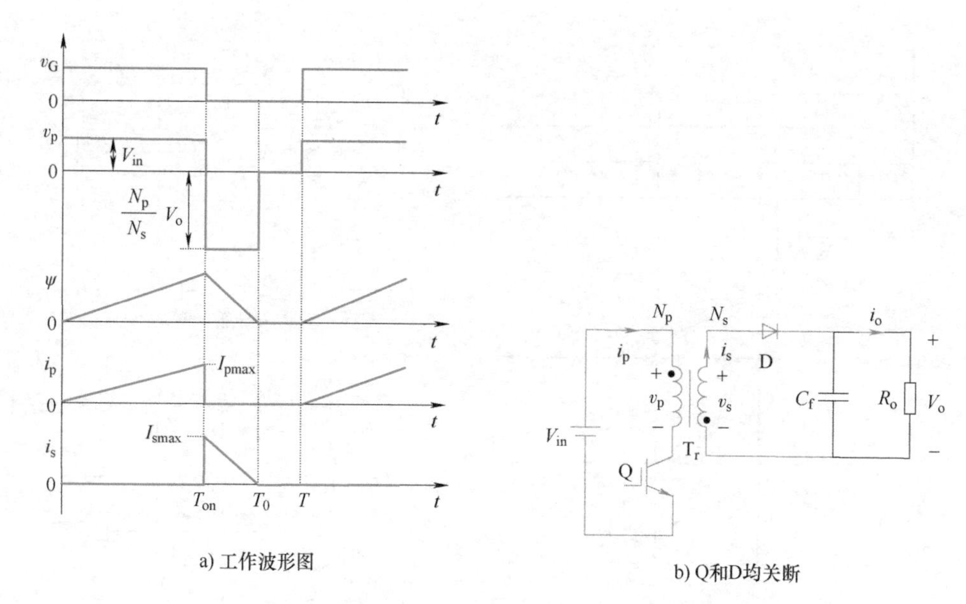

a) 工作波形图

b) Q和D均关断

图 3.10　反激变换器在 DCM 的工作波形和等效电路

3.2.2 正激电路

3.2.2.1 电路结构

图 3.11 为正激变换器的电路结构，各元件电压、电流参考方向如图中标号所示。变压器 T_r 有一次绕组 N_p、二次绕组 N_s 和复位绕组 N_r。一次绕组 N_p 回路包含 1 只开关管 Q，复位绕组 N_r 串联有二极管 D_r，二次绕组 N_s 含有 2 只二极管 D_1 和 D_2，电感 L_f 和电容 C_f 构成输出滤波器。为了保持变压器 T_r 的磁平衡，防止变压器饱和，复位绕组 N_r 必须在每个开关周期结束前使变压器磁通减小到零，也就是使变压器磁复位。

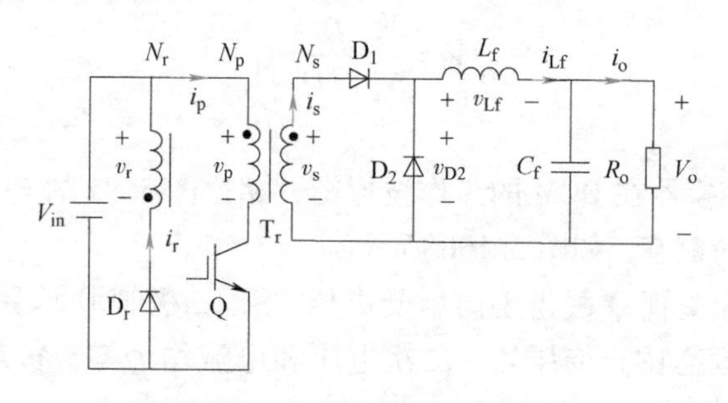

图 3.11　正激变换器电路结构

3.2.2.2 工作原理

图 3.12 为正激变换器的工作波形图，图 3.13a~c 分别为一个开关周期中的 3 个工作模态。在分析工作模态之前同样作如下假定：①开关管和二极管为理想器件；②变压器 T_r 为理想元件，其一二次漏感均为零；③输出滤波电容容量足够大，认为其电压恒为 V_o。

模态 1[$0,T_{on}$]：开关管 Q 导通，输入电压直接施加在变压器 T_r 的一次绕组 N_p 上，即 $v_p=V_{in}$，且同名端“·”为正，有

$$v_{\mathrm{p}}=N_{\mathrm{p}}\frac{\mathrm{d}\psi}{\mathrm{d}t}=V_{\mathrm{in}} \tag{3.7}$$

在此模态中，变压器磁心被磁化，其磁通也线性增加，即

$$\Delta\psi_{(+)}=\frac{V_{\mathrm{in}}DT}{N_{\mathrm{p}}} \tag{3.8}$$

式中，D 为开关管 Q 的占空比。

设变压器的励磁电感为 L_{p}，其励磁电流 i_{Lp} 从零开始线性增加，即

$$i_{\mathrm{Lp}}=\frac{V_{\mathrm{in}}}{L_{\mathrm{p}}}t \tag{3.9}$$

根据变压器的电磁感应定律，可得变压器 $\mathrm{T_r}$ 二次绕组 N_{s} 上的电压（由同名端关系可得，方向为上正下负）为

$$v_{\mathrm{s}}=\frac{N_{\mathrm{s}}}{N_{\mathrm{p}}}V_{\mathrm{in}} \tag{3.10}$$

使得整流二极管 $\mathrm{D_1}$ 导通，续流二极管 $\mathrm{D_2}$ 截止，施加在滤波电感 L_{f} 上的电压为 $v_{\mathrm{Lf}}=N_{\mathrm{s}}V_{\mathrm{in}}/N_{\mathrm{p}}-V_{\mathrm{o}}$，滤波电感电流 i_{Lf} 线性增加，如图 3.13a 所示，与 Buck 变换器工作原理类似。进一步可得，变压器一次电流 i_{p} 为从二次侧折算来的滤波电感电流 i_{Lf} 和一次励磁电流 i_{Lp} 之和，即

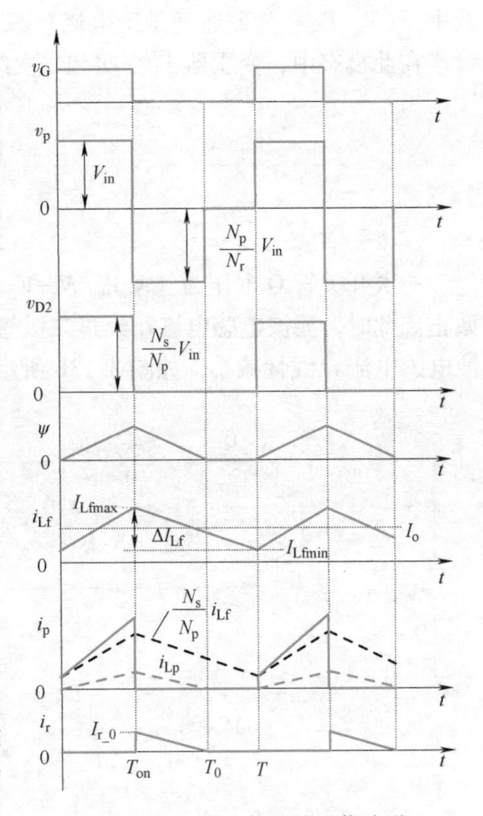

图 3.12 正激变换器的工作波形

$$i_{\mathrm{p}}=\frac{N_{\mathrm{s}}}{N_{\mathrm{p}}}i_{\mathrm{Lf}}+i_{\mathrm{Lp}} \tag{3.11}$$

根据变压器的电磁感应定律，同样可得变压器 $\mathrm{T_r}$ 复位绕组 N_{r} 上的电压（由同名端关系可得，方向为下正上负）为 $v_{\mathrm{r}}=-N_{\mathrm{r}}V_{\mathrm{in}}/N_{\mathrm{p}}$，使得复位二极管 $\mathrm{D_r}$ 承受反向电压（$N_{\mathrm{r}}V_{\mathrm{in}}/N_{\mathrm{p}}+V_{\mathrm{in}}$）而截止。

模态 2[T_{on},T_0]：开关管 Q 关断，变压器 $\mathrm{T_r}$ 的一次绕组中的负载电流成分立刻减小到 0、励磁电流被转移到复位绕组。使得复位绕组感应出上正下负的电压，二极管 $\mathrm{D_r}$ 导通将励磁电流回馈至输入电源。复位绕组电流 i_{r} 的初始电流为

$$I_{\mathrm{r\_0}}=\frac{N_{\mathrm{p}}}{N_{\mathrm{r}}}\frac{DV_{\mathrm{in}}T}{L_{\mathrm{p}}} \tag{3.12}$$

复位绕组电压为

$$v_{\mathrm{r}}=N_{\mathrm{r}}\frac{\mathrm{d}\psi}{\mathrm{d}t}=V_{\mathrm{in}} \tag{3.13}$$

在此模态中，变压器磁芯去磁直至为零，有

$$\Delta\psi_{(-)}=\frac{V_{\mathrm{in}}(T_0-T_{\mathrm{on}})}{N_{\mathrm{r}}} \tag{3.14}$$

式中，（T_0-T_{on}）为磁通（励磁电流）减小到零的时间。

在此模态中，变压器 T_r 一次和二次绕组上的电压分别为

$$\begin{cases} v_p = -\dfrac{N_p}{N_r}V_{in} \\ v_s = -\dfrac{N_s}{N_r}V_{in} \end{cases} \tag{3.15}$$

一次开关管 Q 电压为（N_pV_{in}/N_r+V_{in}），使得二次侧二极管 D_1 承受反向电压 N_sV_{in}/N_r 而截止。此时，滤波电感电流 i_{Lf}经过二极管 D_2 续流，加在滤波电感 L_f 上的电压为（$-V_o$），滤波电感电流 i_{Lf}线性减小，如图 3. 13b 所示，与 Buck 变换器工作原理类似。

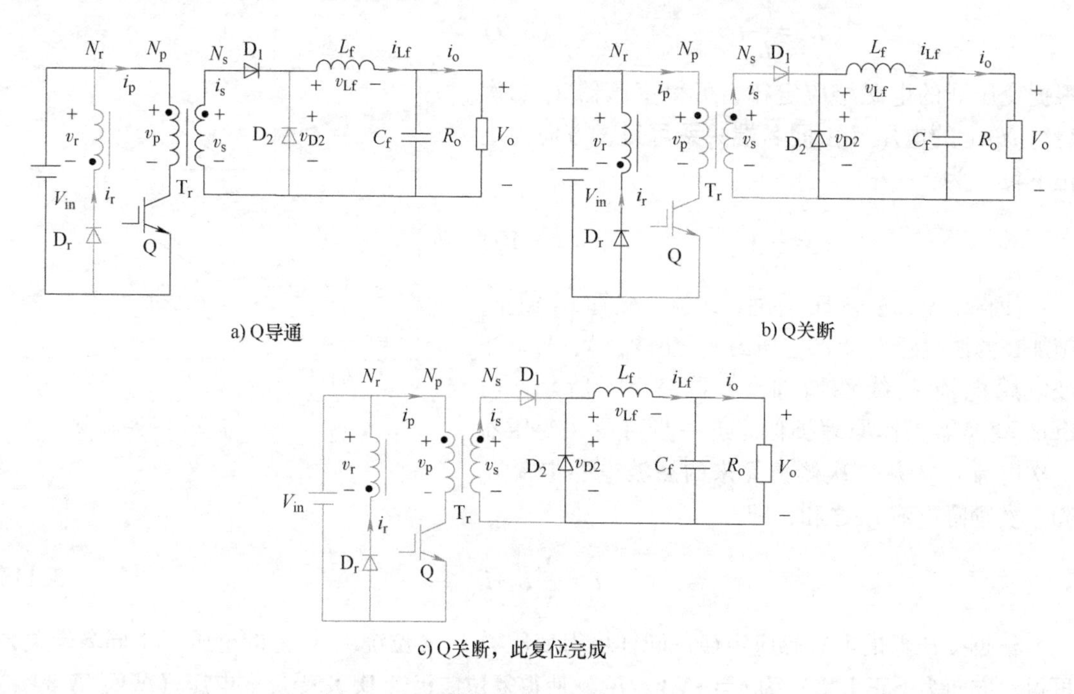

图 3. 13　正激变换器工作模态的等效电路

模态 3[T_0,T]：此模态中变压器一次、二次电压和电流均为零，一次开关管 Q 截止；滤波电感电流 i_{Lf}继续经过二极管 D_2 续流，滤波电感电流 i_{Lf}线性减小。

可以看出，正激变换器与 Buck 变换器工作原理一致，其输出输入电压的关系为

$$V_o = \frac{N_s}{N_p}DV_{in} \tag{3.16}$$

3. 2. 3　半桥电路

3. 2. 3. 1　电路结构

从反激和正激变换器的变压器磁通工作原理分析可以看出，变压器磁芯仅工作在单向磁化，利用率不高。图 3. 14 为半桥变换器电路结构，各元件电压、电流参考方向如图所示。在变压器 T_r 一次侧有 1 个开关桥臂（Q_1/D_1、Q_2/D_2）和 1 个电容桥臂（C_{f1}、C_{f2}）；

变压器 T_r 有2个二次绕组和2只整流二极管 D_3、D_4 构成全波整流电路，与输出滤波电感 L_f 和电容 C_f 连接。其中，两个二次绕组匝数相等：$N_s=N_{s1}=N_{s2}$，一次与二次绕匝比为 $N=N_p/N_s$。

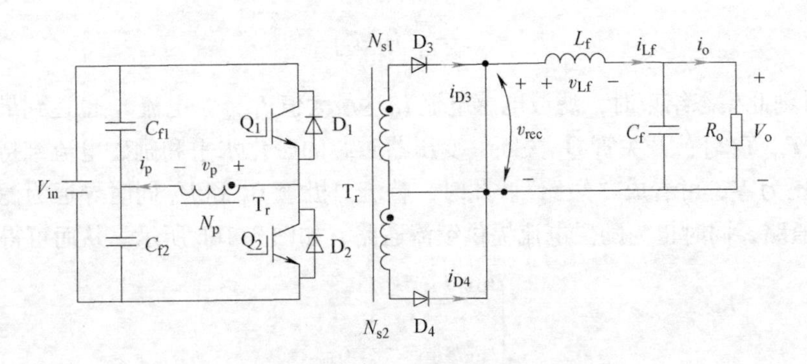

图3.14　半桥变换器电路结构

3.2.3.2　工作原理

图3.15为半桥变换器的工作波形图，1个开关周期可分为4个阶段，图3.16a~d分别为4个阶段的工作模态图。在分析工作模态之前同样作如下假定：①开关管和二极管均为理想器件；②分压电容 C_{f1} 和 C_{f2} 的容量足够大且相等，其电压均为输入电压的1/2；③变压器 T_r 为理想元件，其一二次漏感均为零；④输出滤波电容容量足够大，平均电流为 I_o。

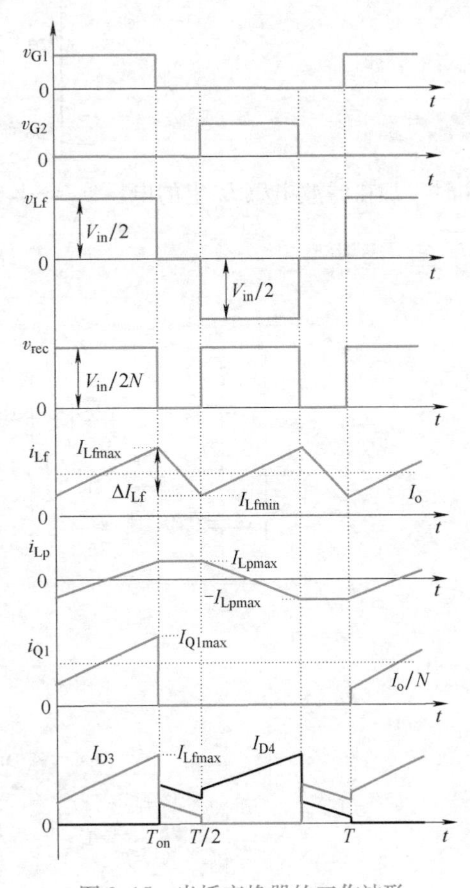

图3.15　半桥变换器的工作波形

模态1[0,T_{on}]：开关管 Q_1 导通，分压电容 C_{f1} 的电压施加在变压器 T_r 的一次绕组 N_p 上

$$v_p=N_p\frac{d\psi}{dt}=\frac{V_{in}}{2} \tag{3.17}$$

变压器磁芯被正弦磁化，励磁电流 i_{Lp} 从负的最大值 $-I_{Lpmax}$（因双向磁化）开始线性增加，即

$$i_{Lp}=-I_{Lpmax}+\frac{V_{in}}{2L_p}t \tag{3.18}$$

式中，L_p 为变压器的励磁电感。

根据变压器的电磁感应定律，可得变压器 T_r 二次绕组 N_{s1} 和 N_{s2} 上的电压（同名端为正）为

$$v_{s1}=v_{s2}=\frac{N_s}{N_p}\frac{V_{in}}{2} \tag{3.19}$$

使得整流二极管 D_3 导通，加在滤波电感 L_f 上的电压为 $\left(\frac{N_s}{N_p}\frac{V_{in}}{2}-V_o\right)$，滤波电感电流 i_{Lf} 线性增加；同时，二极管 D_4 承受反向电压

$\left(\frac{N_s}{N_p}\frac{V_{in}}{2}+V_o\right)$而截止，如图 3. 16a 所示，同样与 Buck 变换器工作原理类似。进一步可得，变压器一次电流 i_p 为从二次侧折算来的滤波电感电流 i_{Lf}和一次励磁电流 i_{Lp}之和，即

$$i_p=\frac{N_s}{N_p}i_{Lf}+i_{Lp} \tag{3.20}$$

在 T_{on}时刻此模态结束时，滤波电感电流 i_{Lf}达最大值 I_{Lfmax}，电流 i_{Lp}也达到最大值 I_{Lpmax}。

模态 2[T_{on}, $T/2$]：开关管 Q_1 关断，变压器磁芯的磁化水平和励磁电流维持不变，二次绕组感应电压为零，可看成“短路”。此时，整流二极管 D_3 和 D_4 同时导通为滤波电感电流 i_{Lf}提供续流通路，同时也为励磁电流提供续流通路，如图 3. 16b 所示。从而可得

$$\begin{cases} i_{D3}+i_{D4}=i_{Lf} \\ i_{D3}-i_{D4}=-\dfrac{N_p}{N_s}i_{Lpmax} \end{cases} \tag{3.21}$$

从而可得两只整流二极管的电流表达式分别为

$$\begin{cases} i_{D3}=\dfrac{1}{2}\left(i_{Lf}-\dfrac{N_p}{N_s}i_{Lpmax}\right) \\ i_{D4}=\dfrac{1}{2}\left(i_{Lf}+\dfrac{N_p}{N_s}i_{Lpmax}\right) \end{cases} \tag{3.22}$$

此时，加在滤波电感 L_f 上的电压 $v_{Lf}=-V_o$，可得

$$L_f\frac{di_{Lf}}{dt}=-V_o \tag{3.23}$$

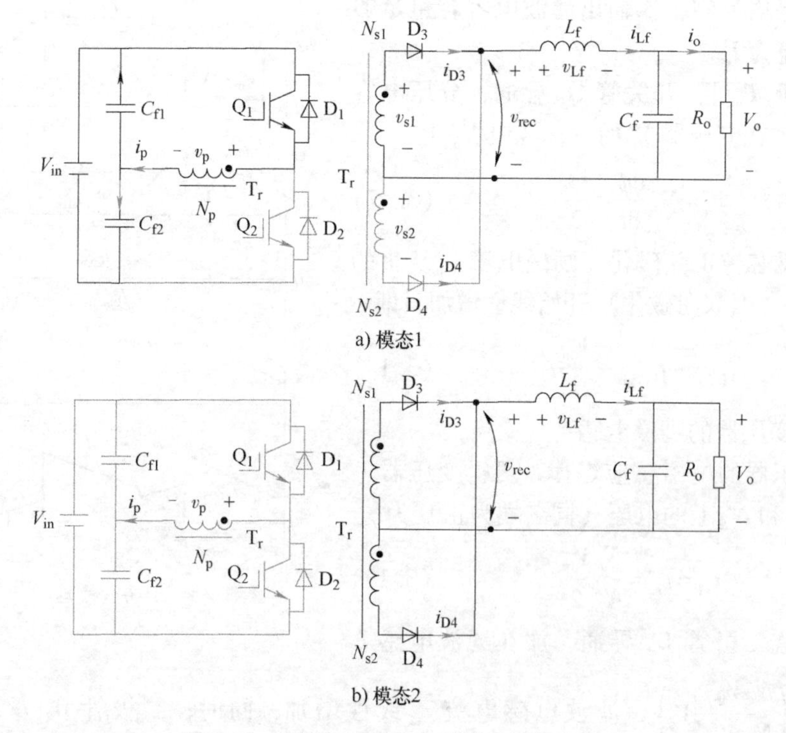

图 3. 16　半桥变换器工作模态的等效电路

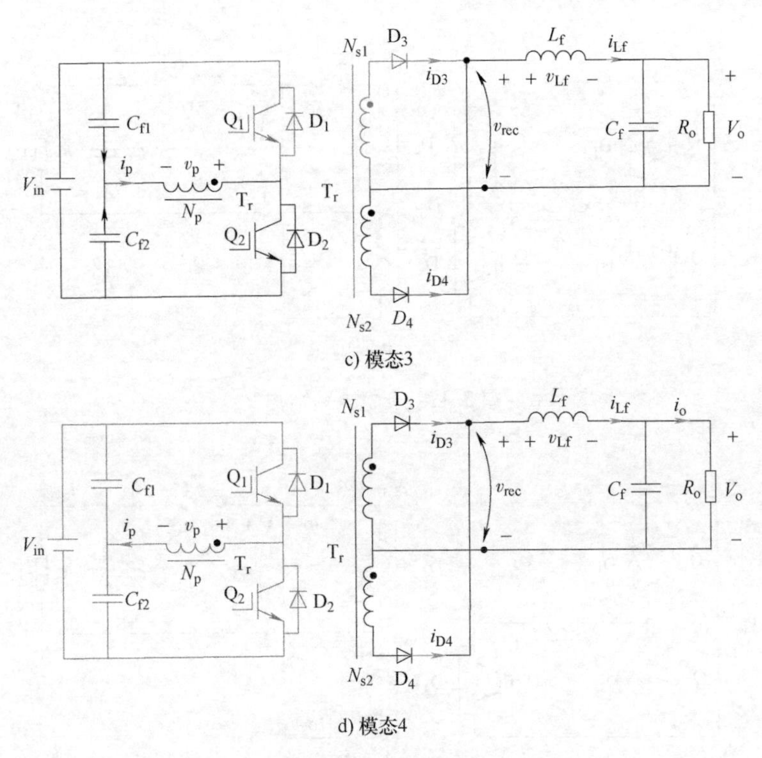

c) 模态3

d) 模态4

图 3.16　半桥变换器工作模态的等效电路（续）

在开关模态 3 中，开关管 Q_2 导通，等效电路如图 3.16c 所示，变压器 T_r 磁心反向磁化，工作情况与开关模态 1 类似；在开关模态 4 中，开关管 Q_2 关断，等效电路如图 3.16d 所示，工作情况与开关模态 2 类似。在此不再赘述。

考虑到半桥变换器同样是一种隔离型 Buck 变换器，其输出电压与输入电压的关系为

$$V_o = \frac{N_s}{N_p} D \frac{V_{in}}{2} \tag{3.24}$$

3.2.4　全桥电路

3.2.4.1　电路结构

半桥变换器中变压器一次绕组的励磁电压只有输入电压的 1/2，且需要维持电容桥臂中点电压的均衡。而全桥变换器可以弥补上述不足，在工业界得到大量应用，电路结构如图 3.17 所示，各元件电压、电流参考方向如图中标号所示。在变压器 T_r 一次侧为 2 个开关桥臂：Q_1/D_1 与 Q_3/D_3 串联臂和 Q_2/D_2 与 Q_4/D_4 串联臂；变压器 T_r 二次绕组、整流电路和滤波器与半桥电路一致。

3.2.4.2　工作原理

全桥变换器中开关管（Q_1，Q_4）和开关管（Q_2，Q_3）互补导通，其时序分别与半桥变换器中开关管（Q_1）和开关管（Q_2）一致。全桥变换器中一次绕组交变电压 v_p 的幅值和二次绕组全波整流桥输出电压 v_{rec} 的幅值均是半桥变换器的 2 倍，其他工作波形与半桥变换器相同。因此，全桥变换器的开关模态分析过程与 3.2.3 节类似，图 3.18 仅给出了其工作模态的等效电路。

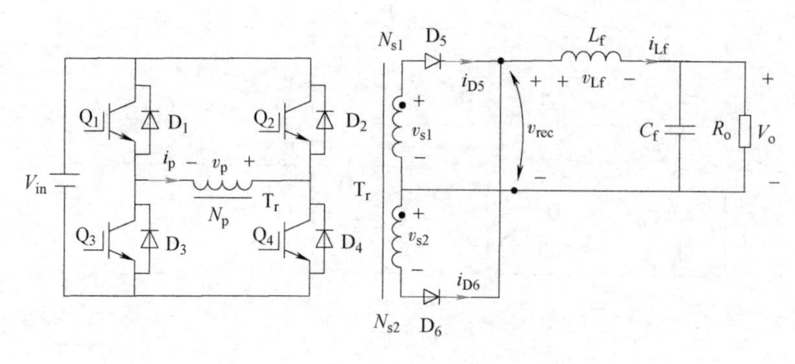

图 3.17　全桥电路结构

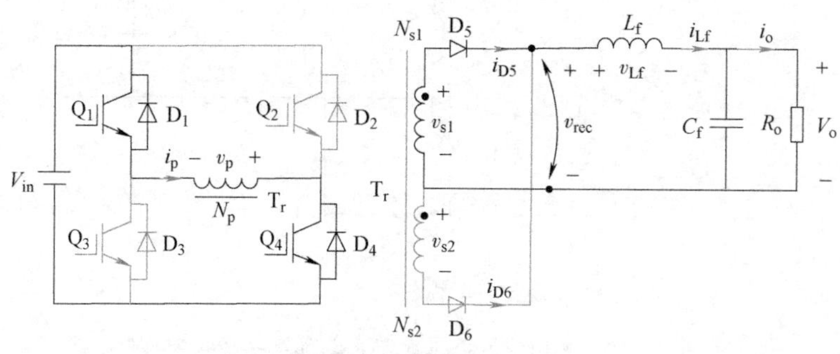

a) 模态1(Q_1，Q_4导通)

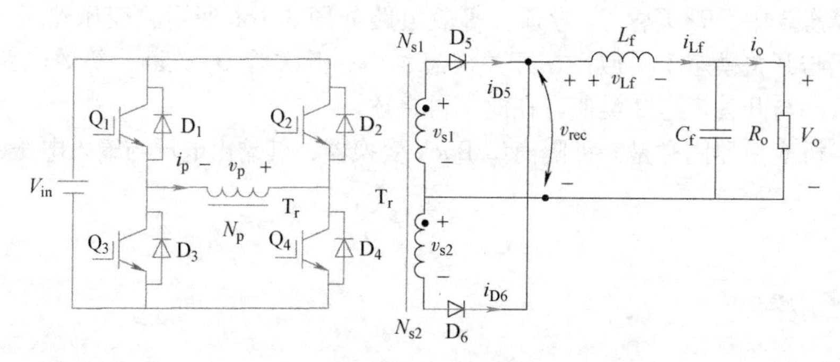

b) 模态2(Q_1，Q_4关断)

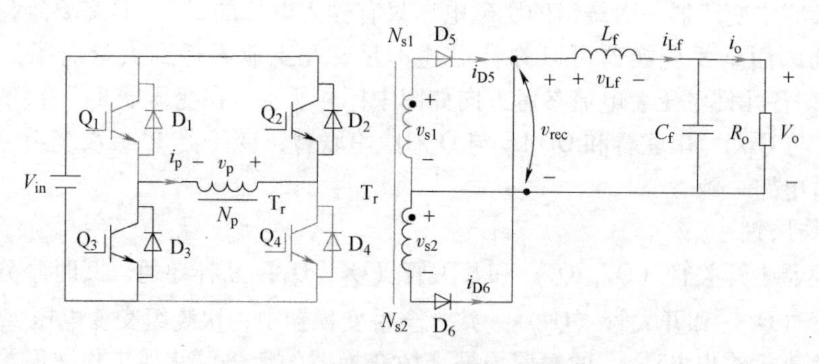

c) 模态3(Q_2，Q_3开通)

图 3.18　全桥变换器工作模态的等效电路

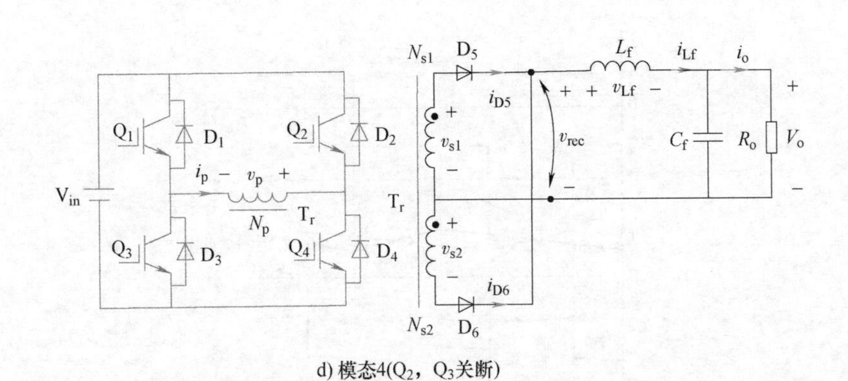

d) 模态4(Q₂，Q₃关断)

图 3.18　全桥变换器工作模态的等效电路（续）

与半桥变换器输入输出特性相似，全桥变换器输出输入电压的关系可表示为

$$V_o = \frac{N_s}{N_p} D V_{in} \tag{3.25}$$

3.2.5　Boost 型隔离变换器

3.2.5.1　电路结构

图 3.19 为一种典型的电流源型半桥 Boost 隔离变换器。电路一次侧采用电流源 Boost 电路形式，由电感 L_{f1}、L_{f2}以及功率开关管 Q_1、Q_2 组成，二次侧采用电压源的形式，并采用全波倍压的整流方式，由整流二极管 D_3、D_4 以及滤波电容 C_{f1}、C_{f2}组成。

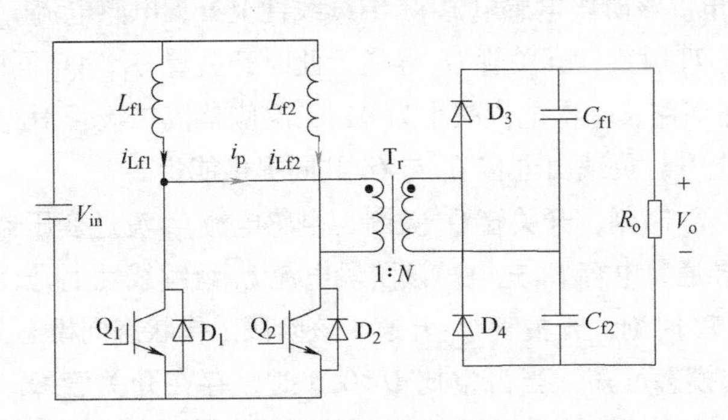

图 3.19　电流源型半桥 Boost 隔离变换器

3.2.5.2　工作原理

1. CCM 工作模式

图 3.20 为电感电流连续时变换器稳态工作波形，一个开关周期可分为 4 个阶段，各阶段的模态等效电路图如图 3.21 所示。在分析工作模态之前作如下假定：①功率开关管 Q_1、Q_2 均为理想开关，整流二极管 D_1、D_2 均为理想二极管；②电感 $L_{f1}=L_{f2}=L_f$；③输出滤波电容 C_{f1}、C_{f2}电容值足够大，且 $C_{f1}=C_{f2}=C_f$，稳态工作时电容电压保持不变；④变压器 T_r 为理想变压器，无漏感。

模态 1[T_0,T_1]：T_0 时刻前，开关管 Q_1、Q_2 同时导通，变压器一次侧被短路、二次侧

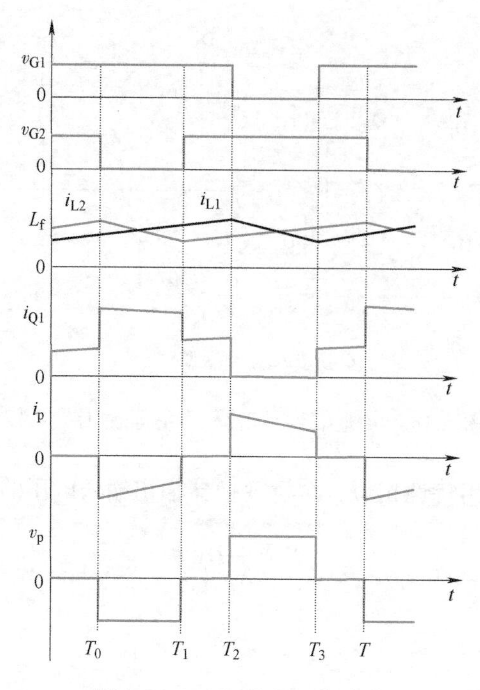

图 3.20　CCM 稳态工作波形

被开路，一、二次绕组电压均为 0，电感电流 i_{Lf1}、i_{Lf2} 均线性上升，整流二极管 D_3、D_4 均关断。T_0 时刻，开关管 Q_2 关断，电感电流 i_{Lf2} 流过变压器 T_r 与开关管 Q_1，二次侧整流二极管 D_4 导通，电容 C_2 充电。该阶段电感电流 i_{Lf1} 继续线性上升，电感电流 i_{Lf2} 线性下降。

模态 2[T_1,T_2]：T_1 时刻，开关管 Q_2 导通，此时开关管 Q_1、Q_2 同时处于开通状态，变压器 T_r 一次侧相当于短路，一次电流减小为 0，二次侧整流二极管 D_4 关断。该阶段电感电流 i_{Lf1}、i_{Lf2} 同时线性上升，负载由电容 C_{f1} 与 C_{f2} 共同提供能量。

模态 3[T_2,T_3]：T_2 时刻，开关管 Q_1 关断，电感电流 i_{Lf1} 流过变压器 T_r 与开关管 Q_2，二次侧整流二极管 D_3 导通，电容 C_{f1} 充电。该阶段电流 i_{Lf2} 继续线性上升，i_{Lf1} 线性下降。

模态 4[T_3,T]：T_3 时刻，开关管 Q_1 开通，该阶段工作状态同模态 2，此处不再赘述。

分析变换器工作模态可知，当占空比 $D<0.5$ 时，存在开关管 Q_1 与 Q_2 同时关断的情况，电感电流将无法找到续流回路，变换器不能正常工作，因此该电路需占空比 $D\geq 0.5$。根据工作原理描述可得：开关管 Q_1 开通时，电感电流 i_{Lf1} 线性上升，电感 L_{f1} 上的电压为 V_{in}，上升时间为 DT；开关管 Q_1 关断时，电感电流 i_{Lf1} 线性下降，电感 L_{f1} 上的电压为 $[V_{in}-V_o/(2N)]$，下降时间为 $(1-D)T$。从而可利用电感的伏秒平衡原理，得到输入输出电压关系为

$$V_{in}DT+\left(V_{in}-\frac{V_o}{2N}\right)(1-D)T=0 \tag{3.26}$$

化简可得变换器输出电压表达式为

$$V_o=\frac{2NV_{in}}{1-D} \tag{3.27}$$

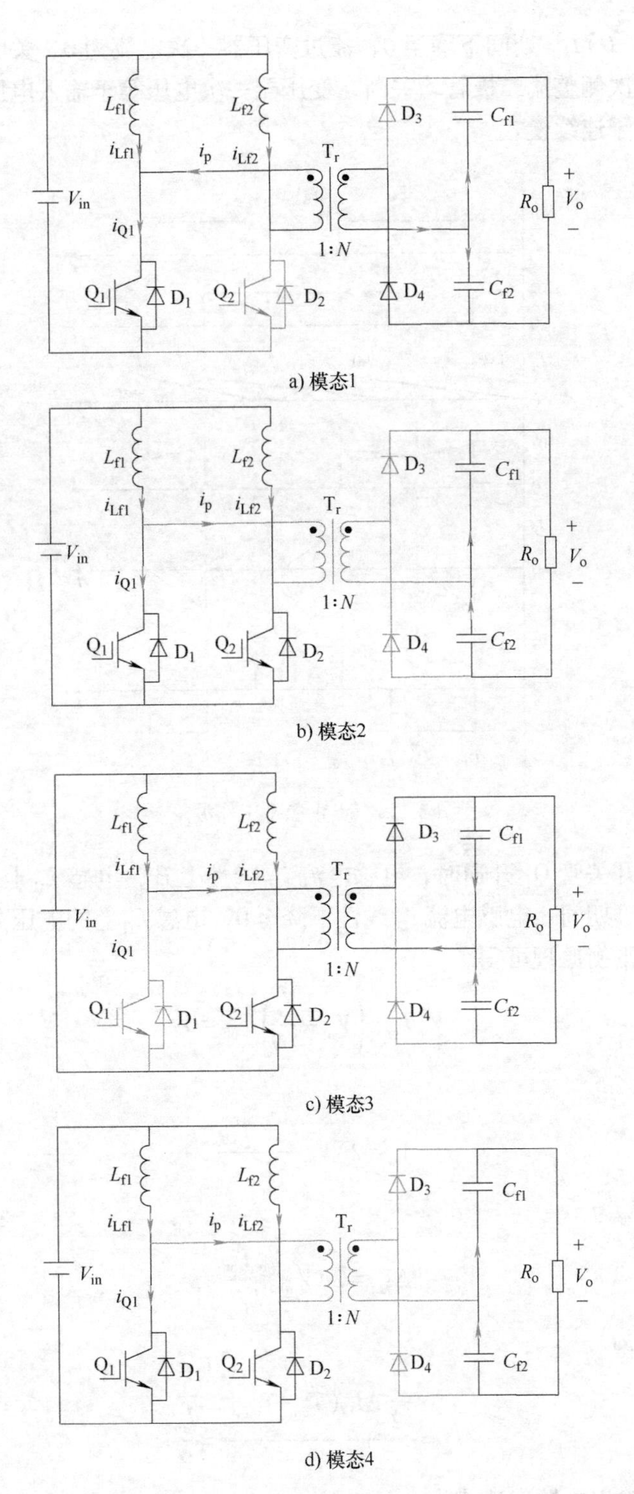

图 3.21　开关模态等效电路图

2. DCM 工作模式

电感电流断续时变换器稳态工作波形如图 3.22 所示，当开关管关断时，电感电流在 T_{off}

[$T_{\text{off}}=(T_1-T_0)<(1-D)T$] 期间下降至0，流过变压器一次电流为0，关断的开关管电压即为输入电压，此时二次侧整流二极管均关断，变压器一次电压等于输入电压。断续模式下输出电压表达式将不同于连续模式。

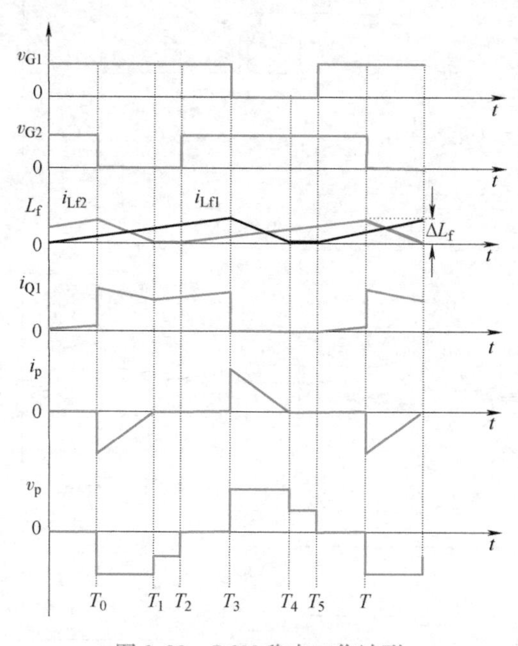

图 3.22　DCM 稳态工作波形

具体分析为：开关管 Q_1 开通时，电感电流 i_{Lf1} 线性上升，电感 L_{f1} 上的电压为 V_{in}；开关管 Q_1 关断时，在 T_{off} 期间，电感电流 i_{Lf1} 线性下降至0，电感 L_{f1} 上的电压为 [$V_{in}-V_{in}/(2N)$]，利用电感的伏秒积平衡原理可得

$$V_{in}T_{on}+\left(V_{in}-\frac{V_o}{2N}\right)T_{off}=0 \tag{3.28}$$

化简可得

$$V_o=2NV_{in}\frac{T_{on}+T_{off}}{T_{off}} \tag{3.29}$$

电感电流纹波值 ΔI_{Lf} 为

$$\Delta I_{Lf}=2NV_{in}\frac{V_{in}T_{on}}{L_f} \tag{3.30}$$

电感电流平均值 I_{Lf} 为

$$I_{Lf}=\frac{\frac{1}{2}\Delta I_{Lf}(T_{on}+T_{off})}{T}=\frac{I_{in}}{2} \tag{3.31}$$

求得断续模式下的输出电压表达式为

$$V_o=\frac{2NV_{in}I_{in}}{I_{in}-\frac{D^2TV_{in}}{L_f}} \tag{3.32}$$

从上式可看出，电感电流断续时，输出电压将与输入电流相关，输入电流越小，输出电压越高。

3.3 双向变换器

3.3.1 Buck/Boost电路

双向Buck/Boost电路是在单向Buck或Boost电路基础上升级为双向电路结构，即在原开关管和二极管两端分别反并联二极管和开关管，如图3.23所示，它有三种工作模式：Boost模式（电感电流见图3.24a）、交替工作模式（电感电流稳态波形处于正负交替状态，见图3.24b），Buck模式（电感电流见图3.24c）、表3.1列出了三种工作模式下器件的运行状态。

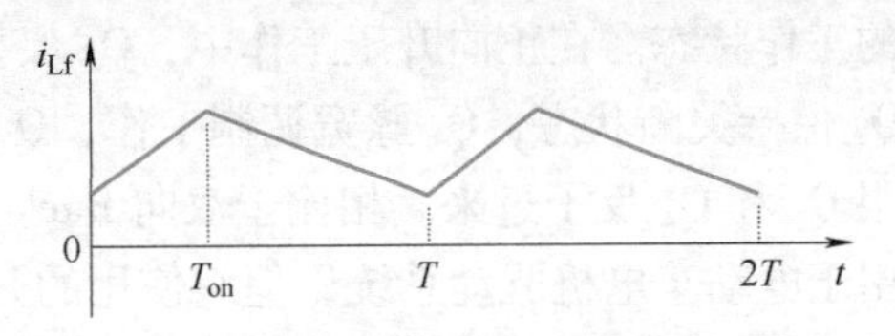

a) Boost模式下电感电流波形

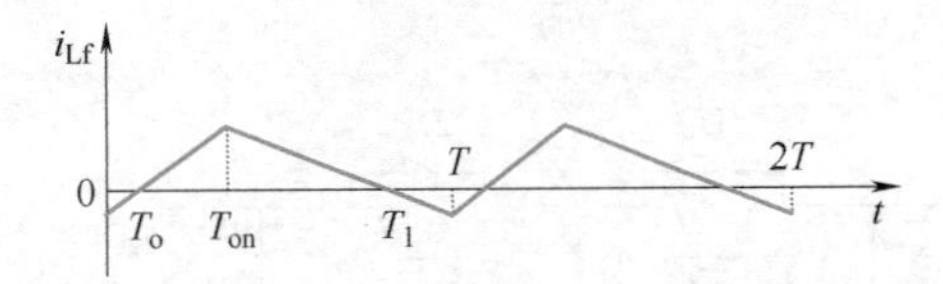

b) 交替模式下的电感电流波形

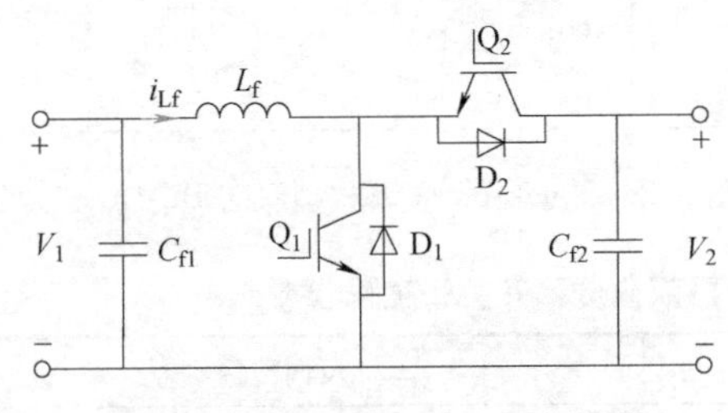

图3.23 双向Buck/Boost变换器

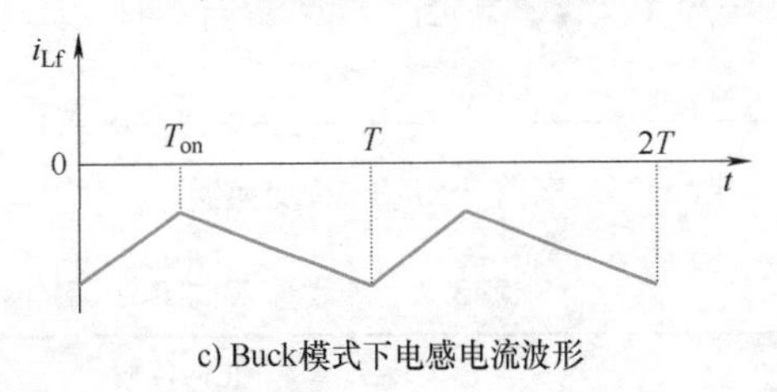

c) Buck模式下电感电流波形

图3.24 双向Buck/Boost变换器电感电流波形

表3.1 双向Buck/Boost变换器三种工作模态下器件运行状态

工作模式	t	v_{G1}	v_{G2}	Q_1	Q_2	D_1	D_2	L_f	i_{Lf}
Boost模式	$[0,T_{on}]$	1	0	导通	截止	截止	截止	充电	正
	$[T_{on},T]$	0	0/1	关断	截止	截止	续流	放电	正
交替工作模式	$[0,T_0]$	1	0	导通	截止	续流	截止	放电	负
	$[T_0,T_{on}]$	1	0	导通	截止	截止	截止	充电	正
	$[T_{on},T_1]$	0	1	截止	导通	截止	续流	放电	正
	$[T_1,T]$	0	1	截止	导通	截止	截止	充电	负
Buck模式	$[0,T_{on}]$	0	1	截止	导通	截止	截止	充电	负
	$[T_{on},T]$	0/1	0	截止	关断	续流	截止	放电	负

3.3.2 Buck-Boost 电路

双向 Buck-Boost 电路是在单向 Buck-Boost 电路基础上，将原开关管反并联二极管、原二极管上反并联开关管后构成的，电路结构如图 3.25 所示。

双向 Buck-Boost 变换器也有三种工作模态，若规定电流从 V_1 侧流向 V_2 侧是正向传输模式，电感电流始终为正，反之为反向传输模式。为了保证电流的双向传输，Q_1 和 Q_2 不能同时导通，还有一种是交替工作模式，在一个周期内电流交替地在 V_1 和 V_2 之间流动，此时的开关模态与双向 Buck/Boost 变换器相同，平均能量传输方向取决于 i_{Lf} 的平均值，当 i_{Lf} 平均值为正时，为正向传输，反之为反向传输。

仍然存在一些由单向 DC-DC 基本变换拓扑转换而来的双向 DC-DC 变换器，较具代表性的有如图 3.26 所示的 Buck-Boost 级联型双向 DC-DC 变换器，表 3.2 列出了其工作模式和开关管的工作状态。在正向升压工作中，Q_1 保持导通状态，Q_2 脉宽调制工作；正向降压工作中，Q_4 保持关断状态，Q_1 脉宽调制工作，Q_2 和 Q_3 始终关断，而到了反向工作时它们的角色就跟 Q_1 和 Q_4 反了过来。相比于双向 Buck-Boost 变换器，这种变换器输入输出为同极性，更适用于电动车电机驱动系统，但它使用的开关管和二极管器件较多，且升压模式下必须同时导通两个开关管，开关不能工作在软开关模式下，开关损耗较大。

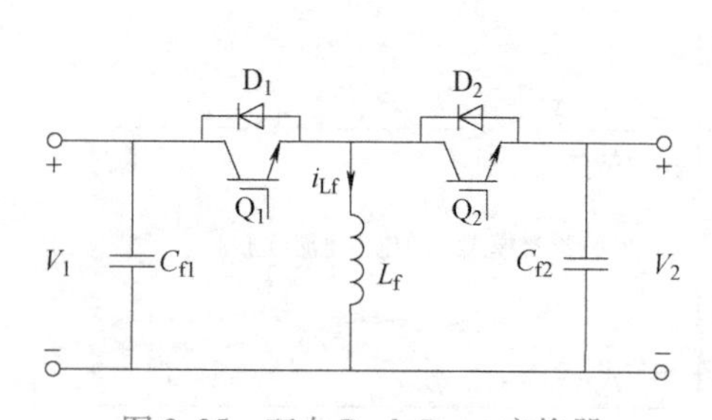

图 3.25 双向 Buck-Boost 变换器

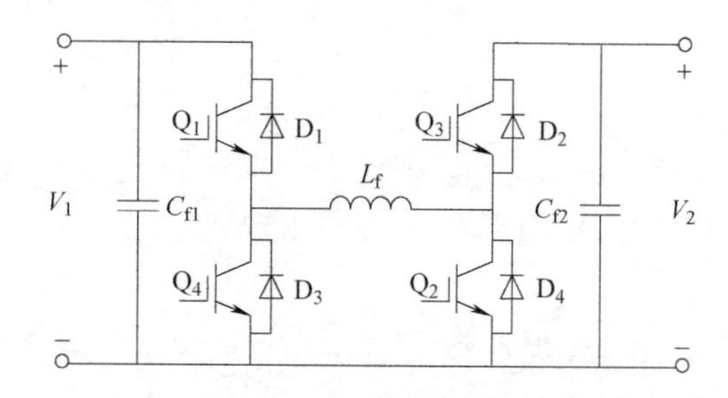

图 3.26 Buck-Boost 级联型双向 DC-DC 变换器

表 3.2 串联型双向 Buck-Boost 变换器双向传输开关管工作状态

	正向传输		反向传输	
	Boost 模式	Buck 模式	Boost 模式	Buck 模式
Q_1	保持导通	PWM 控制	不工作	不工作
Q_2	PWM 控制	不工作	不工作	保持截止
Q_3	不工作	不工作	保持导通	PWM 控制
Q_4	不工作	保持截止	PWM 控制	不工作

3.3.3 三电平 Buck/Boost 电路

1. 电路结构

图 3.27 所示的三电平双向变换器中，V_1 和 V_2 分别是高端输入电压和低端输入电压，C_{f1} 和 C_{f2} 分别是高端输入和低端输入的滤波电容，L_f 是电感。C_f 是飞跨电容，正常工作时电压保持为高端电压的一半，即 $V_{Cf}=V_{in}/2$。Q_1 ~ Q_4 为开关管，Q_1 和 Q_4，Q_2 和 Q_3 互补导通；

Q_1 与 Q_2，Q_3 与 Q_4 交错工作。

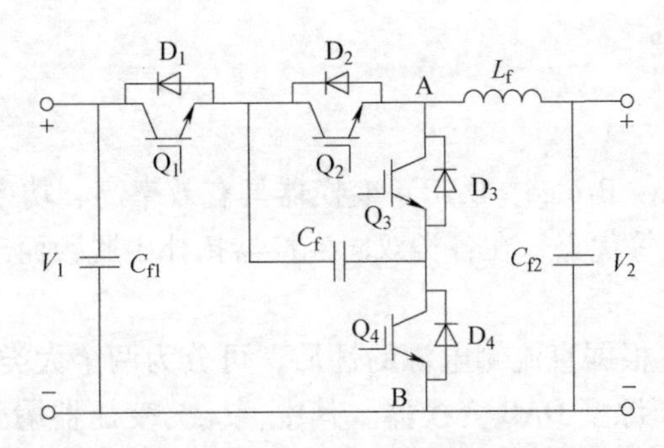

图 3.27　三电平 Buck/Boost 双向变换器

2. 工作原理

三电平 Buck/Boost 双向变换器根据其能量传输的方向不同，可以分为 Buck 工作方式和 Boost 工作方式。而根据主控开关管占空比 D 的大小又可以分为 $D>0.5$ 和 $D<0.5$ 两种模式。当双向变换器由 V_1 向 V_2 供电，且 $V_2/V_1>0.5$ 时，Q_1 和 Q_2 的占空比 $D>0.5$，相应的 Q_3 和 Q_4 管占空比 $D<0.5$，此时变换器工作在 Buck（$D>0.5$）方式；当 $V_2/V_1<0.5$ 时，Q_1 和 Q_2 的占空比 $D<0.5$，相应的 Q_3 和 Q_4 管占空比 $D>0.5$，此时变换器工作在 Buck（$D<0.5$）方式；当双向变换器由 V_2 向 V_1 供电，且 $V_1/V_2<0.5$ 时，Q_1 和 Q_2 的占空比 $D>0.5$，相应的 Q_3 和 Q_4 管占空比 $D<0.5$，此时变换器工作在 Boost（$D<0.5$）方式；当 $V_1/V_2>0.5$ 时，Q_1 和 Q_2 的占空比 $D<0.5$，相应的 Q_3 和 Q_4 管占空比 $D>0.5$，此时变换器工作在 Boost（$D>0.5$）模式。

图 3.28 所示为变换器分别工作在 Buck（$D>0.5$）方式和 Buck（$D<0.5$）方式的主要波形图。

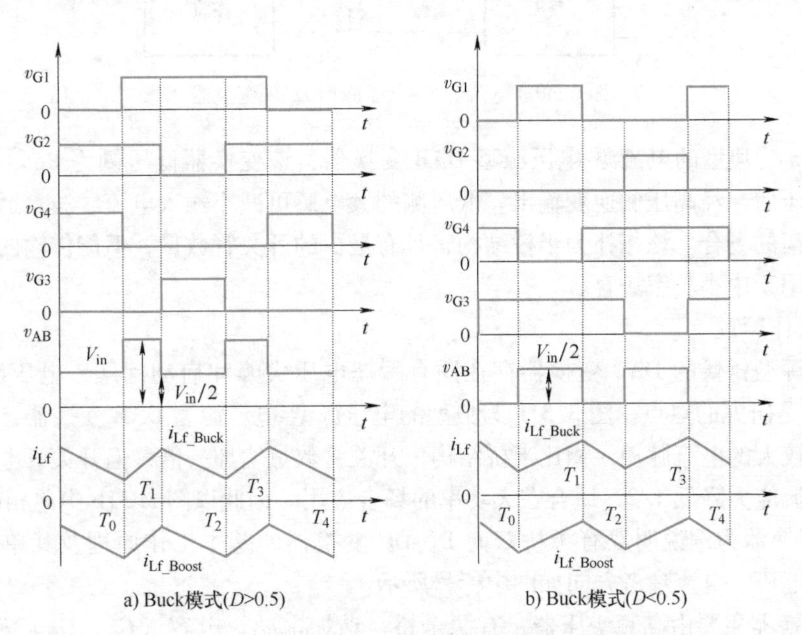

图 3.28　三电平 Buck/Boost 双向变换器工作波形

Boost（$D>0.5$）和 Boost（$D<0.5$）工作模态分别与 Buck（$D<0.5$）和 Buck（$D>0.5$）

工作模态一样，只不过电感电流反向。

3.3.4 双有源桥电路

3.3.4.1 电路结构

双有源桥（Dual Active Bridge，DAB）变换器具有效率高、功率密度高、结构简单、易于集成、易于实现软开关等优点，在各类双向变换器拓扑中脱颖而出，广泛应用于电池储能系统。

DAB 拓扑结构较多，根据直流侧电源的性质，可分为两个大类，其中第一类如图 3.29 所示，称为电压源型-电压源型 DAB 变换器。其中，L_{lk}为变压器漏感，V_1 和 V_2 分别为低压侧和高压侧电压。该拓扑的高、低压侧都为电压源，动态响应速度较快；但纹波电流较大，这对蓄电池的充放电不友好。

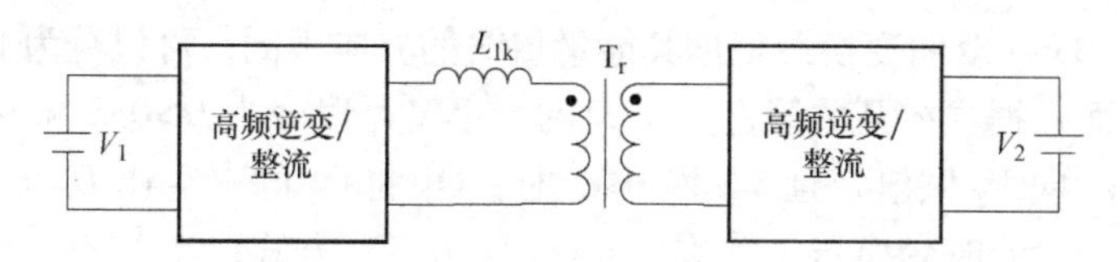

图 3.29 电压源型-电压源型 DAB 变换器

第二类结构如图 3.30 所示，在低压侧串联了一个大电感，使其类似于电流源，动态响应慢，但大大平滑了电源的充放电电流，称为电流源型-电压源型 DAB 变换器。

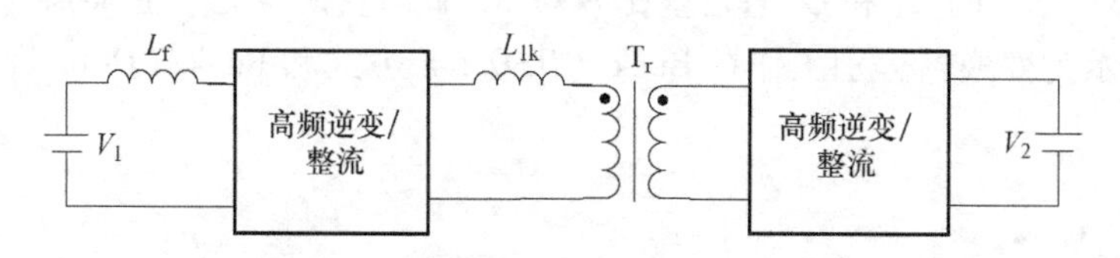

图 3.30 电流源型-电压源型 DAB 变换器

图 3.31a 为典型的电流源-电压源型 DAB 变换器，该变换器低压侧为 Boost 电路，可将输入电压升压后，经高压侧逆变输出。低压侧的大电感可减小输入电流纹波，适用于对电流纹波要求较高的场合。该拓扑为半桥结构，具有最少的开关管数量，但能传输的功率容量有限，适合应用于中小功率场合。

3.3.4.2 工作原理

含电流源型桥臂的 DAB 变换器存在固有瞬态电压尖峰和启动问题，电压源-电压源型 DAB 变换器是研究的热点。图 3.31b 为典型的电压源型-电压源型 DAB 变换器，在低压和高压侧会存在较大的电流脉动，相比半桥结构，开关管数量增加一倍，但开关管电压利用率提高一倍、电流应力降低 1/2，适合在大功率的场合应用。因此以图 3.31b 中单相电压源-电压源型 DAB 变换器为例说明双有源桥双向 DC-DC 变换器的基本工作原理及其单移相调制原理，各元件电压、电流参考方向如图中标号所示。

DAB 变换器主要由高频变压器、有源全桥、谐振电感、电容（C_{f1}、C_{f2}）和电源（V_1、V_2）组成。其中，N 为变压器变压比；L_{lk}为串联电感与变压器漏感之和；i_{Llk}、v_{Llk}分别为电感 L_{lk}的电流和端电压；v_{AB}为一次侧全桥的逆变输出电压，v_{CD}为二次侧全桥的逆变输出电压

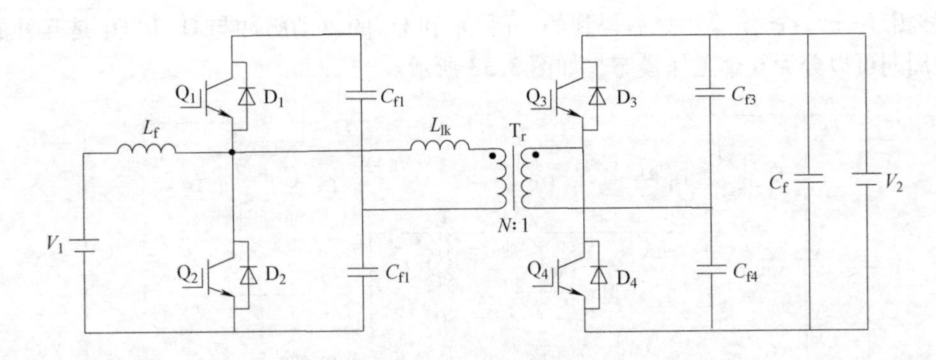

a) 电流源-电压源型DAB变换器

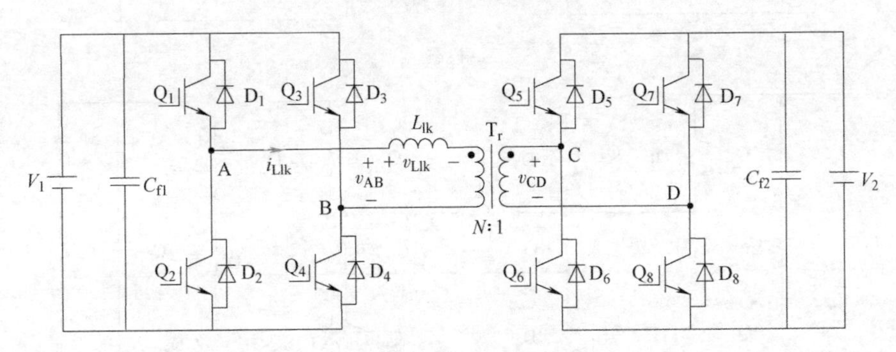

b) 电压源-电压源型DAB变换器

图 3.31　典型的双有源桥双向 DC-DC 电路

折合到一次侧后的电压；$Q_1 \sim Q_4$ 为一次侧开关管；$Q_5 \sim Q_8$ 为二次侧开关管。

变压器的漏感是实现高低压侧能量传输的载体，同时也是帮助功率器件在死区时间实现软开关的关键元件之一，在电路设计时是关键参数；另外，这两种结构变换器的功率流大小和方向的控制方式相同，一般采用移相角进行控制：当低压侧开关管驱动信号超前高压侧开关信号时，功率从低压侧流向高压侧；当低压侧开关管驱动信号滞后高压侧开关信号时，功率从高压侧流向低压侧。采用单移相调制策略的工作波形如图 3.32 所示，在驱动时序中，两侧桥臂的上下开关管交替导通，调整变压器两侧的移相角可实现功率大小和流向的调节。

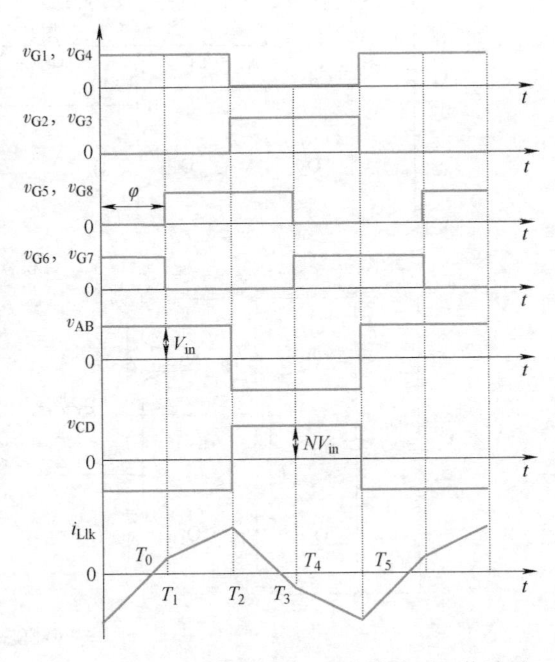

图 3.32　DAB 变换器单移相调制策略时工作波形

图 3.32 中，Q_1 和 Q_4 的驱动脉冲是一致的，而 Q_2 和 Q_3 的驱动脉冲与 Q_1 和 Q_4 是互补的，Q_5 和 Q_8 的驱动脉冲是相比 Q_1

和 Q_4 移相（$-\pi/2<\varphi<\pi/2$）之后得到的，而 Q_6 和 Q_7 的驱动脉冲与 Q_5 和 Q_8 是互补的，一个开关周期可以分为 6 个工作模态，如图 3.33 所示。

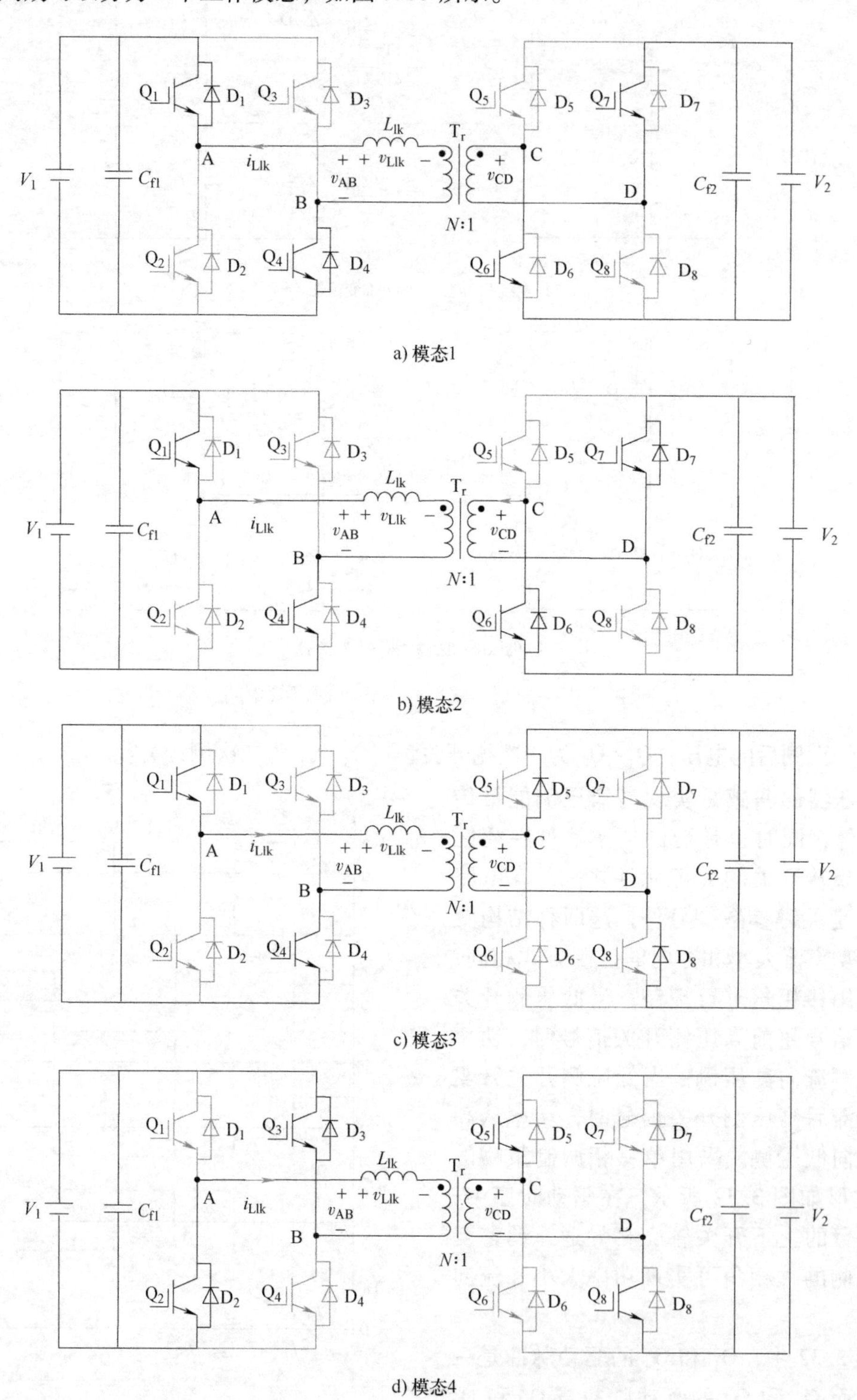

a) 模态1

b) 模态2

c) 模态3

d) 模态4

图 3.33　DAB 变换器单移相调制工作模态

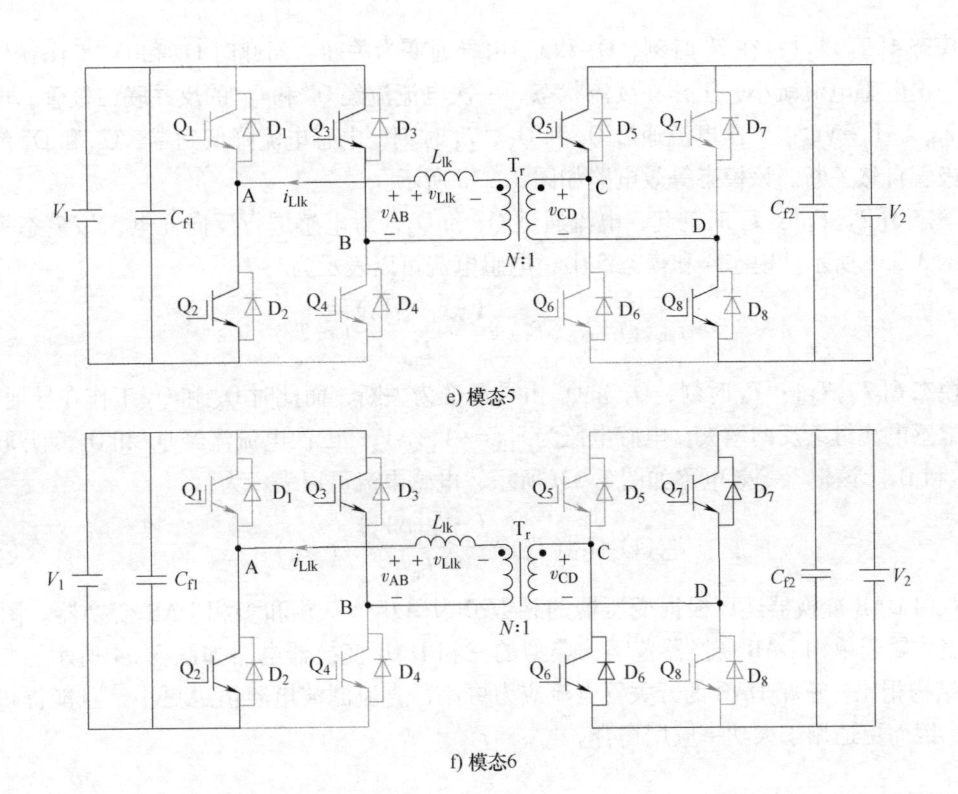

图 3.33　DAB 变换器单移相调制工作模态（续）

模态 1[0,T_0]：在初始时刻之前，开关管 Q_2 和 Q_3 处于导通状态，而 Q_1 和 Q_4 处于关断状态，此时滤波电感电流 $i_{Llk}<0$，在此期间，输入侧电流由开关管 $Q_3 \rightarrow T_r \rightarrow Q_2$ 作为回路，而低压侧通过 Q_6 和 Q_7 的反并联二极管对 V_2 提供电能。在“0”时刻，驱动脉冲变化使得 Q_1 和 Q_4 处于导通状态，而开关管 Q_2 和 Q_3 处于关断状态，此时由于电感电流不能突变为零，因此电感电流仍然为负，电感通过 Q_1 和 Q_4 的反并联二极管在释放能量。由于电感电流对高压输入进行放电，因此存在一部分功率回灌到输入侧，在此期间开关管 Q_6 和 Q_7 处于开通模式，电流保持方向不变对 V_2 进行供电，电感电流逐渐降低。该模态等效电路如图 3.33a 所示。

模态 2[T_0,T_1]：T_0 时刻，电感电流下降为零，即 $i_{Llk}=0$，此时 Q_1 和 Q_4 仍然处于导通状态，那么通过 Q_1 和 Q_4 的开关管对电感进行充电，电感储存能量，电压 $v_{Llk}=V_1+NV_2$；同时，二次电流通过 Q_6 和 Q_7 反并联二极管为负载供电。该模态等效电路如图 3.33b 所示。模态 1 和 2 中电感电流可以表示为

$$i_{Llk}(t)=i_{Llk}(0)+\frac{(V_1+NV_2)t}{L_{lk}} \tag{3.33}$$

模态 3[T_1,T_2]：T_1 时刻，Q_1 和 Q_4 保持导通，而此时低压侧变换器的 Q_5 和 Q_8 由关断变为导通，而开关管 Q_6 和 Q_7 处于关断状态，电感电压为 $v_{Llk}=V_1-NV_2$，二次电流通过 Q_5 和 Q_8 的反并联二极管对 V_2 进行供电。该模态等效电路如图 3.33c 所示，电感电流可以表示为

$$i_{Llk}(t)=i_{Llk}(T_1)+\frac{(V_1-NV_2)}{L_{lk}}(t-T_1) \tag{3.34}$$

模态 4[T_2,T_3]：在 T_2 时刻，Q_1 和 Q_4 由导通变为关断，而此时 Q_2 和 Q_3 工作在导通模式，一次电感电流减小，工作在续流状态，一次电流流经 Q_2 和 Q_3 的反并联二极管，电感电压为 $v_{\mathrm{Llk}}=-V_1-NV_2$；二次电流通过 Q_5 和 Q_8。T_3 时刻，电感电流降低到零，Q_2 和 Q_3 的反并联二极管自然关断。该模态等效电路如图 3.33d 所示。

模态 5[T_3,T_4]：T_3 时刻起，电流通过 Q_2 和 Q_3，对电感进行反向充电，该模态等效电路如图 3.33e 所示。模态 4 和模态 5 中，电感电流可以表示为

$$i_{\mathrm{Llk}}(t)=i_{\mathrm{Llk}}(T_3)+\frac{(-V_1-NV_2)}{L_{\mathrm{lk}}}(t-T_3) \tag{3.35}$$

模态 6[T_4,T_5]：T_4 时刻，Q_5 和 Q_8 由导通变为关断，而此时 Q_6 和 Q_7 工作在导通模式，一次电感电流继续反向增大，电感电压为 $v_{\mathrm{Llk}}=-V_1+NV_2$；二次电流流经 Q_6 和 Q_7 反并联二极管 D_6 和 D_7。该模态等效电路如图 3.33f 所示，电感电流可以表示为

$$i_{\mathrm{Llk}}(t)=i_{\mathrm{Llk}}(T_4)+\frac{(-V_1+NV_2)}{L_{\mathrm{lk}}}(t-T_4) \tag{3.36}$$

双向 DAB 变换器还可根据变压器的相数分为单相、三相和多相 DAB 变换器。图 3.33 中电路均属于单相 DAB 变换器范畴，典型的三相 DAB 变换器电路如图 3.34 所示。与单相 DAB 结构相比，三相 DAB 的开关管电流应力更小，直流滤波电容值也更小，且能提供冗余措施，因而更适用于大功率应用场合。

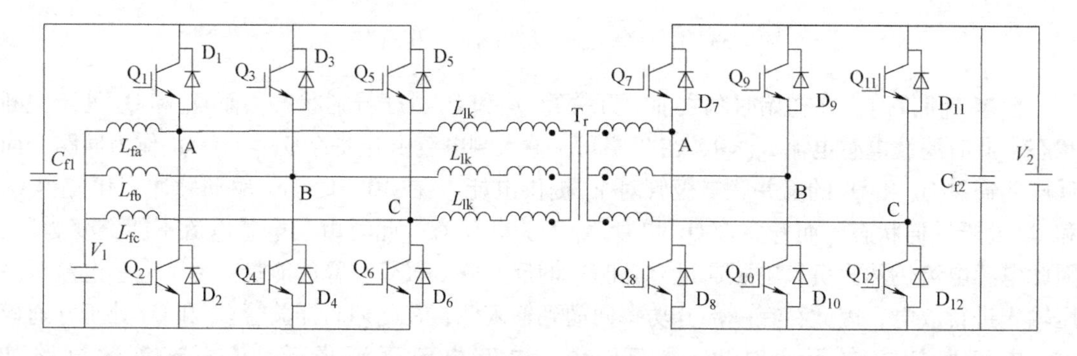

a) 电流源-电压源型三相DAB变换器

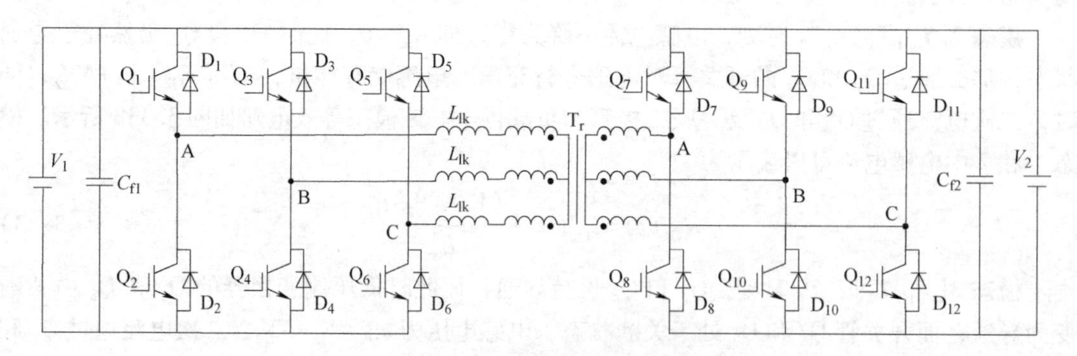

b) 电流源-电压源型三相DAB变换器

图 3.34　三相 DAB 变换器电路

习　题

1. 在图3.1所示的6种基本非隔离型直流变换器的电路拓扑中，从电压增益、输出电压极性、输入电流脉动、电路拓扑复杂度和功率器件电压应力等方面定性地对比它们的特性。

2. 以图3.8所示反激变换器为例，试推导DCM下V_o/V_{in}的关系表达式，并比较DCM和CCM的异同。

3. 以图3.11所示正激变换器为例，试推导V_o/V_{in}的关系表达式。

4. 以图3.17所示全桥变换器为例，试推导V_o/V_{in}的关系表达式。

5. 尝试为图3.31b中单相电压源-电压源型DAB变换器设计双移相调制策略，并绘制开关频率刻度下关键电气量的工作波形，比较双移相调制与单移相调制策略的异同。

6. 分析和比较非隔离型和隔离型直流变换器的应用范围和优缺点。

7. 分析和比较电压源型和电流源型DAB变换器的优缺点。

第 4 章 直流-交流逆变装置

直流-交流（DC-AC）变换常被称为逆变器，是将直流电转换为幅值和频率可调的交流电，是电力电子技术研究和应用的重点，也是本书的核心部分。

4.1 两电平电压源型逆变器

两电平电压源型逆变器是电路结构最简单、应用最广泛的三相逆变器电路，如图 4.1 所示。该逆变器由六个功率开关器件 $Q_1 \sim Q_6$ 组成，每个开关管并联一个续流二极管；根据直流电压等级和器件电压等级的不同，每个功率器件可由两个或多个全控型器件串联组合进行替代，以提升电压等级或降低器件成本。

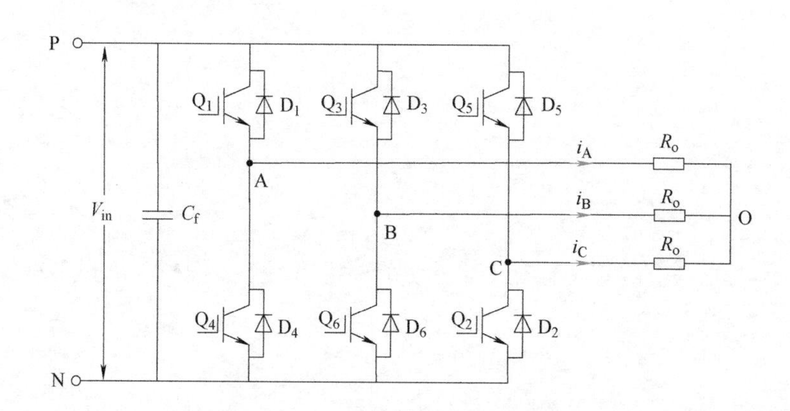

图 4.1 两电平电压源型逆变器电路结构

下面重点介绍两电平逆变器的调制方法，包括正弦波脉宽调制（Sinusoidal PWM，SPWM）和空间矢量脉宽调制（Space Vector PWM，SVPWM）两种。

4.1.1 SPWM

4.1.1.1 调制方法

SPWM 的目的是为了得到开关管 $Q_1 \sim Q_6$ 驱动信号。图 4.2 给出了两电平逆变器 SPWM 工作过程和输出电压波形，其中 v_{mA}、v_{mB} 和 v_{mC} 是三相正弦调制波，v_{cr} 为三角载波，它们的交接点即为相应开关管的开通、关断时刻。逆变器输出电压的基波分量可由幅值调制因数 m_a 控制

$$m_a = \frac{V_{mp}}{V_{crp}} \tag{4.1}$$

式中，V_{mp}和V_{crp}分别为调制波和载波的峰值。

幅值调制因数m_a一般小于1，也称为线性调制区。一般通过保持V_{crp}恒定而改变V_{mp}的方法来调整m_a。

另一个调节参数是频率调制因数，表达式为

$$m_f = \frac{f_{mp}}{f_{crp}} \tag{4.2}$$

式中，f_{mp}和f_{crp}分别为调制波和载波的频率。

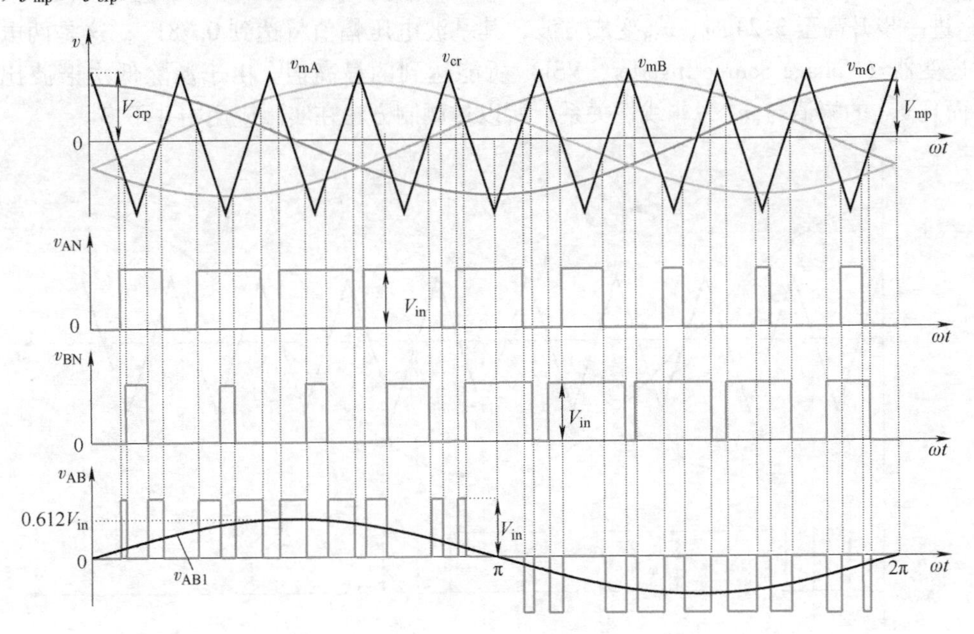

图4.2　SPWM工作过程和输出电压波形

通过分别比较三相正弦调制波和三角载波可以得到开关管Q_1~Q_6驱动信号。具体地，当$v_{mA} \geqslant v_{cr}$为时，逆变器A相上桥臂开关器件Q_1导通，而对应的下桥臂开关器件Q_4工作在与Q_1互补的开关方式，即关断。此时逆变器A相桥臂输出电压v_{AN}为直流电压V_{in}；当$v_{mA} \leqslant v_{cr}$为时，Q_4导通、Q_1关断，$v_{AN}=0$，如图4.2所示。由于电压v_{AN}波形只有两个电平（V_{in}和0），这是该逆变器被称为两电平逆变器的由来。在实际应用中，为了避免逆变器一相桥臂上下开关器件在开关暂态过程中可能出现的短路现象，需要在开关器件切换过程中增加一个死区时间，此时两个器件均关断。逆变器B相和C相桥臂按同样的方式工作。

逆变器的线电压v_{AB}可由式$v_{AB}=v_{AN}-v_{BN}$计算得到，其基波分量v_{AB1}也已在图4.2中给出。电压v_{AB1}的幅值和频率可分别由m_a和f_m控制。

两电平逆变器的开关频率可由式$f_Q=f_{cr}=f_m m_f$计算得到。例如图4.2中的波形v_{AN}在一个基波周期内有9个脉冲，而每个脉冲由开关Q_1导通和关断一次得到，如果输出基波频率为50Hz，则开关管Q_1的开关频率为$f_Q=50\times9\text{Hz}=450\text{Hz}$，这与载波频率$f_{cr}$也是相等的。值得注意的是，在多电平逆变器中，器件的开关频率并不总是等于载波频率，这个问题会在后续章节中讨论。

如果载波与调制波的频率是同步的，即m_f为固定的整数，则称这种调制方法为同步

PWM，反之则为异步 PWM。同步 PWM 载波频率 f_{cr} 通常固定，不受 f_m 变化的影响；异步 PWM 的特点在于开关频率 f_Q 固定，易于用模拟电路实现。不过这种方式可能产生非特征性谐波，即谐波频率不是基频的整数倍。同步 PWM 方法更适合于数字处理器实现。

4.1.1.2 过调制

当调制因数 $m_a>1$ 时，逆变器进入过调制区。图 4.3 给出了 $m_a=2$ 时的工作情况，可以看出，线电压波形中的脉冲数量有所减少，电压谐波中将会出现 5 次、11 次等低次成分。不过，基波电压 v_{AB1} 的幅值升高到了 $0.744V_{in}$，相比于 $m_a=1$ 时的 $0.612V_{in}$ 增加了 13.2%。当 m_a 进一步升高至 3.24 时，v_{AB} 变成方波，其基波电压幅值将达到 $0.78V_{in}$，这是两电平电压源逆变器（Voltage Source Inverter，VSI）所能达到的最高值。由于滤除低次谐波比较困难，而且 v_{AB1} 的幅值与 m_a 为非线性关系，所以过调制方法在实际应用中并不多。

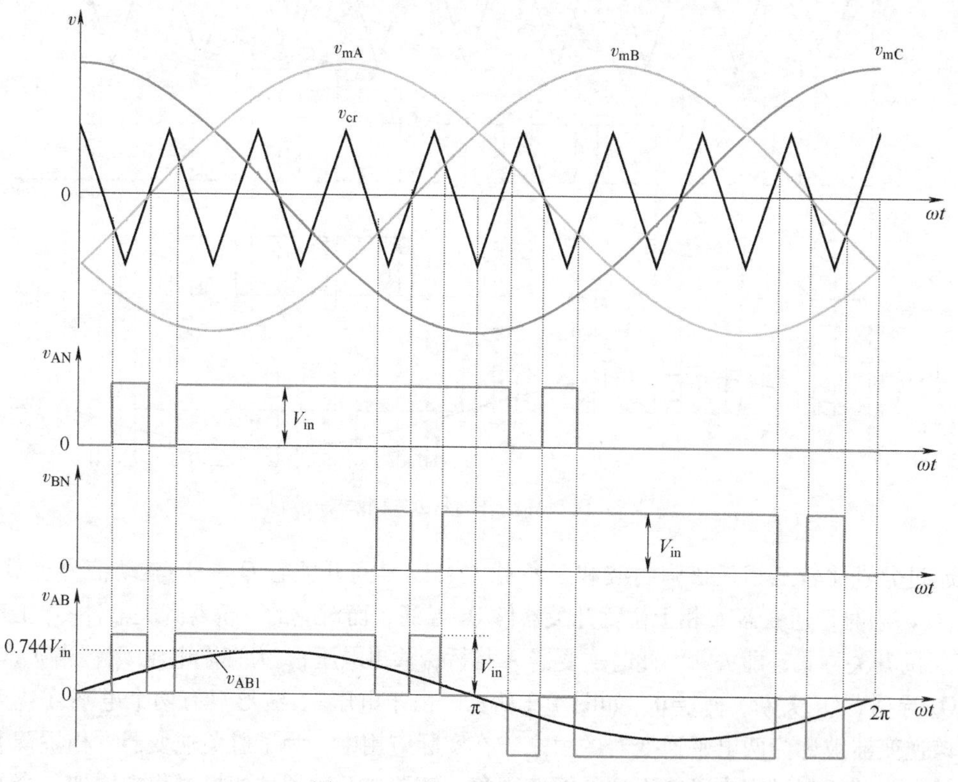

图 4.3 SPWM 过调制工作过程

4.1.1.3 三次谐波注入 PWM

通过在三相正弦调制波上叠加一个三次谐波分量，可提高逆变器的基波电压 v_{AB1}，而且不会导致过调制。这种调制技术被称为三次谐波注入 PWM。

图 4.4 说明了三次谐波注入方法的原理。其中 A 相调制波 v_{mA} 由基波分量 v_{mA1} 和三次谐波分量 v_{mA3} 叠加组成，三次谐波使得 v_{mA} 的波头有些平缓和下凹，有效降低了峰值。因此，基波分量的峰值 V_{mA1p} 可高于三角载波的峰值 V_{crp}，从而提升了输出基波电压 V_{AB1}；同时，为了避免过调制，需要保持调制波峰值 V_{mp} 低于 V_{crp}。三次谐波注入法可使 V_{AB1} 的幅值最大值相比常规 SPWM 提高 15.5%。

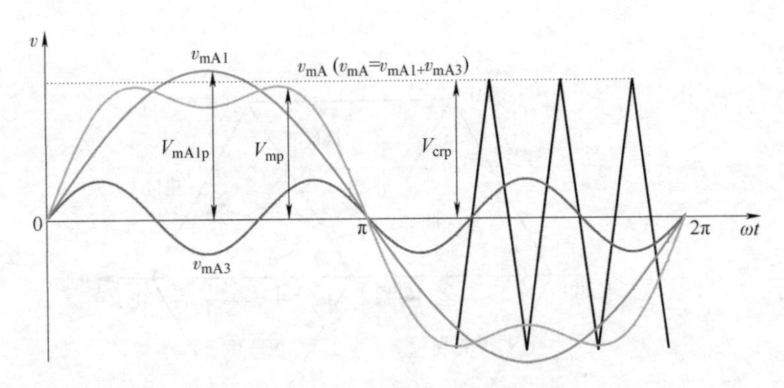

图 4.4　三次谐波注入后的调制波

值得注意的是，注入的三次谐波分量 v_{mA3} 并不会增加线电压 v_{AB} 的谐波畸变率。虽然该三次谐波存在于逆变器的每相端电压 v_{AN}、v_{BN} 和 v_{CN} 中，但对线电压 v_{AB} 并没有任何影响。这是因为线电压 $v_{AB}=v_{AN}-v_{BN}$，而 v_{AN} 和 v_{BN} 含有的三次谐波幅值和相位均相同，可互相抵消。

4.1.2　SVPWM

SVPWM 是另一种得到开关管驱动信号的调制方式，具有更清晰的数学关系，目前广泛应用于数字控制的电压源型逆变器中。

4.1.2.1　开关状态

基于图 4.1 所示的两电平逆变器，可将每相桥臂的开关状态组合定义为开关状态，见表 4.1。其中，开关状态［P］表示逆变器一个桥臂的上管导通，桥臂输出电压（v_{AN}、v_{BN} 或 v_{CN}）为 V_{in}；开关状态［O］表示桥臂的下管导通，桥臂输出电压为零。

表 4.1　开关状态的定义

开关状态	A 相桥臂			B 相桥臂			C 相桥臂		
	Q_1	Q_4	v_{AN}	Q_3	Q_6	v_{BN}	Q_5	Q_2	v_{CN}
［P］	导通	关断	V_{in}	导通	关断	V_{in}	导通	关断	V_{in}
［O］	关断	导通	0	关断	导通	0	关断	导通	0

三相两电平逆变器有 8 种可能的开关状态组合。例如开关状态［POO］分别对应逆变器 A、B 和 C 三相桥臂开关管 Q_1、Q_6 和 Q_2 导通。在这 8 种开关状态中，［PPP］和［OOO］为零状态，其他均为非零状态。

4.1.2.2　空间矢量

图 4.5 给出了典型的两电平逆变器空间矢量图，以及与零开关状态和非零开关状态的对应关系。其中，六个非零矢量 $\boldsymbol{V}_1\sim\boldsymbol{V}_6$ 组成一个正六边形，并将其分为Ⅰ~Ⅵ六个扇区。零矢量 $\boldsymbol{V}_0$ 位于六边形的中心。

下面以图 4.1 为参考，来推导空间矢量与开关状态之间的关系。假设逆变器工作于三相平衡状态，则有

$$v_{AO}(t)+v_{BO}(t)+v_{CO}(t)=0 \tag{4.3}$$

式中，v_{AO}、v_{BO} 和 v_{CO} 为负载瞬时相电压。

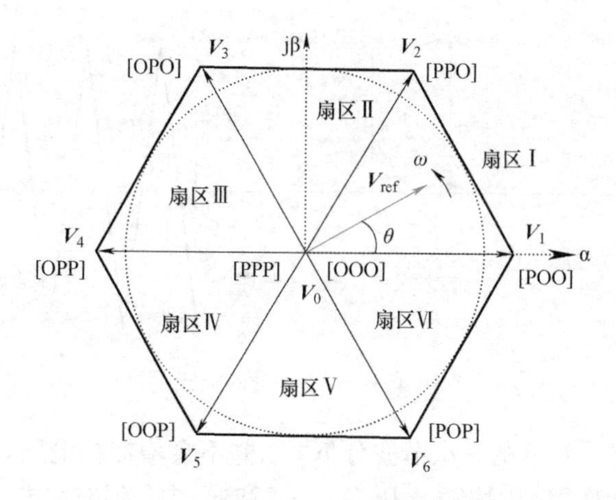

图 4.5　两电平逆变器的空间矢量图

从数学运算角度考虑，三相电压中有一相为非独立变量，即在给定任意两相电压的前提下可计算出第三相电压。因此，可将三相变量等效转换为两相变量，即从 abc 坐标系到 αβ 坐标系

$$\begin{bmatrix} v_\alpha(t) \\ v_\beta(t) \end{bmatrix} = \frac{2}{3}\begin{bmatrix} 1 & -\frac{1}{2} & -\frac{1}{2} \\ 0 & \frac{\sqrt{3}}{2} & -\frac{\sqrt{3}}{2} \end{bmatrix}\begin{bmatrix} v_{AO}(t) \\ v_{BO}(t) \\ v_{CO}(t) \end{bmatrix} \tag{4.4}$$

式中，系数 2/3 在某种程度上是任意选定的，常用的系数值有 2/3 或$\sqrt{2/3}$。

其中，2/3 的物理意义是等效变换后两相系统的电压幅值与原三相系统的电压幅值相等，即等幅值变换；$\sqrt{2/3}$的物理意义是遵循变换前后电流所产生的旋转磁场等效和变换前后两系统的电动机功率不变的约束条件而得到的变换矩阵系数，即等功率变换。

空间矢量通常是根据 αβ 坐标系中的两相电压来定义的，即

$$\boldsymbol{V}(t) = v_\alpha(t) + \mathrm{j}v_\beta(t) \tag{4.5}$$

将式（4.4）代入式（4.5）中，可得

$$\boldsymbol{V}(t) = \frac{2}{3}\left[v_{AO}(t)\mathrm{e}^{\mathrm{j}0} + v_{BO}(t)\mathrm{e}^{\mathrm{j}(2\pi/3)} + v_{CO}(t)\mathrm{e}^{\mathrm{j}(4\pi/3)}\right] \tag{4.6}$$

式中，$\mathrm{e}^{\mathrm{j}x} = \cos x + \mathrm{j}\sin x$，且 $x=0$、$x=2\pi/3$ 或 $x=4\pi/3$。

非零开关状态［POO］所产生的负载相电压为

$$\begin{cases} v_{AO}(t) = \frac{2}{3}V_{in} \\ v_{BO}(t) = -\frac{1}{3}V_{in} \\ v_{CO}(t) = -\frac{1}{3}V_{in} \end{cases} \tag{4.7}$$

将式（4.7）代入式（4.6）可得到对应的空间矢量为

$$V_1=\frac{2}{3}V_{in}e^{j0} \tag{4.8}$$

采用同样的方法，可推导得到所有的六个非零矢量为

$$V_k=\frac{2}{3}V_{in}e^{j(k-1)\frac{\pi}{3}},\quad k=1,2,\cdots,6 \tag{4.9}$$

零矢量 V_0 有两种开关状态［PPP］和［OOO］与之对应，属于冗余开关状态，后续章节中将讨论冗余开关状态的使用方法，如用于实现逆变器开关频率的最小化或其他功能。表4.2给出了空间矢量与对应的开关状态之间的关系。

表4.2 空间矢量、开关状态与导通开关

空间矢量		开关状态（三相）	导通开关	矢量定义
零矢量	V_0	［PPP］	Q_1、Q_3、Q_5	$V_0=0$
		［OOO］	Q_4、Q_6、Q_2	
非零矢量	V_1	［POO］	Q_1、Q_6、Q_2	$V_1=\frac{2}{3}V_{in}e^{j0}$
	V_2	［PPO］	Q_1、Q_3、Q_2	$V_2=\frac{2}{3}V_{in}e^{j\frac{1}{3}\pi}$
	V_3	［OPO］	Q_4、Q_3、Q_2	$V_3=\frac{2}{3}V_{in}e^{j\frac{2}{3}\pi}$
	V_4	［OPP］	Q_4、Q_3、Q_5	$V_4=\frac{2}{3}V_{in}e^{j\frac{3}{3}\pi}$
	V_5	［OOP］	Q_4、Q_6、Q_5	$V_5=\frac{2}{3}V_{in}e^{j\frac{4}{3}\pi}$
	V_6	［POP］	Q_1、Q_6、Q_5	$V_6=\frac{2}{3}V_{in}e^{j\frac{5}{3}\pi}$

应该注意，零矢量和非零矢量在矢量空间上并不运动变化，因此也可称为静态矢量。与此相反，图4.5中的给定矢量 V_{ref} 在空间中以角速度 ω 旋转，即

$$\omega=2\pi f_1 \tag{4.10}$$

式中，f_1 为逆变器输出电压的基频。

矢量 V_{ref} 相对于 αβ 坐标系 α 轴的偏移角度为

$$\theta(t)=\int_0^t\omega(t)\,dt+\theta(0) \tag{4.11}$$

当给定幅值和角度位置后，矢量 V_{ref} 可由相邻的三个静态矢量合成得到。基于此，可以计算得到逆变器的开关状态，并产生各功率开关器件的门（栅）极驱动信号。当 V_{ref} 逐一经过每个扇区时，不同的开关器件组将会不断地导通或关断，完成逆变器三相输出电压跟踪参考电压 V_{ref}，V_{ref} 在矢量空间旋转一周，逆变器的输出电压也会随之变化一个基波周期。其中，逆变器的输出基波频率取决于矢量 V_{ref} 的旋转速度，输出电压则可通过改变 V_{ref} 的幅值来调节。

4.1.2.3 作用时间计算

前面提到参考矢量 V_{ref} 可由相邻的三个静态矢量合成，而静态矢量的作用时间本质上就是选中开关器件在采样周期 T_s 内的作用时间（通态或断态时间）。作用时间的计算基于伏秒平衡原理，也就是说，给定矢量 V_{ref} 与采样周期 T_s 的乘积等于所选空间矢量电压与其作用时

间乘积的累加。

假设采样周期 T_s 足够小，可认为给定矢量 $\boldsymbol{V}_{ref}$ 在周期 T_s 内保持不变。在这种情况下，$\boldsymbol{V}_{ref}$ 可近似认为是两个相邻非零矢量与一个零矢量的合成。例如，当 $\boldsymbol{V}_{ref}$ 位于第Ⅰ扇区时，它可由矢量 $\boldsymbol{V}_1$、$\boldsymbol{V}_2$ 和 $\boldsymbol{V}_0$ 合成，如图 4.6 所示。根据伏秒平衡原理，有下式成立

$$\begin{cases}\boldsymbol{V}_{ref}T_s=\boldsymbol{V}_1T_a+\boldsymbol{V}_2T_b+\boldsymbol{V}_0T_c\\ T_s=T_a+T_b+T_c\end{cases}\tag{4.12}$$

式中，T_a、T_b 和 T_c 分别为矢量 $\boldsymbol{V}_1$、$\boldsymbol{V}_2$ 和 $\boldsymbol{V}_0$ 的作用时间。

式（4.12）所示的空间矢量可表示为

$$\begin{cases}\boldsymbol{V}_{ref}=V_{ref}e^{j\theta}\\ \boldsymbol{V}_1=\dfrac{2}{3}V_{in}\\ \boldsymbol{V}_2=\dfrac{2}{3}V_{in}e^{j\frac{\pi}{3}}\\ \boldsymbol{V}_0=0\end{cases}\tag{4.13}$$

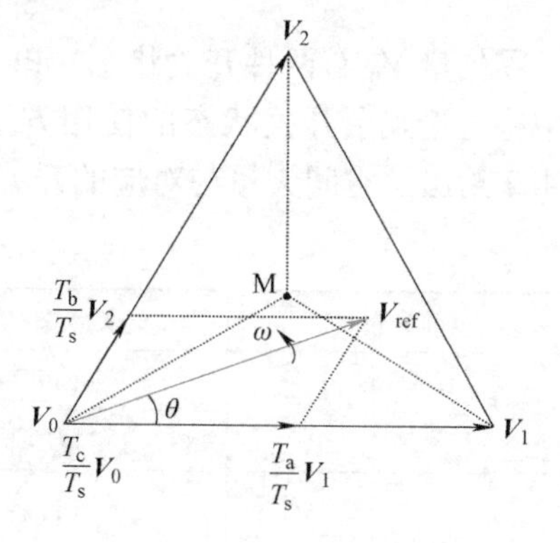

图 4.6　矢量 $\boldsymbol{V}_{ref}$ 在第Ⅰ扇区的合成方式

将式（4.13）代入式（4.12）中，并将结果分为 αβ 坐标系的实轴（α 轴）和虚轴（β 轴）分量两部分，可得到

$$\begin{cases}V_{ref}\cos\theta T_s=\dfrac{2}{3}V_{in}T_a+\dfrac{1}{3}V_{in}T_b\\ V_{ref}\sin\theta T_s=\dfrac{1}{\sqrt{3}}V_{in}T_b\end{cases}\tag{4.14}$$

将式（4.14）与条件 $T_s=T_a+T_b+T_c$ 联立求解，得到

$$\begin{cases}T_a=\dfrac{\sqrt{3}T_sV_{ref}}{V_{in}}\sin\left(\dfrac{\pi}{3}-\theta\right)\\ T_b=\dfrac{\sqrt{3}T_sV_{ref}}{V_{in}}\sin\theta\\ T_c=T_s-T_a-T_b\end{cases}\tag{4.15}$$

式中，$0\leqslant\theta\leqslant\pi/3$（即第Ⅰ扇区）。

具体地，当参考矢量 $\boldsymbol{V}_{ref}$ 正好位于扇区Ⅰ的三角形中心点 M（见图 4.6）时，则有 $T_a=T_b=T_c$；当 $\boldsymbol{V}_{ref}$ 位于 $\boldsymbol{V}_1$ 和 $\boldsymbol{V}_2$ 的中间（即 $\theta=\pi/3$）时，空间矢量 $\boldsymbol{V}_1$ 的作用时间 T_a 等于 $\boldsymbol{V}_2$ 作用时间 T_b；当 $\boldsymbol{V}_{ref}$ 更靠近 $\boldsymbol{V}_2$ 时，T_b 将大于 T_a；当 $\boldsymbol{V}_{ref}$ 与 $\boldsymbol{V}_2$ 重合，则 $T_a=0$。表 4.3 总结了矢量 $\boldsymbol{V}_{ref}$ 的位置与其作用时间之间的关系。

表 4.3　矢量 $\boldsymbol{V}_{ref}$ 在第Ⅰ扇区的位置与作用时间之间的关系

V_{ref} 位置	$\theta=0$	$0<\theta<\pi/6$	$\theta=\pi/6$	$\pi/6<\theta<\pi/3$	$\theta=\pi/3$
作用时间	$T_a>0$ $T_b=0$	$T_a>T_b$	$T_a=T_b$	$T_a<T_b$	$T_a=0$ $T_b>0$

需要指出的是，当矢量 $\boldsymbol{V}_{\text{ref}}$ 位于其他扇区时，上述关系采用变量置换后仍然成立。也就是说，将实际角度 θ 减去 $\pi/3$ 的整数倍后，使修正后的 θ' 角度位于 $0\sim\pi/3$ 的区间内，即

$$\theta'=\theta-(k-1)\frac{\pi}{3} \tag{4.16}$$

式中，$0\leqslant\theta'\leqslant\frac{\pi}{3}$，$k$ 为相应扇区的编号（Ⅰ~Ⅵ）。

例如，当 $\boldsymbol{V}_{\text{ref}}$ 位于第Ⅱ扇区时，基于式（4.15）计算得到的作用时间 T_{a}、T_{b} 和 T_{c} 分别对应矢量 $\boldsymbol{V}_2$、$\boldsymbol{V}_3$ 和 $\boldsymbol{V}_0$。

4.1.2.4 调制因数

式（4.15）也可以表示为调制因数 m_{a} 的形式，即

$$\begin{cases}T_{\text{a}}=T_{\text{s}}m_{\text{a}}\sin\left(\dfrac{\pi}{3}-\theta\right)\\T_{\text{b}}=T_{\text{s}}m_{\text{a}}\sin\theta\\T_{\text{c}}=T_{\text{s}}-T_{\text{a}}-T_{\text{b}}\end{cases} \tag{4.17}$$

式中

$$m_{\text{a}}=\frac{\sqrt{3}\,V_{\text{ref}}}{V_{\text{in}}} \tag{4.18}$$

给定矢量的最大幅值 $V_{\text{ref,max}}$ 取决于图4.5所示六边形的最大内切圆的半径。由于该六边形由六个长度为 $2V_{\text{in}}/3$ 的非零矢量组成，因此可求出 $V_{\text{ref,max}}$ 的值为

$$V_{\text{ref,max}}=\frac{2}{3}V_{\text{in}}\times\frac{\sqrt{3}}{2}=\frac{\sqrt{3}\,V_{\text{in}}}{3} \tag{4.19}$$

将式（4.19）代入式（4.18）中，可知调制因数的最大值为

$$m_{\text{a,max}}=1 \tag{4.20}$$

由此可知，SVPWM 的调制因数的范围为 $0\leqslant m_{\text{a}}\leqslant1$。

而其线电压基波的最大有效值则可表示为

$$V_{\text{SVPWM,max}}=\sqrt{3}\times\frac{V_{\text{ref,max}}}{\sqrt{2}}=0.707V_{\text{in}} \tag{4.21}$$

对于采用 SPWM 方式控制的逆变器，其线电压的基波最大值为

$$V_{\text{SPWM,max}}=0.612V_{\text{in}} \tag{4.22}$$

由此可得

$$\frac{V_{\text{SVPWM,max}}}{V_{\text{SPWM,max}}}=1.155 \tag{4.23}$$

式（4.23）表明，对于相同的直流母线电压，基于 SVPWM 的逆变器最大线电压要比基于 SPWM 的高15.5%。不过，采用三次谐波注入的 SPWM 方案同样可以将逆变器输出电压提升15.5%。

4.1.2.5 开关顺序

前面介绍了空间矢量选取及其作用时间的计算方法，下一步要解决的问题是如何安排功率器件的开关顺序。一般来说，对于给定矢量 $\boldsymbol{V}_{\text{ref}}$，其开关顺序的选取方案并不唯一，但是

为了尽量减少器件的开关次数，需要满足以下两个条件：

1）从一种开关状态切换到另一种开关状态时，仅涉及逆变器同一桥臂的 2 只开关器件，即 1 只导通、1 只关断。

2）矢量 $\boldsymbol{V}_{\text{ref}}$ 在矢量图中从一个扇区转移到另一个扇区时，没有或者只有最少数量的开关器件动作。

图 4.7 给出一种典型的七段式开关顺序以及矢量 $\boldsymbol{V}_{\text{ref}}$ 在第Ⅰ扇区时逆变器输出电压的波形。其中，$\boldsymbol{V}_{\text{ref}}$ 由 $\boldsymbol{V}_1$、$\boldsymbol{V}_2$ 和 $\boldsymbol{V}_0$ 三个矢量合成。在所选扇区内，将采样周期 T_s 分为七段，可以看出：

1）七段作用时间的累加和等于采样周期，即 $T_s=T_a+T_b+T_c$。

2）设计方案的第 1 个必要条件得以满足。例如，从状态［OOO］切换到［POO］时，Q_1 导通而 Q_4 关断，这样仅涉及两个开关器件，且为同一桥臂。

3）冗余开关状态 $\boldsymbol{V}_0$ 用于降低每个采样周期的开关动作次数。在采样周期中间的 $T_c/2$ 区段内，选择开关状态［PPP］；而在两边的 $T_c/4$ 区段内，均采用开关状态［OOO］。

4）逆变器的每个开关器件在一个采样周期内均导通和关断 1 次。因此，器件的开关频率 f_Q 等于采样频率 f_s，即 $f_Q=f_s=1/T_s$。

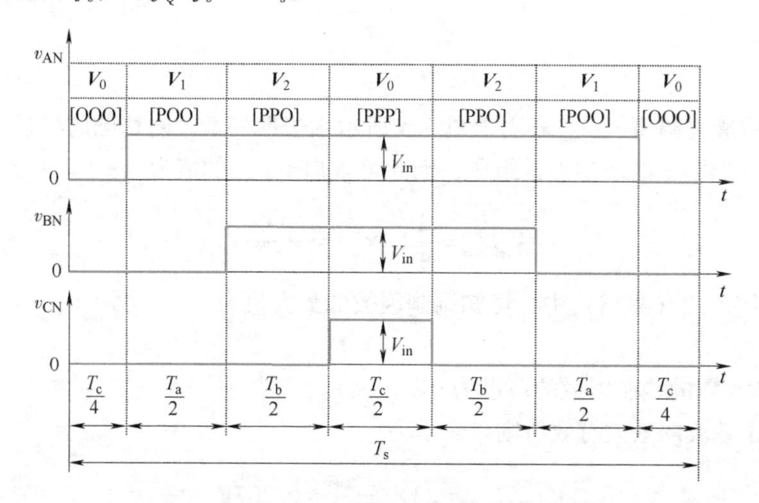

图 4.7　矢量 $\boldsymbol{V}_{\text{ref}}$ 在第Ⅰ扇区时的七段法开关顺序

通过将图 4.7 中的矢量 $\boldsymbol{V}_1$ 与 $\boldsymbol{V}_2$ 位置互换，得到图 4-8 中输出电压波形。此时，在某些开关状态切换过程中，例如从［OOO］切换到［PPO］时，共有两个桥臂的 4 个开关器件同时导通或关断。最终导致采样周期内的开关次数从原方案的 6 次增加到了 10 次，显然这种开关顺序不能满足设计要求，不应该被采用。

通过对上面两种不同开关顺序的对比可发现，图 4.7 和图 4.8 所产生的输出电压 v_{AB} 波形虽然看起来不同，但在本质上却是相同的。如果把这两个波形在时间轴上连续展开 2 个或多个周期可以发现，除了有一个较小时间 $T_s/2$ 延迟的区别外，它们是完全相同的。而开关周期 T_s 相比逆变器的基波周期一般要短得多，因此这个时延的影响可忽略。

表 4.4 给出了 $\boldsymbol{V}_{\text{ref}}$ 在所有六个扇区时的七段法开关顺序。需要注意的是，所有的开关顺序都是以开关状态［OOO］来起始和结束的，这表明 $\boldsymbol{V}_{\text{ref}}$ 从一个扇区切换到下一个扇区时，并不需要任何额外的切换过程。这样，满足了前述第 2 个开关顺序设计要求。

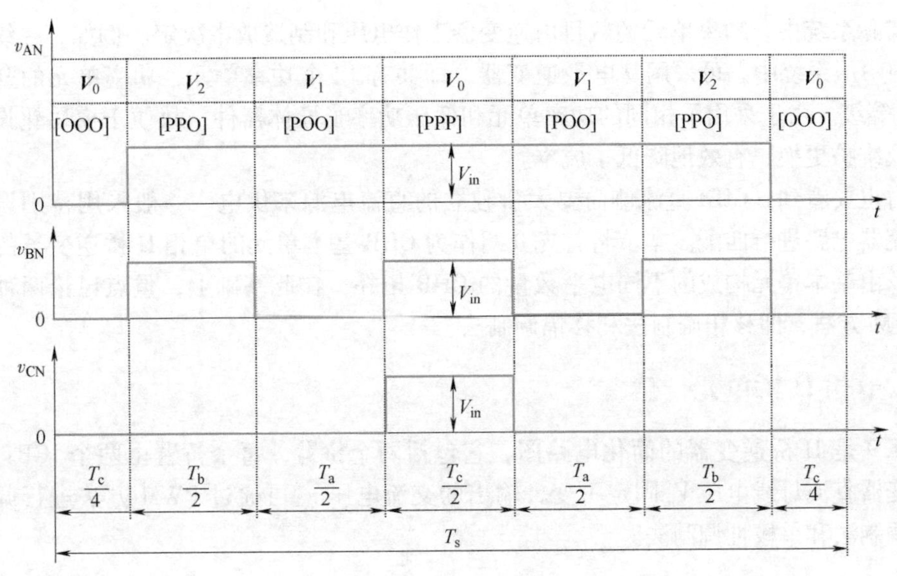

图4.8　不符合要求的七段法开关顺序

表4.4　七段法开关顺序

扇区	开关顺序						
	1	2	3	4	5	6	7
Ⅰ	V_0	V_1	V_2	V_0	V_2	V_1	V_0
	[OOO]	[POO]	[PPO]	[PPP]	[PPO]	[POO]	[OOO]
Ⅱ	V_0	V_3	V_2	V_0	V_2	V_3	V_0
	[OOO]	[OPO]	[PPO]	[PPP]	[PPO]	[OPO]	[OOO]
Ⅲ	V_0	V_3	V_4	V_0	V_4	V_3	V_0
	[OOO]	[OPO]	[OPP]	[PPP]	[OPP]	[OPO]	[OOO]
Ⅳ	V_0	V_5	V_4	V_0	V_4	V_5	V_0
	[OOO]	[OOP]	[OPP]	[PPP]	[OPP]	[OOP]	[OOO]
Ⅴ	V_0	V_5	V_6	V_0	V_6	V_5	V_0
	[OOO]	[OOP]	[POP]	[PPP]	[POP]	[OOP]	[OOO]
Ⅵ	V_0	V_1	V_6	V_0	V_6	V_1	V_0
	[OOO]	[POO]	[POP]	[PPP]	[POP]	[POO]	[OOO]

4.2　多电平级联H桥逆变器

多电平级联H桥（Cascaded H-Bridge，CHB）逆变器是一种适用于中压大功率场合的逆变器拓扑。它由多个单相H桥逆变器（基本功率单元）组成，把每个功率单元的交流输出串联来实现中压输出，并减小输出电压的谐波。该电路最早由M. Marchesoni等人在1988年的IEEE PESC年会上提出，代表性产品为美国罗宾康公司的完美无谐波高压变频器。

在实际系统中，功率单元的数目由逆变器工作电压和制造成本决定。例如，在线电压为3300V的中压系统中，可采用9电平逆变器，即共有12个功率单元，功率单元的开关器件为600V等级。由于采用了相同的功率单元和低压功率半导体器件，故便于模块化设计、制造，以及维护更换，有效地降低了成本。

同时也要看到，CHB直流侧需要大量独立的直流电源来供电，一般采用特别设计的多绕组整流器电路进行匹配。本节将首先介绍作为CHB基本单元的单相H桥逆变器的工作原理，以及由基本单元构成的不同电平数量的CHB拓扑；在此基础上，重点讨论两种基于载波的PWM方法，即移相调制法和移幅调制法。

4.2.1 单相H桥单元

图4.9是H桥逆变器的简化电路图，它包括两个桥臂，每个桥臂由两个IGBT串联组成。逆变器直流母线电压V_{in}固定不变，输出的交流电压v_o可通过PWM方法进行调节，即双极性调制法和单极性调制法。

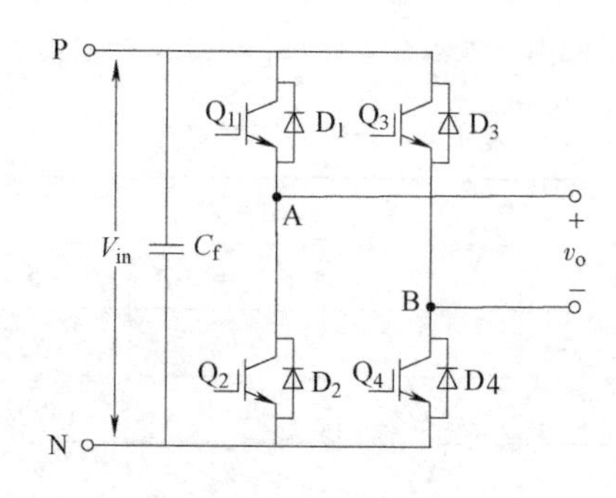

图4.9 H桥逆变器简化电路

4.2.1.1 双极性调制法

图4.10为H桥逆变器双极性调制时的工作波形及其输出电压谐波频谱。

图4.10a为H桥逆变器采用双极性调制时的一组典型工作波形。其中v_m为正弦调制波、v_{cr}为三角载波、v_{G1}和v_{G3}为上部器件Q_1和Q_3的门（栅）极驱动信号。同一桥臂中，上部器件和下部器件为互补运行方式，即其中一个导通时，另一个必须关断，两者不能同时导通。因此，在下面的分析中重点关注两个独立的驱动信号v_{G1}和v_{G3}，它们是通过比较v_m和v_{cr}产生的。根据驱动信号可得到逆变器桥臂输出电压v_{AN}和v_{BN}的波形，进一步可得到逆变器输出电压v_{AB}的波形，即$v_{AB}=v_{AN}-v_{BN}$。因为v_{AB}仅在正、负直流电压$\pm V_{in}$之间切换，即仅有两种电平，因此被称为“双极性调制”。

图4.10b为逆变器输出电压v_{AB}的谐波频谱，其中v_{AB}以直流母线电压V_{in}为基值进行标幺化处理，v_{ABn}为第n次谐波电压的有效值。谐波以边带频谱形式出现在第m_f及其整数倍谐波处，例如$2m_f$、$3m_f$等的两边。阶次低于（m_f-2）的电压谐波成分或者被消除掉了，或者幅值非常小可忽略。

4.2.1.2 单极性调制法

图4.11a为一种单极性调制产生方式和典型波形，它需要两个正弦调制波，即v_m和v_{m-}，它们的幅值和频率相同但相位相差180°；两个调制波与同一个三角载波v_{cr}进行比较，

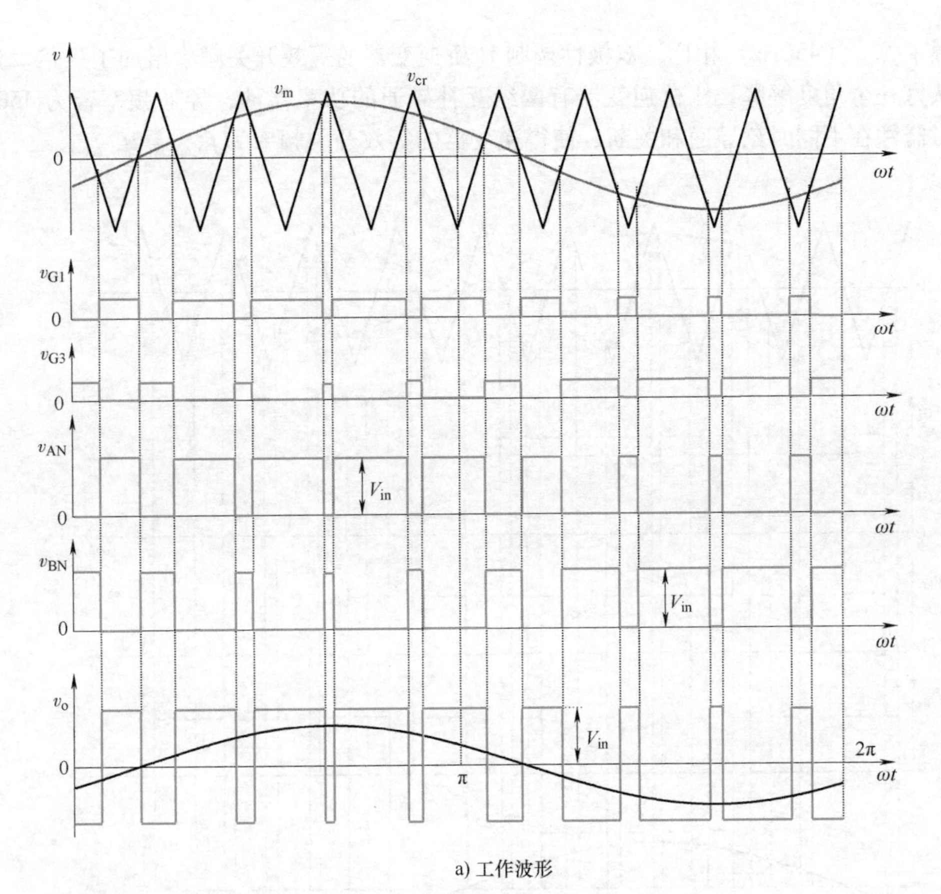

a) 工作波形

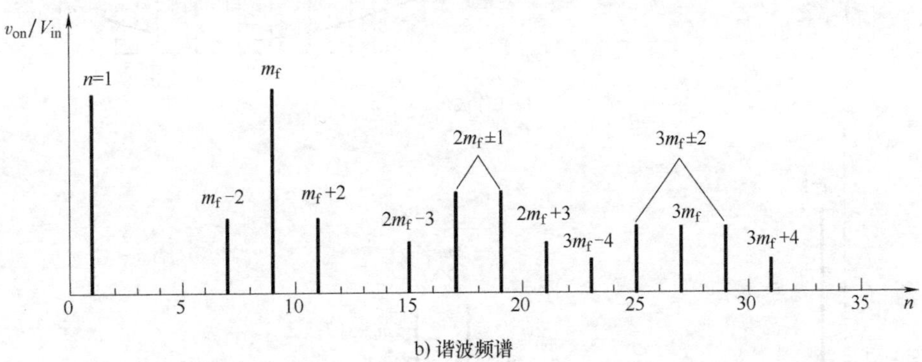

b) 谐波频谱

图 4.10　双极性调制工作方式和典型波形

产生两个门（栅）极信号 v_{G1} 和 v_{G3}，分别驱动 H 桥逆变器桥臂上管 Q_1 和 Q_3。在该驱动时序下，H 桥逆变器输出电压在正半周期只 0 和 $+V_{in}$ 两种电平，而在负半周期只 0 和 $-V_{in}$ 两种电平，为同一种极性。这也正是该调制法被称为单极性调制的原因。

图 4.11b 为逆变器输出电压 v_{AB} 的谐波频谱，其中，边带谐波主要出现在第 $2m_f$ 和 $4m_f$ 次频率两侧。在双极性调制方法中出现的低次谐波，如 m_f 和（$m_f±2$）等，在单极性调制策略中被消除掉了，使得主要的低次谐波成分分布在 $2m_f$ 两边。例如，当 $m_f=9$、载波频率为 450Hz（基波频率为 50Hz）时，主要谐波分布在 900Hz 左右（18 次），这一谐波成分也是输出电压波形上体现的开关频率，常被称作逆变器等效开关频率 $f_{Q,equ}$。与每个实际功率器件

的开关频率$f_{Q,act}$（450Hz）相比，双极性调制 H 桥逆变器的等效开关频率增加了一倍。这一点也可从另一个角度解释，H 桥逆变器有两组互补导通的功率器件，导通频率皆为 450Hz，由于两对器件在不同时刻导通和关断，使得逆变器的等效开关频率为$f_{Q,equ}=2f_{Q,act}$。

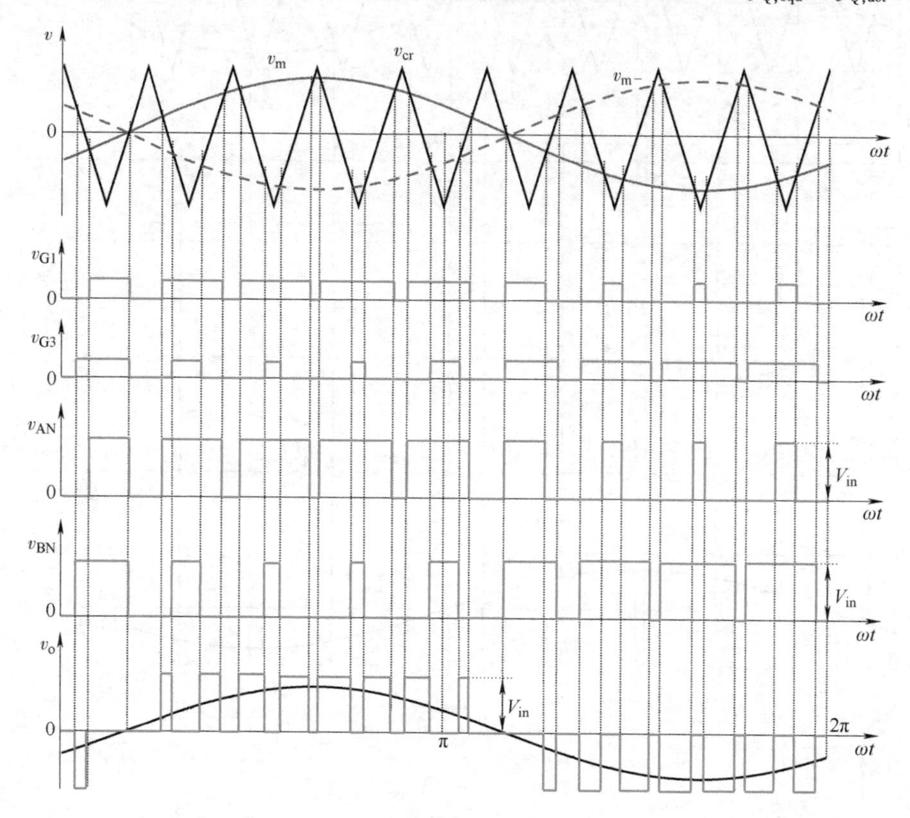

a) 工作波形

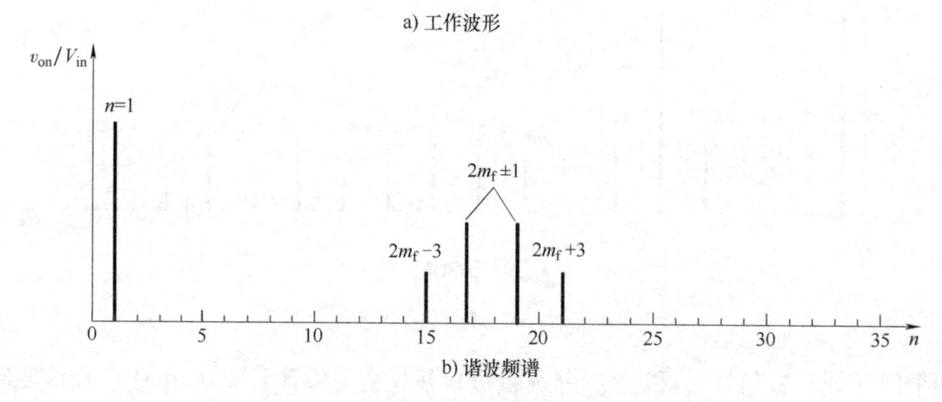

b) 谐波频谱

图 4.11　单极性调制产生方式 1 和典型波形

值得指出的是，单极性调制在$2m_f\pm1$和$2m_f\pm3$处产生的谐波和双极性调制在此处产生的谐波在幅值上完全相同。

另一种单极性调制产生方式如图 4.12 所示，它利用一个调制波v_m和两个三角载波v_{cr}、v_{cr-}进行比较，两个三角载波的幅值和频率相同但相位相差 180°。当$v_m>v_{cr}$时，v_{G1}驱动 Q_1 导通，否则关断 Q_1；当$v_m<v_{cr-}$时，v_{G3}驱动 Q_3 导通，否则关断 Q_3。逆变器输出电压v_{AB}如

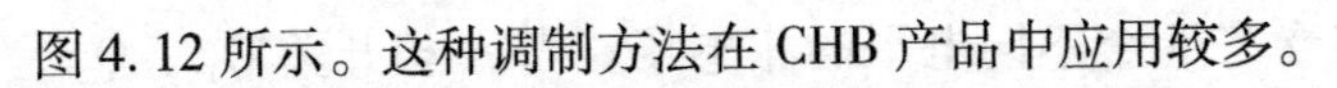
图4.12所示。这种调制方法在CHB产品中应用较多。

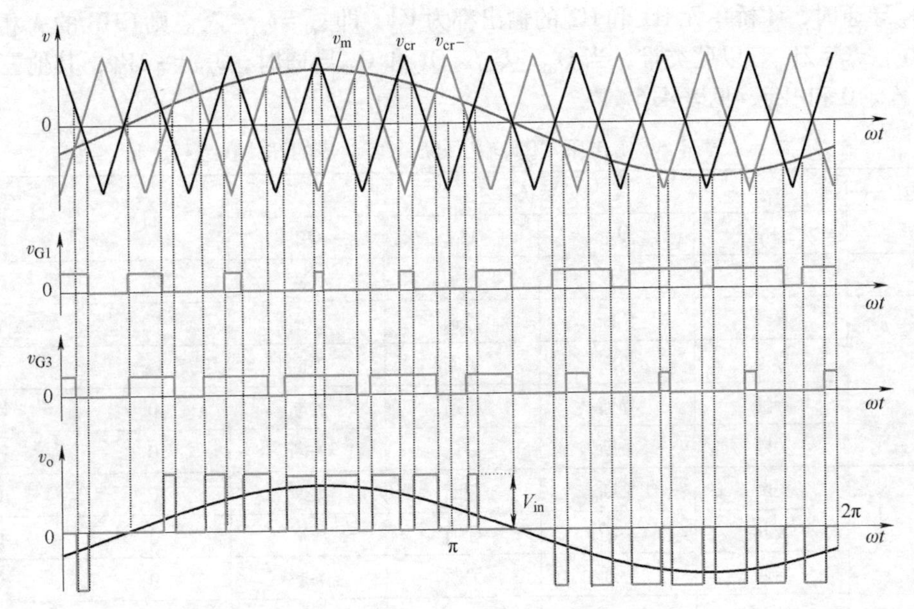

图4.12　单极性调制产生方式2和典型波形

4.2.2　级联H桥逆变电路

4.2.2.1　采用相同电压直流电源的CHB

CHB采用由多个直流电源分别独立供电的H桥基本单元，各单元的交流输出串联，一种典型的五电平CHB电路结构如图4.13所示，每相有2个H桥单元，分别由电压为V_{in}的2个独立直流电源供电。

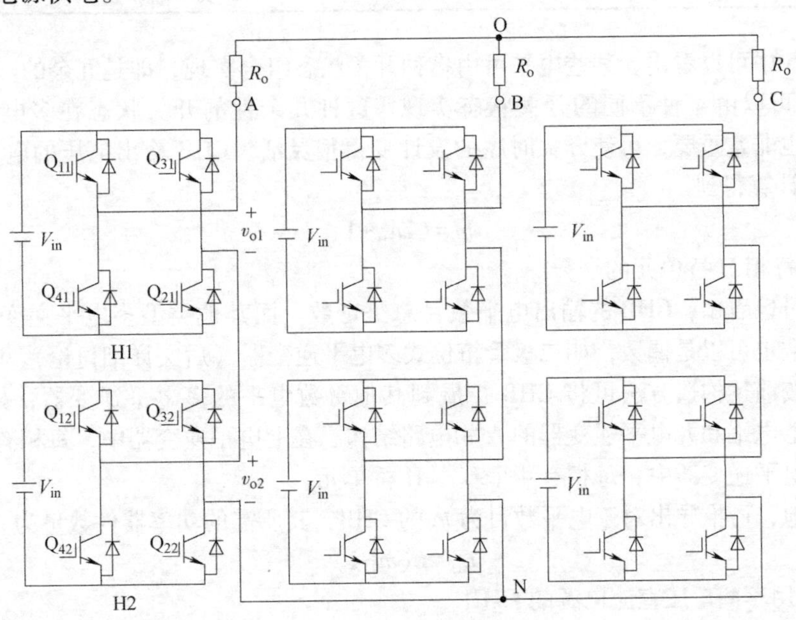

图4.13　五电平CHB电路

图4.13所示的CHB每相可输出含有5个不同电平的相电压。当A相开关Q_{11}、Q_{21}、Q_{12}和Q_{22}导通时，H桥单元H1和H2的输出都为V_{in}，即$v_{o1}=v_{o2}=V_{in}$。则CHB的A相输出电压$v_{AN}=v_{o1}+v_{o2}=2V_{in}$。以此类推，当$Q_{31}$、$Q_{41}$、$Q_{32}$和$Q_{42}$导通时，$v_{AN}=-2V_{in}$，其他三个电平分别为$V_{in}$、0和$-V_{in}$，见表4.5。

表4.5 五电平CHB输出电压与其对应的开关状态

输出电压 v_{AN}	开关状态				v_{o1}	v_{o2}
	Q_{11}	Q_{31}	Q_{12}	Q_{32}		
$2V_{in}$	导通	关断	导通	关断	V_{in}	V_{in}
V_{in}	导通	关断	导通	导通	V_{in}	0
	导通	关断	关断	关断	V_{in}	0
	导通	导通	导通	关断	0	V_{in}
	关断	关断	导通	关断	0	V_{in}
0	关断	关断	关断	关断	0	0
	关断	关断	导通	导通	0	0
	导通	导通	关断	关断	0	0
	导通	导通	导通	导通	0	0
	导通	关断	关断	导通	V_{in}	$-V_{in}$
	关断	导通	导通	关断	$-V_{in}$	V_{in}
$-V_{in}$	关断	导通	导通	导通	$-V_{in}$	0
	关断	导通	关断	关断	$-V_{in}$	0
	导通	导通	关断	导通	0	$-V_{in}$
	关断	关断	关断	导通	0	$-V_{in}$
$-2V_{in}$	关断	导通	关断	导通	$-V_{in}$	$-V_{in}$

从表4.5中可以看出，某些电平可由多种开关状态组合实现，即是冗余的。例如，对于电平V_{in}，它可以由4种不同的开关状态实现。这种冗余性的开关状态在多电平逆变器中非常普遍，也非常重要，可使开关时序的设计变得很灵活。CHB输出电压的电平数m可由式（4.24）计算得到

$$m=(2n_H+1) \tag{4.24}$$

式中，n_H为每相H桥单元的个数。

从此式可以看出，CHB的输出电平数目总是奇数。而其他类型多电平逆变器的电平数目可以是奇数也可以是偶数，如二极管箝位式多电平逆变器（后文详细讨论）。

此外，按前述构造方法可将CHB扩展到其他奇数电平的多电平逆变器，如图4.14所示，分别为七电平和九电平逆变器的A相电路结构。在七电平逆变器中，每相有3个基本H桥单元；九电平逆变器中，每相有4个基本H桥单元。

进一步地，可推导出对于电平数目为m的CHB，其所需的功率器件数量为

$$n_Q=6(m-1) \tag{4.25}$$

4.2.2.2 采用不同电压直流电源的CHB

实际上，CHB中不同功率单元也可由不同电压的直流电源供电。当采用不同电压的直流

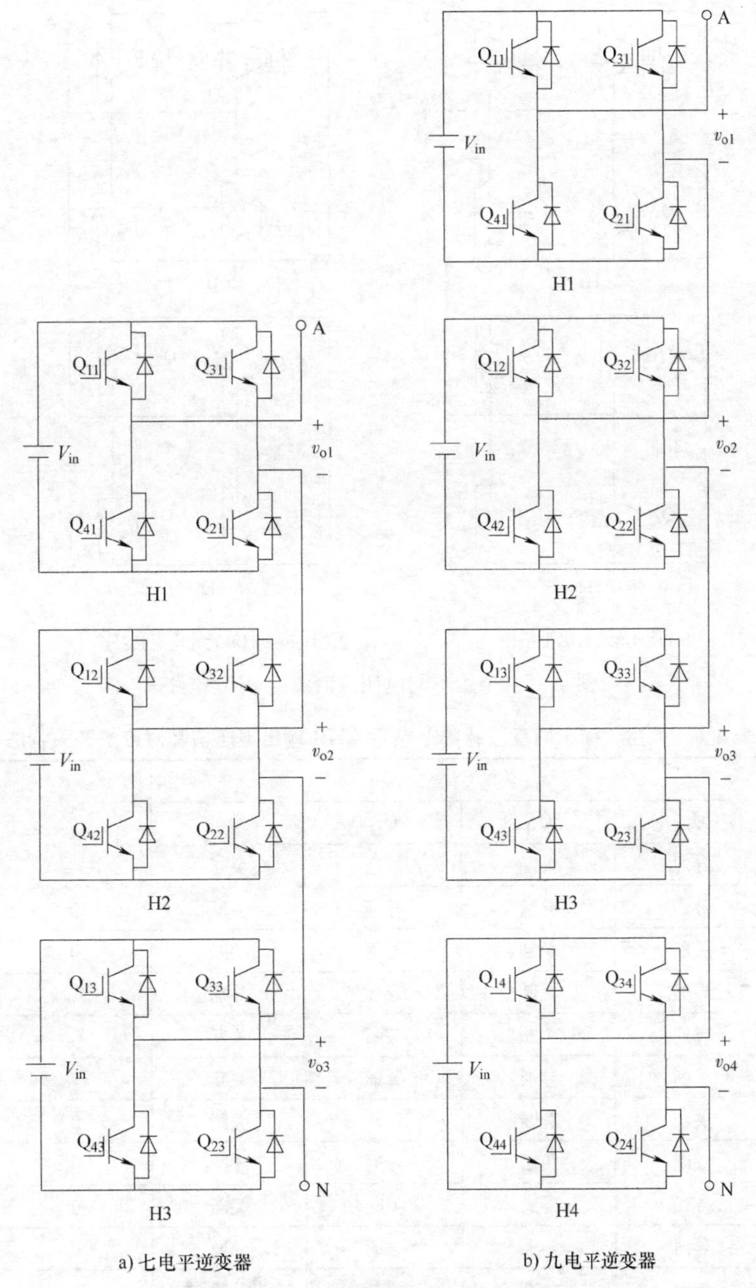

图 4.14　不同电平数目的 CHB 电路

电源供电时，在每相基本 H 桥单元数不变的情况下，逆变器输出的电压电平数目可以增加。

图 4.15 为两种采用不同电压直流源的 CHB 电路结构。在七电平结构中，基本 H 桥单元 H1 和 H2 的直流源电压分别为 V_{in}和 $2V_{in}$。每相虽然只有 2 个 H 桥单元，但可以输出 7 种不同的电压，即 $3V_{in}$、$2V_{in}$、V_{in}、0、V_{in}、$-2V_{in}$、和$-3V_{in}$，表 4.6 给出了输出电压电平和对应开关状态的关系。在九电平拓扑结构中，H2 单元的直流源电压为 H1 单元的 3 倍，把表 4.6 中的 $v_{o2}=\pm 2V_{in}$ 全部替换为 $v_{o2}=\pm 3V_{in}$，即可得到 v_{AN}输出的 9 个电压电平 $4V_{in}$、$3V_{in}$、$2V_{in}$、V_{in}、0、V_{in}、$-2V_{in}$、$-3V_{in}$和$-4V_{in}$。

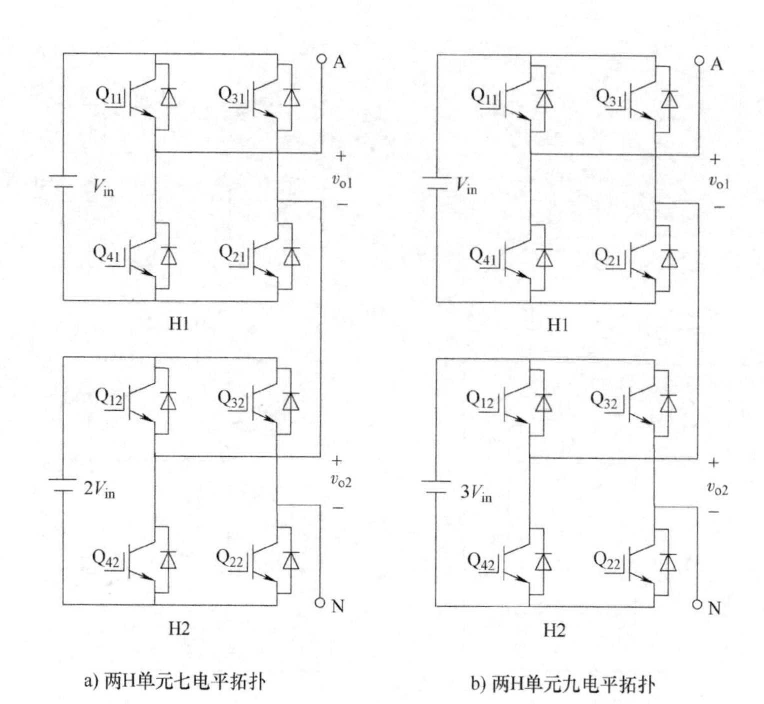

a) 两H单元七电平拓扑　　b) 两H单元九电平拓扑

图 4.15　采用不同电压直流源的 CHB 电路

表 4.6　采用 2 种不同直流源的七电平 CHB 输出电压与其对应的开关状态

输出电压 v_{AN}	开关状态				v_{o1}	v_{o2}
	Q_{11}	Q_{31}	Q_{12}	Q_{32}		
$3V_{in}$	导通	关断	导通	关断	V_{in}	$2V_{in}$
$2V_{in}$	导通	导通	导通	关断	0	$2V_{in}$
	关断	关断	导通	关断	0	$2V_{in}$
V_{in}	导通	关断	导通	导通	V_{in}	0
	导通	关断	关断	关断	V_{in}	0
	关断	导通	导通	关断	$-V_{in}$	$2V_{in}$
0	关断	关断	关断	关断	0	0
	关断	关断	导通	导通	0	0
	导通	导通	关断	关断	0	0
	导通	导通	导通	导通	0	0
$-V_{in}$	导通	关断	关断	导通	V_{in}	$-2V_{in}$
	关断	导通	导通	导通	$-V_{in}$	0
	关断	导通	关断	关断	$-V_{in}$	0
$-2V_{in}$	导通	导通	关断	导通	0	$-2V_{in}$
	关断	关断	关断	导通	0	$-2V_{in}$
$-3V_{in}$	关断	导通	关断	导通	$-V_{in}$	$-2V_{in}$

也可以看出，当各基本 H 桥单元直流电压不同时，不利于模块化制造和维修更换；同时，冗余开关状态数目的减少也使驱动时序的设计变得更为复杂。因此，这种结构在实际产

品中应用的较少。

4.2.3 基于载波方式的 PWM

多电平逆变器由于开关管数量多，一般可采用基于载波的调制方法。根据实现方式的不同，又可分为两类：载波移相调制和载波移幅调制。

4.2.3.1 载波移相 PWM

一般来说，m 电平的逆变器载波调制需要（$m-1$）个三角载波。载波移相调制中所有三角载波均具有相同的频率和幅值，但是所有载波在开关周期上均匀相移，其值为

$$\varphi_{cr}=\frac{360°}{m-1} \tag{4.26}$$

调制信号通常为幅值和频率都可调节的三相正弦波。通过调制波和载波的比较，可以产生所需要的门（栅）极驱动信号。

以相同输入直流电源电压的七电平 CHB 为例，图 4.16 给出了移相载波调制法的实现规则，其中包含 6 个三角载波，任意相邻的载波有 60°的相移。为方便展示，图中只给出了 A 相的调制波 v_{mA}，载波 v_{cr1}、v_{cr2} 和 v_{cr3} 分别用来产生 H 桥单元 H1、H2 和 H3 左桥臂上部三个开关器件 Q_{11}、Q_{12} 和 Q_{13} 的门（栅）极信号，电路参考如图 4.14a 所示。其余三个载波 v_{cr1-}、v_{cr2-}、v_{cr3-} 与载波 v_{cr1}、v_{cr2}、v_{cr3} 分别有 180°的相移，分别用来产生各 H 桥单元 H1、H2 和 H3 右桥臂上部三个开关器件 Q_{31}、Q_{32} 和 Q_{33} 的门（栅）极信号。所有 H 桥单元下部开关器件的门（栅）极信号与其同桥臂的上部开关的门（栅）极信号互补。

上述讨论的 PWM 方法的本质为单极性调制。H 桥单元 H1 上部开关器件 Q_{11} 和 Q_{13} 的门（栅）极信号是由载波信号 v_{cr1} 和 v_{cr1-} 与调制波 v_{mA} 进行比较得到的，从而使得 H1 逆变桥输出电压 v_{o1} 正半周期时在 0 和 V_{in} 之间切换，而在负半周期时在 0 和 $-V_{in}$ 之间切换。为此，CBH 输出相电压为

$$v_{AN}=v_{o1}+v_{o2}+v_{o3} \tag{4.27}$$

式中，v_{o1}、v_{o2} 和 v_{o3} 分别为 H 桥单元 H1、H2 和 H3 的输出电压。

可明显地看出，CHB 输出相电压由 $3V_{in}$、$2V_{in}$、V_{in}、0、$-V_{in}$、$-2V_{in}$、和 $-3V_{in}$ 共 7 个电压电平构成。由于不同 H 桥单元的器件在不同时刻导通，输出电压 v_{AN} 每次改变的电压幅值为 V_{in}，而不是 $3V_{in}$，大幅降低了 dv/dt 和电磁干扰。从而使得线电压 v_{AB} 可达 13 电平，最大幅值为 $6V_{in}$。

根据单极性调制的工作原理可知，基本 H 桥单元的功率器件开关频率 f_Q 与载波频率 f_{cr} 相同，但输出电压的主谐波频率为 $2f_Q$；又由于 H1、H2 和 H3 的载波在一个基波周期内均匀移相，使得七电平 CHB 相电压的主谐波频率被提升 3 倍，达到 $6f_Q$，是功率器件开关频率的 6 倍。这也是多电平逆变器的另一个优点，即高的逆变器等效开关频率可以消除相电压/线电压中更多的低次谐波，同时又保持低开关频率和低开关损耗。一般来说，采用移相 PWM 方法时，逆变器等效开关频率和器件开关频率的关系为

$$f_Q=2n_Q f_{Q,equ}=(m-1)f_{Q,equ} \tag{4.28}$$

虽然 CHB 由多个独立直流电源构成，其总直流电压（归一到一个输入直流电压）为

$$V_{in,equ}=\frac{m-1}{2}V_{in} \tag{4.29}$$

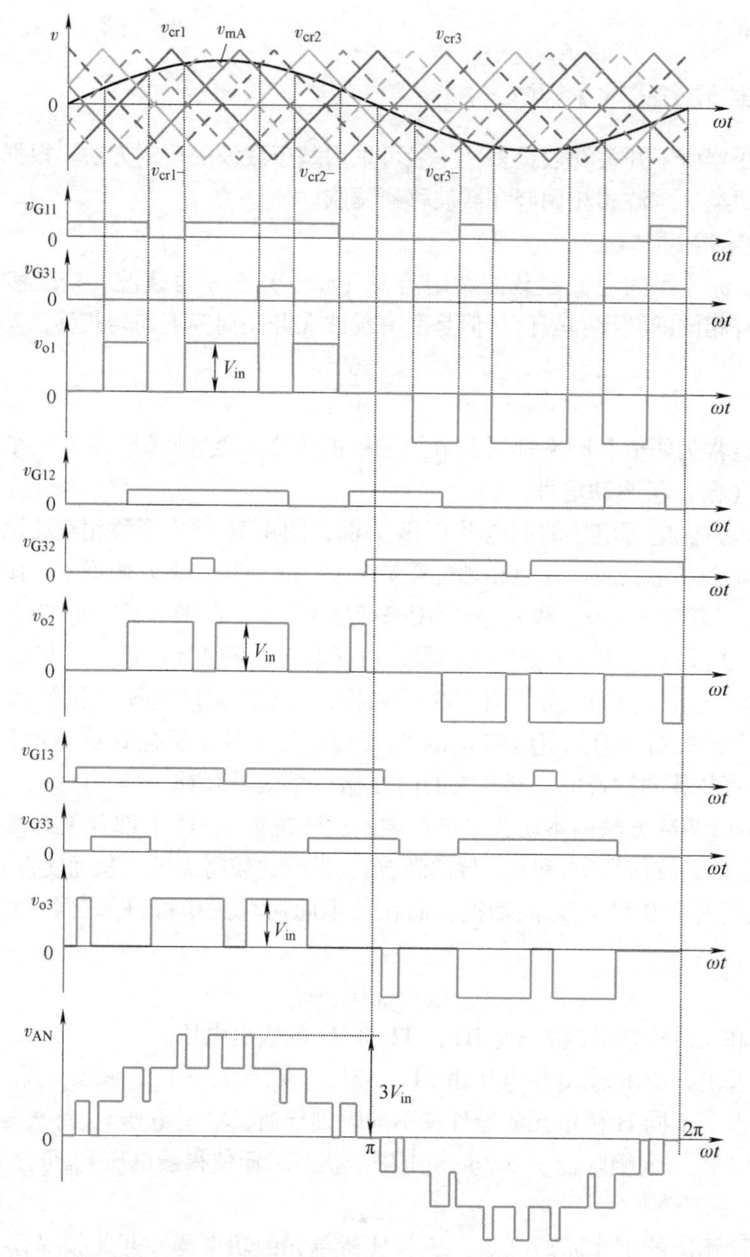

图 4.16　七电平 CHB 的移相 PWM 调制与输出波形

当 $m_a=1$ 时，最大的基波电压幅值为

$$V_{AB1,max}=1.224V_{in,equ}=0.612(m-1)V_{in} \tag{4.30}$$

4.1.1 节所述三次谐波注入法同样可以应用到 CHB 逆变器中，从而可以进一步提高直流电压利用率 15.5%。

4.2.3.2　载波移幅 PWM

载波移幅 PWM 也是对 m 电平的逆变器采用（$m-1$）个幅值和频率完全相同的三角载波，且所有载波垂直排列。频率调制因数与移相调制法的定义相同，即 $m_f=f_{cr}/f_m$；而移幅调制法中的幅值调制因数与移相调制法中的定义不同，当 $0\leqslant m_a\leqslant 1$ 时为

$$m_a = \frac{V_{mp}}{V_{crp}(m-1)} \tag{4.31}$$

式中，V_{mp}为调制波 v_m 的峰值；V_{crp}为各载波电压的峰值。

以五电平 CHB 为例，图 4.17 是 3 种典型的移幅载波调制法：①同相层叠（In-Phase Disposition，IPD）法，所有载波的相位完全相同；②相邻反相层叠（Alternative Phase Opposite Disposition，APOD）法，其中任意相邻的两个载波相位相反；③正负反相层叠（Phase Opposite Disposition，POD）法，其中在零参考线以上的所有载波同相位，零参考线以下的所有载波相位也相同，但与零参考线以上的载波反相。下面以 IPD 为例进行讨论。

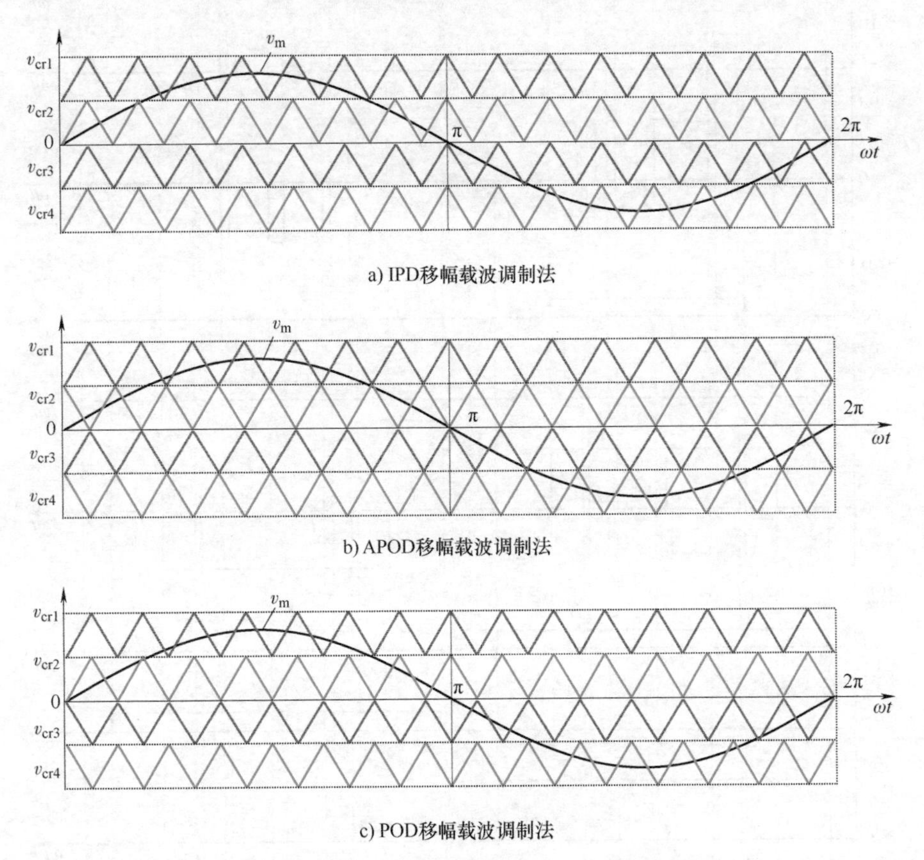

a) IPD移幅载波调制法

b) APOD移幅载波调制法

c) POD移幅载波调制法

图 4.17　3 种移幅 PWM 方法

图 4.18 介绍了七电平 CHB 的 IPD 移幅调制原理，图中载波信号 v_{cr1} 和 v_{cr1-} 分别用来产生单元桥 H1（见图 4.17a）中功率器件 Q_{11} 和 Q_{31} 的门（栅）极信号；载波信号 v_{cr3} 和 v_{cr3-} 分别用来产生单元桥 H3 中功率器件 Q_{13} 和 Q_{33} 的门（栅）极信号；载波信号 v_{cr2} 和 v_{cr2-} 用来产生单元桥 H2 中功率器件 Q_{12} 和 Q_{32} 的门（栅）极信号。对于零参考线以上的载波 v_{cr1}、v_{cr2} 和 v_{cr3}，当 A 相调制波 v_{mA} 大于对应的载波时，功率器件 Q_{11}、Q_{12} 和 Q_{13} 导通。对于零参考线以下的载波 v_{cr1-}、v_{cr2-} 和 v_{cr3-}，当 v_{mA} 小于对应的载波时，功率器件 Q_{31}、Q_{32} 和 Q_{33} 导通。对于各个 H 桥单元的下功率器件的门（栅）极信号，各自与其同桥臂的上管互补。各 H 桥单元的输出电压 v_{o1}、v_{o2} 和 v_{o3} 皆为单极性调制得到的波形，如图 4.18 所示，输出相电压 v_{AN} 包含有 7 个电平。

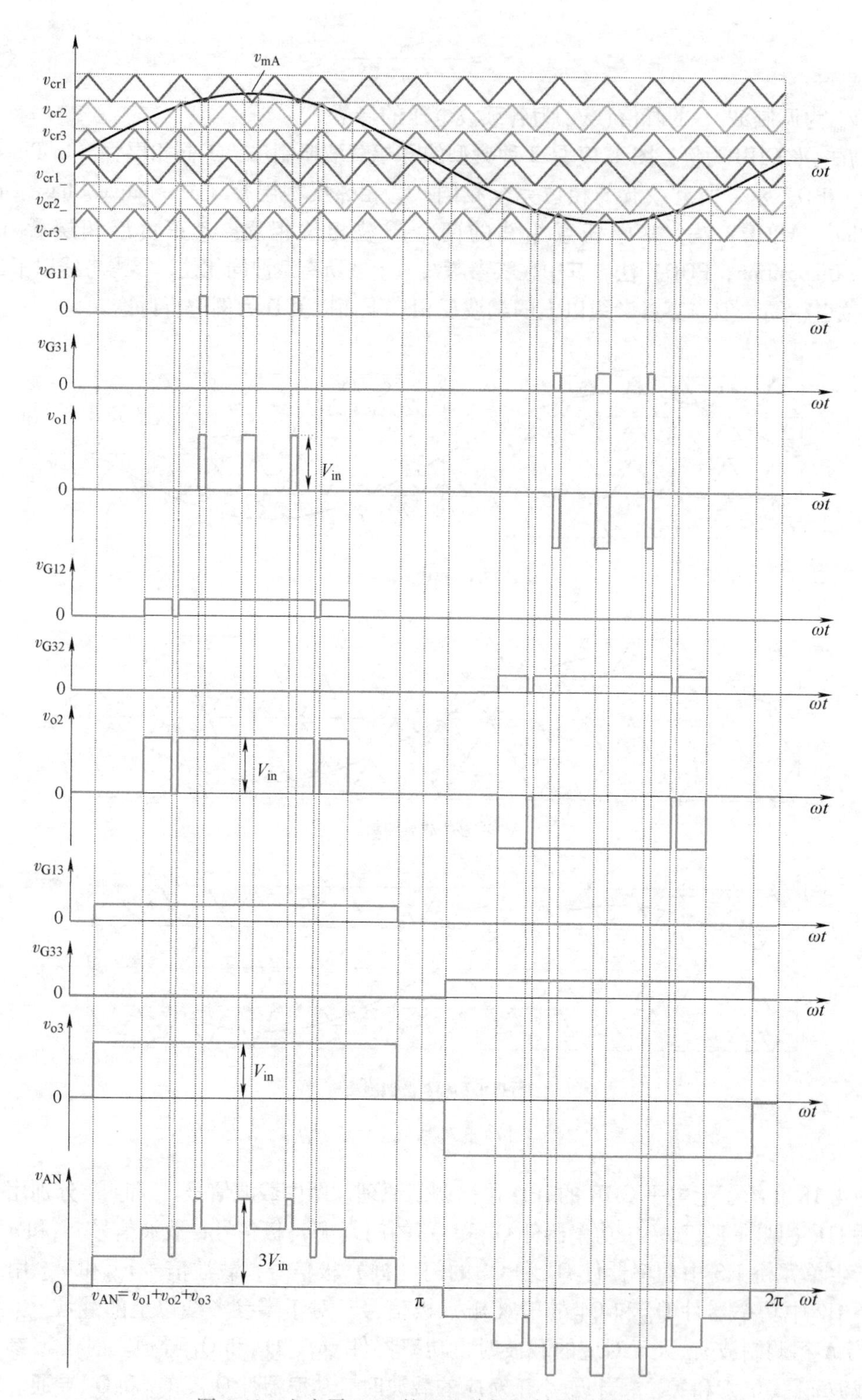

图 4.18　七电平 CHB 的 IPD 移幅调制过程与波形

在移相调制法中，功率器件的开关频率和载波的频率相同；但在 IPD 移幅调制法中，这个关系并不成立。器件开关频率的计算方法为调制波频率与每个基波周期中门（栅）极脉冲数目的乘积，而且各功率器件的开关频率都不相同。一般来说，采用移幅载波调制法时，逆变器的等效开关频率与载波频率相同，即

$$f_{\mathrm{Q,equ}}=f_{\mathrm{cr}} \tag{4.32}$$

由此可以计算出功率器件的平均开关频率为

$$f_{\mathrm{Q,ave}}=f_{\mathrm{cr}}/(m-1) \tag{4.33}$$

除了功率器件的开关频率不相同外，各功率器件的导通时间也不完全相同。为了使移幅载波调制策略中各单元的器件损耗相接近，各基本H桥单元的开关方式可以进行周期性的轮换。

4.2.3.3 移相和移幅载波PWM方法的比较

为了比较移相和移幅载波PWM方法，假定两种方法中的器件开关频率相同，通过一个低调制比 m_a 的工况来说明两种方法的区别。移相载波PWM方法中，无论 m_a 如何变化，各个H桥单元的输出波形几乎相同，但有相移，合成波形为一个三电平波形，所有功率器件具有几乎完全相同的开关频率和导通时间；而在移幅载波PWM方法中，会出现大部分H桥单元的输出为零，即功率器件不动作，仅一个H桥单元输出开关频率等于载波频率的三电平波形。

4.3 多电平中点箝位逆变器

通过二极管和串联直流电容器产生多电平输出电压的逆变器被称为二极管中性点箝位式（Nutral Point Clamping，NPC）多电平逆变器，通常有三电平、四电平、五电平等结构。目前，主要是三电平NPC逆变器在中压大功率传动系统中得到广泛应用，五电平NPC也有一些产品销售。NPC逆变器的主要特征是输出电压比两电平逆变器具有更小的 dv/dt 和THD；更重要的是，这种逆变器无需采用器件串联就可以用于一定电压等级的应用场合，例如中压传动场合，6000V等级器件可用于交流额定电压为4160V的传动系统。

4.3.1 三电平NPC逆变电路

4.3.1.1 拓扑结构

带电阻负载的三电平NPC逆变器电路，如图4.19所示。以A相桥臂为例，由带有反并联二极管（D_1~D_4）的四个有源开关（Q_1~Q_4）组成。工程应用中，开关器件可采用IGBT、GCT等大功率器件。

逆变器直流侧的两个直流电容中点记为Z。连接到中点的二极管 D_{Z1} 和 D_{Z2} 为箝位二极管。当 Q_2 或 Q_3 导通时，逆变器输出端A通过其中一个箝位二极管连接到中点。每个直流电容上的电压通常为总直流电压 $2V_{\mathrm{in}}$ 的一半，即 V_{in}。由于 C_{f1} 和 C_{f2} 的电容值有限且可能存在误差，中点电流 i_Z 对电容充放电可能会使中点电压产生偏移。这个问题是三电平NPC逆变器应用中最为关键的难题，将在后面章节讨论。

4.3.1.2 开关状态

根据三电平NPC电路结构可以得到其开关工作状态，见表4.7。对于A相桥臂，开关状态［P］表示桥臂上端的两个开关管导通，桥臂A输出端相对于电容桥臂中点Z的端电压 $v_{\mathrm{AZ}}=+V_{\mathrm{in}}$；同样地，［N］表示下端两个开关管导通，此时 $v_{\mathrm{AZ}}=-V_{\mathrm{in}}$；而［O］表示中间的两个开关管导通，此时箝位二极管将A点箝位在中点电压上，即 $v_{\mathrm{AZ}}=0$。特别说明的是，在

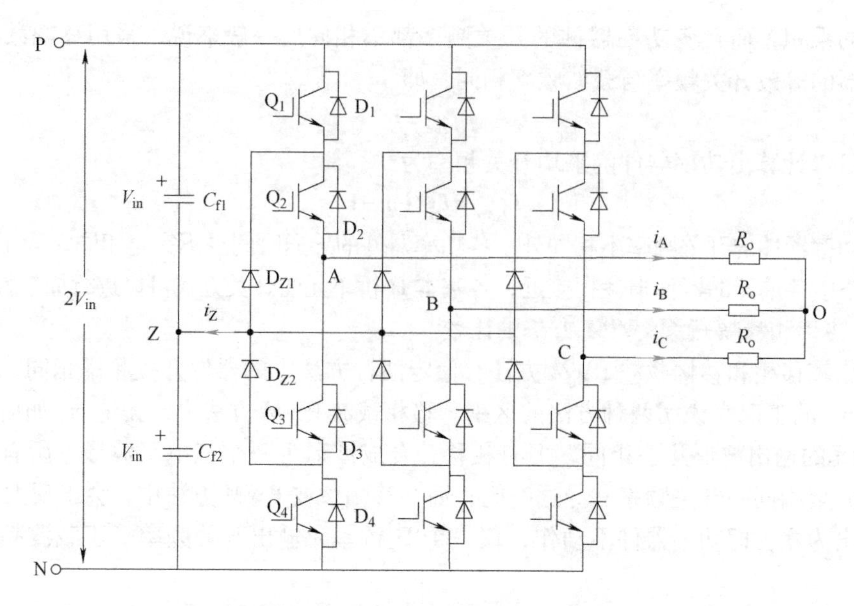

图 4.19　三电平 NPC 逆变器电路

[O] 状态时，哪只箝位二极管导通取决于负载电流的方向，例如，正向负载电流（$i_A>0$）时将强迫 D_{Z1} 导通，则 A 端通过导通的 D_{Z1} 和 Q_2 连接到中点 Z。

表 4.7　三电平 NPC 单桥臂开关状态

开关状态	器件开关状态（A 相）				桥臂输出电压
	Q_1	Q_2	Q_3	Q_4	v_{AZ}
[P]	导通	导通	关断	关断	V_{in}
[O]	关断	导通	导通	关断	0
[N]	关断	关断	导通	导通	$-V_{in}$

从表 4.7 可以看出，开关管 Q_1 和 Q_3 运行在互补模式，即一个开关导通，另一个必须关断。同样地，Q_2 和 Q_4 也运行在互补模式。

图 4.20 为开关状态和门（栅）极信号序列，其中 $v_{G1}\sim v_{G4}$ 为开关管 $Q_1\sim Q_4$ 的相应门（栅）极驱动信号。通过载波调制、空间矢量调制或者特定谐波消除调制，可以得到相应的门（栅）极驱动信号。v_{AZ} 有三个电平：$+V_{in}$、0 和 $-V_{in}$，三电平逆变器就此得名。

图 4.21 给出了三电平 NPC 逆变器输出的相电压和线电压波形，可以看出，线电压 $v_{AB}=v_{AZ}-v_{BZ}$，共有五个电平：$+2V_{in}$、V_{in}、0、$-V_{in}$ 和 $-2V_{in}$。其中，A 相开关管（栅）极驱动信号时序同 4.20 中 $v_{G1}\sim v_{G4}$ 一致，且与 B（滞后）、C（超前）相对应开关管驱动信号相差 120°。

4.3.1.3　开关状态切换

为了考察三电平 NPC 逆变器开关状态的切换过程，这里以桥臂开关状态从 [O] 变到 [P]（即 Q_3 关断、Q_1 开通）的情况为例进行讨论。图 4.22a 为开关 $Q_1\sim Q_4$ 相应的门（栅）极信号 $v_{G1}\sim v_{G4}$，为了避免桥臂直通，必须加入一段死区时间 δ_{dt}。

图 4.22b 和 c 分别给出了 A 相电流不同方向时开关状态切换时的工作模态。在详细分析前做如下假设：①考虑到交流侧电感较大，认为 A 相输出电流 i_A 在开关状态切换期间保持

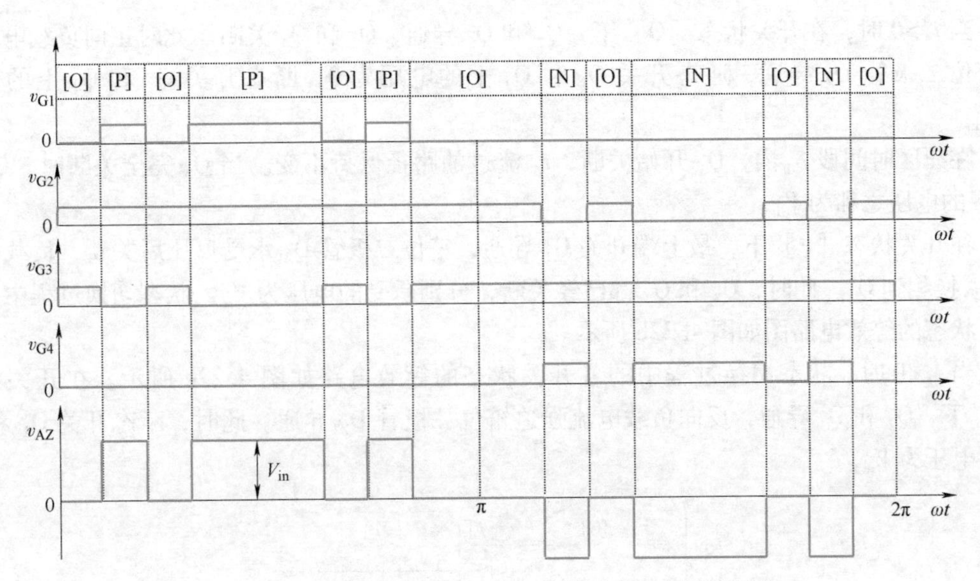

图 4.20　开关状态、门（栅）极驱动信号和逆变器端电压 v_{AZ}

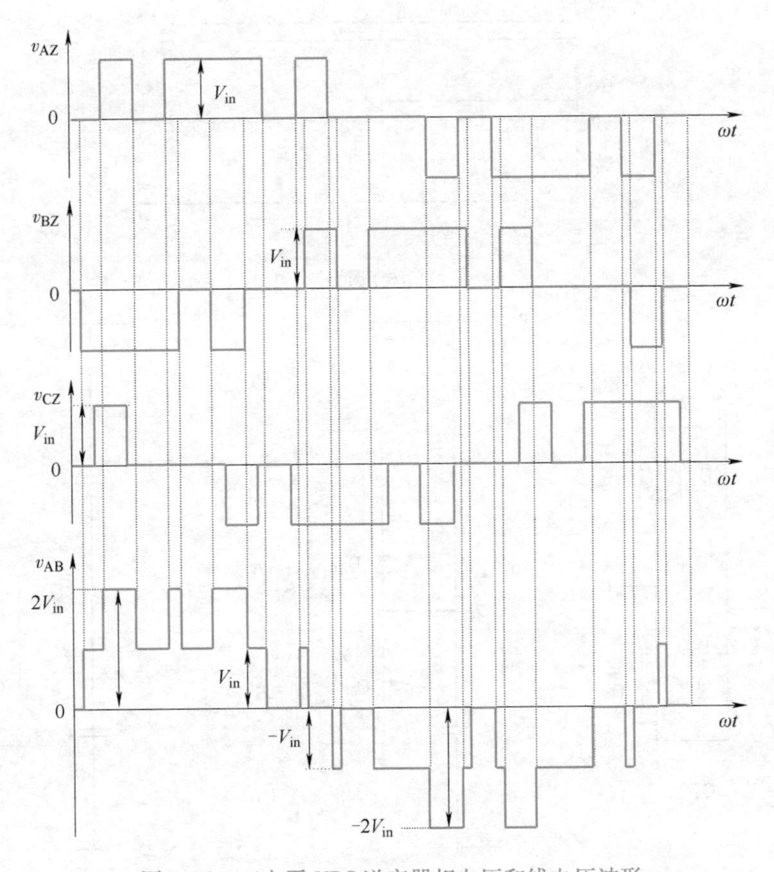

图 4.21　三电平 NPC 逆变器相电压和线电压波形

不变；②直流电容 C_{f1} 和 C_{f2} 的电容量足够大，能保持其电压恒定为 V_{in}；③忽略开关器件的开通和关断过程。

当 $i_A>0$ 时，在开关状态［O］下，Q_2 和 Q_3 导通，Q_1 和 Q_4 关断。此时正向负载电流强迫箝位二极管 D_{Z1} 导通，通态开关 Q_2 和 Q_3 上的电压为 0，断态开关 Q_1 和 Q_4 上的电压为 V_{in}。

在死区时间段 δ_{dt} 内，Q_3 开始关断，i_A 流过的路径保持不变。当 Q_3 完全关断时，Q_3 和 Q_4 上的电压之和为 V_{in}。

在开关状态［P］下，最上端开关 Q_1 导通，箝位二极管 D_{Z1} 承受反压后关断，负载电流从 D_{Z1} 换相到 Q_1。此时，Q_3 和 Q_4 都已经关断，分别承受的电压为 V_{in}。状态切换过程中的各开关状态的等效电路图如图 4.22b 所示。

当 $i_A<0$ 时，状态切换过程中的各开关状态的等效电路如图 4.22c 所示。在开关状态［O］下，Q_2 和 Q_3 导通，反向负载电流强迫箝位二极管 D_{Z2} 导通。此时，断态开关 Q_1 和 Q_4 上的电压为 V_{in}。

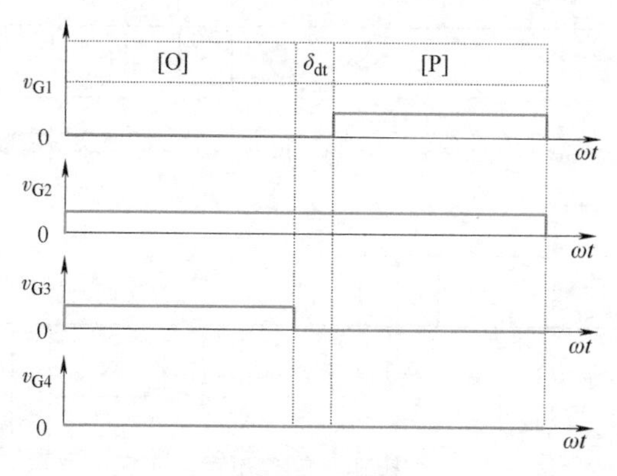

a) 门(栅)极信号

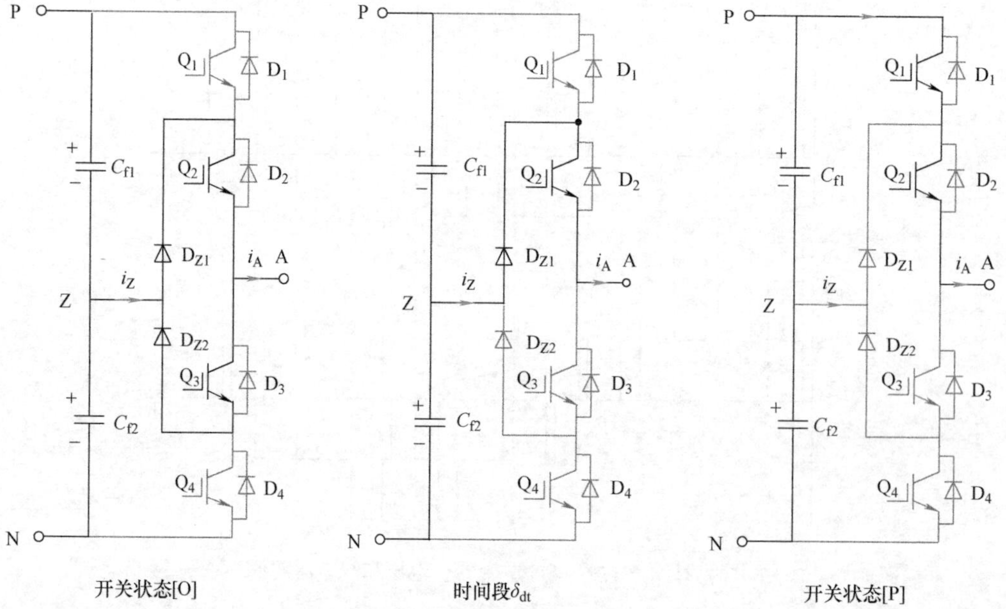

开关状态[O]　　时间段 δ_{dt}　　开关状态[P]

b) $i_A>0$ 时切换过程

图 4.22　开关状态从［O］到［P］的换流过程

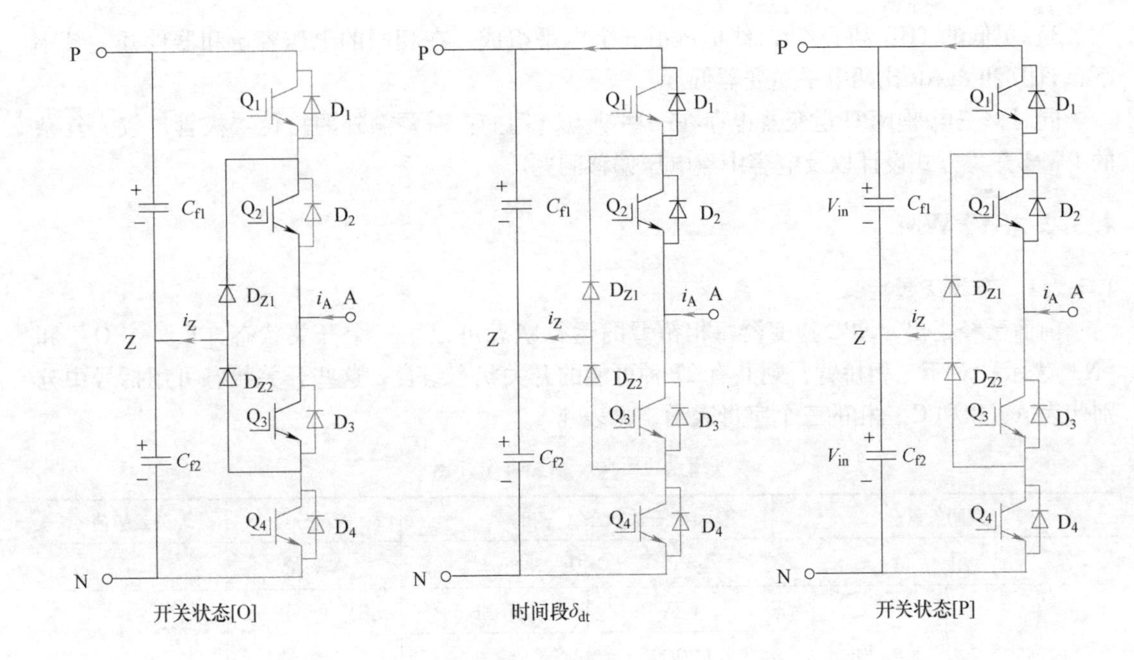

c) i_A<0时切换过程

图4.22 开关状态从［O］到［P］的换流过程（续）

在死区时间段δ_{dt}内开始关断Q_3，负载电流i_A不能立即改变方向，从Q_3换相到二极管上，迫使二极管D_1和D_2导通；在Q_3关断期间，由于箝位二极管D_{Z2}的存在，Q_4上的电压将不会高于V_{in}；同时，由于Q_3关断时的等效电阻总小于Q_4的断态电阻，则Q_4上的电压也不会低于V_{in}。因此，Q_3上的电压从零上升到V_{in}，并保持Q_4上电压为V_{in}不变。

从上述分析可得：在开关状态从［O］转换到［P］的过程中，三电平NPC逆变器的开关器件上只承受一半的直流母线电压。同样，在［P］→［O］、［O］→［P］或相反的过程中，也可以得到相同的结论。

特别指出的是：三电平NPC逆变器禁止在开关状态［P］和［N］之间进行切换。主要原因如下：

1）这一切换需要桥臂的四个开关全部参与，两个同时导通、两个同时关断，桥臂输出电压dv/dt变化大。

2）开关损耗将加倍。

值得注意的是：如果桥臂最上端和最下端开关（Q_1和Q_4）的漏电流小于中间两个开关（Q_2和Q_3）的漏电流，则可以省去串联开关器件的静态分压电阻。这样即使Q_1和Q_4的电压有高于Q_2和Q_3电压的趋势，稳态后箝位二极管也会将这个电压箝位在V_{in}。由于中间两个开关的电压同样是V_{in}，这样就实现了稳态电压的均衡。

下面是对三电平NPC逆变器特性的小结：

1）串联开关管没有动态均压问题。在开关状态切换过程中，三电平NPC逆变器的每个有源开关均只承受总直流电压的1/2。

2）无需额外器件即可实现静态电压均衡。当逆变器桥臂的最上端和最下端有源开关的漏电流小于中间开关的漏电流时，即可实现静态电压均衡。

3）更低的 THD 和 dv/dt。线电压由五个电平组成，在相同的电压容量和器件开关频率下，THD 和 dv/dt 比两电平逆变器低。

同时，三电平 NPC 逆变器也存在一些缺点，例如：需要额外的箝位二极管、较为复杂的 PWM 开关方式设计以及电容中点电压偏移问题。

4.3.2 SVPWM

4.3.2.1 空间矢量定义

前面已经指出，NPC 逆变器每相桥臂的运行状态可以用三个开关状态［P］、［O］和［N］表示；对于三相桥臂，则共有 27 种可能的开关状态组合，这些开关状态可用括号中分别代表 A、B 和 C 三相的三个字母表示，见表 4.8。

表 4.8 电压矢量和开关状态

空间矢量		开关状态（三相）		矢量分类	矢量幅值
$\boldsymbol{V}_0$		[PPP]、[OOO]、[NNN]		零矢量	0
		P 型	N 型	小矢量	$\frac{1}{3}V_{in}$
$\boldsymbol{V}_1$	$\boldsymbol{V}_{1P}$	[POO]			
	$\boldsymbol{V}_{1N}$		[ONN]		
$\boldsymbol{V}_2$	$\boldsymbol{V}_{2P}$	[PPO]			
	$\boldsymbol{V}_{2N}$		[OON]		
$\boldsymbol{V}_3$	$\boldsymbol{V}_{3P}$	[OPO]			
	$\boldsymbol{V}_{3N}$		[NON]		
$\boldsymbol{V}_4$	$\boldsymbol{V}_{4P}$	[OPP]			
	$\boldsymbol{V}_{4N}$		[NOO]		
$\boldsymbol{V}_5$	$\boldsymbol{V}_{5P}$	[OOP]			
	$\boldsymbol{V}_{5N}$		[NNO]		
$\boldsymbol{V}_6$	$\boldsymbol{V}_{6P}$	[POP]			
	$\boldsymbol{V}_{6N}$		[ONO]		
$\boldsymbol{V}_7$		[PON]		中矢量	$\frac{\sqrt{3}}{3}V_{in}$
$\boldsymbol{V}_8$		[OPN]			
$\boldsymbol{V}_9$		[NPO]			
$\boldsymbol{V}_{10}$		[NOP]			
$\boldsymbol{V}_{11}$		[ONP]			
$\boldsymbol{V}_{12}$		[PNO]			
$\boldsymbol{V}_{13}$		[PNN]		大矢量	$\frac{2}{3}V_{in}$
$\boldsymbol{V}_{14}$		[PPN]			
$\boldsymbol{V}_{15}$		[NPN]			
$\boldsymbol{V}_{16}$		[NPP]			
$\boldsymbol{V}_{17}$		[NNP]			
$\boldsymbol{V}_{18}$		[PNP]			

通过采用 4.1 节的分析方法，可以得到开关状态和对应的空间电压矢量之间的关系。表 4.8 中列出的 27 个开关状态对应 19 种电压矢量，图 4.23 给出了这些电压矢量的空间矢量图。

根据电压矢量幅值（长度）的不同，可以分为四组：

1）零矢量（$\boldsymbol{V}_0$），幅值为零，有［PPP］、［OOO］和［NNN］三种开关状态。

2）小矢量（$\boldsymbol{V}_1 \sim \boldsymbol{V}_6$），幅值为 $V_{in}/3$。每个小矢量包括两种开关状态，一种为开关状态［P］，另外一种为［N］，因此可以进一步分为 P 型和 N 型小矢量。

3）中矢量（$\boldsymbol{V}_7 \sim \boldsymbol{V}_{12}$），幅值为 $\sqrt{3}V_{in}/3$。

4）大矢量（$\boldsymbol{V}_{13} \sim \boldsymbol{V}_{18}$），幅值为 $2V_{in}/3$。

4.3.2.2 作用时间计算

为了便于计算空间矢量的作用时间，可将图 4.23 所示空间矢量图分为六个三角形扇区（Ⅰ~Ⅵ，与两电平逆变器类似），如图 4.24 所示。

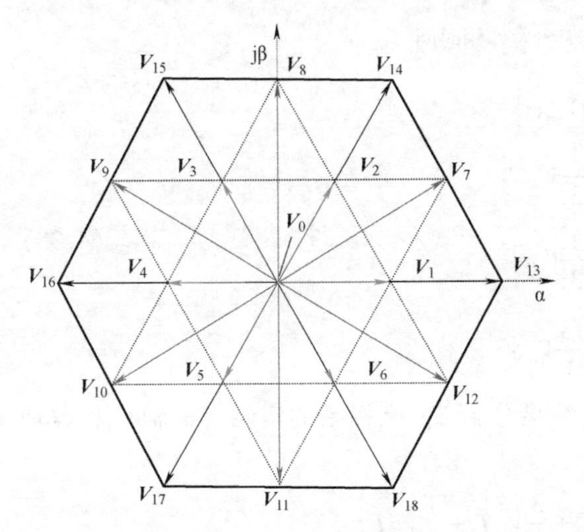

图 4.23 三电平 NPC 逆变器的空间矢量图

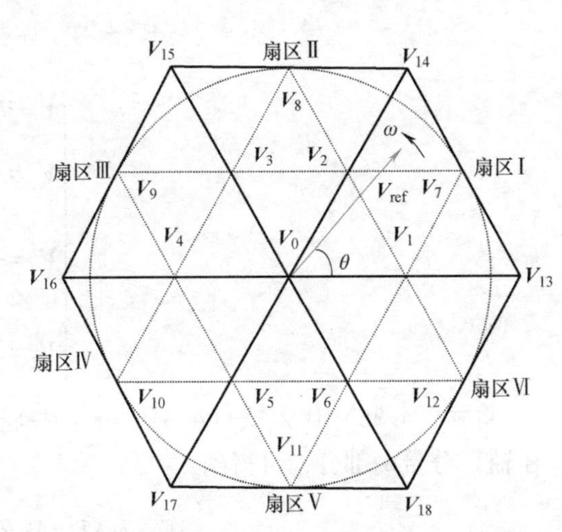

图 4.24 扇区划分及区域细分

三电平 NPC 逆变器的 SVPWM 算法也是基于伏秒平衡原理，即：给定矢量 $\boldsymbol{V}_{ref}$ 与采样周期 T_s 的乘积，等于所选定空间矢量与其作用时间乘积的累加和。在三电平 NPC 逆变器中，给定矢量 $\boldsymbol{V}_{ref}$ 可由最近的三个静态矢量合成。图 4.24 中每个扇区又可以进一步划分为图 4.25 所示的四个三角区域。

例如，当 $\boldsymbol{V}_{ref}$ 落入扇区Ⅰ的 2 区时，最近的三个静态矢量为 $\boldsymbol{V}_1$、$\boldsymbol{V}_7$ 和 $\boldsymbol{V}_2$，则有

$$\begin{cases} \boldsymbol{V}_{ref}T_s = \boldsymbol{V}_1 T_a + \boldsymbol{V}_7 T_b + \boldsymbol{V}_2 T_c \\ T_s = T_a + T_b + T_c \end{cases} \tag{4.34}$$

式中，T_a、T_b 和 T_c 分别为静态矢量 $\boldsymbol{V}_1$、$\boldsymbol{V}_7$ 和 $\boldsymbol{V}_2$ 的作用时间。

需要注意的是，除了最近的三个矢量外，$\boldsymbol{V}_{ref}$ 也可以用其他空间矢量来合成，但这样会使逆变器输出电压产生较高的谐波畸变，在大多数情况下不适合选择。

图 4.25 中的电压矢量 $\boldsymbol{V}_1$、$\boldsymbol{V}_7$、$\boldsymbol{V}_2$ 和 $\boldsymbol{V}_{ref}$ 可表示为

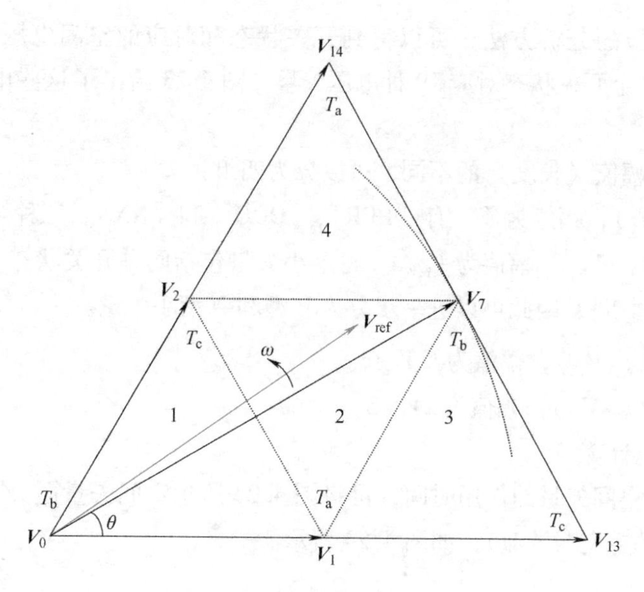

图 4.25　电压矢量及作用时间

$$\begin{cases}\boldsymbol{V}_{ref}=V_{ref}e^{j\theta}\\ \boldsymbol{V}_1=\dfrac{1}{3}V_{in}\\ \boldsymbol{V}_7=\dfrac{1}{3}V_{in}e^{j\frac{\pi}{3}}\\ \boldsymbol{V}_2=\dfrac{\sqrt{3}}{3}V_{in}e^{j\frac{\pi}{6}}\end{cases}\tag{4.35}$$

将式（4.35）代入式（4.34）中，并将结果分为 αβ 坐标系的实轴（α 轴）和虚轴（β 轴）分量两部分，可得到

$$\begin{cases}3V_{ref}\cos\theta T_s=V_{in}T_a+\dfrac{3}{2}V_{in}T_b+\dfrac{1}{2}V_{in}T_c\\ 3V_{ref}\sin\theta T_s=\dfrac{3}{2}V_{in}T_b+\dfrac{\sqrt{3}}{2}V_{in}T_c\end{cases}\tag{4.36}$$

将式（4.36）与条件 $T_s=T_a+T_b+T_c$ 联立求解，可得

$$\begin{cases}T_a=T_s(1-2m_a\sin\theta)\\ T_b=T_s\left[2m_a\sin\left(\dfrac{\pi}{3}+\theta\right)-1\right]\\ T_c=T_s\left[1-2m_a\sin\left(\dfrac{\pi}{3}+\theta\right)\right]\end{cases}\tag{4.37}$$

式中，$0\leqslant\theta\leqslant\pi/3$（即第Ⅰ扇区），$m_a$ 为调制因数，表达式如下：

$$m_a=\frac{\sqrt{3}V_{ref}}{V_{in}}\tag{4.38}$$

给定矢量的最大幅值 $V_{ref,max}$ 对应于图 4.24 中六边形最大内接圆的半径，正好是中矢量

的长度，即

$$V_{\text{ref,max}}=\frac{2}{3}V_{\text{in}}\times\frac{\sqrt{3}}{2}=\frac{\sqrt{3}V_{\text{in}}}{3} \tag{4.39}$$

将式（4.39）代入式（4.38），得到最大调制因数为

$$m_{\text{a,max}}=\sqrt{3}\frac{V_{\text{ref,max}}}{V_{\text{in}}}=1 \tag{4.40}$$

可得 m_a 的大小范围为 $0\leqslant m_a\leqslant 1$。

表4.9给出了 $\boldsymbol{V}_{\text{ref}}$ 在扇区Ⅰ中各静态矢量作用时间的计算公式，表中的公式也可用于 $\boldsymbol{V}_{\text{ref}}$ 在其他扇区（Ⅱ~Ⅵ）时所选静态矢量作用时间的计算，此时需要从实际位移角 θ 中减去一个 $\pi/3$ 的倍数，使得虚拟位移角 θ' 在 $0\sim\pi/3$ 之间，以便计算。

表4.9　扇区Ⅰ中 V_{ref} 作用时间的计算公式

区域	T_a		T_b		T_c	
1	$\boldsymbol{V}_1$	$T_s\left[2m_a\sin\left(\frac{\pi}{3}-\theta\right)\right]$	$\boldsymbol{V}_0$	$T_s\left[1-2m_a\sin\left(\frac{\pi}{3}+\theta\right)\right]$	$\boldsymbol{V}_2$	$T_s(2m_a\sin\theta)$
2	$\boldsymbol{V}_1$	$T_s(1-m_a\sin\theta)$	$\boldsymbol{V}_7$	$T_s\left[2m_a\sin\left(\frac{\pi}{3}+\theta\right)-1\right]$	$\boldsymbol{V}_2$	$T_2=T_s\left[1-2m_a\sin\left(\frac{\pi}{3}-\theta\right)\right]$
3	$\boldsymbol{V}_1$	$T_s\left[2-2m_a\sin\left(\frac{\pi}{3}+\theta\right)\right]$	$\boldsymbol{V}_7$	$T_s(2m_a\sin\theta)$	$\boldsymbol{V}_{13}$	$T_{13}=T_s\left[2m_a\sin\left(\frac{\pi}{3}-\theta\right)-1\right]$
4	$\boldsymbol{V}_{14}$	$T_s(2m_a\sin\theta-1)$	$\boldsymbol{V}_7$	$T_s\left[2m_a\sin\left(\frac{\pi}{3}-\theta\right)\right]$	$\boldsymbol{V}_2$	$T_2=T_s\left[2-2m_a\sin\left(\frac{\pi}{3}+\theta\right)\right]$

4.3.2.3　开关顺序设计

定义中点电压 v_Z 为中点Z相对于负直流母线的电压，这个电压通常随着三电平NPC逆变器开关状态而变化。因此，在设计开关顺序时，需使开关状态对中点电压偏移的影响最小化。基于4.1节中介绍的两电平逆变器开关顺序要求，对三电平NPC逆变器开关顺序设计的要求如下：

1）从一种开关状态切换到另一种开关状态时，仅改变同一桥臂上的2个开关器件的状态，即一个导通、一个关断。

2）$\boldsymbol{V}_{\text{ref}}$ 从一个扇区（或区域）转移到另一个扇区（或区域）时，无开关器件动作或最少的开关动作。

3）开关状态对中点电压偏移的影响最小。

图4.26给出了不同开关状态对中点电压偏移的影响。图4.26a为逆变器工作在零矢量 $\boldsymbol{V}_0$、开关状态为［PPP］时的等效电路，此时每个桥臂的上面两个开关导通，将逆变器A、B和C三相输出端连接到正直流母线上，使得中点Z悬空，因此这个开关状态并不会影响 v_Z。类似地，其他两个零开关状态［OOO］和［NNN］也不会引起 v_Z 的偏移。

图4.26b为逆变器工作于P型小矢量 $\boldsymbol{V}_1$、开关状态为［POO］时的等效电路，此时三相负载连接在正直流母线和中点Z之间，流入中点Z的中点电流 i_Z 使得 v_Z 上升；与此相反，图4.26c所示N型小矢量 $\boldsymbol{V}_1$、开关状态［ONN］使 v_Z 减小。类似地，其他P型小矢量也导致 v_Z 上升、N型小矢量导致 v_Z 下降。

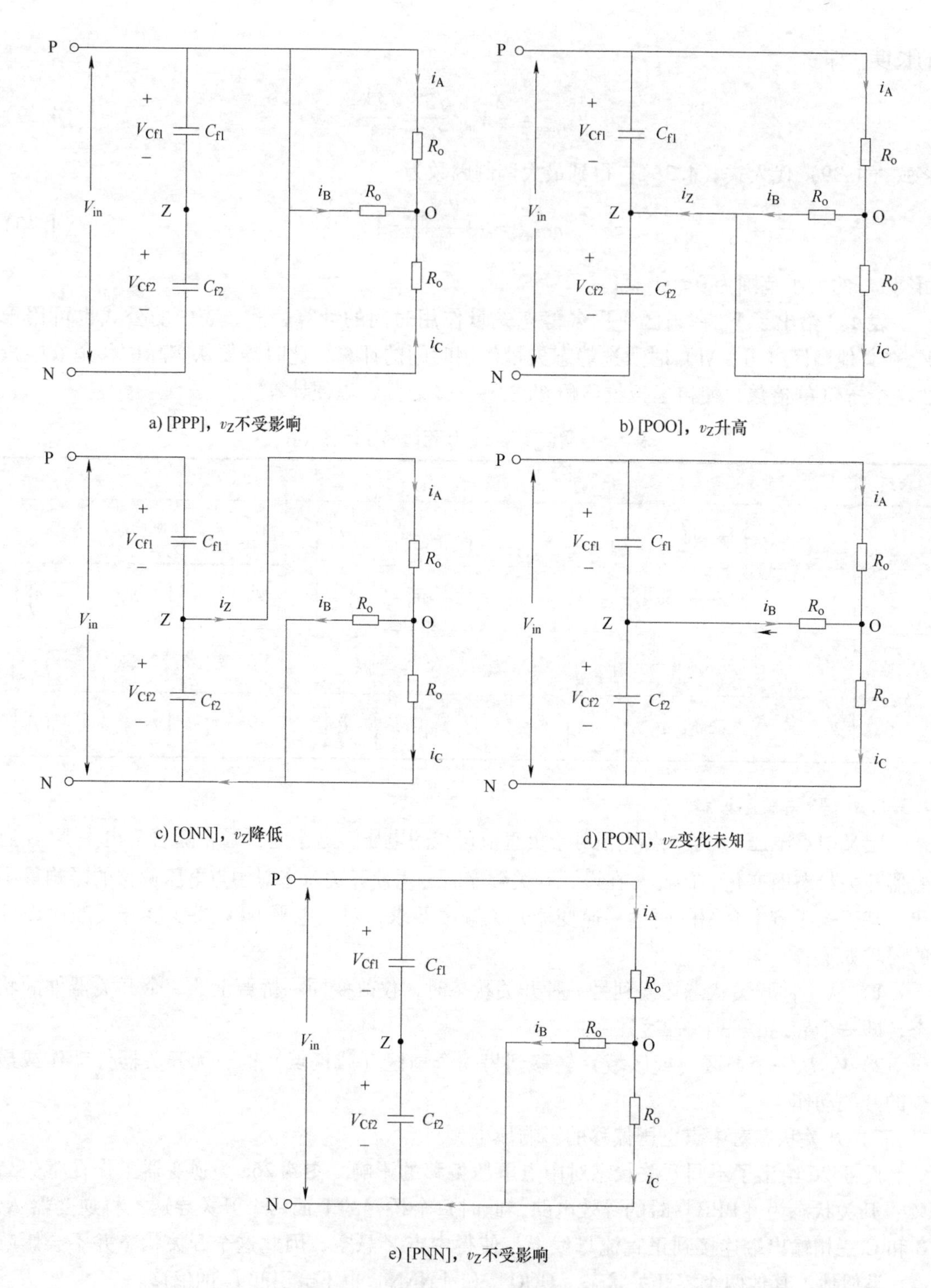

图 4.26　开关状态对中点电压偏移的影响

中矢量同样也会影响中点电压。图 4.26d 为中矢量 $\boldsymbol{V}_7$、开关状态［PON］的等效电路，此时，负载端子 A、B 和 C 分别连接到正母线、中点和负母线上，根据逆变器的运行状态，中点电压 v_Z 可能上升也可能下降，也即变化趋势不定。

图 4. 26e 为大矢量 $\boldsymbol{V}_{13}$、开关状态［PNN］的等效电路，负载端连接在正负直流母线之间，此时中点 Z 悬空，不改变 v_Z。

基于上述分析可以得出如下结论：

1）零矢量（$\boldsymbol{V}_0$）不影响中点电压 v_Z。

2）小矢量（$\boldsymbol{V}_1 \sim \boldsymbol{V}_6$）对中点电压有明显影响。具体地，P 型小矢量会使 v_Z 上升，而 N 型小矢量使 v_Z 下降。

3）中矢量（$\boldsymbol{V}_7 \sim \boldsymbol{V}_{12}$）也会影响中点电压，但电压偏移的方向不定。

4）大矢量（$\boldsymbol{V}_{13} \sim \boldsymbol{V}_{18}$）对中点电压偏移没有影响。

注意，上述结论是在逆变运行模式下分析得出的；当运行于整流过程时，开关状态对中点电压偏移的影响将发生变化，需要具体分析。

考虑到小矢量对中点电压的影响规律，对于一个给定的小矢量而言，其 P 型和 N 型开关状态应在一个采样周期内平均分配。针对给定矢量 $\boldsymbol{V}_{ref}$所在的三角形区域，应对下面两种工况进行考察。

1. 情况 1：选定的三个矢量中有一个小矢量

当图 4. 25 中的给定矢量 $\boldsymbol{V}_{ref}$位于扇区 I 的 3 或 4 区域时，三个静态矢量中只有一个是小矢量。假设 $\boldsymbol{V}_{ref}$ 落入扇区 4，则它可以用 $\boldsymbol{V}_2$、$\boldsymbol{V}_7$ 和 $\boldsymbol{V}_{14}$来合成。小矢量 $\boldsymbol{V}_2$ 有两个开关状态［PPO］和［OON］，为了使中点电压偏移最小化，$\boldsymbol{V}_2$ 的维持时间应该在这两个状态之间平分。图 4. 27 给出了三电平 NPC 逆变器典型的 7 段式开关顺序，从中可以发现：

1）7 段的作用时间之和为采样周期（$T_s = T_a + T_a + T_c$）。

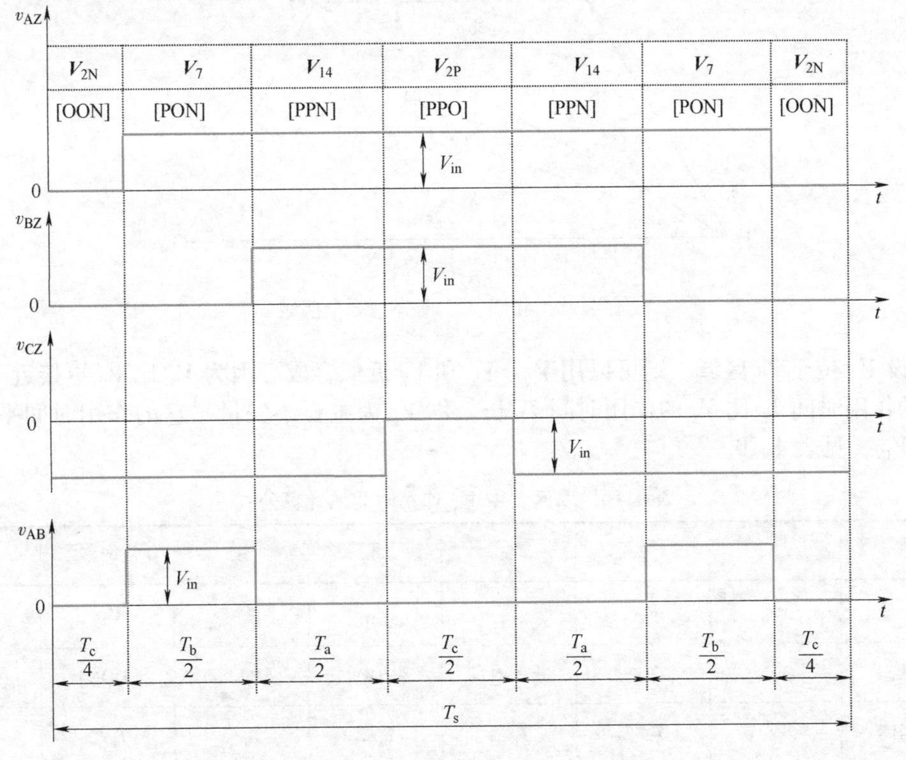

图 4. 27 $\boldsymbol{V}_{ref}$在扇区 I-4 区域时的 7 段式开关顺序

2）满足了前述的开关顺序设计第1项要求。例如，从［OON］→［PON］的跳变，通过开通 Q_1 和关断 Q_3 就可以实现，只有两个开关的状态发生了变化。

3）$\boldsymbol{V}_2$ 的作用时间 T_c 在P和N型开关状态之间平均分配，这样就满足了开关顺序设计第3项要求。

4）每个采样周期内，逆变器一个桥臂只有两个开关器件开通或关断。假设 $\boldsymbol{V}_{ref}$ 从一个扇区移动到下一个扇区时不需要任何开关动作，则器件开关频率 f_Q 刚好等于采样频率 f_s 的一半

$$f_Q=\frac{f_s}{2}=\frac{1}{2T_s} \tag{4.41}$$

2. 情况2：选定的三个矢量中有两个小矢量

当图4.24中的给定矢量 $\boldsymbol{V}_{ref}$ 位于扇区Ⅰ的1或2区域时，所选的三个矢量中有两个小矢量。为了减小中性点电压偏移，将这两个区域进一步分割成图4.28所示的子区域1a、1b、2a和2b。

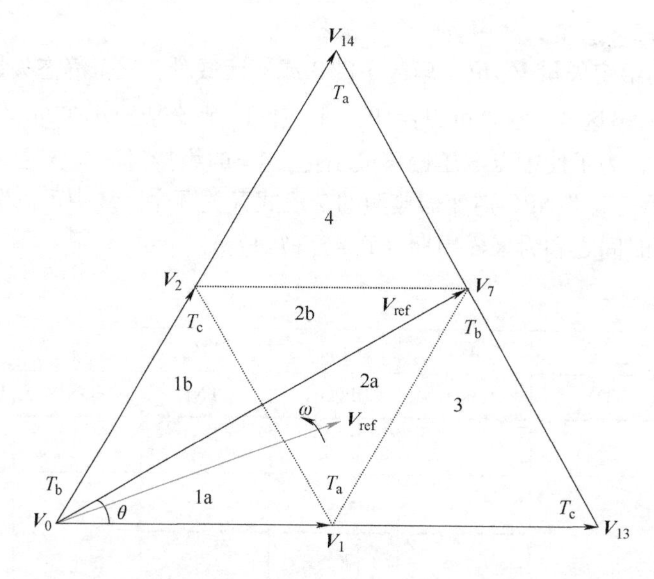

图4.28　将扇区Ⅰ划分为6个区域

假设 $\boldsymbol{V}_{ref}$ 位于2a区域，则可以用 $\boldsymbol{V}_1$、$\boldsymbol{V}_2$ 和 $\boldsymbol{V}_7$ 近似合成。因为 $\boldsymbol{V}_1$ 比 $\boldsymbol{V}_2$ 更接近 $\boldsymbol{V}_{ref}$，因此 $\boldsymbol{V}_1$ 的作用时间 T_a 比 $\boldsymbol{V}_2$ 的作用时间 T_c 长。称 $\boldsymbol{V}_1$ 为主要小矢量，它的作用时间平均分为 $\boldsymbol{V}_{1P}$ 和 $\boldsymbol{V}_{1N}$，见表4.10。

表4.10　扇区Ⅰ中 V_{ref} 作用时间的计算公式

段	1	2	3	4	5	6	7
电压矢量	$\boldsymbol{V}_{1N}$	$\boldsymbol{V}_{2N}$	$\boldsymbol{V}_7$	$\boldsymbol{V}_{1P}$	$\boldsymbol{V}_7$	$\boldsymbol{V}_{2N}$	$\boldsymbol{V}_{1N}$
开关状态	[ONN]	[OON]	[PON]	[POO]	[PON]	[OON]	[ONN]
作用时间	$T_a/4$	$T_c/2$	$T_b/2$	$T_a/2$	$T_b/2$	$T_c/2$	$T_a/4$

4.4 PWM电流源型逆变器

不同于电压源型逆变器，电流源型逆变器（Current Source Inverter，CSI）在桥臂出口端输出PWM电流脉冲，具有拓扑结构简单、短路保护可靠等优点，是中压大功率传动系统用变频器拓扑之一。

4.4.1 单电流源型逆变电路

理想化的PWM-CSI如图4.29所示，桥臂由6个具有反向阻断能力的对称型IGCT器件组成，在高电压场合，每个IGCT器件还可以由两个或多个器件串联代替。PWM-CSI输出电流i_W，直流侧是一个理想电流源I_o，实际应用中，电流源I_o可用电流型整流器实现。

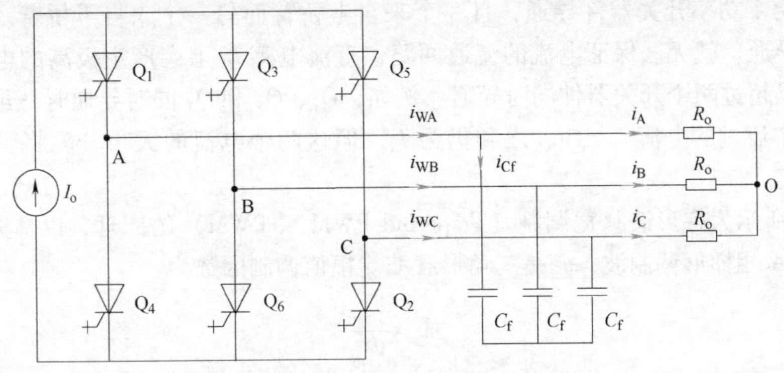

图4.29 PWM电流源型逆变器

CSI需要在输出端接入三相电容C_f来帮助开关器件换相。例如，在Q_1关断瞬间，逆变器的PWM电流i_W在很短的时间内要减小到零，电容则为存储在A相负载电感中的能量提供了电流通路，否则会产生很高的电压尖峰损坏功率半导体器件。三相电容C_f还起着滤波器的作用，以改善输出电压、电流波形。当开关频率在中频（如200Hz左右）时，这个电容的值在0.3~0.6pu之间，当开关频率增加时电容值可相应减小。

输入侧电流源I_o可由带电流反馈控制的SCR整流器或PWM电流源整流器实现，如图4.30所示。为了得到连续而平滑的直流电流I_o，直流电感L_f是电流源整流器不可缺少的元件，通过闭环反馈来控制电流I_o，使其幅值达到电流的给定值。直流电感的大小通常在0.5~0.8pu之间。

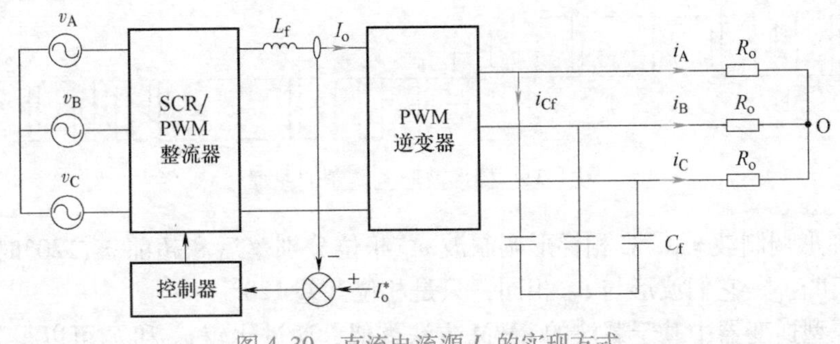

图4.30 直流电流源I_o的实现方式

PWM-CSI 具有下列特征：

1）拓扑结构简单。逆变器使用对称性的 IGCT 器件，无需反并联续流二极管。

2）输出波形好。电流源型逆变器输出三相 PWM 脉冲电流，在输出端滤波电容的作用下，负载电流和电压波形都非常接近正弦波。PWM-CSI 不存在 dv/dt 过高的问题。

3）可靠的短路保护。如果 PWM-CSI 交流侧发生短路，直流侧电流 I_o 的上升将受到直流电感的限制，从而为保护电路启动提供了充足的时间。

4）动态响应速度较慢。由于直流电流值不能突变，也降低了 PWM-CSI 的动态性能。

4.4.2 梯形波调制

PWM-CSI 通常应该满足两个条件：①直流电流 I_o 应保持连续；②PWM 脉冲电流 i_W 应该是确定的。这两个条件可以转化为设计 CSI 的 PWM 约束条件，即在任何时刻（除了换相期间）只有两个功率开关器件导通，且一个来自上桥臂而另一个来自下桥臂。如果只有一个开关器件导通，就无法保证电流的流通回路，直流电感 L_f 上会产生极高的电压而损坏开关器件；如果超过两个开关器件同时导通，例如，Q_1、Q_2 和 Q_3 同时导通时，虽然在开关器件 Q_1 和 Q_3 中流过的电流 i_{WA}、i_{WB}之和仍为 I_o，但这两个电流的大小分配将受到负载的影响，难以确定。

图 4.31 所示为梯形波脉宽调制（Trapezoid PWM，TPWM）的原理，以 A 相为例说明，其中，v_{mA}为 A 相梯形调制波，v_{cr}是三角形载波。幅值调制因数为

$$m_a = \frac{V_{mp}}{V_{crp}} \tag{4.42}$$

式中，V_{mp}和 V_{crp}分别为调制波和载波的峰值。

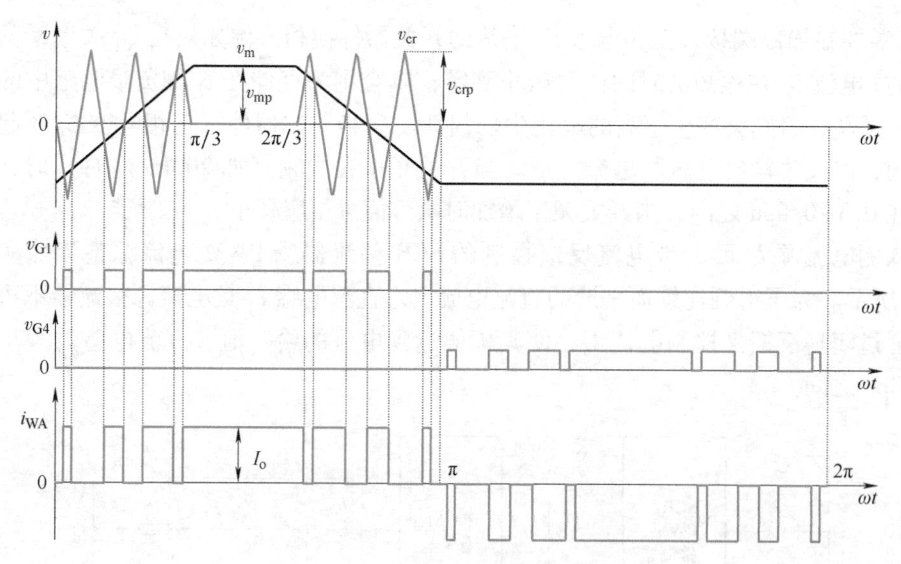

图 4.31　梯形波脉宽调制的原理

当 B 相梯形调制波 v_{mB}，C 相梯形调制波 v_{mC}相位分别落后和超前 v_{mA} 120°时，同理可以调制得到 i_{WB}和 i_{WC}，它们波形与 i_{WA}相同，只是相位互差 120°。

与电压源型逆变器中基于载波的 PWM 方法类似，通过比较 v_m 和 v_{cr}可以得到开关 Q_1 的

门（栅）极驱动信号 v_{G1}。特别地，TPWM 在逆变器输出基波的正半周和负半周中心区域 π/3 段不产生门（栅）极驱动信号，这样的排列能够保证任何时刻只有 2 个 IGCT 导通，从而使得 i_W 波形是确定的，其幅值大小由直流母线电流 I_o 决定，满足 PWM-CSI 的脉宽调制约束条件。

功率器件的开关频率可以用下式计算

$$f_Q = f_1 n_P \tag{4.43}$$

式中，f_1 为基波频率；n_P 为 i_W 每半个工频周期中的脉冲数。

4.4.3 选择谐波消除调制

选择谐波消除（Selective Harmonic Elimination，SHE）方法是一种离线式调制方法，可以消除 PWM-CSI 输出电流 i_W 中的主要低次谐波。功率器件的开关角度预先计算好并存入数字控制器，以供逆变器运行时在线提取。图 4.32 给出了满足 PWM-CSI 约束条件的典型 SHE 波形。其中，每半个基波周期有 5 个脉冲，在第一个 π/2 段有 5 个开关角，但只有 θ_1 和 θ_2 两个独立的角度量，另外三个角度的确定方法如图中所示。

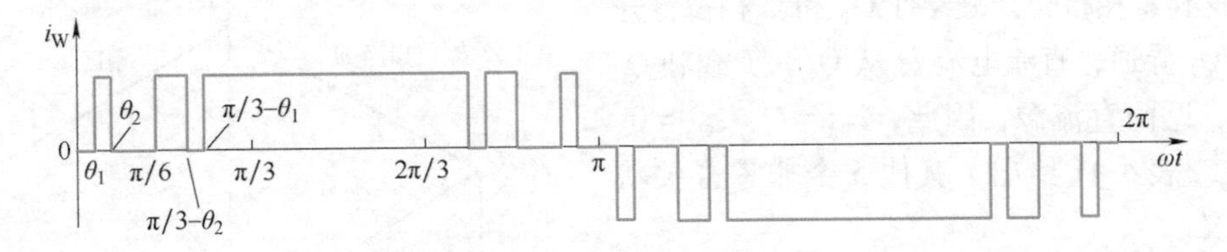

图 4.32 特定谐波消除法

两个开关角代表两个自由度，即通过改变这两个角度可以达到两种效果：消除 i_W 中的两个谐波成分但不能控制 m_a；或者消除 i_W 中一个谐波成分的同时可控制 m_a。一般来讲，PWM-CSI 的基波电流 I_{W1} 的调整是通过前级整流器调节直流电流 I_o 实现的，故可选择第一种方式。

4.4.4 SVPWM

除了 TPWM 和 SHE 两种脉宽调制方法外，CSI 也可以采用 SVM 方法。

4.4.4.1 开关状态

图 4.29 所示的 CSI 的 PWM 方法必须满足任何时间有且仅有 2 个开关器件导通且 1 个位于上桥臂、1 个位于下桥臂这一约束条件。在此约束下，三相 CSI 总共有表 4.11 所列出的 9 种开关状态以及其对应的电压矢量，同样可以分为零矢量和非零矢量。

表 4.11 开关状态和空间电流矢量

开关状态类型	开关状态	导通开关器件	逆变器 PWM 电流			空间矢量
			i_{WA}	i_{WB}	i_{WC}	
零开关状态	[14]	Q_1、Q_4	0	0	0	I_0
	[36]	Q_3、Q_6				
	[52]	Q_5、Q_2				

（续）

开关状态类型	开关状态	导通开关器件	逆变器 PWM 电流			空间矢量
			i_{WA}	i_{WB}	i_{WC}	
非零开关状态	[61]	Q_6、Q_1	I_o	$-I_o$	0	$\boldsymbol{I}_1$
	[12]	Q_1、Q_2	I_o	0	$-I_o$	$\boldsymbol{I}_2$
	[23]	Q_2、Q_3	0	I_o	$-I_o$	$\boldsymbol{I}_3$
	[34]	Q_3、Q_4	$-I_o$	I_o	0	$\boldsymbol{I}_4$
	[45]	Q_4、Q_5	$-I_o$	0	I_o	$\boldsymbol{I}_5$
	[56]	Q_5、Q_6	0	$-I_o$	I_o	$\boldsymbol{I}_6$

可以看到，表中的零矢量共有3个开关状态 [14]、[36] 和 [52]。零开关状态 [14] 表示逆变器A相桥臂中的功率开关器件 Q_1 和 Q_4 同时导通，而另外4个开关器件全部关断，直流电流 I_o 被短路，此时 $i_{WA}=i_{WB}=i_{WC}=0$，这种开关状态通常被称为旁路运行。

CSI有6个非零开关状态。如开关状态 [12] 表示A相桥臂开关器件 Q_1 和C相桥臂开关器件 Q_2 导通，直流电流 I_o 从 Q_1、负载和 Q_2 中流过，返回直流源，因此，$i_{WA}=I_o$、$i_{WB}=0$、$i_{WC}=-I_o$。表4.11给出了其他5个非零开关状态的定义。

4.4.4.2 空间矢量

图4.33给出了CSI的典型空间矢量图，其中 $\boldsymbol{I}_1\sim\boldsymbol{I}_6$ 是非零矢量、$\boldsymbol{I}_0$ 是零矢量。非零矢量形成一个具有6个相同扇区的正六边形，零矢量则位于六边形的中心。

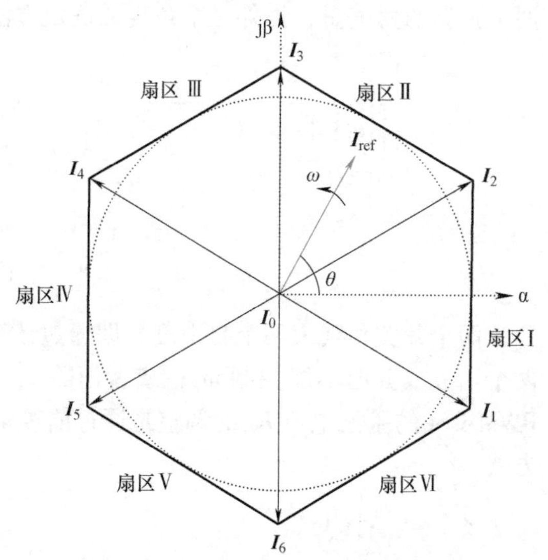

图4.33 电流源型逆变器的空间矢量图

为了推导空间矢量和开关状态之间的关系，可参考4.1节中的计算流程。假设图4.29中逆变器的运行是三相平衡的，则有

$$i_{WA}(t)+v_{WB}(t)+v_{WC}(t)=0 \tag{4.44}$$

式中，i_{WA}、i_{WB} 和 i_{WC} 分别为逆变器A、B和C三相的瞬时PWM输出电流。

三相电流可以转换为αβ平面上的两相电流

$$\begin{bmatrix} i_\alpha(t) \\ i_\beta(t) \end{bmatrix} = \frac{2}{3}\begin{bmatrix} 1 & -\dfrac{1}{2} & -\dfrac{1}{2} \\ 0 & \dfrac{\sqrt{3}}{2} & -\dfrac{\sqrt{3}}{2} \end{bmatrix}\begin{bmatrix} i_{WA}(t) \\ i_{WB}(t) \\ i_{WC}(t) \end{bmatrix} \tag{4.45}$$

电流空间矢量通常可以用两相电流表示成

$$\boldsymbol{I}(t)=i_\alpha(t)+\mathrm{j}i_\beta(t) \tag{4.46}$$

将式（4.45）代入式（4.46）中，可得

$$\boldsymbol{I}(t)=\frac{2}{3}\left[i_{WA}(t)\mathrm{e}^{\mathrm{j}0}+i_{WB}(t)\mathrm{e}^{\mathrm{j}(2\pi/3)}+i_{WC}(t)\mathrm{e}^{\mathrm{j}(4\pi/3)}\right] \tag{4.47}$$

对于开关状态［61］，Q_1 和 Q_6 导通，逆变器电流为

$$\begin{cases} i_{WA}(t)=I_o \\ i_{WB}(t)=-I_o \\ i_{WC}(t)=0 \end{cases} \tag{4.48}$$

将式（4.48）代入式（4.47）可得到对应的空间矢量为

$$\boldsymbol{I}_1=\frac{2}{\sqrt{3}}\boldsymbol{I}_o\mathrm{e}^{\mathrm{j}(-\pi/6)} \tag{4.49}$$

与此类似，可推导得到所有的六个非零矢量为

$$\boldsymbol{I}_k=\frac{2}{\sqrt{3}}I_o\mathrm{e}^{\mathrm{j}\left((k-1)\frac{\pi}{3}-\frac{\pi}{6}\right)},\quad k=1,2,\cdots,6 \tag{4.50}$$

同样地，零矢量和非零矢量在矢量空间上并不运动，也称为静态矢量。而图4.33中的电流给定矢量 $\boldsymbol{I}_{ref}$ 在空间中以角速度 ω 旋转，即

$$\omega=2\pi f_1 \tag{4.51}$$

式中，f_1 为逆变器输出电流的基波频率。

$\boldsymbol{I}_{ref}$ 相对于 αβ 坐标系 α 轴的偏移角度 $\theta(t)$ 为

$$\theta(t)=\int_0^t \omega(t)\,\mathrm{d}t+\theta(0) \tag{4.52}$$

对于给定幅值和角度位置的 $\boldsymbol{I}_{ref}$，同样可由附近的3个静止矢量合成。当 $\boldsymbol{I}_{ref}$ 逐一经过每个扇区时，不同组合的开关器件被导通或关断；当 $\boldsymbol{I}_{ref}$ 在矢量空间上旋转一周，逆变器的输出电流也会随之变化一个基波周期。可见，CSI的输出基波频率对应于矢量 $\boldsymbol{I}_{ref}$ 的旋转速度，而输出电流幅值则可通过改变 $\boldsymbol{I}_{ref}$ 的长度来调节。

4.4.4.3 作用时间计算

由前文可知，给定矢量 $\boldsymbol{I}_{ref}$ 可由相邻的3个静态矢量合成，而静态矢量的作用时间本质上就是选中开关器件在采样周期 T_s 内的作用时间（通态或断态时间）。作用时间的计算基于“安秒平衡”原理，即给定矢量 $\boldsymbol{I}_{ref}$ 与采样周期 T_s 的乘积等于各空间矢量电流与其作用时间乘积的累加。假设采样周期 T_s 足够小，可认为给定矢量 $\boldsymbol{I}_{ref}$ 在周期 T_s 内保持不变。在这种情况下，$\boldsymbol{I}_{ref}$ 可近似认为是两个相邻非零矢量与一个零矢量的叠加。例如，当 $\boldsymbol{I}_{ref}$ 位于第Ⅰ扇区时，它可由矢量 $\boldsymbol{I}_1$、$\boldsymbol{I}_2$ 和 $\boldsymbol{I}_0$ 合成，如图4.34所示。

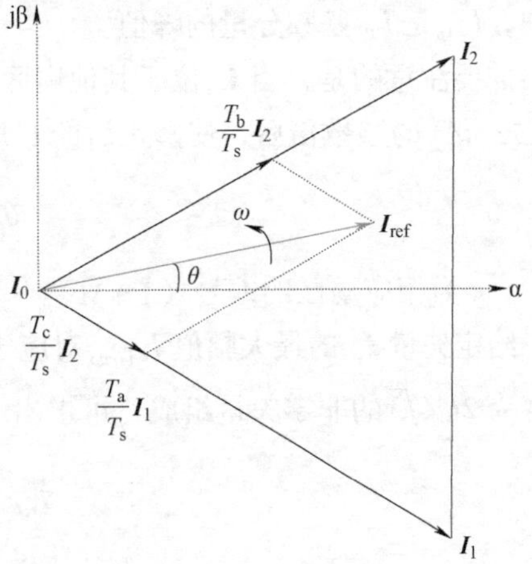

图4.34 矢量 $\boldsymbol{I}_1$、$\boldsymbol{I}_2$ 和 $\boldsymbol{I}_0$ 合成 $\boldsymbol{I}_{ref}$

根据安秒平衡原理可得

$$\begin{cases} \boldsymbol{I}_{ref}T_s=\boldsymbol{I}_1T_a+\boldsymbol{I}_2T_b+\boldsymbol{I}_0T_c \\ T_s=T_a+T_b+T_c \end{cases} \tag{4.53}$$

式中，T_a、T_b 和 T_c 分别为矢量 $\boldsymbol{I}_1$、$\boldsymbol{I}_2$ 和 $\boldsymbol{I}_0$ 的作用时间。

式（4.53）所示的空间矢量可表示为

$$\begin{cases} \boldsymbol{I}_{\text{ref}} = I_{\text{ref}} e^{j\theta} \\ \boldsymbol{I}_1 = \dfrac{2}{\sqrt{3}} I_o e^{j\left(-\frac{\pi}{6}\right)} \\ \boldsymbol{I}_2 = \dfrac{2}{\sqrt{3}} I_o e^{j\frac{\pi}{6}} \\ \boldsymbol{I}_0 = 0 \end{cases} \tag{4.54}$$

将式（4.54）所示的空间矢量代入式（4.53）中，并将结果分为坐标系 αβ 的实轴（α 轴）和虚轴（β 轴）分量两部分，可得到

$$\begin{cases} I_{\text{ref}} \cos\theta T_s = I_o (T_a + T_b) \\ I_{\text{ref}} \sin\theta T_s = \dfrac{1}{\sqrt{3}} I_o (T_b - T_a) \end{cases} \tag{4.55}$$

在 $T_s = T_a + T_b + T_c$ 条件下，对上式求解可得

$$\begin{cases} T_a = T_s m_a \sin\left(\dfrac{\pi}{6} - \theta\right) \\ T_2 = T_s m_a \sin\left(\dfrac{\pi}{6} + \theta\right) \\ T_c = T_s - T_a - T_b \end{cases} \tag{4.56}$$

式中，$-\pi/6 \leqslant \theta \leqslant \pi/6$（即第Ⅰ扇区）；$m_a$ 是由式（4.57）得到的调制因数，且

$$m_a = \frac{I_{\text{ref}}}{I_o} = \frac{I_{\text{W1p}}}{I_o} \tag{4.57}$$

式中，I_{W1p}是 i_W 基频分量的峰值。

需要注意的是，当 $\boldsymbol{I}_{\text{ref}}$ 位于其他扇区时，上述关系采用变量置换后仍然成立。也就是说，θ 减去 π/3 的整数倍后，使修正后的 θ' 角度位于 $-\pi/6 \sim \pi/6$ 的区间内，即

$$\theta' = \theta - (k-1)\frac{\pi}{3} \tag{4.58}$$

式中，k 为相应扇区的编号（Ⅰ~Ⅵ）。

给定矢量 $\boldsymbol{I}_{\text{ref}}$ 的最大幅值 $I_{\text{ref,max}}$ 对应于六边形的最大内切圆的半径，由于该六边形由六个长度为 $2I_o/\sqrt{3}$ 的非零矢量组成，可求出

$$I_{\text{ref,max}} = \frac{2}{\sqrt{3}} I_o \times \frac{\sqrt{3}}{2} = I_o \tag{4.59}$$

将式（4.59）代入式（4.57）中，可知调制因数的最大值为

$$m_{\text{a,max}} = 1 \tag{4.60}$$

由此可知，PWM 电流源型逆变器 SVPWM 的调制因数的范围为 $0 \leqslant m_a \leqslant 1$。

4.4.4.4 开关顺序

CSI 的开关顺序设计应满足下列两个条件，以使得开关频率最小：

1）从一种开关状态切换到另一种开关状态只能有 2 个开关器件动作，即 1 个开通，1 个关断。

2）参考矢量$\boldsymbol{I}_{\mathrm{ref}}$从一个扇区转移到另一个扇区时，要求最少的开关次数。

图4.35给出了$\boldsymbol{I}_{\mathrm{ref}}$在扇区Ⅰ时典型的三段法序列，这里$v_{\mathrm{G1}}\sim v_{\mathrm{G6}}$为对应开关器件$\mathrm{Q}_1\sim\mathrm{Q}_6$的驱动信号。给定矢量$\boldsymbol{I}_{\mathrm{ref}}$由$\boldsymbol{I}_1$、$\boldsymbol{I}_2$和$\boldsymbol{I}_0$三个矢量合成；采样周期$T_{\mathrm{s}}$被分成三段，由$\boldsymbol{T}_{\mathrm{a}}$、$\boldsymbol{T}_{\mathrm{b}}$和$\boldsymbol{T}_{\mathrm{c}}$组成。矢量$\boldsymbol{I}_1$和$\boldsymbol{I}_2$对应开关状态［61］和［12］，开关管则分别是（$\mathrm{Q}_6$，$\mathrm{Q}_1$）和（$\mathrm{Q}_1$，$\mathrm{Q}_2$）。$\boldsymbol{I}_0$可选择零开关状态［14］，即可满足第一个约束条件。

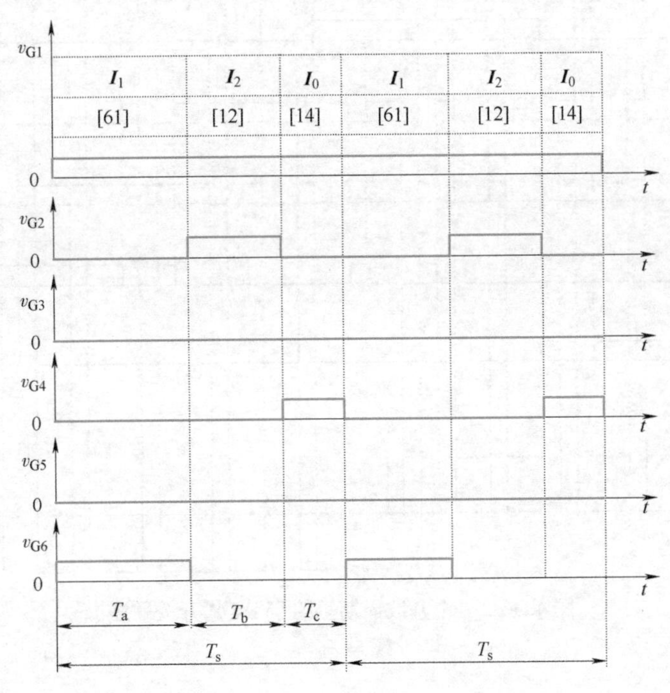

图4.35　扇区Ⅰ中的$\boldsymbol{I}_{\mathrm{ref}}$开关序列

图4.36给出了一个基波周期内的开关序列和门（栅）极信号分配的细节。在每个扇区采样两次，则一个基波周期共采样12次，从图中可以看出：

1）在任何时刻，只有2个开关导通，一个在上桥臂，另一个在下桥臂。

2）通过合理选择$\boldsymbol{I}_0$的冗余开关状态，以满足开关序列设计的要求。尤其是当$\boldsymbol{I}_{\mathrm{ref}}$从一个扇区移动到下一个扇区时，只能有2个开关器件动作。

3）直流电流在每个基波周期被零矢量旁路12次，就是因为直流电流的旁路运行才使得基波电流i_{W1}的幅值可调。

4）给定矢量$\boldsymbol{I}_{\mathrm{ref}}$每经过所有6个扇区一次，逆变器输出PWM电流$i_{\mathrm{W}}$就完成一个基波周期的变化。

5）器件开关频率f_{Q}可以用$f_{\mathrm{Q}}=n_{\mathrm{P}}f_1$（$n_{\mathrm{P}}$为一个周期内脉冲数）计算得到。

6）采样频率$f_{\mathrm{s}}=1/T_{\mathrm{s}}$和开关频率$f_{\mathrm{Q}}=f_{\mathrm{s}}/2$。

7）SVPWM的开关顺序为

$$\begin{cases}\boldsymbol{I}_k,\boldsymbol{I}_{k+1},\boldsymbol{I}_0 & k=1,2,\cdots,5\\ \boldsymbol{I}_k,\boldsymbol{I}_1,\boldsymbol{I}_0 & k=6\end{cases}\tag{4.61}$$

式中，k为扇区号。

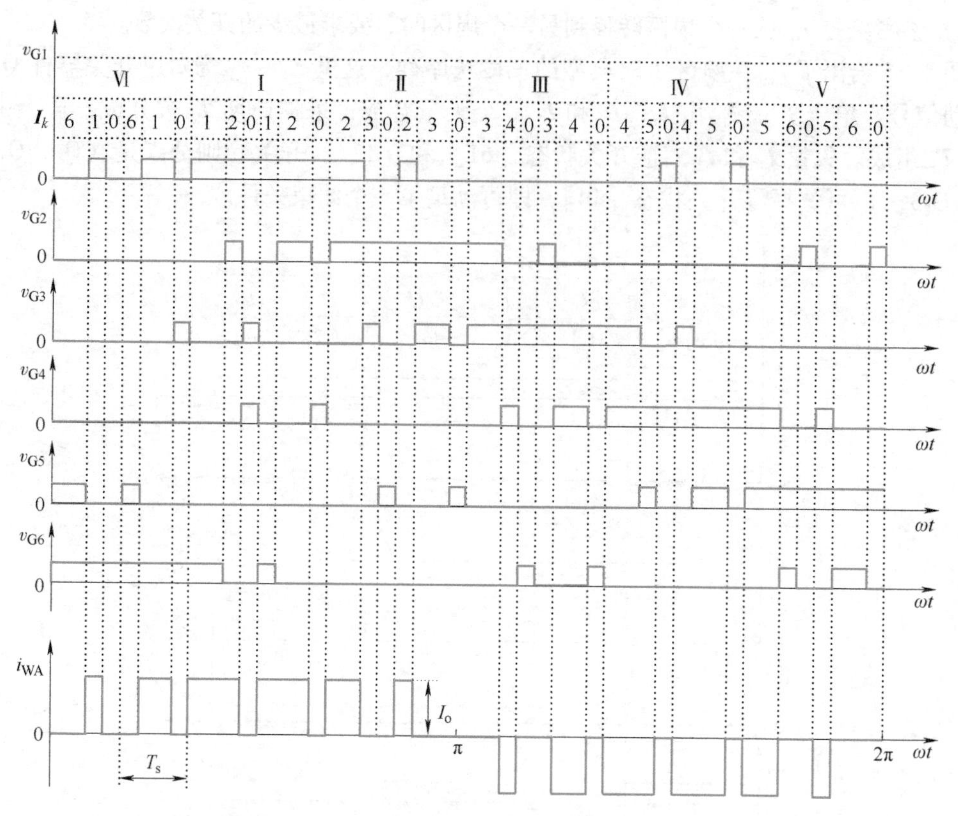

图 4.36　一个基波周期里的 SVPWM 开关顺序

4.5　模块化多电平逆变器

随着常规多电平逆变器电平数量的增加，电路元件数量大幅增加和控制难度急速上升限制其推广应用，如 NPC 拓扑中的箝位二极管数量和电容电压平衡问题；CHB 逆变器很好地解决了器件串联问题，也具有优越的模块化优点，但需要多个独立的直流电源，增加了设计和控制的难度。模块化多电平变换器（Module Multilevel Converter，MMC）是一种新型的多电平电路，是 2002 年由德国学者 R. Marsuardt 和 A. Lesnicar 提出，桥臂采用多个子模块（Sub-Module，SM）级联而成。

在实际工程中，MMC 多用于高压直流输电（High Voltage Direct Current Transmission，HVDC）系统，单个桥臂的 SM 个数可达数百个，如西门子的 Trans Bay Cable 工程，每个桥臂含有 216 个 SM；用于法国和西班牙联网的 INELFE 工程的 MMC 电平数目达到 401 个。

4.5.1　基本单元电路

图 4.37 为一个基本 SM 电路，Q_1 和 Q_2 为全控型半导体功率器件，常选用 IGBT，D_1 和 D_2 为其反并联二极管；C_f 代表 SM 的直流侧电容，v_{Cf} 为其端电压；i_{SM} 为流入 SM 的电流，各物理量的参考方向如图 4.37 所示。每个 SM 有一个连接端口 A/B，用于串联接入 MMC 主电路拓扑，而 MMC 通过各个 SM 的直流侧电容电压来支撑总直流母线，相比于级联 CHB 拓

扑具有更好的工程实用性。

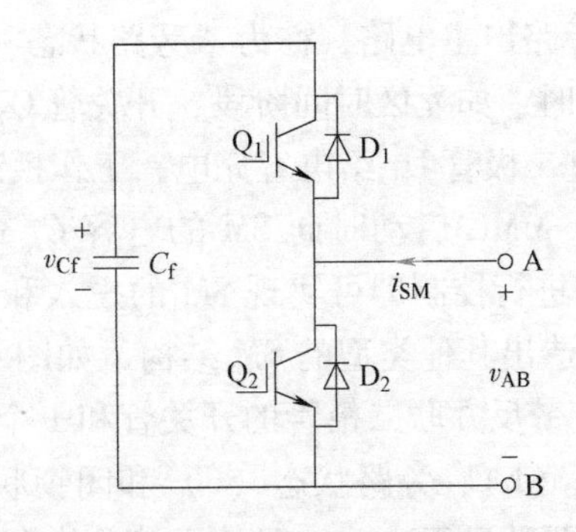

图 4.37　基本子模块电路

分析可知，SM 有 4 种工作模态，分别如图 4.38 所示，由于直流电容 C_f 的存在，开关管 Q_1 和 Q_2 的导通信号必须互补，并且留有死区时间。

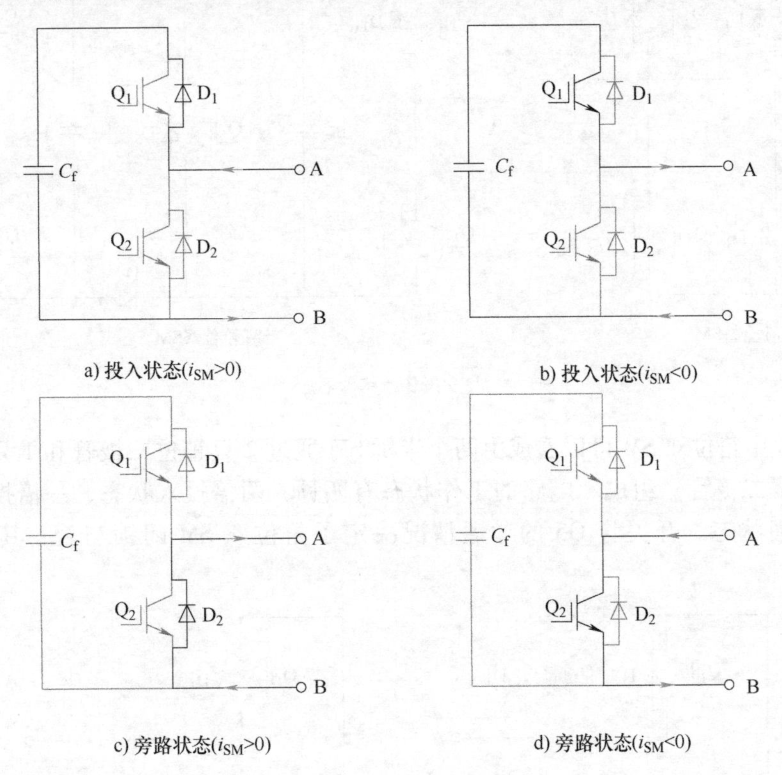

图 4.38　SM 的工作模态

当 Q_1 加开通信号而 Q_2 关断时，根据电流 i_{SM} 的方向，工作模态分别为图 4.38a 和 b。当 i_{SM} 为流入 SM（为正）时，二极管 D_1 导通，给电容充电，如图 4.38a 所示；当 i_{SM} 为流出 SM（为负）时，开关管 Q_1 导通，电容放电，如图 4.38b 所示。可以看出，无论电流方向如何，电容 C_f 均被接入主电路中（充电或放电），称为“投入状态”。

当 Q_2 加开通信号而 Q_1 关断时，根据电流 i_{SM} 的方向，工作模态分别为图 4.38c 和 d。当 i_{SM} 为流入 SM（为正）时，开关管 D_1 导通，电容 C_f 被旁路，如图 4.38c 所示；当 i_{SM} 为流出

SM（为负）时，二极管 D_2 导通，电容 C_f 同样被旁路，如图 4.38d 所示。可以看出，无论电流方向如何，电容 C_f 均被旁路出主电路，称为“旁路状态”。

当 Q_1 和 Q_2 均加关断信号时，如死区时间阶段，开关管 Q_1 和 Q_2 均不导通，但仍存在电流通路。如当 i_{SM} 为正时，通过二极管 D_1 给电容充电，工作模态与图 4.38a 一致，值得一提的是，这一工作模态也常用于 MMC 启动时向 SM 的电容 C_f 充电建压。分析可知，只要对 SM 上下两个 IGBT 的开关状态进行控制即可实现 SM 的投入和切除，从而满足 MMC 拓扑的构造需求。基于此，还可以构造出其他类型的 SM 结构，如图 4.39 所示，分别称为全桥 SM 和箝位双 SM。全桥 SM 由四个带反并联二极管的开关管和 1 个储能电容构成，工作状态有：正投入状态（a）、负投入状态（b）、旁路状态（c）和闭锁状态（d），共 4 种。根据电流方向不同，每种工作状态都有两种运行方式。具体电流方向如图 4.40 所示，前三种工作状态用于 MMC 正常运行，最后一种闭锁状态一般用于清障和系统启动。

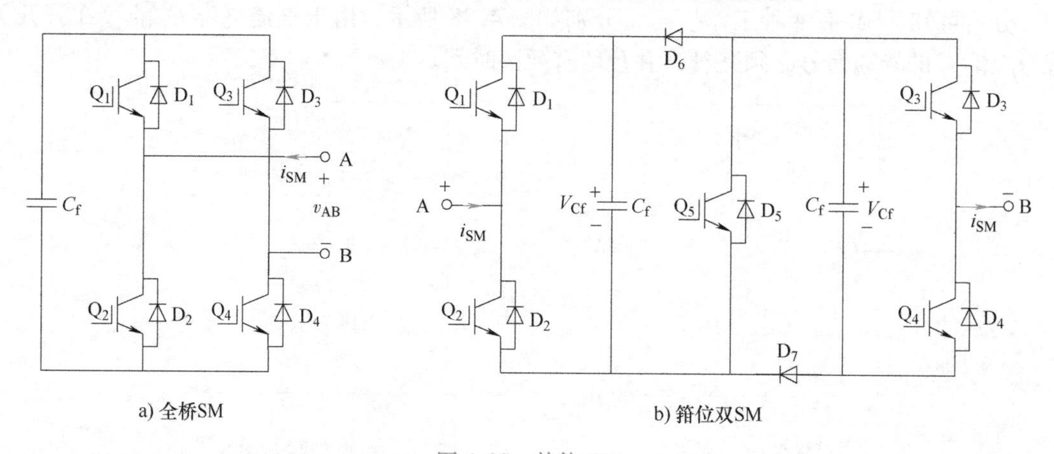

a) 全桥SM　　b) 箝位双SM

图 4.39　其他 SM

图 4.39b 中箝位双 SM 可以看成由两个半桥 SM 通过 2 只箝位二极管和 1 只引导功率器件（带反并联二极管）组成。电路的工作状态有四种：两倍投入状态、一倍投入状态、旁路状态和闭锁状态。开关管 Q5 的导通情况决定了箝位双 SM 闭锁与否，其工作模式见表 4.12。

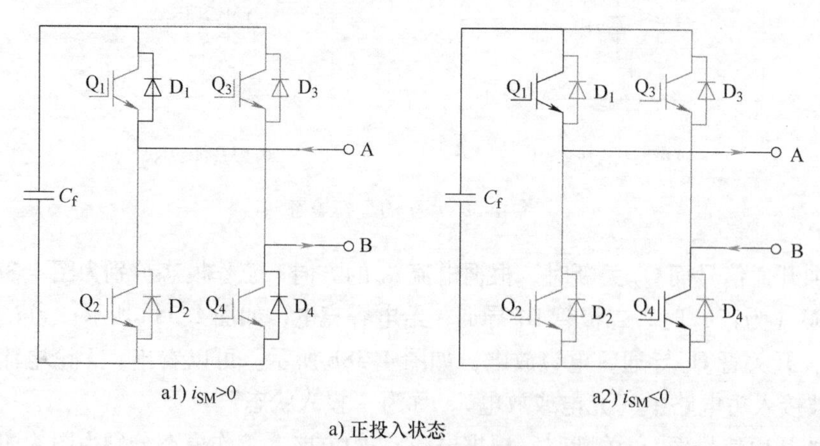

a1) $i_{SM}>0$　　a2) $i_{SM}<0$

a) 正投入状态

图 4.40　全桥 SM 工作状态

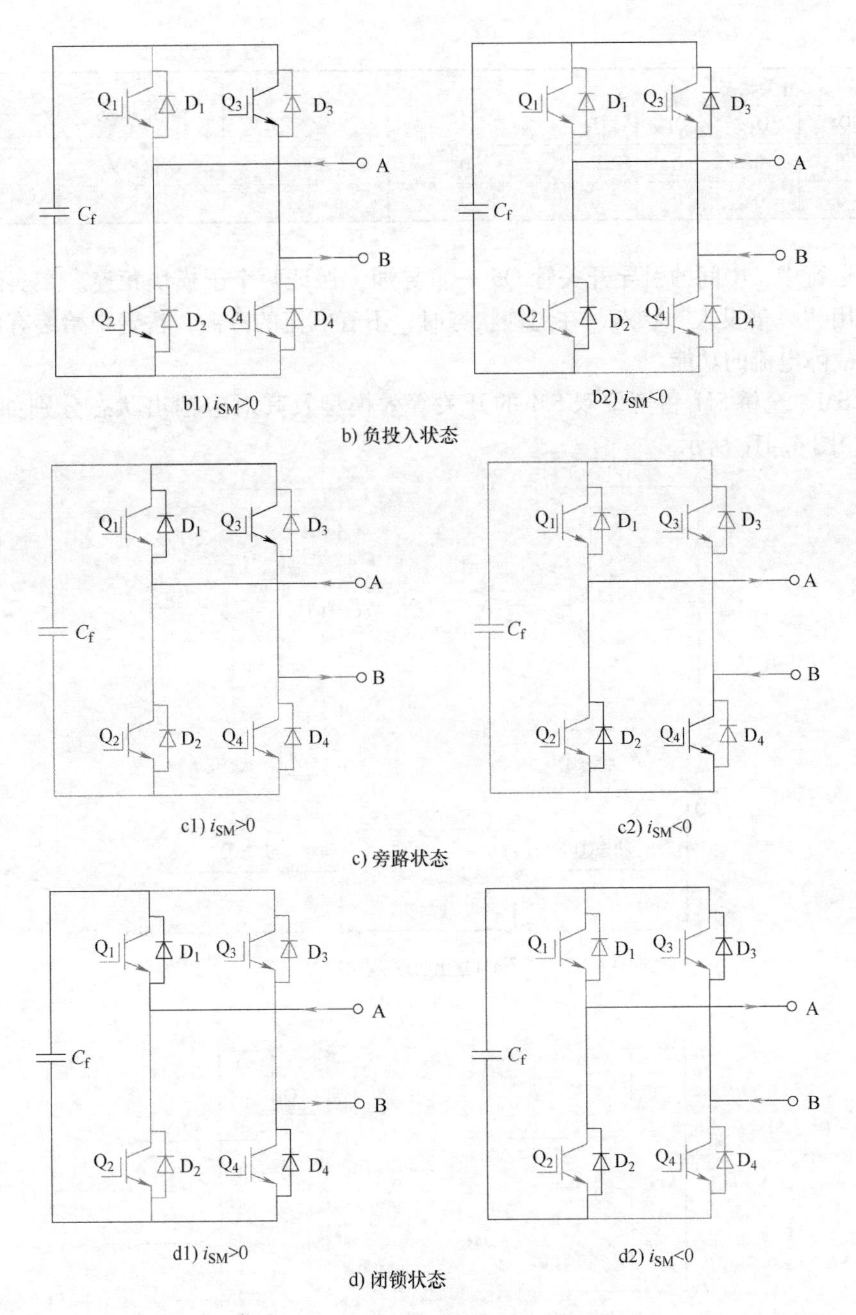

图4.40 全桥SM工作状态（续）

表4.12 箝位双SM的工作模式

开关状态					i_{SM}	v_{AB}	工作状态	状态类别
Q_1	Q_2	Q_3	Q_4	Q_5				
1	0	0	1	1	>0或<0	$2V_{Cf}$	两倍投入	正常运行
1	0	1	0	1	>0或<0	V_{Cf}	一倍投入	
0	1	0	1	1	>0或<0	V_{Cf}	一倍投入	
0	1	1	0	1	>0或<0	0	旁路	

（续）

开关状态					i_{SM}	v_{AB}	工作状态	状态类别
Q_1	Q_2	Q_3	Q_4	Q_5				
0	0	0	0	0	>0	$2V_{Cf}$	两倍投入	故障闭锁
0	0	0	0	0	<0	$-V_{Cf}$	一倍投入	

正常运行中，中间的引导开关管 Q5 一直导通，保证两个子模块相连。在实际工程中，一般不使用“一倍投入”状态，在闭锁状态时，不管电流的方向，桥臂中始终有电容存在，起到清除故障电流的功能。

半桥 SM、全桥 SM 和箝位双 SM 的开关等效模型及其对应输出状态分别如图 4.41a、图 4.41b、图 4.41c 所示。

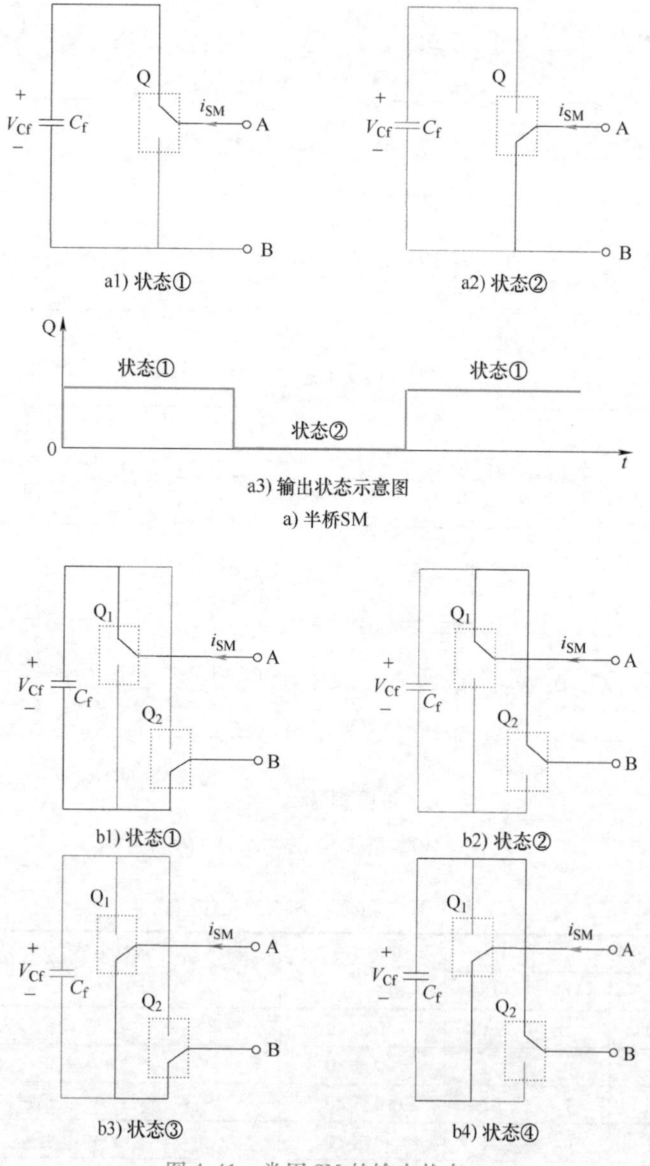

图 4.41　常用 SM 的输出状态

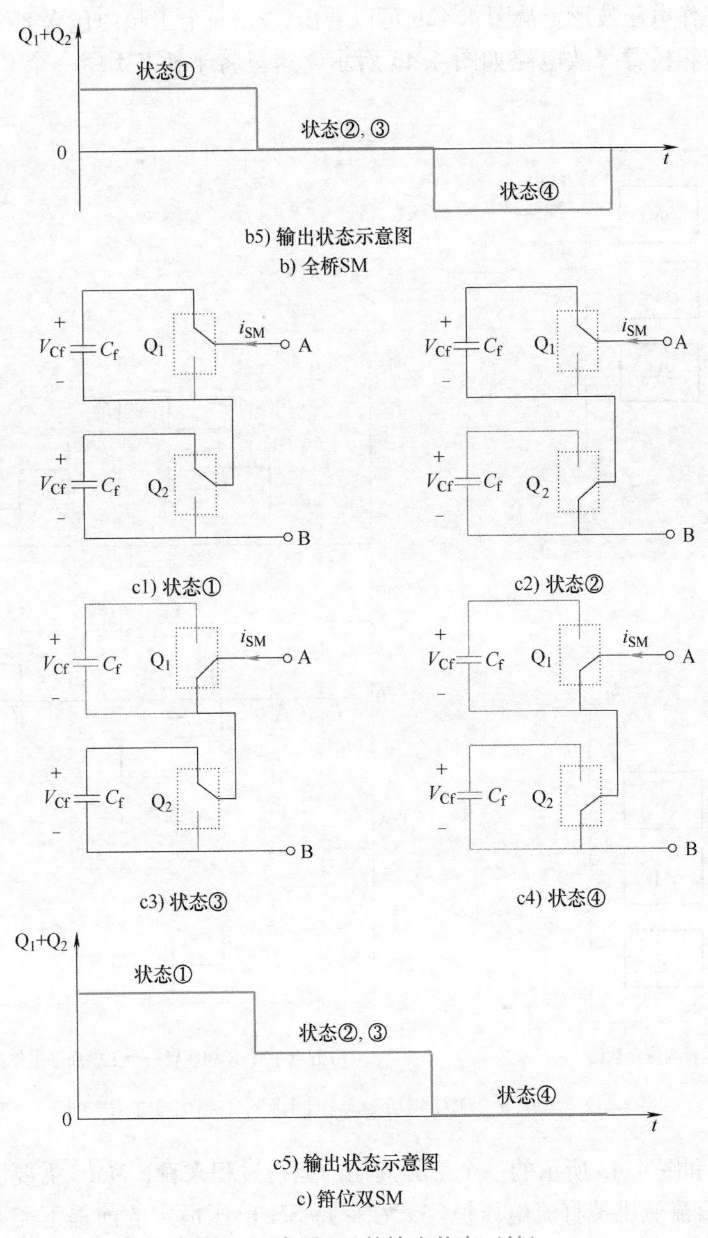

图 4.41 常用 SM 的输出状态（续）

4.5.2 模块化多电平逆变电路

4.5.2.1 相桥臂构成

基于上节介绍的 SM，可以按图 4.42a 所示进行串联连接，分别构成上桥臂和下桥臂，一侧分别与直流母线正、负端连接，另一端通过桥臂限流电感连接形成中点输出 A，用于连接交流侧。为了对 MMC 的工作原理有一个直观的了解，以一个简单的五电平 MMC 相桥臂为例进行分析。对于 5 电平相桥臂，每个桥臂由 4 个半桥 SM 组成，共 8 个 SM 构成。假设直流母线 P/N 两极之间的中点电位为电压参考点 O，图 4.42b 给出了五电平 MMC 一个工频周期内的工作电压波形。从图 4.42b 可以看出，v_{AO}一个工频内包含 8 个不同的时间段，不同时间段对应相桥臂等效电路如图 4.43 所示，这里将半桥 SM 用一个“单刀双掷开关”代替。

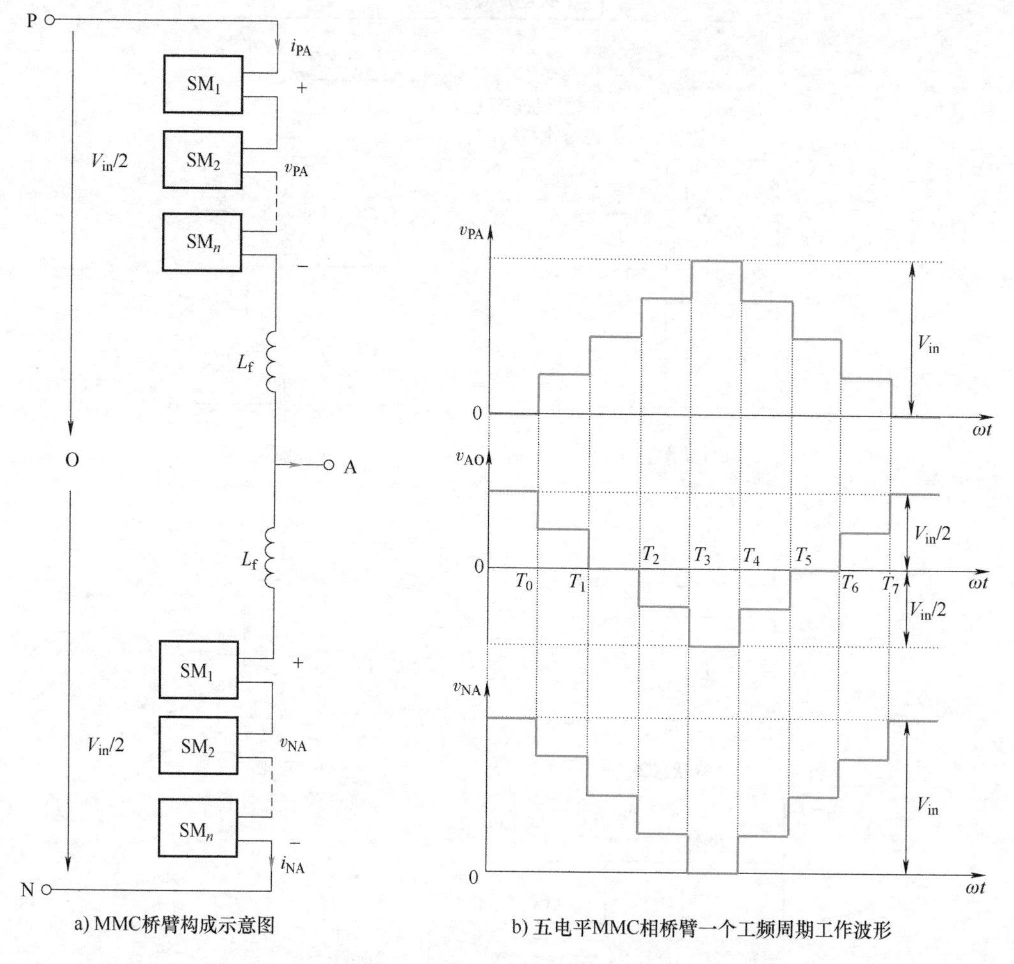

a) MMC桥臂构成示意图

b) 五电平MMC相桥臂一个工频周期工作波形

图 4.42 五电平 MMC 相桥臂示意图及其工频周期工作波形

从图 4.42b 和图 4.43 所示的一个工频周期的运行过程来看，MMC 需要满足两个条件：

1）为了在直流侧维持直流电压恒定，在保持 SM 电压恒定的前提下需要各相桥臂处于投入状态的 SM 数量相等且不变。

2）通过对相桥臂中的上、下桥臂中处于投入状态的 SM 数进行分配来实现输出交流电压的调节。

在满足上述两个条件的情况下，上下桥臂投入的 SM 个数变化情况见表 4.13。

表 4.13 8 个不同时间段中 SM 投入数量、交流侧、直流侧电压情况

时间段	$[0,T_0]$	$[T_0,T_1]$	$[T_1,T_2]$	$[T_2,T_3]$	$[T_3,T_4]$	$[T_4,T_5]$	$[T_5,T_6]$	$[T_6,T_7]$
上桥臂投入 SM 个数	0	1	2	3	4	3	2	1
下桥臂投入 SM 个数	4	3	2	1	0	1	2	3

（续）

时间段	$[0,T_0]$	$[T_0,T_1]$	$[T_1,T_2]$	$[T_2,T_3]$	$[T_3,T_4]$	$[T_4,T_5]$	$[T_5,T_6]$	$[T_6,T_7]$
相单元投入SM个数	4	4	4	4	4	4	4	4
v_{AO}电压值	$V_{in}/2$	$V_{in}/4$	0	$-V_{in}/4$	$-V_{in}/2$	$-V_{in}/4$	0	$V_{in}/4$
直流侧电压值	V_{in}	V_{in}	V_{in}	V_{in}	V_{in}	V_{in}	V_{in}	V_{in}

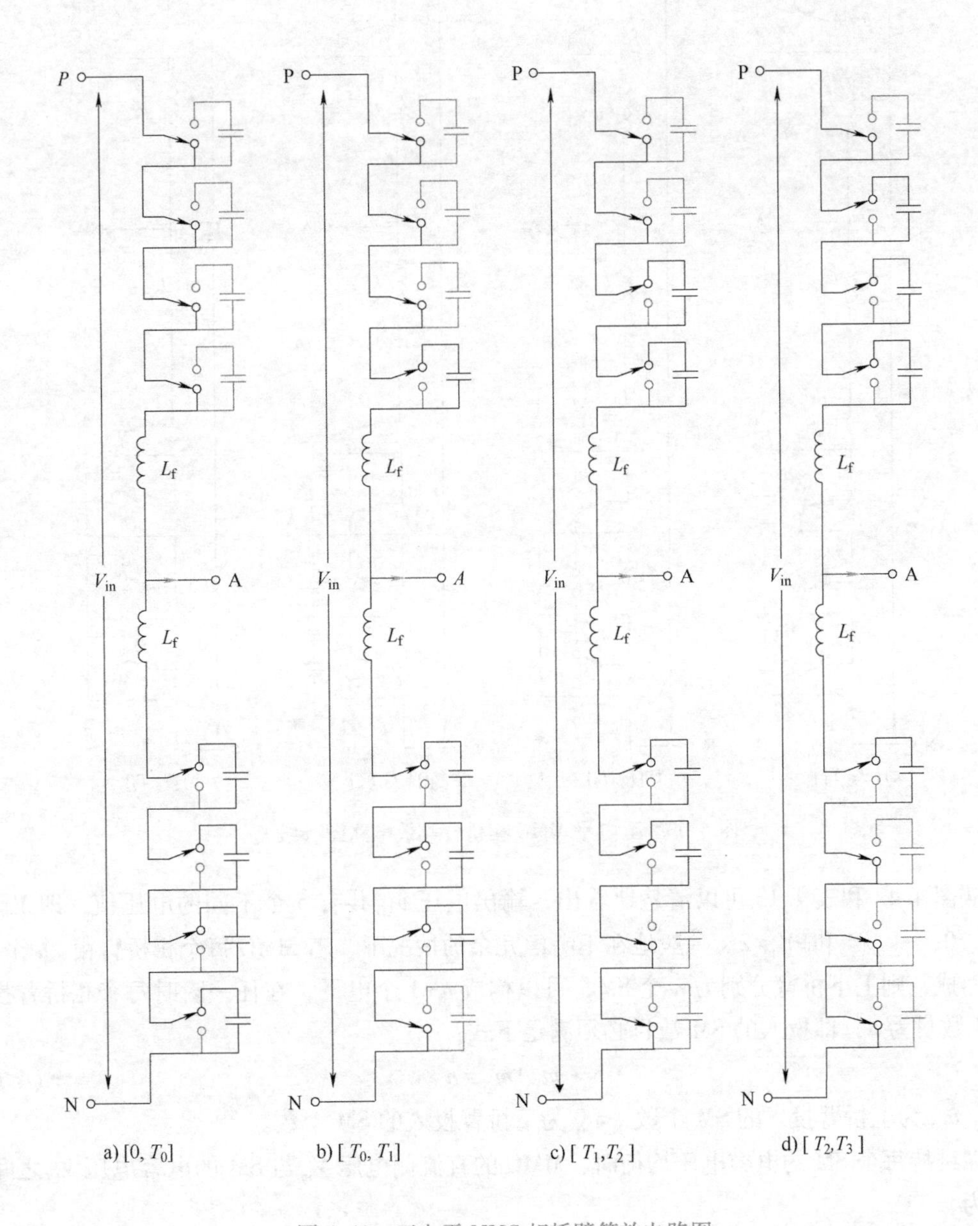

图4.43　五电平MMC相桥臂等效电路图

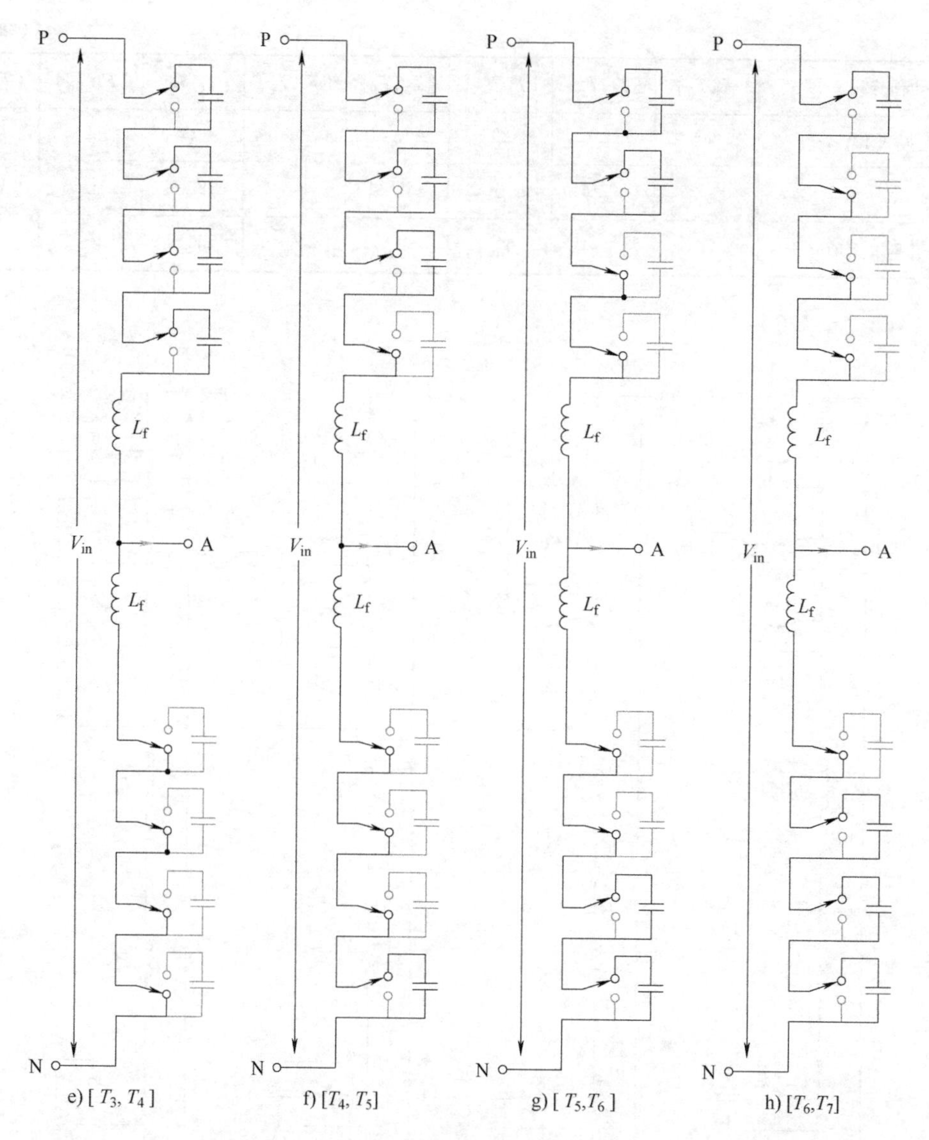

图 4.43　五电平 MMC 相桥臂等效电路图（续）

从图 4.42 和表 4.13 可以清楚地看出，输出电压 v_{AO} 共有 5 个不同的电压值，即 $V_{in}/2$、$V_{in}/4$、0、$-V_{in}/4$ 和 $-V_{in}/2$。一般地在不考虑冗余的情况下，若 MMC 每个相桥臂由 $2n$ 个 SM 串联而成，则上下桥臂分别为 n 个 SM，可以构成 $n+1$ 个电平，在任一瞬时每个相桥臂投入的 SM 数目为 n，即投入的 SM 数目必须满足下式：

$$m_P+m_N=n \tag{4.62}$$

式中，m_P 为上桥臂投入的 SM 个数；m_N 为下桥臂投入的 SM 个数。

在维持每个 SM 的电容电压均衡时，MMC 的直流侧电压 V_{in} 与 SM 的电容电压 V_{Cf} 之间的关系为

$$V_{Cf}=\frac{V_{in}}{m_P+m_N}=\frac{V_{in}}{n} \tag{4.63}$$

可见，随着SM数目的增多，其电平数就越多，交流侧输出电压就越接近正弦波。

在电流关系方面，直流电压在任何时刻都需要由 n 个SM电容电压 v_{Cf} 和电抗器 L_f 来平衡，则有

$$V_o=\sum_{j=1}^{n}V_{Cf}+L_f\frac{d}{dt}(i_{PA}+i_{NA}) \tag{4.64}$$

由于 L_f 很小，稳态分析时可以忽略该电抗上的压降。

4.5.2.2 三相MMC构成

按上述介绍的3个相桥臂单元可以构成一个三相MMC电路结构，如图4.44所示。各相桥臂同样要满足上述两个运行条件，同时通过移相控制使三相桥臂的输出电压 v_{AO}、v_{BO} 和 v_{CO} 互差120°。

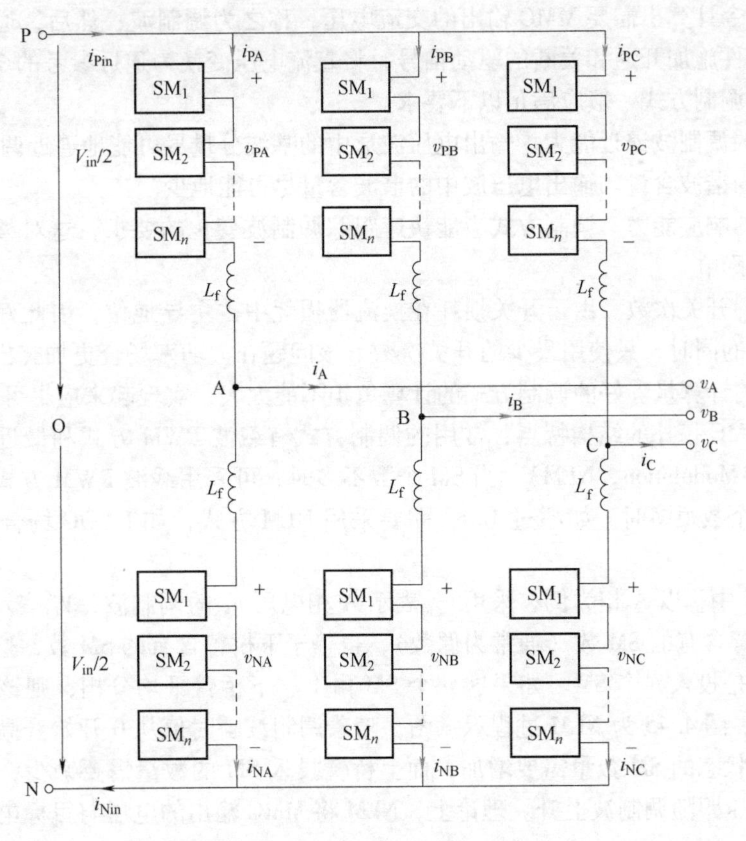

图4.44 三相MMC构成示意图

三相MMC稳态运行时，有以下几个特征：

1）3个相互并联的相桥臂单元共同维持直流电压恒定。为此，需要3个相桥臂单元中投入主电路的SM数目必须相等且维持不变，使得

$$v_{PA}+v_{NA}=v_{PB}+v_{NB}=v_{PC}+v_{NC}=V_{in} \tag{4.65}$$

2）输出三相交流电压。通过在各相桥臂单元中对处于投入状态的SM在该相的上、下桥臂间进行分配，实现对三个输出交流电压 v_{AO}、v_{BO} 和 v_{CO} 的调节。

3）电流分布规律。考虑到三个相桥臂对称，直流电流 I_{in} 在三个相桥臂之间均分；又由

于上、下桥臂电抗器 L_f 相等，交流电流 i_A 在上下桥臂间幅值均分但方向相反，以 A 相桥臂为例，上、下桥臂电流分别为

$$\begin{cases} i_{PA}=\dfrac{I_{in}}{3}+\dfrac{i_A}{2} \\ i_{NA}=\dfrac{I_{in}}{3}-\dfrac{i_A}{2} \end{cases} \tag{4.66}$$

式中，I_p 为 MMC 交流侧输出线电流峰值。

4.5.2.3 MMC 调制方式

基于全控器件的 MMC 在一个工频周期中可以多次对开关器件施加开通和关断信号，从而在交流侧产生恰当的交流电压波形。为此，控制器需要根据设定的有功功率、无功功率、直流电压等指令计算出需要 MMC 输出的交流电压，称之为调制波；然后，通过调制方式来确定向开关器件施加开通和关断的驱动信号，将直流电压变换为逼近参考的交流电压。

一个好的调制方式一般应满足以下要求：

1）较好的调制波逼近能力。输出电压波形中的基波分量尽可能地逼近调制波。

2）较小的谐波含量。输出电压波中的谐波含量尽可能地少。

3）较快的响应能力。调制方式应能快速跟踪调制波变化的要求，这对整个装置的响应速度有着重要影响。

4）较少的开关次数。由于开关损耗在换流器损耗中占主导地位，因此好的调制方式在实现波形输出的同时，只使用最少的开关次数。该问题在大功率场合更加突出。

5）较少的计算量。好的调制方式的计算负担不能太大，实现起来应尽可能简单。

考虑到 MMC 拓扑的结构特点，常用的调制方式有载波 PWM 方式和最近电平逼近调制（Nearest Level Modulation，NLM）。当 SM 个数不多时，可采用载波 PWM 方式，如变频驱动场合；当 SM 个数很多时，如超过 100，需要采用 NLM 方式，如 HVDC 场合。下面对 NLM 进行介绍。

在图 4.44 中，以 A 相为例，采用 v_{Am} 表示 A 相电压 v_A 的调制波，V_{Cf} 表示 SM 的直流电压，n 为上桥臂含有的 SM 数（通常为偶数），也等于下桥臂含有的 SM 数，这样每个相桥臂中任意瞬时总是投入 n 个 SM。如果这 n 个 SM 由上、下桥臂平均分担，则该相桥臂的交流输出电压为 0。图 4.45 为 NLM 过程示意图，随着调制波瞬时值从 0 开始升高，该相单元下桥臂处于投入状态的 SM 数量需要增加，而上桥臂投入 SM 的数量需要减少，以使该相桥臂单元的输出电压跟随调制波上升。理论上，NLM 将 MMC 输出的电压与目标电压之差控制在 $\pm V_{Cf}/2$ 以内。

这样在每个时刻，下桥臂需要投入的 SM 数量的实时表达式可以表示为

$$m_P=\frac{n}{2}+\text{round}\left(\frac{v_{mA}}{V_{cf}}\right) \tag{4.67}$$

则上桥臂需要投入的 SM 数量的实时表达式可以表示为

$$m_N=\frac{n}{2}-\text{round}\left(\frac{v_{mA}}{V_{cf}}\right) \tag{4.68}$$

式中，round(x) 表示取与 x 最接近的整数。

受 SM 数量的限制，有 $m_P \geqslant 0$、$m_N \leqslant n$ 的取值要求。如果根据式（4.67）和式（4.68）

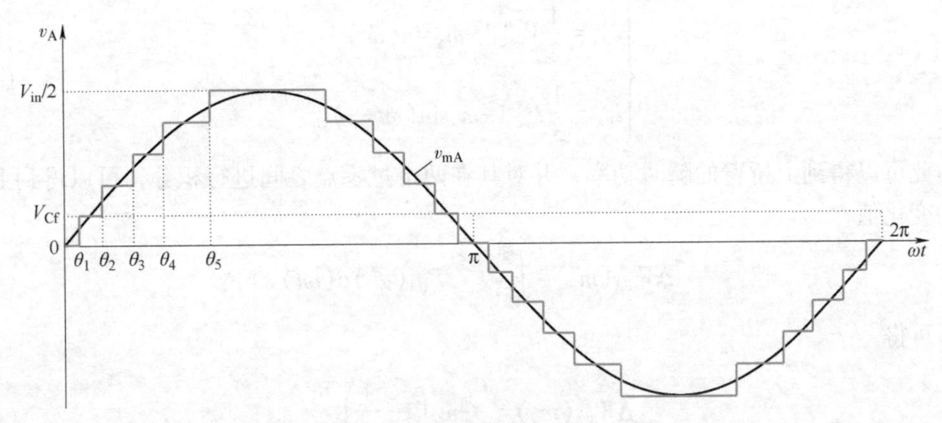

图 4.45　NLM 过程示意图

计算出来的 m_P、m_N 总是在边界值以内，则称 NLM 工作在正常工作区；一旦计算出的 m_P、m_N 超过边界值，则只能取边界值，称 NLM 工作在过调制区，NLM 已经无法将 MMC 输出的电压与目标电压之差控制在 $\pm V_{Cf}/2$ 以内。

4.5.3　MMC 主电路参数选择

MMC 主电路参数包括 SM 数量、SM 电容值、桥臂电抗器、控制频率等。主电路参数的选择是 MMC 设计的重要组成部分，合理的参数设置可以有效改善装置的动态和稳态性能，降低装置的初期投资成本和运行成本。

4.5.3.1　桥臂 SM 数目的确定原则

功率半导体器件的电压等级是确定 MMC 相桥臂 SM 数目的决定性因素。MMC 单元每个桥臂应能够承担 MMC 单元所分摊到的直流电压，并留有一定裕度。为简化起见，将每个 SM 的电容电压平均值记为 V_{Cf}，一个桥臂（如上桥臂或下桥臂）的级联 SM 总数记为 n，则需满足

$$nV_{Cf} \geqslant V_{in} \tag{4.69}$$

因此桥臂的 SM 数 n 直接取决于直流电压 V_{in} 和 SM 的电容电压平均值 V_{Cf}，再考虑一定的裕度，这对电力电子装置的可靠性至关重要。

4.5.3.2　桥臂 SM 电容值的确定原则

为了方便起见，先定义 MMC 的输出电压调制比为

$$m_V = \frac{v_i}{V_{in}/2}, \qquad 0 \leqslant m_V \leqslant 1 \tag{4.70}$$

式中，$v_i(i=A,B,C)$ 为 i 相电压；V_{in} 为直流电压。

同时定义输出电流调制比为

$$m_c = \frac{I_p}{2} \bigg/ \frac{I_{in}}{3} \tag{4.71}$$

式中，I_p 为 MMC 交流侧输出线电流峰值。

根据 NLM 控制规律可得，以 A 相为例，可得上桥臂电压和电流表达式为

$$\begin{cases} v_{PA}=\dfrac{1}{2}V_{in}[1-m_V\sin(\omega t)] \\ i_{PA}=\dfrac{1}{3}I_o[1+m_c\sin(\omega t+\varphi)] \end{cases} \tag{4.72}$$

由此可以得到上桥臂的瞬时功率，并对其在两个过零点之间进行积分，可以得到上桥臂能量的变化值

$$\Delta W_{PA}(m_c)=\int_{x_1(m_c,\varphi)}^{x_2(m_c,\varphi)}P_{PA}(\omega t)\mathrm{d}(\omega t) \tag{4.73}$$

化简后可得

$$\Delta W_{PA}(m_c)=\frac{P_{in}}{3\omega}m_c\left(1-\frac{1}{m_c^2}\right)^{\frac{3}{2}} \tag{4.74}$$

又由于变换器的视在功率为

$$S=\frac{P_{in}}{\cos\varphi} \tag{4.75}$$

且电压调制比和电流调制比满足

$$m_V m_c\cos\varphi=2 \tag{4.76}$$

将式（4.74）、式（4.75）代入式（4.73）可得

$$\Delta W_{PA}(m_V)=\frac{2S}{3m_V\omega}\left[1-\left(\frac{m_V\cos\varphi}{2}\right)^2\right]^{\frac{3}{2}} \tag{4.77}$$

分配到每个子模块，有

$$\Delta W_{SM}(m_V)=\frac{2S}{3m_Vm_c\omega}\left[1-\left(\frac{m_V\cos\varphi}{2}\right)^2\right]^{\frac{3}{2}} \tag{4.78}$$

而电容的平均储能为

$$W_{Cf}=\frac{1}{2}C_fV_{Cf}^2 \tag{4.79}$$

考虑电容电压波动百分比 ε 后，电容电压的最大、最小值分别可表示为

$$\begin{cases} V_{Cf,min}=V_{Cf}(1-\varepsilon) \\ V_{Cf,max}=V_{Cf}(1+\varepsilon) \end{cases} \tag{4.80}$$

从而可以得到

$$W_{Cf}(\varepsilon,V_{Cf})=\frac{1}{4\varepsilon}\Delta W_{SM},\qquad 0\leqslant\varepsilon\leqslant1 \tag{4.81}$$

由此可得 SM 电容器的参数为

$$C_f=\frac{\Delta W_{SM}}{2\varepsilon V_{Cf}^2}=\frac{\Delta W_{PA}}{2n\varepsilon V_{Cf}^2} \tag{4.82}$$

将式（4.77）代入式（4.82）可得

$$C_f=\frac{S}{3m_Vn\omega\varepsilon V_{Cf}^2}\left[1-\left(\frac{m_V\cos\varphi}{2}\right)^2\right]^{\frac{3}{2}} \tag{4.83}$$

以 Trans Bay Cable 工程为例，取 $S=400\text{MW}$，$m_V=0.9$，$n=200$，$\omega=377\text{rad/s}$，$V_{Cf}=$

2kV，$\cos\varphi=1$，$\varepsilon=5\%$，由式（4.82）计算得到 $C_f=6997\mu F$。

4.5.3.3 桥臂 SM 电容值的确定原则

桥臂电抗器的大小直接影响 MMC 的工作性能和成本。桥臂电抗器可以等效为输出电抗器的一部分，下面以此为确定原则讨论其参数选择。

MMC 单元的基本原理如图 4.46a 所示，其中变换器交流侧连接外部的接口电压的基波分量为 $\boldsymbol{V}$，MMC 输出电压的基波分量为 $\boldsymbol{V}_f$，桥臂电抗器为 $2X_{Lf}$，等效为出口连接电抗后，大小为 X_{Lf}。设 X_f 为连接电抗器的基波电抗，它由两部分组成，一部分是换流变压器的电抗 X_{Tr}，另一部分为桥臂电抗器等效电抗 $X_{Lf,equ}$；流过连接电抗器的基波电流为 $\boldsymbol{I}_f$。

通过控制 MMC 输出电压 $\boldsymbol{V}_f$ 相对于外部接口处电压 $\boldsymbol{V}$ 的相角和幅值的大小，就能控制 MMC 的输出有功功率和无功功率。图 4.46b 为 MMC 稳态运行时的基波矢量图，以外部接口处电压为参考，$\boldsymbol{V}=V\angle 0$，$\boldsymbol{V}_f=V_f\angle-\theta$，$\boldsymbol{I}_f=I_f\angle-\varphi$，其中 φ 为功率因数角。

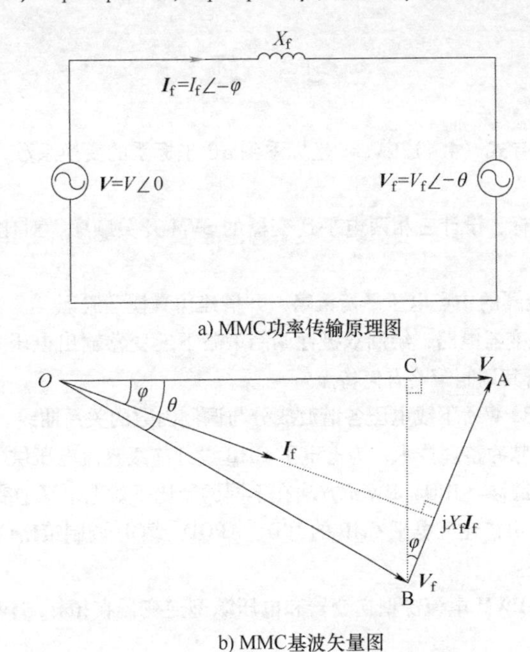

a) MMC功率传输原理图

b) MMC基波矢量图

图 4.46 MMC 工作原理和稳态矢量图

由图 4.46b 可以得到

$$\begin{cases}|BC|=I_fX_f\cos\varphi=V_f\sin\theta\\(I_fX_f)^2=(V-V_f\cos\theta)^2+(V_f\sin\theta)^2\\I_f=\dfrac{1}{X_f}\sqrt{(V-V_f\cos\theta)^2+(V_f\sin\theta)^2}\\\varphi=\arctan\left(\dfrac{V-V_f\cos\theta}{V_f\sin\theta}\right)\end{cases}\tag{4.84}$$

由式（4.84）可知，当功率因数等于 1 时，$V=V_f\cos\theta$，此时

$$I_f=\frac{V_f|\sin\theta|}{X_f},\varphi=0\tag{4.85}$$

当流过连接电抗器的电流有效值等于额定值且功率因数等于 1 时，连接电抗器的容量为

$$S_{\mathrm{LN}}=I_{\mathrm{N}}^{2}X_{\mathrm{f}},\varphi=0 \tag{4.86}$$

此时变换器的容量为 $S_{\mathrm{MMC}}=V_{\mathrm{N}}I_{\mathrm{N}}$，以此容量为基准有

$$S_{\mathrm{L}}(\mathrm{pu})=\frac{S_{\mathrm{LN}}}{V_{\mathrm{N}}I_{\mathrm{N}}}=|\sin\theta_{\mathrm{N}}|,\varphi=0 \tag{4.87}$$

可以发现，连接电抗器的 MVA 容量与外部接口处电压 $\boldsymbol{V}$ 和变换器输出电压 $\boldsymbol{V}_{\mathrm{f}}$ 之间的相位差 θ_{N} 有关，θ_{N} 越大，连接电抗器的容量也就越大。实际工程中一般把 θ_{N} 控制在较小的范围内，通常取 $S_{\mathrm{L}}(\mathrm{pu})$ 在 0.1~0.3 之间，此时 $|\theta_{\mathrm{N}}|$ 在 5.7°~17.5°之间。根据初步选择的 $S_{\mathrm{L}}(\mathrm{pu})$，就可以由式（4.86）求得 X_{f}，$X_{\mathrm{f}}(\mathrm{pu})$ 通常在 0.1~0.3 之间。

在实际工程应用中，谐波电流分量、浪涌电流等也会增加连接电抗器的容量，在最终确定的容量中要加以考虑。

习　题

1. 以功率相等为约束推导式（4.4）中 abc 坐标系到 αβ 坐标系的变换系数，以及矢量作用时间的表达式和调制因数范围。

2. 以减少开关次数为目标，设计三相两电平逆变器的 SVM 开关顺序，对比分析其与七段法开关顺序的输出电压谐波特性。

3. 设计三电平 NPC 逆变器的中点电压平衡策略，并搭建仿真模型验证。

4. 如图 4.9 所示 H 桥逆变器电路，绘制双极性调制策略下逆变器输出电压 v_{AB} 的谐波成分与幅值调制因数 m_{a} 的关系曲线，并分析其调制策略有何特点？

5. 绘制七电平 CHB 移相 PWM 下线电压各谐波成分与调制因数的关系曲线。

6. 采用独立型二极管多脉冲整理技术，为七电平 CHB 设计前级直流电压供电电路。

7. 对比分析移相和移幅载波（IPO）PWM 方法在不同调制比下对七电平逆变器输出电压 THD 的影响？

8. 在 MATLAB/Simulink 中搭建五电平 CHB 的 IPD、APOD、POD 调制策略仿真模型，分析对比不同调制因数下的输出电压谐波特性。

9. 试分析和比较两电平 PWM 电流源型逆变器和电压源型逆变器在拓扑结构、功率器件选择及运用场合有何不同？

10. 设计一种 MMC 多电平逆变电路中基本单元模块中电容投切前的预充电电路，并说明其充电过程。

第5章　交流-交流变压装置

交流-交流（AC-AC）变换器常被称为交流变压器或变频器。背靠背（Back-To-Back，BTB）变流器是一种常用的AC-AC架构，是指电源侧和负载侧选用相同电路拓扑的PWM变流器，并根据电源侧、负载侧的控制需求，选用适当的控制策略，可以灵活地控制有功功率和无功功率，实现电源侧与负载侧的能量双向流动、四象限运行等高级功能。根据BTB结构中间母线储能方式的不同，可分为电压型和电流型两种。此外，还有加入高频隔离变压器的AC-AC变换器，无中间环节的矩阵变换器等。

5.1　电压源型背靠背变流器

5.1.1　电路结构

背靠背电压源型变流器（Back-To-Back Voltage Source Converter，BTB VSC）是由两个对称的三相电压源型PWM变流器，通过中间直流储能电容连接起来，如图5.1所示。其中，中间储能电容C_f用于直流母线电压支撑，以及吸收母线中的谐波成分，源侧变流器VSC1电感L_f的作用是抑制输入电流谐波。

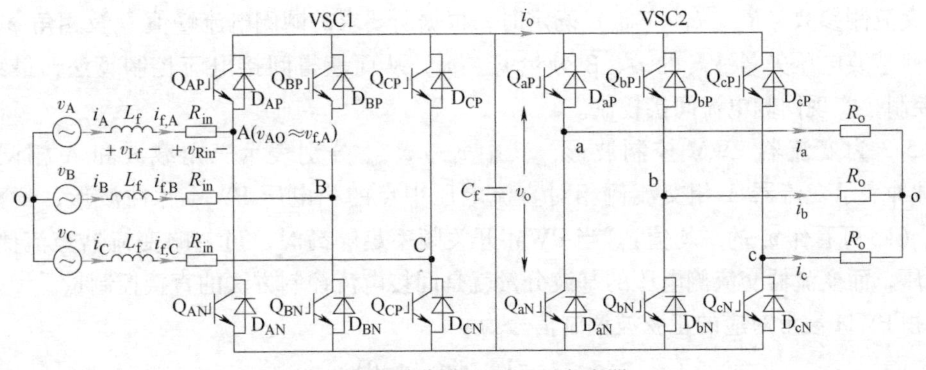

图5.1　背靠背电压源型变流器

BTB VSC电源侧和负载侧拓扑结构一样，且其工作原理已在2.3.2节介绍，此处不再赘述。下面首先以BTB VSC网侧整流器为例分析，对其控制方法进行介绍，然后阐述BTB VSC系统在不同运用场景下的整体控制策略。

5.1.2　独立控制方法

5.1.2.1　间接电流控制

间接电流控制主要以“幅相控制”为代表，即通过控制交流侧电压相位和幅值来间接控制电流相位。间接电流控制的优点在于实现简单，无需电流反馈。

1. 基本原理

三相电压源型PWM变流器间接电流控制是依据交流侧基波电流和电压矢量的稳态关系，求解出相应的控制算法。以A相为例，图5.2所示为图5.1中三相电压源型PWM整流器交流侧基波电压矢量$\boldsymbol{V}_{f,A}$、电流矢量$\boldsymbol{I}_{f,A}$、电感基波电压矢量$\boldsymbol{V}_{Lf}$、以及电网电压矢量$\boldsymbol{V}_{A}$的稳态关系矢量关系。其中，矢量$\boldsymbol{I}_{f,A}$与$\boldsymbol{V}_{A}$间相角为φ；矢量$\boldsymbol{V}_{A}$与$\boldsymbol{V}_{f,A}$间相角为θ。

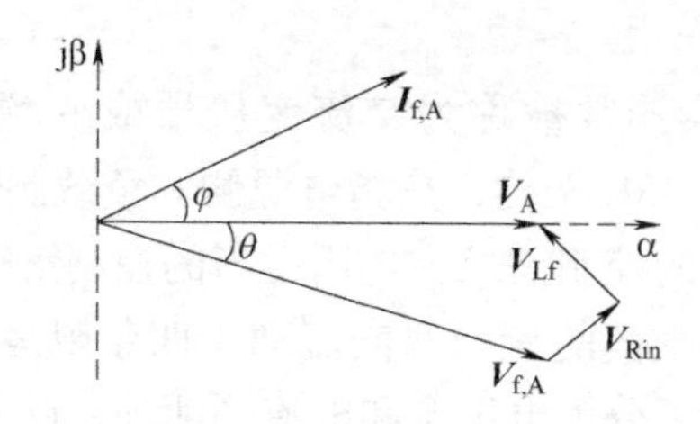

图5.2　三相电压源型PWM整流器交流侧稳态矢量关系

具体地，网侧电压v_A、交流侧基波电压$v_{f,A}$、基波电流$i_{f,A}$表达式为

$$\begin{cases}v_A=V_{PHp}\sin\omega t\\ v_{f,A}=V_{fp}\sin(\omega t-\theta)\\ i_{f,A}=I_{fp}\sin(\omega t+\varphi)\end{cases}\tag{5.1}$$

式中，V_{PHp}、V_{fp}、I_{fp}分别为电网电压幅值、交流侧基波电压幅值，交流侧基波电流幅值。

电压矢量$\boldsymbol{V}_{f,A}$在αβ轴上投影为

$$\begin{cases}v_\alpha=V_{fp}\cos\theta=V_{PHp}+(\omega L_f\sin\varphi-R_{in}\cos\varphi)I_{fp}\\ v_\beta=V_{fp}\sin\theta=(\omega L_f\cos\varphi-R_{in}\sin\varphi)I_{fp}\end{cases}\tag{5.2}$$

当交流侧参数（R_{in}、L_f、V_{PHp}）确定时，根据所要求的网侧电流峰值I_{fp}及相角φ，计算出交流侧基波电压矢量$\boldsymbol{V}_{f,A}$的α、β分量v_α、v_β，从而获得间接电流控制算法，最终通过PWM控制，实现网侧电流间接控制。

图5.3为变流器PWM控制波形，其中v_{cr}、$v_{f,mA}$分别表示三角载波和A相调制波。PWM脉冲表示变流器A相交流侧相对直流电压中点的相电压PWM脉冲波形，其幅值为$\pm0.5V_o$（V_o可看作v_o的平均值）。当PWM开关频率足够高时，可忽略变流器交流侧PWM谐波电压，而变流器交流侧电压的基波分量就是间接电流控制方法的直接控制量。

A相PWM波形对应的正弦波调制信号为

$$v_{f,mA}=V_{PHp}\sin(\omega t-\theta)\tag{5.3}$$

则与A相交流侧对应的基波电压表达式为

$$v_{f,A}=\frac{V_{PHp}}{2V_{fp}}v_o\sin(\omega t-\theta)\tag{5.4}$$

此A相调制波时域表达式为

$$v_{f,mA}=\frac{2V_{fp}}{v_o}v_{f,A}\tag{5.5}$$

同理得到B、C相调制波表达式$v_{f,mB}$和$v_{f,mC}$。

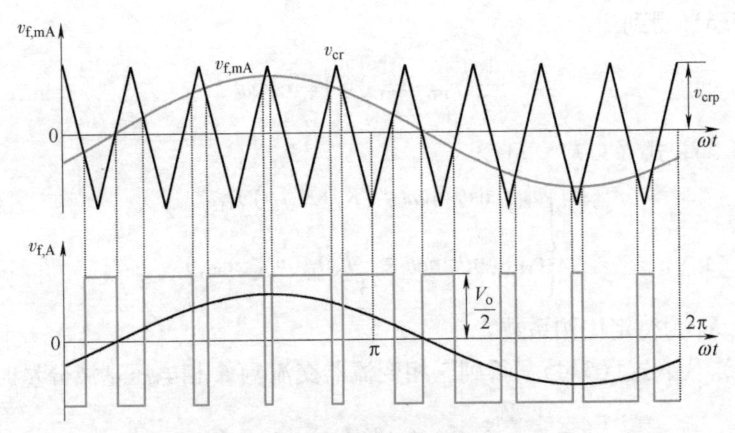

图 5.3　三相电压源型 PWM 控制波形

2. 控制系统构成

可以看出，要实现间接电流控制，关键在于由变流器 A 相电流矢量指令 $\boldsymbol{I}_{f,Aref}$（$I_{fp,ref}$、φ_{ref}）通过控制运算，获取三相 PWM 的调制信号 $v_{f,mA}$、$v_{f,mB}$、$v_{f,mC}$。图 5.4 为三相 VSC 网侧变流器间接电流控制系统结构。

图 5.4 中，直流电压调节器采用 PI 调节器，其调节器输出作为网侧电流幅值参考 $I_{fp,ref}$；考虑到图 5.2 中矢量 $\boldsymbol{I}_{f,A}$ 与 $\boldsymbol{V}_A$ 的关系，由同步环节设定所需的电流相角参考 φ_{ref}，将幅值参考和相角参考合成可得交流电流矢量参考 $\boldsymbol{I}_{f,Aref}$。三相同步变压器二次侧检出信号为

$$\begin{cases} v_{ATr} = V_{Trp}\sin\omega t \\ v_{BTr} = V_{Trp}\sin\left(\omega t - \dfrac{2\pi}{3}\right) \\ v_{CTr} = V_{Trp}\sin\left(\omega t + \dfrac{2\pi}{3}\right) \end{cases} \tag{5.6}$$

式中，V_{Trp} 为同步变压器二次侧检出的信号幅值。

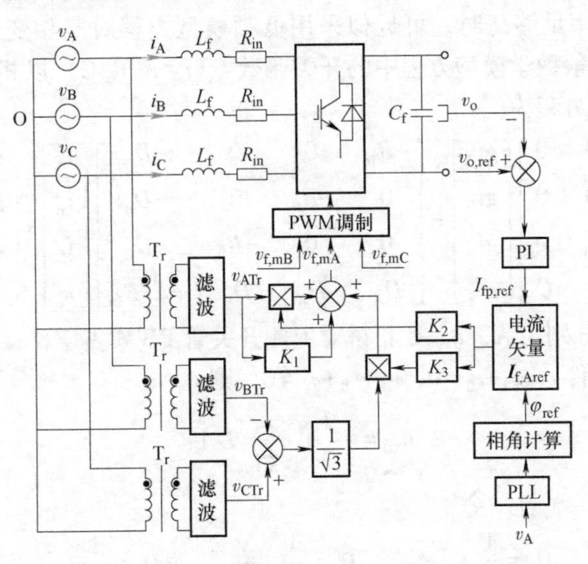

图 5.4　三相 VSC 网侧变流器间接电流控制系统结构

根据式（5.6）得到

$$\frac{1}{\sqrt{3}}(v_{\mathrm{CTr}}-v_{\mathrm{BTr}})=V_{\mathrm{Trp}}\cos\omega t \tag{5.7}$$

比较式（5.3）~式（5.7），可令

$$\begin{cases}v_{\mathrm{PHp}}\cos\theta\sin\omega t=(K_1+K_2I_{\mathrm{fp}})v_{\mathrm{ATr}}\\ v_{\mathrm{PHp}}\sin\theta\sin\omega t=\dfrac{1}{\sqrt{3}}K_3I_{\mathrm{fp}}(v_{\mathrm{CTr}}-v_{\mathrm{BTr}})\end{cases} \tag{5.8}$$

式中，K_1、K_2、K_3 为待定比例系数。

将式（5.8）代入式（5.4），得到三相变流器交流侧 A 相电压基波分量时域表达式为

$$v_{\mathrm{f,A}}=\frac{1}{2}\frac{V_{\mathrm{Trp}}}{V_{\mathrm{fp}}}v_{\mathrm{o}}[(K_1+K_2I_{\mathrm{fp}}\sin\omega t-K_3I_{\mathrm{fp}}\cos\omega t] \tag{5.9}$$

比较式（5.9）和式（5.1），得到待定比例系数 K_1、K_2、K_3 分别为

$$\begin{cases}K_1=\dfrac{2V_{\mathrm{fp}}V_{\mathrm{PHp}}}{V_{\mathrm{Trp}}v_{\mathrm{o}}}\\ K_2=\dfrac{2V_{\mathrm{fp}}(\omega L_{\mathrm{f}}\sin\varphi-R_{\mathrm{in}}\cos\varphi)}{V_{\mathrm{Trp}}v_{\mathrm{o}}}\\ K_3=\dfrac{2V_{\mathrm{fp}}(\omega L_{\mathrm{f}}\cos\varphi+R_{\mathrm{in}}\sin\varphi)}{V_{\mathrm{Trp}}v_{\mathrm{o}}}\end{cases} \tag{5.10}$$

比例系数 K_1、K_2、K_3 即为实现三相变流器间接电流控制时的相关控制参数，它们均与输出直流电压 v_{o} 有关。为避免 v_{o} 的波动对 K_1、K_2、K_3 有影响，需控制三角载波峰值 V_{crp} 跟随 v_{o} 变化，令它们的比值为常数即可。

当然，在实际的三相变流器控制系统中，要求实现单位功率因数正弦波控制，则令式（5.10）中 $\sin\varphi=1$ 或 $\cos\varphi=0$ 简化控制算法即可。

3. 三相变流器网侧电流谐波分析

当 PWM 开关频率足够高时，可近似采用低频模型方程对三相变流器控制性能进行分析。将三相变流器一般数学模型方程中的开关函数 $S_i(i=\mathrm{A、B、C})$ 以相应的 PWM 占空比 D_i 取代，得到低频模型方程为

$$\begin{bmatrix}L_{\mathrm{f}}&0&0&0\\0&L_{\mathrm{f}}&0&0\\0&0&L_{\mathrm{f}}&0\\0&0&0&C_{\mathrm{f}}\end{bmatrix}\begin{bmatrix}gi_{\mathrm{A}}\\gi_{\mathrm{B}}\\gi_{\mathrm{C}}\\gv_{\mathrm{o}}\end{bmatrix}=\begin{bmatrix}-R_{\mathrm{in}}&0&0&-D_{\mathrm{A}}\\0&-R_{\mathrm{in}}&0&-D_{\mathrm{B}}\\0&0&-R_{\mathrm{in}}&-D_{\mathrm{C}}\\D_{\mathrm{A}}&D_{\mathrm{B}}&D_{\mathrm{C}}&-1/R_{\mathrm{in}}\end{bmatrix}\begin{bmatrix}i_{\mathrm{A}}\\i_{\mathrm{B}}\\i_{\mathrm{C}}\\v_{\mathrm{o}}\end{bmatrix}+\begin{bmatrix}v_{\mathrm{A}}\\v_{\mathrm{B}}\\v_{\mathrm{C}}\\0\end{bmatrix}-\begin{bmatrix}1\\1\\1\\0\end{bmatrix}v_{\mathrm{NO}} \tag{5.11}$$

式中，D_{A}、D_{B}、D_{C} 分别为 A、B、C 相桥臂上侧开关管 PWM 占空比；g 为微分因子。

考虑三相平衡条件 $i_{\mathrm{A}}+i_{\mathrm{B}}+i_{\mathrm{C}}=0$、$v_{\mathrm{A}}+v_{\mathrm{B}}+v_{\mathrm{C}}=0$，则

$$v_{\mathrm{NO}}=-\frac{1}{3}\Big(\sum_{i=\mathrm{A,B,C}}D_i\Big)v_{\mathrm{o}} \tag{5.12}$$

对于三相变流器 PWM 控制，令

$$D_{\mathrm{A}}=\frac{1}{2}+\frac{x}{2},\qquad D_{\mathrm{B}}=\frac{1}{2}+\frac{y}{2},\qquad D_{\mathrm{C}}=\frac{1}{2}+\frac{z}{2} \tag{5.13}$$

x、y、z 表示 D_A、D_B。D_C 的可控变量，且满足

$$|x|<1,\quad |y|<1,\quad |z|<1,\quad x+y+z=0 \tag{5.14}$$

将式（5.13）、式（5.14）代入式（5.11）得

$$g\begin{bmatrix} i_A \\ i_B \\ i_C \\ v_o \end{bmatrix}=\begin{bmatrix} -R_{in}/L_f & 0 & 0 & -x/2L_f \\ 0 & -R_{in}/L_f & 0 & -y/2L_f \\ 0 & 0 & -R_{in}/L_f & -z/2L_f \\ D_A/C_f & D_B/C_f & D_C/C_f & -1/R_{in}C_f \end{bmatrix}\begin{bmatrix} i_A \\ i_B \\ i_C \\ v_o \end{bmatrix}+\begin{bmatrix} v_A/L_f \\ v_B/L_f \\ v_C/L_f \\ 0 \end{bmatrix} \tag{5.15}$$

分析三相变流器间接电流控制时，网侧谐波电流、直流侧电压必须考虑三相变流器PWM的开关频率分量。由于三相对称性，以A相为例进行分析。为获得三相VSR PWM的高频特性，将开关函数 S_A 取代PWM占空比 D_A，并由式（5.15）第一行求解得

$$L\frac{\mathrm{d}i_A}{\mathrm{d}t}=-R_{in}i_A+\left(\frac{1}{2}-S_A\right)v_o+v_A \tag{5.16}$$

采用傅里叶分析，开关函数由低频分量和高频分量组成，即

$$S_A=D_A+\sum_{n=1}^{\infty}\frac{1}{n\pi}\sqrt{[1-2\cos(2n\pi D_A)]}\sin\left[2\pi f_Q nt+\arctan\frac{\sin(2n\pi D_A)}{1-\cos(2n\pi D_A)}\right] \tag{5.17}$$

式中，f_Q 为PWM开关频率。

将式（5.17）代入式（5.16），并忽略三相变流器网侧等效电阻 R_{in}，取网侧A相电流 i_A 高频分量为

$$i_{Ah}\approx\sum_{n=1}^{\infty}\frac{v_o}{2n^2\pi^2L_f f_Q}\sqrt{[1-2\cos(2n\pi D_A)]}\cos\left[2\pi f_Q nt+\arctan\frac{\sin(2n\pi D_A)}{1-\cos(2n\pi D_A)}\right] \tag{5.18}$$

因此，间接电流控制时，三相变流器网侧高频电流分量谐波幅值与直流电压 v_o 成正比，与开关频率 f_Q、网侧电感 L_f 和谐波次数二次方 n^2 成反比。适当增大网侧电感 L_f 以及提高开关频率均有利于抑制三相变流器网侧电流谐波。

4. 三相变流器直流侧电压谐波分析

由于PWM开关谐波分量的存在，其三相变流器直流电压也含有谐波电压成分。同电流谐波分析类似，将开关函数 S_i 取代低频模型方程式（5.11）最后一行中的PWM占空比 D_i，得

$$C_f\frac{\mathrm{d}v_o}{\mathrm{d}t}=S_Ai_A+S_Bi_B+S_Ci_C-\frac{v_o}{R_{in}} \tag{5.19}$$

将 v_o 分解成直流平均分量和谐波分量即

$$v_o=\overline{V}+\widetilde{V} \tag{5.20}$$

将式（5.20）代入式（5.19）并考虑式（5.17），计算求解得稳态时的三相变流器直流电压谐波为

$$\widetilde{V}\approx\sum_{j=1}^{3}\sum_{n=1}^{\infty}\frac{R_{in}I_p}{n\pi\sqrt{[1+(2\pi f_Q nR_{in}C_f)^2)]}}\cdot$$
$$\sqrt{\left\{1-(-1)^n2\cos\left[2n\pi\frac{v'_{Ap}}{v_o}\sin\left(\omega t-\varphi'-(j-1)\frac{2\pi}{3}\right)\right]\right\}}\cdot$$
$$\sin\left[\omega t-\varphi'-(j-1)\frac{2\pi}{3}\right]\sin\left[2\pi f_Q n+\arctan\frac{\sin(2n\pi D_A)}{1-\cos(2n\pi D_A)}\right] \tag{5.21}$$

式中

$$\begin{cases} V'_{\mathrm{PHp}} = \sqrt{(V_{\mathrm{PHp}} - \omega L_{\mathrm{f}} I_{\mathrm{fp}} \sin\varphi - R_{\mathrm{in}} I_{\mathrm{fp}} \cos\varphi)^2 + (R_{\mathrm{in}} I_{\mathrm{fp}} \sin\varphi - \omega L_{\mathrm{f}} I_{\mathrm{fp}} \cos\varphi)^2} \\ \varphi' = \arctan \dfrac{R_{\mathrm{in}} I_{\mathrm{fp}} \sin\varphi - \omega L_{\mathrm{f}} I_{\mathrm{fp}} \cos\varphi}{V_{\mathrm{PHp}} - \omega L_{\mathrm{f}} I_{\mathrm{fp}} \sin\varphi - R_{\mathrm{in}} I_{\mathrm{fp}} \cos\varphi} \end{cases} \tag{5.22}$$

5.1.2.2 直接电流控制

直接电流控制是以工频电网电压矢量作为参考，所以称其为基于电压定向的矢量控制（Voltage Oriented Control，VOC）。区别于单电压环的间接电流控制，直接电流控制具有电流内环，可以通过 PWM 直接控制交流侧电流的幅值和相位跟随给定。

图 5.5 为基于电网电压矢量定向的变流器电压电流矢量图，dq 坐标系以电网电压矢量 $\boldsymbol{V}_{\mathrm{A}}$（以 A 相为例）同步旋转，且在旋转过程中有功分量 d 轴与电网电压矢量 $\boldsymbol{V}_{\mathrm{A}}$ 重合，则称 dq 坐标系为基于电网电压矢量定向的同步旋转坐标系。

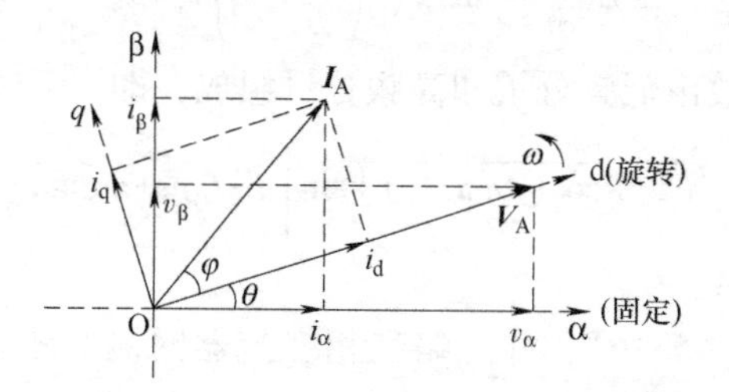

图 5.5　基于电网电压矢量定向的变流器电压电流矢量图

根据瞬时功率理论，系统的瞬时有功功率 P、无功功率 Q 分别为

$$\begin{cases} P = \dfrac{3}{2}(v_{\mathrm{d}} i_{\mathrm{d}} + v_{\mathrm{q}} i_{\mathrm{q}}) \\ Q = \dfrac{3}{2}(v_{\mathrm{d}} i_{\mathrm{q}} - v_{\mathrm{q}} i_{\mathrm{p}}) \end{cases} \tag{5.23}$$

根据电压定向控制策略原理，有 $v_{\mathrm{d}} = |\boldsymbol{V}_{\mathrm{A}}|$，$v_{\mathrm{q}} = 0$，可将式（5.23）简化为

$$\begin{cases} P = \dfrac{3}{2} v_{\mathrm{d}} i_{\mathrm{d}} \\ Q = \dfrac{3}{2} v_{\mathrm{d}} i_{\mathrm{q}} \end{cases} \tag{5.24}$$

显然，通过控制 i_{d} 与 i_{q} 就可以实现对交流侧有功功率与无功功率的控制。当 $i_{\mathrm{q,ref}} = 0$ 时，功率因数为 1，获得单位功率时最大有功功率输入。

图 5.6 为基于电压定向的网侧变流器控制框图。信号检测模块检测交流电压、交流电流、直流母线电压，其中交流电压信号主要用于建立与工频电网电压矢量同步旋转的同步旋转（dq）坐标系；交流电流信号主要作为电流内环反馈量，以实现电流的直接控制；直流电压信号作为控制系统外环反馈量，以实现整流侧直流母线电压可控。

abc-dq 坐标变换模块用于将自然坐标系下的三相交流信号转换到两相同步旋转坐标系下，外环 PI 调节器与内环 PI 调节器组成变流器整流侧的双闭环控制系统。由于直流侧电压可通过调节 i_{d} 进行控制，因此控制系统外环为直流电压环，内环为 i_{d}、i_{q} 两路电流环。电压外环中，直流电压反馈信号 v_{o} 与直流电压给定值 $v_{\mathrm{o,ref}}$ 做差，差值在外环 PI 调节器作用后，

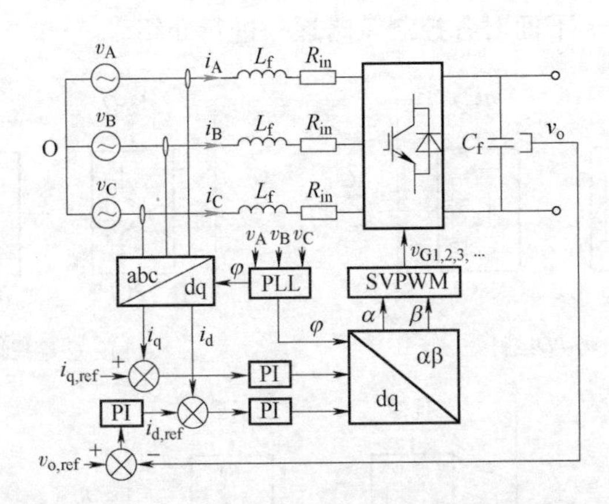

图 5.6　基于电压定向的直接电流控制系统结构

输出作为内环给定 $i_{d,ref}$，再根据无功需求设置 q 轴电流给定值 $i_{q,ref}$，继而达到控制功率因数的目的。交流电流检测信号经过坐标变换模块，得到 dq 坐标系下的电流反馈量 i_d、i_q，分别与内环给定 $i_{d,ref}$、$i_{q,ref}$做差，差值分别在内环 PI 调节器中运算，得到的输出量送至空间矢量脉宽调制模块，产生 PWM 信号，控制开关管动作，实现系统闭环控制。

5.1.3　总体控制策略

BTB VSC 变流器控制原理分析前做以下假设：

1）三相平衡电网电压为正弦波。

2）电网侧电感 L_f 为线性电感，且磁通不饱和，忽略电感串联等效电阻。

3）功率开关管为理想器件，不计死区，忽略功率管串联等效电阻。

4）功率开关管的开关频率远大于电网工频频率 50Hz。

设 BTB VSC 直流侧电容电压为 v_o，网侧变流器和负载侧变流器直流侧电流分别为 i_{in}、i_o，得到变流器输出（入）的有功功率为

$$\begin{cases} P_{VSC1}=v_o i_{in} \\ P_{VSC2}=v_o i_o \end{cases} \tag{5.25}$$

对于直流侧电容，满足

$$C_f\frac{dv_o}{dt}=i_{in}-i_o \tag{5.26}$$

为维持 BTB VSC 稳定运行，必须保证两侧变流器有功功率的平衡。基于式（5.25）和式（5.26），在稳态情况下，直流侧电容电压保持恒定时，$i_{in}=i_o$，则有 $P_{VSC1}=P_{VSC2}$。因此，控制直流侧电容电压的恒定可以实现 BTB VSC 两侧有功功率的平衡传输，通常有一侧变流器会采用 V_o-Q 控制策略。

图 5.7 为不同应用场景下，BTB VSC 整体控制策略。在正常运行模式下，BTB VSC 可以用于交流系统的异步互联，此时采用 V_oQ-PQ 控制策略实现有功、无功的独立调节，灵活地控制馈线两侧的潮流，如图 5.7a 所示；BTB VSC 同时可以用于交流系统与独立负荷之间的连接，此时采用 V_oQ-Vf 控制策略支撑负荷电压，对负荷进行供电，如图 5.7b 所示；当供电不能满足大功率负荷的需求时，通常需要对 VSC 采用下垂控制，实现 VSC 并联协同对负

荷供电，如图 5.7c 所示。下面对各控制策略逐一进行介绍。

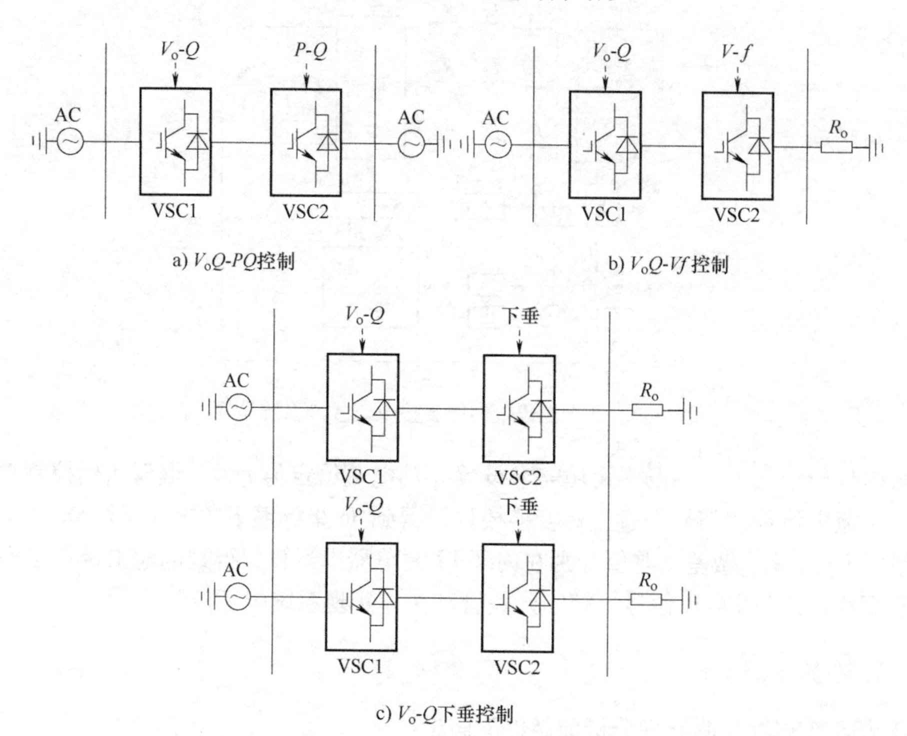

图 5.7 BTB VSC 的整体控制策略

1. V_o-Q 控制策略

V_o-Q 控制需要采集电网电压以及并网电流作为反馈量，控制策略在同步旋转坐标系下完成，经过 Park 变换后，d 轴分量与 q 轴分量存在耦合，在控制回路可加入前馈实现解耦，控制框图如图 5.8 所示，其中 $v_i(i=\mathrm{A,B,C})$ 代表各相电网电压，i_i 代表各相电网电流，将无功的控制转化为对 q 轴电流的控制。

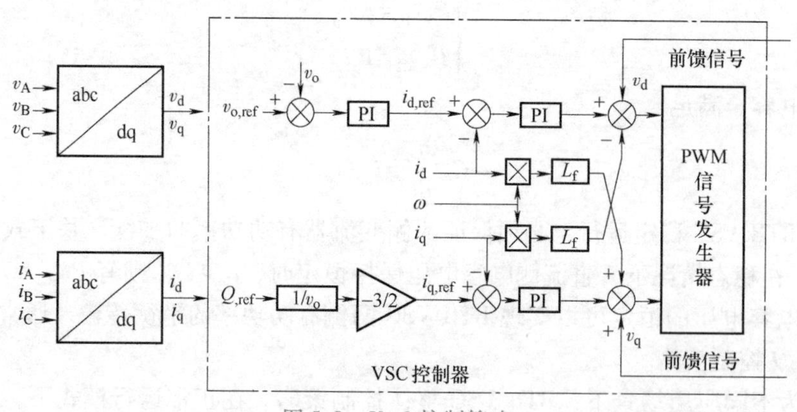

图 5.8 V_o-Q 控制策略

2. V-f 控制策略

图 5.7b 中，当利用 BTB VSC 将微网（即分布式电源 DG 与负荷 R_o 接入图中 VSC2 侧微网母线）柔性接入配网时，BTB 的配网侧 VSC1 可以采用定直流电压 V_o 控制，以保证直流

侧电压稳定。除 V_o-Q 控制策略外，考虑到微网内部容易出现随机性扰动的问题，微网侧 VSC2 除了要保证功率传输稳定外，还应起到稳定微网母线电压和频率的作用，因此微网侧 VSC2 可以采用 V-f 控制策略，保证微网母线的电压和频率稳定。传统 V-f 控制原理框图如图 5.9 所示。

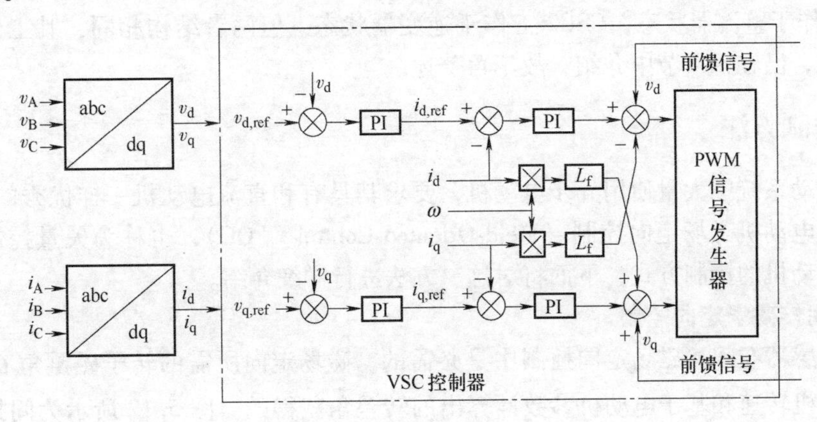

图 5.9　V-f 控制原理框图

3. P-Q 控制策略

在正常运行的情况下，可以对变流器采用 P-Q 控制策略来灵活地控制两侧变流器之间的能量流动，使得整个 BTB VSC 按照已经设定好的有功出力及无功出力参考值输出运行并向负荷供电，其功率外环的控制框图如图 5.10 所示。

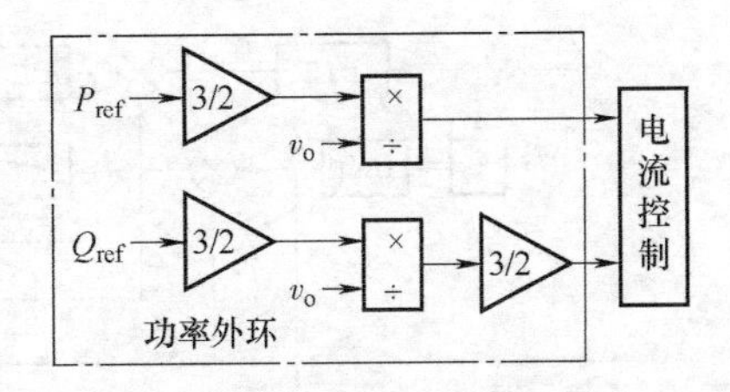

图 5.10　功率外环控制框图

5.2　电流源型背靠背变流器

5.2.1　电路结构

图 5.11 为三相电流源型背靠背变流器（BTB Current Source Converter，BTB CSC）电路结构图，由两个对称的三相电流源型变流器（CSC1、CSC2）通过中间直流储能电感 L_f 连接起来。CSC 采用 4.4.1 节中的 PWM-CSI 分别作为 CSC1 和 CSC2，直流电感 L_f 一般取值较大，因此直流侧可看成电流源。

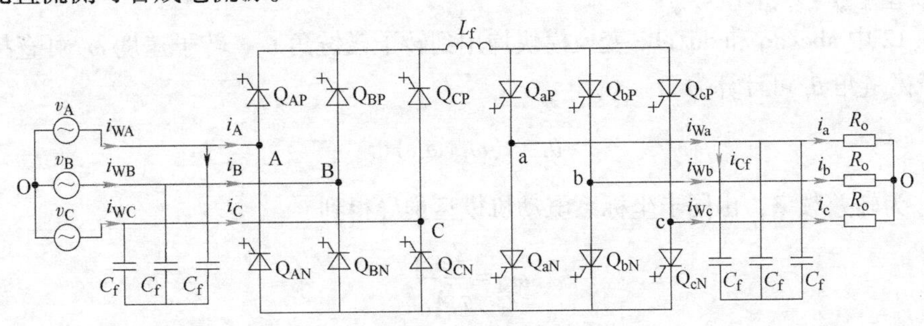

图 5.11　三相电流源型背靠背变流器

5.2.2 控制原理

BTB CSC 的控制原理是通过开关器件动作，实现网侧变流器电流的正弦化和功率因数控制，以及负载侧变流器输出交流电压的幅值与相位控制，并对三相负载供电。BTB CSC 中的 CSC1 工作于整流器状态，CSC2 工作于逆变器状态，但两者结构相同，其工作原理和调制方法类似，已在 4.4 节中介绍，故不再赘述。

5.2.3 控制方法

交流传动系统中大量使用异步电动机，要求其具有和直流电动机一样优秀的调速特性。其中，异步电动机磁场定向控制（Field-Oriented Control，FOC），也称为矢量控制，是一种模拟直流电动机的控制方式，下面将对这一方法进行详细介绍。

5.2.3.1 间接磁场定向控制

速度传感器在间接磁场定向控制中是必需的。磁场定向所需的转子磁链角 θ_r 是由测量得到的电动机转速和基于电动机参数计算出的转差角获得的。图 5.12 所示为间接磁场定向控制的典型控制框图。

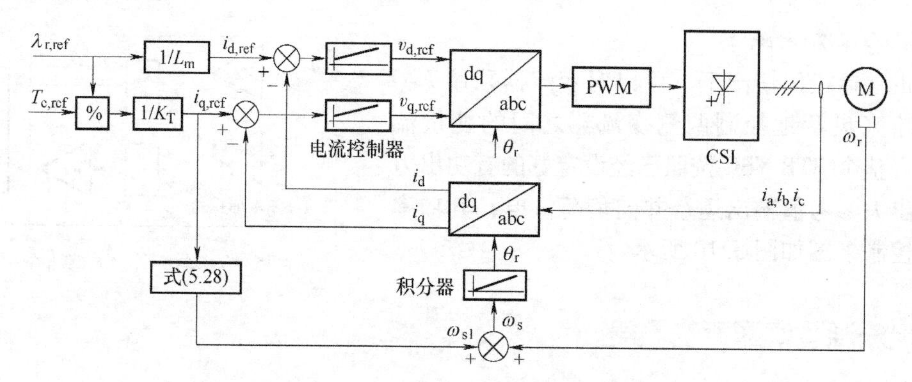

图 5.12 采用转子磁场定向的间接磁场定向控制

间接磁场定向控制是根据给定值 $\lambda_{r,ref}$ 计算得到 d 轴励磁电流给定值 $i_{d,ref}$ 来实现的。根据转矩给定值可以得到 q 轴转矩电流给定值 $i_{q,ref}$。将 dq 轴反馈电流 i_d 和 i_q 与它们的给定值进行比较，其误差值经过电流控制器的计算，最后得到定子电压给定值 $v_{d,ref}$ 和 $v_{q,ref}$。根据 PWM 控制的需要，可将同步旋转坐标系下的 dq 轴电压 $v_{d,ref}$ 和 $v_{q,ref}$ 变换为静止坐标系下的三相定子电压 $v_{a,ref}$、$v_{b,ref}$ 和 $v_{c,ref}$。

图 5.12 中 abc/dq 和 dq/abc 变换模块均用到转子磁链角 θ_r。转子速度 ω_r 可直接测量得到，转子磁链角 θ_r 可计算为

$$\theta_r=\int(\omega_r+\omega_{sl})\,dt \tag{5.27}$$

式中，ω_{sl} 为转差频率，由同步坐标系电动机模型推导得到

$$\omega_{sl}=\frac{L_m}{\tau_r\lambda_r}i_q \tag{5.28}$$

式中，L_m 为电动机励磁漏感；τ_r 为转子时间常数，定义为

$$\tau_r = L_r / R_r \tag{5.29}$$

式中，L_r，R_r 分别为电动机转子电感和电阻。

转子磁链和转矩分别由两个闭环控制。转子磁链给定值 $\lambda_{r,ref}$ 和 d 轴电流给定值 $i_{d,ref}$ 的关系满足

$$i_{d,ref} = \frac{1}{L_m}\lambda_{r,ref} \tag{5.30}$$

根据磁场定向原理，得到 q 轴电流给定值 $i_{q,ref}$ 为

$$i_{q,ref} = \frac{2T_{e,ref}L_r}{3p_p L_m \lambda_{r,ref}} \tag{5.31}$$

式中，$T_{e,ref}$ 为电磁转矩；p_p 为极对数。

可见，对于给定的 $\lambda_{r,ref}$，转矩电流 $i_{q,ref}$ 和 $T_{e,ref}$ 成正比。

5.2.3.2 直接磁场定向控制

图 5.13 所示为异步电动机直接磁场定向控制框图，为简化起见，图中没有给出转速控制器。图 5.13 中有三个闭环控制：一个是转子磁链 λ_r 闭环控制；另外两个分别是 d 轴励磁电流 i_d 和 q 轴转矩电流 i_q 的闭环控制。

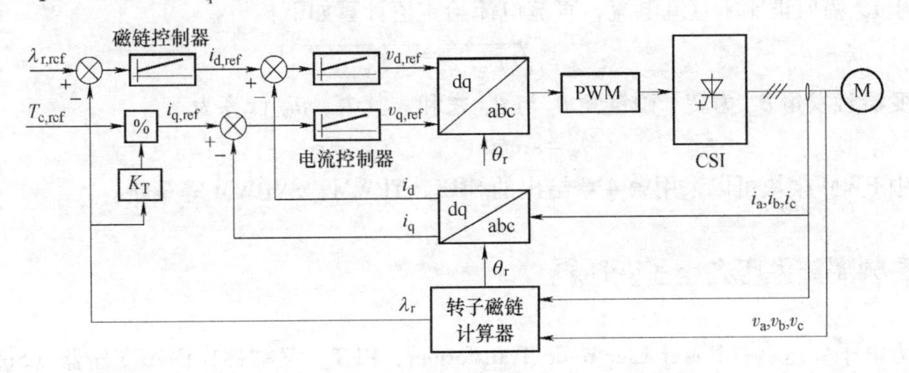

图 5.13 采用转子磁场定向的直接磁场定向控制

与间接磁场定向控制不同的是，直接磁场定向控制通过磁链控制器将计算得到的 λ_r 与给定值 $\lambda_{r,ref}$ 比较，得到 d 轴励磁电流给定值 $i_{d,ref}$ 来实现的。此外，直接磁场定向控制不需要对电机转子速度 ω_r 实时测量，直接采样电压通过转子磁链计算器计算即可获取转子磁链角 θ_r 信息。

图 5.14 为采用直接磁场定向控制方法的 BTB VSC 变流传动系统控制框图。磁场定向控制通过三个反馈控制环实现，即转速 ω_r 环、转子磁链 λ_r 环和直流电流 i_o 环。转子速度 ω_r 通过 $\omega_r = \omega_e - \omega_{s1}$ 得到，$\omega_e = d\theta_r/dt$，而 ω_{s1} 可以由式（5.28）计算得到。

q 轴转矩电流给定值 $i_{q,ref}$ 和 d 轴励磁电流给定值 $i_{d,ref}$ 的计算方式分别在式（5.30）和式（5.31）已给出。逆变器 PWM 电流的 dq 轴给定值表示为

$$\begin{cases} i_{dW,ref} = i_{Cd} + i_{d,ref} \\ i_{qW,ref} = i_{Cq} + i_{q,ref} \end{cases} \tag{5.32}$$

式中，i_{Cd}、i_{Cq} 是 dq 轴上的电容电流，且满足

$$\begin{cases} i_{Cd} = -\omega_e v_q C_f \\ i_{Cq} = \omega_e v_d C_f \end{cases} \tag{5.33}$$

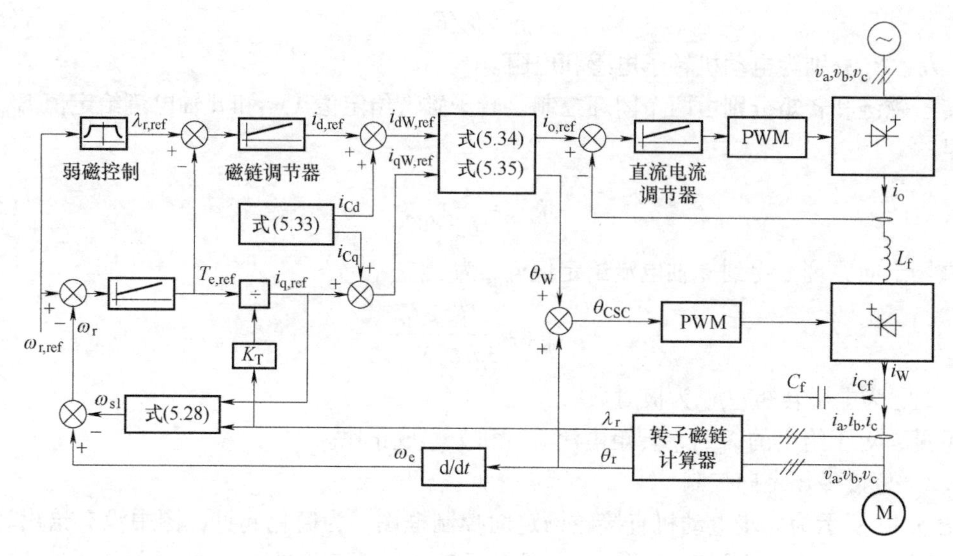

图 5.14　采用直接磁场定向控制的背靠背电流源变流器传动系统框图

由于 i_W 幅值正比于直流电流，直流电流给定值计算如下：

$$i_{o,ref}=\sqrt{(i_{dW,ref})^2+(i_{qW,ref})^2} \tag{5.34}$$

逆变器触发角 θ_{csc} 为转子磁链角 θ_r 与 θ_W 之和，其中，θ_W 计算为

$$\theta_W=\arctan(i_{qW,ref}/i_{dW,ref}) \tag{5.35}$$

图中 PWM 模块可以采用第 4 章给出的 SHE、TPWM、SVPWM 等策略。

5.3　高频隔离型电力电子变压器

电力电子变压器（Power Electronic Transformer，PET）又被称作固态变压器（Solid State Transformer，SST）。电力电子变压器可以实现电压变换、电气隔离和电能传输，并能对输入级电流波形和相位进行灵活而有效的控制，使输入级保持单位功率因数运行，提高运行效率减小无功损耗，同时可以在输入级非正常时，保持三相输出电压的高质量运行。

5.3.1　电路结构及工作原理

5.3.1.1　单模块三级式 PET 单元

电力电子变压器经历了高频化、数字化、智能化、模块化等多个阶段的发展，形成了包括单级式、两级式、三级式等电路结构，它们的典型电路拓扑如图 5.15a、b 和 c 所示。

图 5.15a 中的单级式电力电子变压器的工作原理为输入工频交流电压在一次侧调制为高频交流电压，经高频变压器传递到二次侧，再解调还原为工频交流电压。在控制中，Q_1、Q_4 同时导通和关断，Q_2、Q_3 同时导通和关断，两组信号是占空比为 50%、互补导通的高频信号，二次侧变换器中开关管 Q_5、Q_6、Q_7、Q_8 的控制信号与一次侧对应相同，但存在一定的滞后时间，通过调整该滞后时间可有限度地调节输出电压。这类变换器的普遍优点在于结构简单、成本低，但其输入功率因数可控性较差。

图 5.15b 中的两级式电力电子变压器由 DC-AC 变换器和隔离的 AC-DC 变换器构成。该

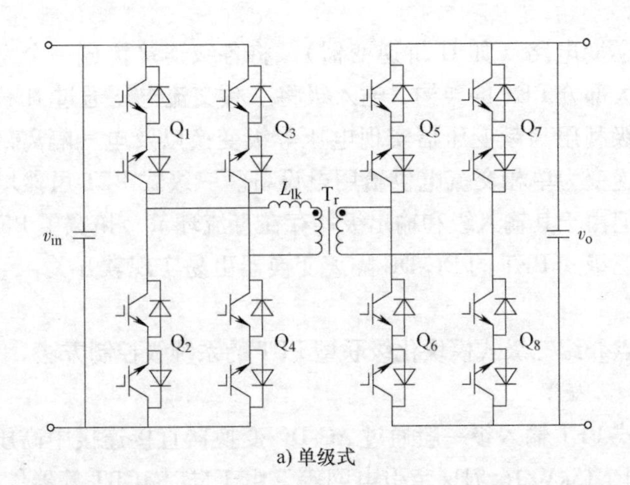

a) 单级式

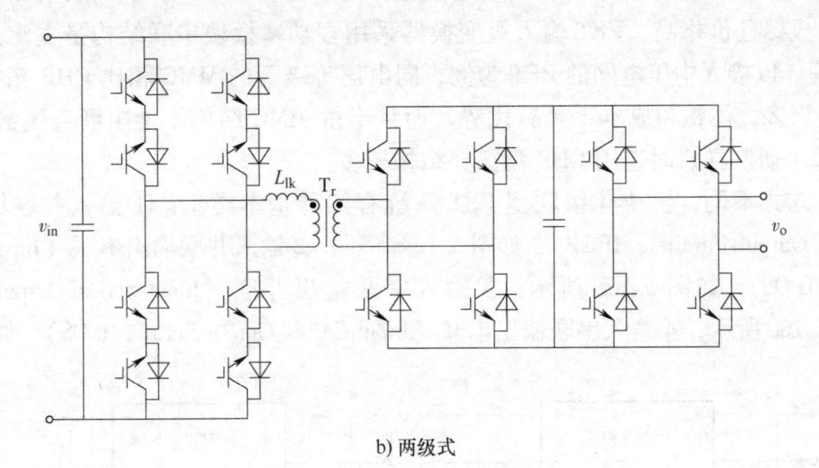

b) 两级式

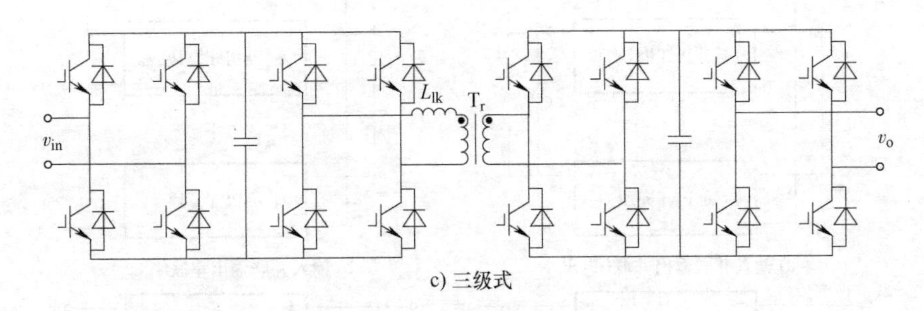

c) 三级式

图 5.15　电力电子变压器典型拓扑

拓扑结构中引入了一个直流侧，可以实现电源侧的功率因数调节，从而克服了单级式电力电子变压器的不足。当其一次侧作为电源输入端的情况下，二次侧可以提供直流输出，有利于结合分布式发电单元。但该结构输入串联应用于中高压系统时，存在难以实现零电压关断、效率不高等问题，且 AC-DC 变换器的效率和开关频率相互制约，不利于装置减小体积、减轻重量。而将二次侧当作电源输入时，一次侧的负载端将无法提供直流端输出，限制了其应用范围。

图 5.15c 中的三级式电力电子变压器在隔离的 DC-DC 变换器两侧均连接有 AC-DC 变换器。输入级采用单相整流电路（如 H 桥整流器），隔离级采用隔离 DC-DC 电路（如 DAB），

输出级采用单相全桥逆变电路（如 H 桥逆变器），将各级连接构成一个完整的单模块 PET 单元。该结构是目前大部分 PET 的架构，输入级将工频交流电压通过 H 桥变换器转换成指定的直流电压，中间级利用高频变压器实现电压等级变换以及电气隔离，输出级则通过 H 桥逆变器将直流电源逆变为单相交流电供给用电设备。三级式 PET 虽然增加了电能转换级数和开关器件数目，但由于其输入级和输出级均存在直流环节，拓宽了 PET 的应用灵活度。相比于前两种 PET，三级式 PET 的 DC-DC 隔离变换器更易实现软开关，可提高开关频率和降低装置的体积重量。

因此，下面将重点介绍三级式模块化级联型 PET 的系统级控制方法。

5.3.1.2 模块化级联型 PET

目前国内外三级式 PET 输入级一般通过 AC-DC 变换器直接连接中高压交流配电网，如 7.2kV 和 10kV 配电网、15kV/16.7Hz 牵引电网等。由于硅基 IGBT 等器件的耐压限制，SiC 器件技术尚未成熟且价格高，PET 输入级变换器采用多功率模块串联结构是主流选择，如 CHB、MMC 等。以接入中压电网的 PET 为例，同电压等级下的 MMC 相比 CHB 拓扑，子模块和电容数量更多，体积和成本不具有优势，而且半桥 MMC 结构不能阻断直流故障电流，因此国内外 PET 研制样机时选用 CHB 型拓扑结构较多。

根据联结方式不同，模块化级联型 PET 系统有四种基本类型：①输入并联输出并联（Input-Parallel Output-Parallel，IPOP），如图 5.16a 所示；②输入并联输出串联（Input-Parallel Output-Series，IPOS），如图 5.16b 所示；③输入串联输出并联（Input-Series Output-Parallel，ISOP），如图 5.16c 所示；④输入串联输出串联（Input-Series Output-Series，ISOS），如图 5.16d 所示。

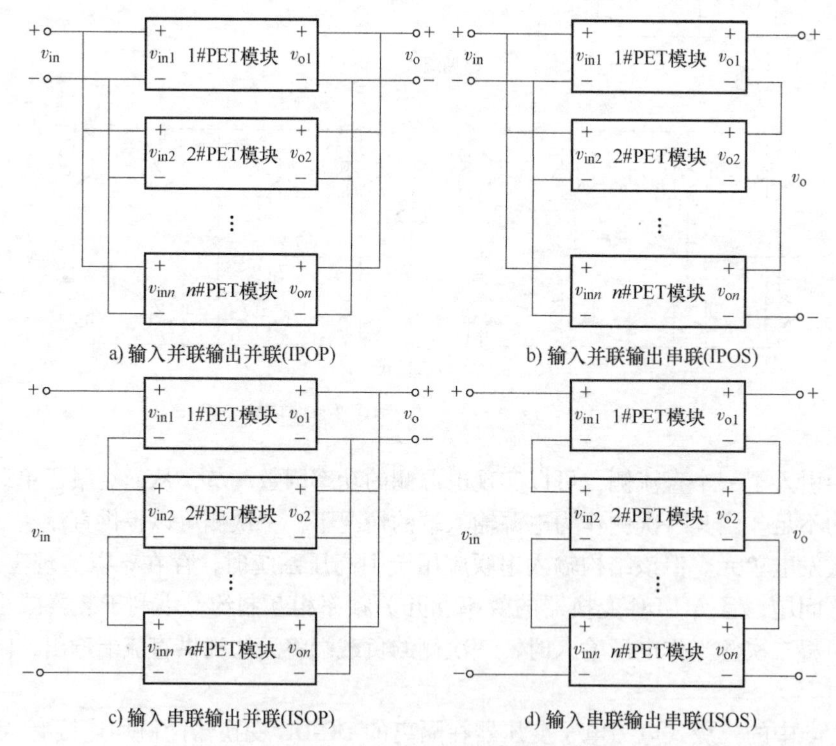

图 5.16 模块化级联型电力电子变压器系统四类基本类型

每类组合系统都有其特定的应用场合。IPOP系统适用于输出电流较大的场合，IPOS系统适用于输入电压较低而输出电压较高的场合，ISOP系统适用于输入电压较高而输出电流较大的场合，ISOS系统适用于输入电压和输出电压均较高的场合。

事实上，大多数情况下级联型PET系统需要实现高压输入、低压输出。因此在高压交流输入的应用场合，ISOP型组合系统具有较好的应用前景。

图5.17是一种典型的三相CHB型三级式PET主回路拓扑结构图。三个相同的单相子单元组合成三相系统，高压侧通过不接地中性点N构成Y联结方式，低压侧采用Y0联结方式。每个单相子单元通过级联H桥整流器（高压侧）、隔离级DAB变换器和输出级并联H桥逆变器（低压侧）构成三级式结构；同时，高低压侧均采用分立直流母线结构，实现AC-DC-DC-AC电能变换。

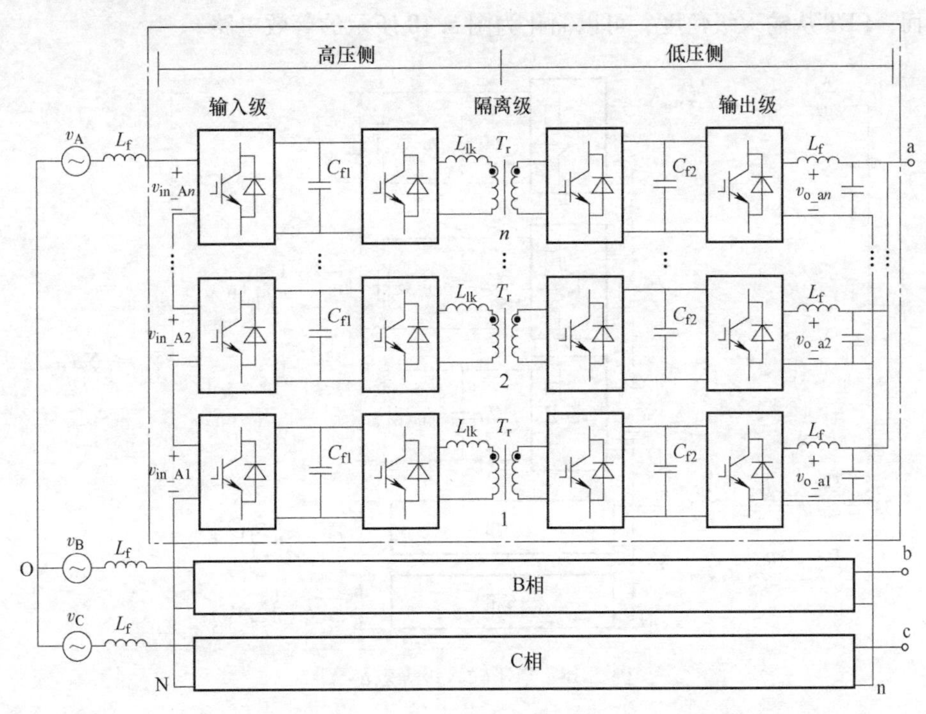

图5.17 三相CHB型三级式电子电力变压器拓扑结构

每相子单元由多个集成功率模块通过在高压侧级联、低压侧并联方式复合而成。考虑到中压配电网大多采用中性点不接地的运行方式，当高压侧也采用中性点不接地联结方式时，即使电网侧发生单相接地故障，由于输入线电压仍保持对称，电子电力变压器在此故障下仍可以继续运行。

为使分析具有通用性，这里设定输入级每相使用n路H桥级联以承受高电压，输出级使用n路H桥并联以提供大电流并提高抗负载冲击能力。当高压侧接入不同电压等级的电网，只需要更改级联H桥路数n即可适配相应电压等级。

5.3.2 控制策略

图5.17中模块化级联型PET包括高压输入级、中间隔离级以及低压输出级，每一级的

控制目标各不相同，下面将分别阐述多功能型 PET 的输入级、隔离级和输出级对应模型结构及其系统级控制策略。

5.3.2.1 输入级多功能控制策略

图 5.17 所示的 CHB 型 PET，由于其高低压侧均为分立式直流母线结构，因此可以将后级 DC-DC 和 DC-AC 变换环节等效为高压侧级联桥整流器的阻性负载，等效电阻 R_{H_ij} 表示为

$$R_{H\_ij}=\frac{V_{H\_ij}^2}{P_{ij}}=N^2\frac{V_{L\_ij}^2}{P_{ij}} \tag{5.36}$$

式中，V_{H_ij}、V_{L_ij} 分别为高低压侧直流电压（$i=A,B,C;j=1,2,\cdots,n$）；N 为 DC-DC 直流电压变比；P_{ij} 为输出侧单个逆变器有功功率。

因而，PET 从输入级角度，可以简化为图 5.18 所示的等效电路。

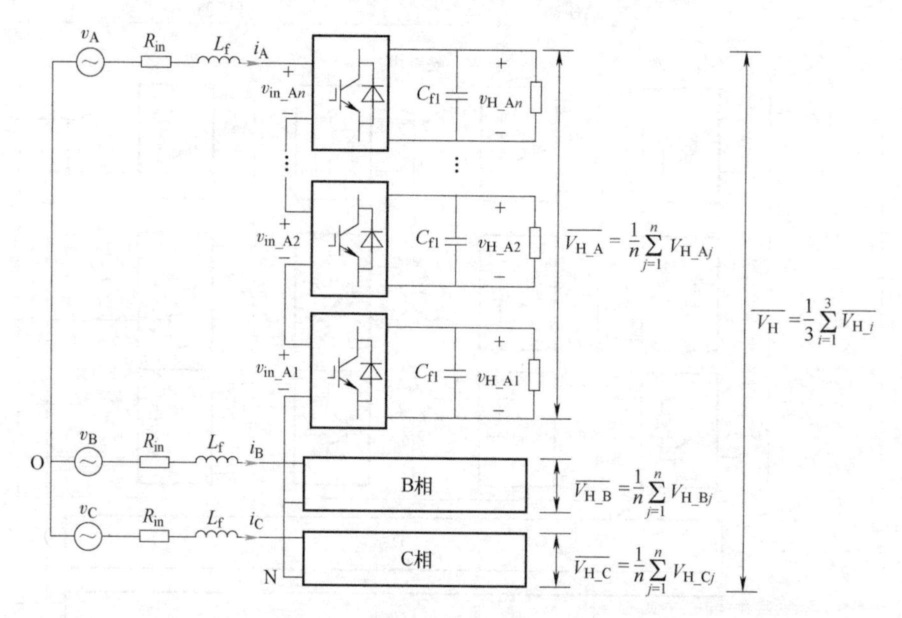

图 5.18 PET 输入级等效示意图

对于 PET 输入级整流器，传统控制目标是稳定直流电压、实现交流侧基频输入电流的正弦化。对于多功能 PET，其输入级通常还需要完成对并网点的无功补偿及谐波抑制目标。因此输入级控制仍基于电网电压定向的矢量控制策略，通过电压外环完成图 5.18 中三相直流平均电压 V_H 的控制，保证有功功率传输功能需求；通过在内环输入整定值附加补偿电流指令，以实现对交流侧实时电能质量控制。完整的输入级功能控制策略如图 5.19 所示。

由式（5.36）可知，高压侧相内直流电压可以通过实时调节等效负载的大小完成均压，因此相内均压由后级 DC-DC 进行实时功率调整以实现，从而降低高压侧控制算法复杂度、减轻控制器运算压力，而相间均压需 3 个 PI 控制器来保证三相平均电压（$\overline{V_{H\_A}}$、$\overline{V_{H\_B}}$，$\overline{V_{H\_C}}$）的平衡。

实现对 PET 输入级的多功能控制，除了上述通过直流电压外环得到有功功率电流指令

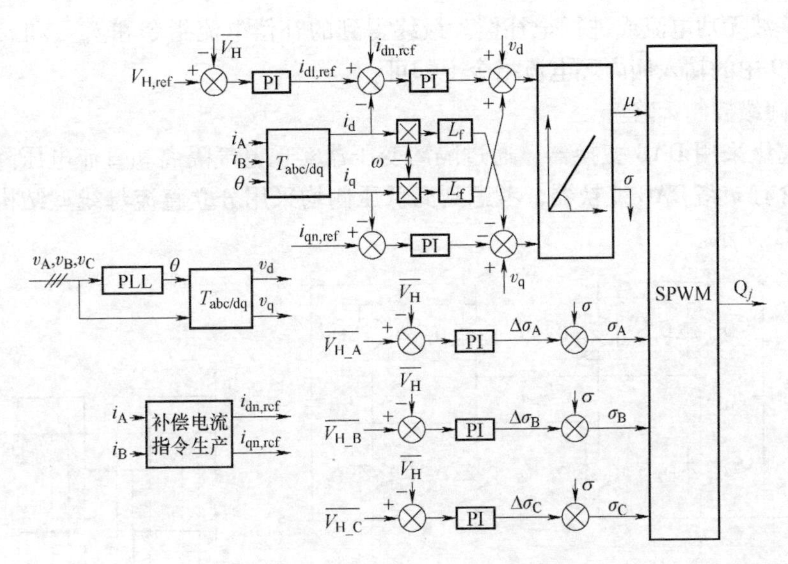

图 5.19 PET 输入级多目标控制策略

外，还需要检测 PCC 点的负载支路电流、生成附加的谐波及无功补偿电流指令。谐波及无功补偿电流检测采用基于瞬时无功功率理论的 i_p-i_q 法，i_p-i_q 法在电网电压发生畸变时仍能准确地检测谐波和无功电流，是谐波电流检测方法中最常用的方法之一。基于 i_p-i_q 法 PET 输入级谐波及无功补偿电流指令生成原理如图 5.20 所示。

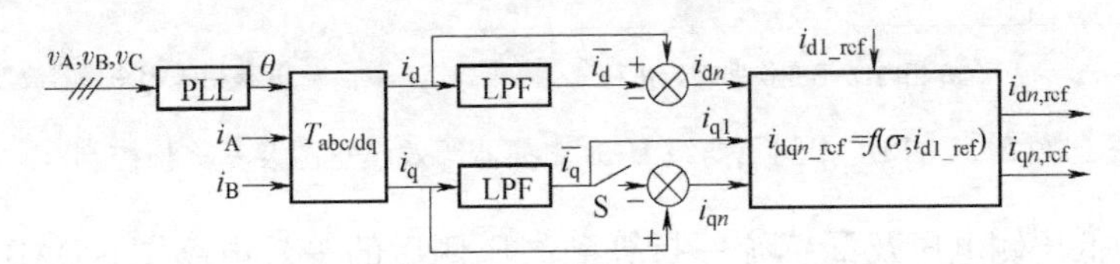

图 5.20 谐波及无功补偿电流检测原理图

图 5.20 中，通过对 PCC 点电网电压进行锁相得到 dq 变换矩阵 $T_{abc/dq}$，考虑到系统采用三相三线制电网，输入电流只需检测 i_A、i_B，再经过正序同步旋转变换得到 PCC 处负载支路的瞬时有功电流 i_d、瞬时无功电流 i_q 为

$$\begin{bmatrix} i_d \\ i_q \end{bmatrix} = \frac{2}{3}\begin{bmatrix} \sin\omega t & \sin\left(\omega t-\frac{2}{3}\pi\right) & \sin\left(\omega t+\frac{2}{3}\pi\right) \\ \cos\omega t & \cos\left(\omega t-\frac{2}{3}\pi\right) & \cos\left(\omega t+\frac{2}{3}\pi\right) \end{bmatrix} \times \begin{bmatrix} i_A \\ i_B \\ -i_A-i_B \end{bmatrix} \tag{5.37}$$

i_d 与 i_q 经低通滤波器（Lowpass Filter，LPF）滤波后得到的基波直流分量（$\overline{i_d}$，$\overline{i_q}$），分别与自身作差后即可得到待补偿的谐波分量 i_{dn}和 i_{qn}。由于 PET 输入级剩余容量（μ）是动态变化的，取决于传输有功功率的大小，因此当并网点 PCC 处电能质量较好或系统剩余容量充裕时，可以实现全补偿；当补偿需求较大或剩余容量不足时，可对无功或谐波引入补偿系数，建立电能综合评估指标，实现对应最优补偿或按比例补偿。当采用比例补偿时，可以通过 dq 轴分量的幅值得到等效负荷电流，再与剩余等效补偿电流比较得到对应补偿系数 σ。另外，通过图 5.20 中开关 S 的切换，可以实现对 PCC 处负载电流灵活补偿，即：补偿谐

波、仅补偿基波无功电流或进行全补偿。最终得到的补偿电流指令和 $i_{dn,\mathrm{ref}}$ 和 $i_{qn,\mathrm{ref}}$，分别对应加到图 5.19 中的输入侧内环电流指令上即可。

5.3.2.2 中间级控制策略

PET 隔离级采用 DAB 变换器，通过隔离变压器实现电气隔离和直流电压降压。每个单相子单元均含有 n 路 DAB 变换器，考虑到高低压侧均采用分立直流母线型结构，其等效示意图如图 5.21 所示。

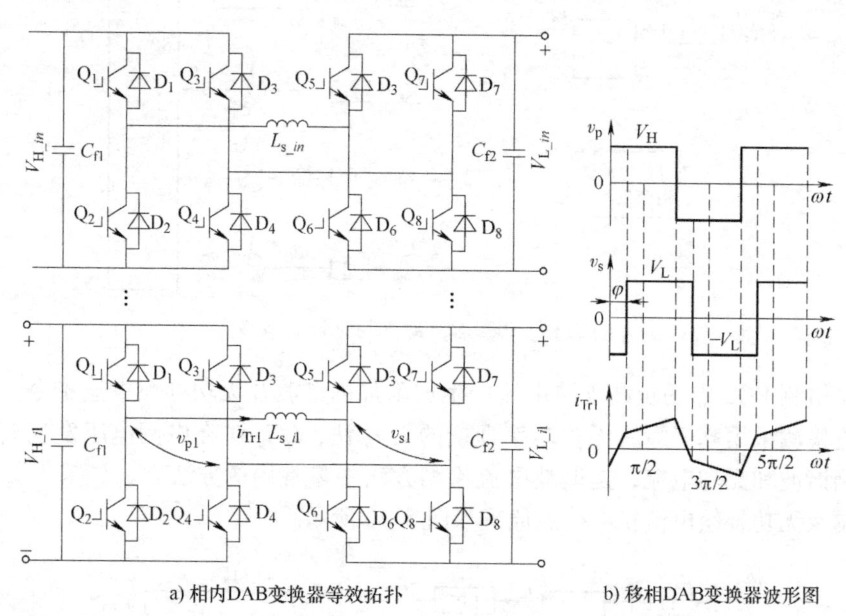

图 5.21 PET 中间隔离级 DAB 变换器等效示意图及其移相控制

图 5.21a 为低压侧电压及漏感统一折算到高压侧后的等效电路图。DAB 采用典型移相控制策略，即同侧 H 桥两个桥臂之间采用 50%占空比控制，通过控制两侧 H 桥之间的电压移相角度（$-\pi/2<\varphi<\pi/2$）达到控制功率流向和大小的目的。图 5.21b 为对应的变换器等效波形。通过计算得到单个 DAB 传输的功率为

$$P=\frac{V_{\mathrm{H}}V_{\mathrm{L}}}{2\pi f_{\mathrm{s}}L_{\mathrm{s}}}\varphi\left(1-\frac{|\varphi|}{\pi}\right) \tag{5.38}$$

式中，V_{H} 和 V_{L} 分别为高低压侧直流电压；f_{s} 为开关频率；L_{s} 为折算到高压侧的等效电感。

因此，可以得到 5.21a 中每相 n 个子单元传输的总功率为

$$P_{\mathrm{tot}}=\sum_{j=1}^{n}\frac{V_{\mathrm{H}\_ij}V_{\mathrm{L}\_ij}}{2\pi f_{\mathrm{s}}L_{\mathrm{s}\_ij}}\varphi_{ij}\left(1-\frac{|\varphi_{ij}|}{\pi}\right) \tag{5.39}$$

通过移相策略调节 DAB 传输功率大小的原理，中间隔离级整体 DC-DC 控制目标为：①实现低压侧直流母线电压的稳定控制；②实现对高压侧相内分立直流母线电压的均衡控制。如图 5.22 给出了完整的每相子单元中间隔离级控制框图。

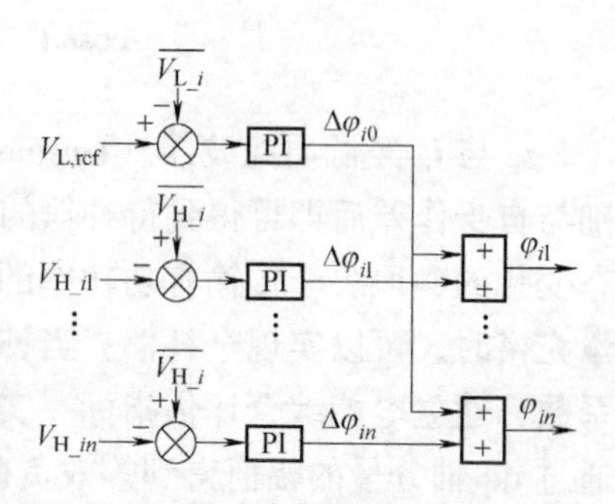

图 5.22 PET 中间隔离级控制策略

图5.22中，$V_{\mathrm{L,ref}}$为低压侧直流电压给定值，$\overline{V_{\mathrm{H}_i}}$和$\overline{V_{\mathrm{L}_i}}$分别为每相高低压侧直流电压平均值。对于低压侧相内分立直流母线电压的平衡控制将由下面小节介绍的输出级控制实现。

5.3.2.3 输出级控制策略

低压输出级采用并联逆变器组成三相四线制输出结构，每相输出级拓扑如图5.23所示。

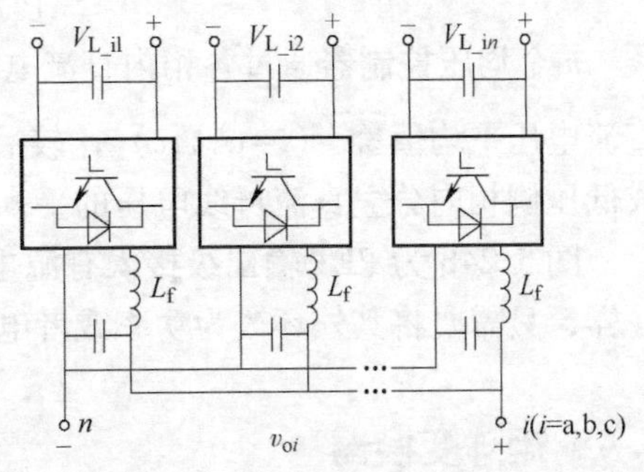

图5.23 PET输出级单相拓扑结构

显然，输出并联型结构同样具有和高压侧输入级类似的多功能运行特性，因此也易于扩展附加功能。同时，其基本控制目标可以根据所接入系统有源/无源等特性进行相应调整，例如：①当输出级接入无源系统，其控制目标可以是保证提供给负荷的电压恒定，包括有效值稳态无静差、负荷变化或系统扰动时，输出电压响应迅速且波形保持不变；②当输出级接入有源系统时，相应的控制策略可以调整为定功率控制方式，即控制低压侧与接入系统的功率交换。

另外，对于所介绍的PET，低压侧相内n路分立直流母线电压由输出逆变器完成均衡控制。图5.24所示为输出级总体控制策略框图。

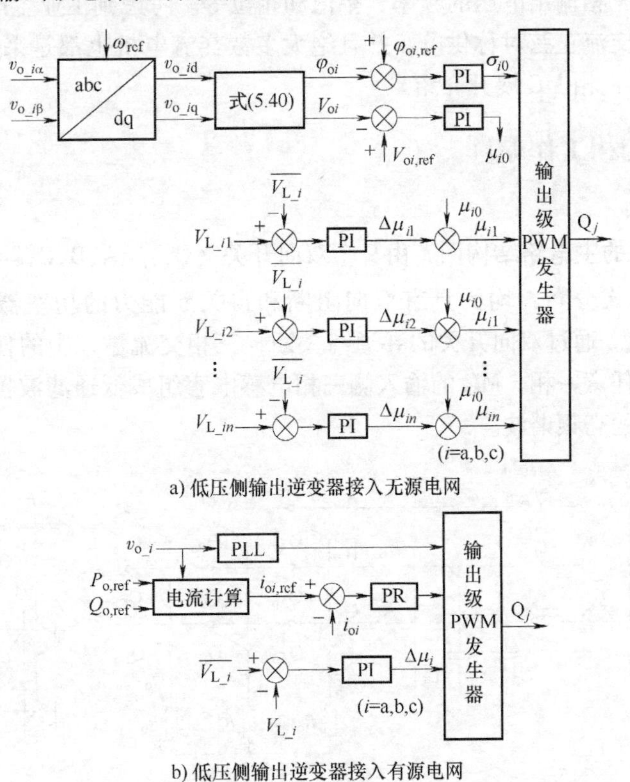

图5.24 PET输出级逆变器及低压分立直流母线电压平衡控制策略

图5.24a为PET输出级接入无源电网，提供恒压-恒频（Constant Voltage-Constant Frequency，CVCF）输出的控制框图。三相输出可以分相独立控制，以实现幅值和相位独立控

制，图 5.24 中式（5.40）表达式如下：

$$\begin{cases}V_{oi}=\sqrt{v_{odi}^{2}+v_{oqi}^{2}}\\ \varphi_{oi}=\sigma\tan 2(v_{oqi},v_{odi})\end{cases}\tag{5.40}$$

n 个均压控制器通过各相内直流电容电压实时反馈值 $V_{Lij}(j=1,2,\cdots,n)$ 与对应相低压侧直流电压平均值$\overline{V_{L_i}}$（$i=a,b,c$）比较后，再经 PI 控制器得到调制比的修正量 $\Delta\mu_{ij}$，从而完成低压侧相内分立直流母线电压的平衡控制。

图 5.24b 为 PET 输出级接入有源电网时的逆变器控制策略。此时，和常规并网逆变器一样，只需要将其外环改为功率或者电流模式即可，此处不再赘述。

5.4 矩阵变换器

矩阵变换器（Matrix Converter，MC）是一种直接变换型的 AC-AC 电力变换装置，具有很多优于传统交流变换装置的特性。MC 发展至今，已有多种拓扑结构，其中比较常见有三相-三相直接 MC、三相-单相直接 MC、单相-三相 MC 以及矩阵整流器。MC 是一种“绿色”的功率变换器，它可以实现任意由三相输入到任意三相输出的电力电子变换装置，并且可以根据要求控制改变三相输出电压的频率、幅值和相位等。考虑到工业生产中大部分交流供电装置都是需要三相交流正弦对称供电，并且绝大多数交流电机也都是采用三相供电的方式，因此本节将以三相-三相 MC 展开介绍。

5.4.1 电路结构和工作原理

5.4.1.1 电路结构

图 5.25 为 MC 的主电路结构图，由 9 个双向开关（$Q_{jk}:j=A,B,C;k=a,b,c$）组成，9 个开关呈 3×3 的矩阵式分布，均为具有双向阻断和自关断能力的功率器件，通常采用两个 IGBT 串联组合而成。通过双向开关的导通与关断，三相交流输入中的任意一相可以连接至三相交流输出中的任意一相。MC 的输入侧三相电感电容组成低通滤波器，以滤除输入电流中由开关动作引起的高频谐波。

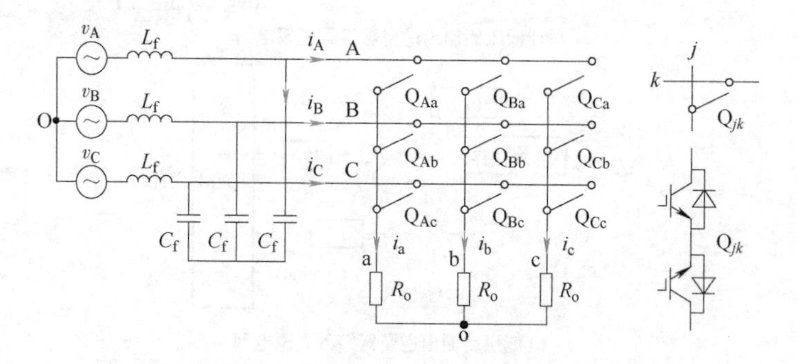

图 5.25 矩阵变换器的拓扑结构

因为 3×3 MC 由电压源供电，所以其输入侧三相电源不能短路，并且考虑到 3×3 MC 通常带感性负载，其输出侧负载电流不能开路。根据以上原则，可以得到 MC 安全运行的约束条件为：$s_{Ak}+s_{Bk}+s_{Ck}=1$（s_{jk} 为 Q_{jk} 的开关函数，Q_{jk} 开通：$s_{jk}=1$；Q_{jk} 关断：$s_{jk}=0$）。因此，任意时刻 MC 的每一相输出相（a、b、c）只能连接至一个输入相（A、B、C）。由于约束条件的限制，矩阵变换器有效的开关状态有 $C_3^1C_3^1C_3^1=27$ 种。表 5.1 列出了所有的 27 种有效开关状态，表中的 27 种开关状态按照输出相短路的路数可以分为三类：第一类，三个输出相分别和三个不同的输入相连接，产生旋转的空间矢量，这种情况共 6 种组合；第二类，任意两个输出相短接，产生固定位置的空间矢量，这种情况共 18 种；第三类，三个输出相全部短接，产生零矢量，这种情况共 3 种。

表 5.1　矩阵变换器空间矢量调制的开关组合

组别	a	b	c	v_{ab}	v_{bc}	v_{ca}	i_A	i_B	i_C	Q_{Aa}	Q_{Ba}	Q_{Ca}	Q_{Ab}	Q_{Bb}	Q_{Cb}	Q_{Ac}	Q_{Bc}	Q_{Cc}
Ⅰ	A	B	C	v_{AB}	v_{BC}	v_{CA}	i_a	i_b	i_c	1	0	0	0	1	0	0	0	1
	A	C	B	$-v_{CA}$	$-v_{BC}$	$-v_{AB}$	i_a	i_c	i_b	1	0	0	0	0	1	0	1	0
	B	A	C	$-v_{AB}$	$-v_{CA}$	$-v_{BC}$	i_b	i_a	i_c	0	1	0	1	0	0	0	0	1
	B	C	A	v_{BC}	v_{CA}	v_{AB}	i_c	i_a	i_b	0	1	0	0	0	1	1	0	0
	C	A	B	v_{CA}	v_{AB}	v_{BA}	i_b	i_c	i_a	0	0	1	1	0	0	0	1	0
	C	B	A	$-v_{BC}$	$-v_{AB}$	$-v_{CA}$	i_c	i_b	i_a	0	0	1	0	1	0	1	0	0
Ⅱ-A	A	C	C	$-v_{CA}$	0	v_{CA}	i_a	0	$-i_a$	1	0	0	0	0	1	0	0	1
	B	C	C	v_{BC}	0	$-v_{BC}$	0	i_a	$-i_a$	0	1	0	0	0	1	0	0	1
	B	A	A	$-v_{AB}$	0	v_{AB}	$-i_a$	i_a	0	0	1	0	1	0	0	1	0	0
	C	A	A	v_{CA}	0	$-v_{CA}$	$-i_a$	0	i_a	0	0	1	1	0	0	1	0	0
	C	B	B	$-v_{BC}$	0	v_{BC}	0	$-i_a$	i_a	0	0	1	0	1	0	0	1	0
	A	B	B	v_{AB}	0	$-v_{AB}$	i_a	$-i_a$	0	1	0	0	0	1	0	0	1	0
Ⅱ-B	C	A	C	v_{CA}	$-v_{CA}$	0	i_b	0	$-i_b$	0	0	1	1	0	0	0	0	1
	C	B	C	$-v_{BC}$	v_{BC}	0	0	i_b	$-i_b$	0	0	1	0	1	0	0	0	1
	A	B	A	v_{AB}	$-v_{AB}$	0	$-i$	i_b	0	1	0	0	0	1	0	1	0	0
	A	C	A	$-v_{CA}$	v_{CA}	0	$-i_b$	0	i_b	1	0	0	0	0	1	1	0	0
	B	C	B	v_{BC}	$-v_{BC}$	0	0	$-i_b$	i_b	0	1	0	0	0	1	0	1	0
	B	A	B	$-v_{AB}$	v_{AB}	0	i_b	$-i_b$	0	0	1	0	1	0	0	0	0	1
Ⅱ-C	C	C	A	0	v_{CA}	$-v_{CA}$	i_c	0	$-i_c$	0	0	1	0	0	1	1	0	0
	C	C	B	0	$-v_{BC}$	v_{BC}	0	i_c	$-i_c$	0	0	1	0	0	1	0	1	0
	A	A	B	0	v_{AB}	$-v_{AB}$	$-i$	i_c	0	1	0	0	1	0	0	0	1	0
	A	A	C	0	$-v_{CA}$	v_{CA}	$-i_c$	0	i_c	0	0	1	0	0	1	0	0	1
	B	B	C	0	v_{BC}	$-v_{BC}$	0	$-i_c$	i_c	0	1	0	0	1	0	0	0	1
	B	B	A	0	$-v_{AB}$	v_{AB}	i_c	$-i_c$	0	0	1	0	0	1	0	1	0	0
Ⅲ	A	A	A	0	0	0	0	0	0	1	0	0	1	0	0	1	0	0
	B	B	B	0	0	0	0	0	0	0	1	0	0	1	0	0	1	0
	C	C	C	0	0	0	0	0	0	0	0	1	0	0	1	0	0	1

从表 5.1 中可以看出，MC 在不同的开关状态下输入线电压和输出线电压、输入线

电流和输出线电流之间的关系。其中，“1”表示开关导通，“0”表示开关关断，MC的等效结构如图5.26所示，将等效结构的输入侧称为“虚拟整流侧”，输出侧称为“虚拟逆变侧”。MC等效结构的工作过程是从左侧输入三相电源 v_A、v_B 和 v_C。经过虚拟整流器整流，得到中间的虚拟直流母线电压 v_{PN}，再经过虚拟逆变器的变换得到三相输出电压 v_a、v_b 和 v_c。

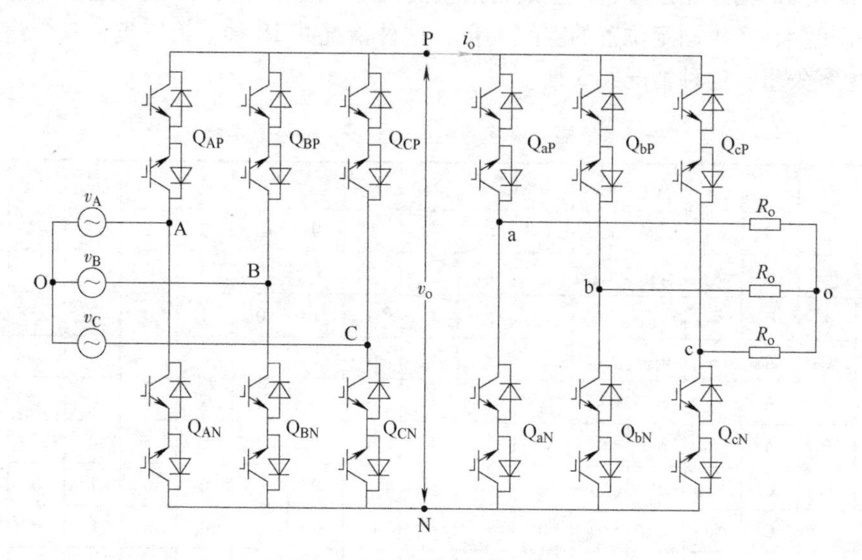

图5.26 矩阵变换器的拓扑结构

5.4.1.2 工作原理

MC并没有中间的直流储能环节，仅仅依靠9个双向开关组成的开关阵列根据控制策略进行适当的调制，就能够得到满足要求的频率、幅值和相位均可调的输出电压。MC具有输入电流可正弦化、功率因数可调节至1、能量能够实现双向流动、可以工作在四象限状态、谐波含量小、系统响应快等优点。然而，调制策略首先要保证能够控制等效交-直-交结构的正常工作，然后根据等效结构和实际拓扑的开关对应关系，完成对MC的控制。其先决条件是要遵循上述MC安全运行的约束条件。原因是在MC的等效交-直-交结构中，中间的虚拟直流电压是两个输入相电压之差，也就是说表5.1中第一类三条输出线连接到不同的输入线的情况，在等效结构中找不到对应关系；而当MC每一个开关状态与其等效交-直-交结构中的开关状态都能够满足式（5.41）的对应关系时，就可以通过分析MC等效交-直-交结构的控制方法和调制策略来实现控制目标。

$$\begin{bmatrix} Q_{aA} & Q_{bA} & Q_{cA} \\ Q_{aB} & Q_{bB} & Q_{cB} \\ Q_{aC} & Q_{bC} & Q_{cC} \end{bmatrix} = \begin{bmatrix} Q_{AP}Q_{aP}+Q_{AN}Q_{aN} & Q_{AP}Q_{bP}+Q_{AN}Q_{bN} & Q_{AP}Q_{cP}+Q_{AN}Q_{cN} \\ Q_{BP}Q_{aP}+Q_{BN}Q_{aN} & Q_{BP}Q_{bP}+Q_{BN}Q_{bN} & Q_{BP}Q_{cP}+Q_{BN}Q_{cN} \\ Q_{CP}Q_{aP}+Q_{CN}Q_{aN} & Q_{CP}Q_{bP}+Q_{CN}Q_{bN} & Q_{CP}Q_{cP}+Q_{CN}Q_{cN} \end{bmatrix} \tag{5.41}$$

5.4.1.3 四步换流法

MC换流问题的困难在于，作为一种负载直接连接到电网的电力变换装置，没有传统变换器的直流解耦环节；同时，MC开关管的导通和关断是一种强迫动作，没有安全续流环节（自然续流通道）。因此，MC必须严格遵循两个安全换流原则，即输入端不能短路，输出端不能断路。

1989年，N. Burany首次提出四步换流法，将两个双向开关之间的换流过程根据电压相对大小或电流方向信号分为四步进行，通过严格的逻辑控制，有效地避免了换流过程中的短路和断路情况的发生，实现了真正意义上的安全换流。由于该方法有一半的可能性在零电流的情况下关断，所以也称之为“半软换流”。

电流型四步换流法，是一种通过将检测到的输出电流方向，也就是输出电流过零点信息作为参考，控制开关导通顺序的方法。作为目前应用最广泛的换流方式，电流型四步换流法将输出电流按是否过零分成两个部分，如图5. 27所示。

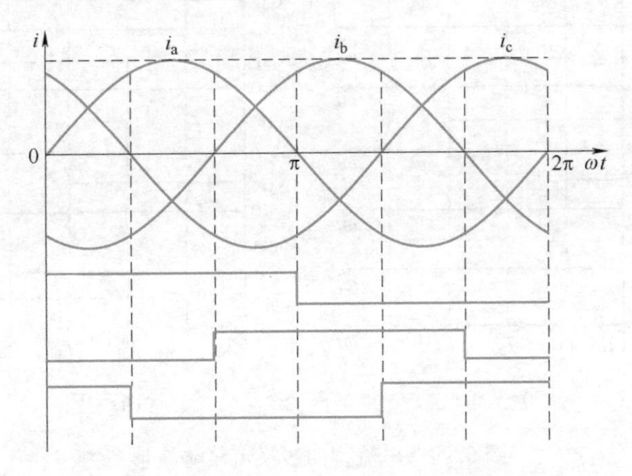

图5. 27　电流型换流法输出电流划分

根据图5. 25所示的MC拓扑可以看出，产生一相的输出相电压需要由三个输入相按照一定规律合成而来，这时就需要相关的3个双向可控开关按照换流策略共同作用，由于每个双向开关是由两只功率开关管组成的，因此一共有6个功率开关管，如图5. 28所示。三相-三相的安全换流问题可以简化为单个三相-单相MC中的换流问题。

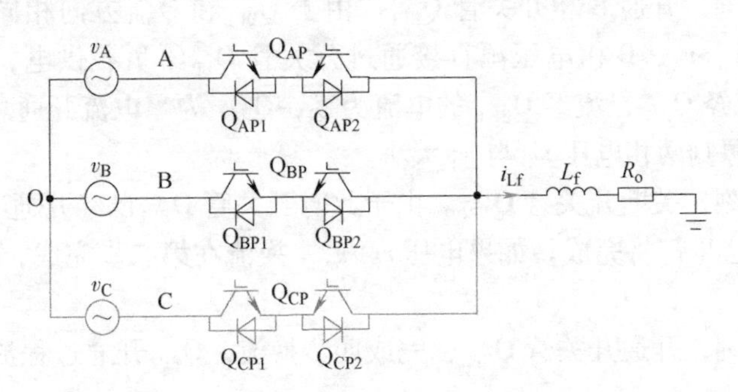

图5. 28　矩阵变换器双向开关换流电路

三相-单相MC的3个双向开关分上下桥臂进行四步换流，如果下一时刻换流的开关矢量对应上桥臂开关或下桥臂开关与当前时刻相同，则只需一次四步换流就可完成；如果下一时刻换流的开关矢量对应上桥臂开关或下桥臂开关与该当前时刻不同，则需要对上下桥臂开关分别进行一次四步换流。现以上桥臂A相双向开关Q_{AP}换到B相双向Q_{BP}的四步换流全过程为例进行讲解。

换流前，阻感负载由A相电压源供电。如图5.28所示，假定图中i_{Lf}的方向为正方向，分i_{Lf}正反方向两种情况进行讨论。

当$i_{Lf}>0$时，电流流经Q_{AP}，换流过程如图5.29a所示。换流的目的：A相开关管Q_{AP1}和Q_{AP2}全关断，B相开关管Q_{BP1}和Q_{BP2}全导通，电流流经Q_{BP}，基于负载电流方向的四步换流过程如下。

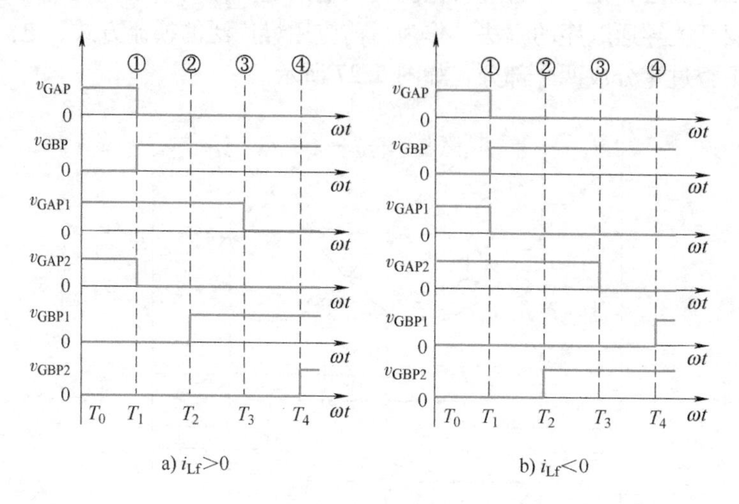

图5.29 电流型四步换流策略波形

第一步：T_1时刻，关断A相开关管Q_{AP2}。此时电流仍流经Q_{AP1}，当换流到B相时，流经的将是开关管Q_{BP1}。为避免变换器电源侧A相与B相短路的情况，如果电压$v_B>v_A$，Q_{AP2}关断前不能开通Q_{BP1}；如果电压$v_B<v_A$，Q_{AP1}关断前不能开通Q_{BP2}。而电路的负载呈感性，为避免负载电路开路，Q_{BP1}导通前不能关断Q_{AP1}。电源侧v_A与v_B电压大小未知，所以需先关断开关管Q_{AP2}。Q_{AP2}关断过程流过电流为零，属于零电流关断。

第二步：T_2时刻，开通B相开关管Q_{BP1}。由于Q_{BP1}和Q_{AP1}方向相同，电源不会发生短路。此时如果电压$v_B>v_A$，B相电压源直接通过开关管Q_{BP}给负载供电，完成换流；如果电压$v_B<v_A$，电流仍流经Q_{AP1}，流经Q_{BP1}的电流为零，Q_{BP1}为零电流开通。由此可看出换流完成的时刻取决于电源侧两相电压v_A与v_B大小。

第三步：T_3时刻，关断开关管Q_{AP1}。由于此时开关管Q_{BP1}已经开通，无论v_A与v_B大小关系如何，换流到这步都将完成。如果电压$v_B>v_A$，换流在第二步完成，流经Q_{AP1}电流为零，Q_{AP1}为零电流关断。

第四步：T_4时刻，开通开关管Q_{BP2}，完成四步换流。Q_{BP2}开通过程流经电流为零，为零电流开通。

当$i_{Lf}<0$时，同理可得，其换流过程如图5.29b所示。换流过程中，第一步和第四步为零电流通断，第二步和第三步必有一次零电流通断和一次硬通断，因此该方法又名为半软四步换流。

假定开关管关断用“0”表示，导通用“1”表示。电流型四步换流过程用开关管Q_{AP1}、Q_{AP2}、Q_{BP1}、Q_{BP2}开关矢量的形式，根据负载电流的方向表示的状态图如图5.30所示。

按照上述四步换流法，换流过程既避免了变换器输入侧短路，又避免了输出侧断路，符合安全换流的要求。

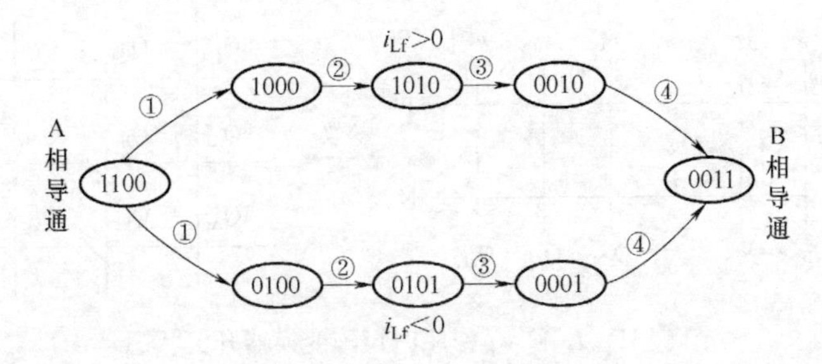

图 5.30　电流型四步换流策略状态图

5.4.2　调制方法

目前针对三相-三相 MC 的调制方法主要集中在以输出恒定电压为主要控制目标的电压控制法上，包括 Venturini 控制法、瞬时双电压合成法、双空间矢量调制法等。其中，由于双空间矢量调制利用输出电压空间矢量和输入电流空间矢量进行合成，谐波成分比较少，电压增益可达 0.866，实现简单，更具实用价值，本节将以双空间矢量调制策略进行介绍。

通过对 MC 结构的分析可知，可将 SVPWM 分别运用到 MC 等效结构的“虚拟整流侧”和“虚拟逆变侧”中，实现对 MC 的整体控制。

MC 等效结构中“虚拟逆变侧”采用输出电压空间矢量调制策略，其调制过程及其原理已在 4.1.2 节中介绍。为便于后续矩阵变换器空间矢量合成（输出电压空间矢量和输入电流空间矢量）分析，本节中虚拟逆变侧的输出电压空间矢量、开关状态及导通开关的定义方式与 4.1.2 节中表 4.1 一致。“虚拟直流侧”采用输入电流空间矢量调制策略，其调制过程及其原理已在 4.4.4 节中介绍。同理，本节中虚拟整流侧的输入电流空间矢量、开关状态及导通开关的定义方式与 4.4.4 节中表 4.11 一致。

实际工作中，MC 的一个开关可能既要实现虚拟整流侧的输入电流空间矢量调制，又要实现虚拟逆变侧的输出电压空间矢量调制。则整合的过程就是由交-直-交等效电路中所有的开关状态得到交-交 MC 9 个双向开关状态的过程。

前面 5.4.1 节给出了三相-三相 MC 的 27 种有效开关状态，去掉前 6 种在等效结构无对应情况的开关组合，还有 21 种实际有效的 MC 开关组合。在等效交-直-交结构中，可以找到所有的这 21 种开关组合的对应关系。在等效交-直-交结构中，虚拟整流侧和虚拟逆变侧都按照 60°的大小平均分成 6 个扇区，一共有 36 种扇区组合情况。在任意时刻，将虚拟整流侧组成扇区的电流空间矢量和虚拟逆变侧组成扇区的电压空间矢量合成，就能得到该时刻三相-三相 MC 实际的开关状态。现在假设整流侧和逆变侧都取第一扇区，那么将此时电流矢量 $\boldsymbol{I}_1$ 和电压矢量 $\boldsymbol{V}_1$ 进行合成时，就可得到 MC 在这一时刻的开关状态，图 5.31 给出了它们的对应关系。

类似的，其余 35 个扇区情况都有一一对应的开关状态，而每一个扇区情况都与第一个扇区的情况类似，能够形成 $\boldsymbol{I}_6$-$\boldsymbol{V}_6$，$\boldsymbol{I}_6$-$\boldsymbol{V}_1$，$\boldsymbol{I}_1$-$\boldsymbol{V}_6$，$\boldsymbol{I}_1$-$\boldsymbol{V}_1$ 和 $\boldsymbol{I}_0$-$\boldsymbol{V}_0$，这五种组合的对应关系。表 5.2 给出了所有的实际 MC 开关状态对应的空间矢量合成情况。在分析完 MC 实际的开关状态以后，还要确定每个开关状态下开关具体的导通时刻、导通时间。将一个开关周期内开

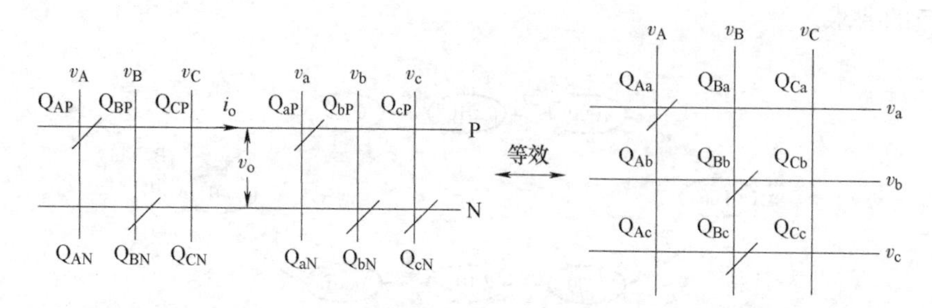

图 5.31　$\boldsymbol{I}_1$ 和 $\boldsymbol{V}_1$ 作用时矩阵变换器开关状态

关导通时间（即第 4 章中的“作用时间”这一概念）与开关周期（T_s）的比值称之为占空比。由于等效交-直-交结构是一种串联结构，所以上述 5 种开关组合占空比为两侧空间矢量占空比的乘积。

表 5.2　等效交-直-交结构空间矢量对应的矩阵变换器实际开关状态

双空间矢量	$\boldsymbol{I}_1$	$\boldsymbol{I}_2$	$\boldsymbol{I}_3$	$\boldsymbol{I}_4$	$\boldsymbol{I}_5$	$\boldsymbol{I}_6$
$\boldsymbol{V}_1$	ABB	ACC	BCC	BAA	CAA	CBB
$\boldsymbol{V}_2$	AAB	AAC	BBC	BBA	CCA	CCB
$\boldsymbol{V}_3$	BAB	CAC	CBC	ABA	ACA	BCB
$\boldsymbol{V}_4$	BAA	CAA	CBB	ABB	ACC	BCC
$\boldsymbol{V}_5$	BBA	CCA	CCB	AAB	AAC	BBC
$\boldsymbol{V}_6$	ABA	ACA	BCB	BAB	CAC	CBC

以“ABB”为例，它表示输出相 a、b、c 分别与输入相 A、B、B 相连。通过上述分析，可以在一个开关周期中将两侧虚拟过程中电压矢量和电流矢量的占空比进行乘积，得到 MC 实际开关状态下的开关占空比。

总结上述分析可得，MC 双空间矢量调制控制策略的基本流程为：首先根据某一时刻输入虚拟整流侧电流矢量和输出虚拟逆变侧电压矢量的位置，确定所在扇区和与扇区初始矢量的夹角，以此计算出两个虚拟侧相对应的占空比，再根据式（5.41）得到 MC 整体结构的开关占空比。最后依据表 5.2 确定开关占空比具体作用的开关组合，以实现 MC 的空间矢量调制。

5.4.3　控制策略

利用 MC 的双空间矢量调制技术，可实现对永磁同步发电机（Permanent Magnet Synchronous Generator，PMSG）的矢量控制，构成 MC-PMSM 矢量控制系统。将 PMSG 的定子电流通过坐标变换成旋转坐标系中的直流量，并实时调节 MC 的电压调制比使被驱动的 PMSG 的定子电流合成矢量与转子磁场相垂直，实现对 PMSG 的矢量控制。

5.4.3.1　系统构成

基于双空间矢量调制的 MC-PMSM 矢量控制系统原理如图 5.32 所示，系统由输入相区检测电路、速度调节器、电流补偿环节、电流调节器、dq/αβ 变换、电压矢量和电压相区的计算、调制和驱动环节、主电路、（电机）电流测量环节、转角测量环节等组成。

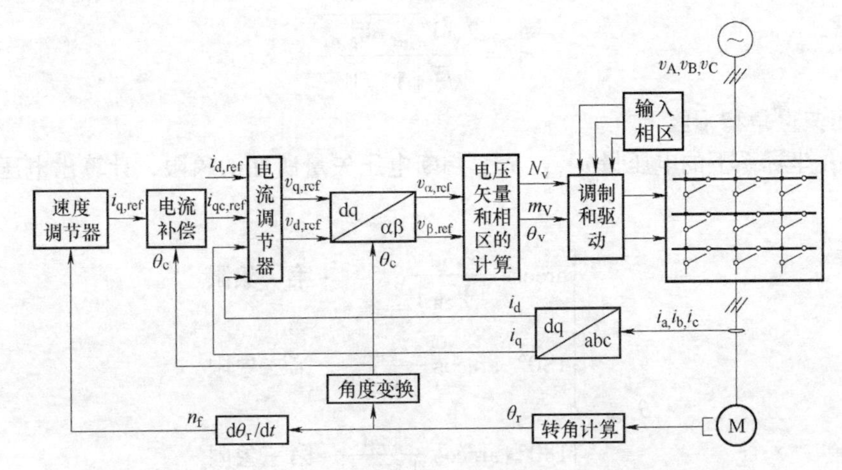

图5.32 基于双空间矢量调制的MC-PMSM矢量控制系统框图

速度调节器、电流补偿环节、转角测量环节及其微分环节构成速度环，产生给定电流$i_{q,ref}$。其中：

1）转角测量环节实时测量PMSM的转子位置θ_r，经过微分环节后得到实际速度并送至速度调节器。

2）速度调节器比较速度给定信号n_{ref}与实际转速信号$d\theta_r/dt$，并调节得到交轴电流给定信号$i_{q,ref}$；为了实现矢量控制，直轴电流给定为零（$i_{d,ref}=0$）。

3）电流补偿环节用于对给定电流$i_{q,ref}$进行补偿，目的是减小由死区和电流谐波引起的转矩脉动，补偿后的交轴电流$i_{qc,ref}$及$i_{d,ref}$作为电流给定量送至电流调节器。

电流调节器、电流测量环节、abc/dq变换单元、dq/αβ变换单元、电压矢量和相区计算单元、输入相区检测单元、调制和驱动环节等构成系统电流环。其中：

1）电流测量环节实际测得的电流信号（i_a，i_b，i_c）经过abc/dq变换转换成旋转坐标系（dq坐标系下的交、直轴电流），即电流实际值，被送到电流调节器。

2）电流调节器比较实测电流与给定电流$i_{qc,ref}$和$i_{dc,ref}$，并调节得到交、直轴电压（$v_{d,ref}$，$v_{q,ref}$）；然后经过dq/αβ变换得到期望的电压值$v_{\alpha,ref}$和$v_{\beta,ref}$。

3）电压矢量和相区计算环节用于实时计算电压相区N_v、电压调制比m_V和电压矢量角θ_v，并把它们送至调制和驱动环节。

4）调制和驱动环节从输入相区检测电路得到代表输入相区的三位二进制信号，结合电压相区N_v、电压调制比m_V和电压矢量角θ_v，实时计算调制周期内的电压、电流矢量组合导通时间；根据这些导通时间，用双空间矢量调制方法得到能够实现PMSG矢量控制的主功率电路驱动信号。

5.4.3.2 电压调制比、电压矢量角、电压矢量相区的确定

1. 电压调制比

控制系统中的交、直轴电流调节器为传统的PI调节器，调节器输出量经过dq/αβ变换得到αβ坐标系下的电压量$v_{\alpha,ref}$、$v_{\beta,ref}$，则PMSG电压合成矢量的大小为

$$|\boldsymbol{V}_{PH}|=\sqrt{v_{\alpha,ref}^2+v_{\beta,ref}^2} \tag{5.42}$$

式中，$|\boldsymbol{V}_{\mathrm{PH}}|$ 为 PMSG 相电压的幅值，也即 MC 输出相电压的幅值，则有电压调制比为

$$m_{\mathrm{V}}=\frac{2\sqrt{V_{\alpha,\mathrm{ref}}^{2}+V_{\beta,\mathrm{ref}}^{2}}}{\sqrt{3}\,|\boldsymbol{V}_{\mathrm{PH}}|} \tag{5.43}$$

2. 电压矢量角和相区

根据 αβ 坐标系下的电压量 $v_{\alpha,\mathrm{ref}}$、$v_{\beta,\mathrm{ref}}$判断电压矢量所在的象限，计算出电压矢量角的实际值为

$$\theta_{\mathrm{v,ref}}=\begin{cases}\arccos\dfrac{v_{\alpha,\mathrm{ref}}}{|\boldsymbol{V}_{\mathrm{PH}}|} & \text{第一象限}\\[2ex] 180°-\arccos\dfrac{v_{\alpha,\mathrm{ref}}}{|\boldsymbol{V}_{\mathrm{PH}}|} & \text{第二象限}\\[2ex] 180°+\arccos\dfrac{v_{\alpha,\mathrm{ref}}}{|\boldsymbol{V}_{\mathrm{PH}}|} & \text{第三象限}\\[2ex] 360°-\arccos\dfrac{v_{\alpha,\mathrm{ref}}}{|\boldsymbol{V}_{\mathrm{PH}}|} & \text{第四象限}\end{cases} \tag{5.44}$$

实时计算出电压矢量所在相区为

$$N_{\mathrm{v}}=[\theta_{\mathrm{v}}/60°]+1 \tag{5.45}$$

电压矢量角在每个相区内应该表示在 60°的范围内，因此用于合成电压矢量的角度为

$$\theta_{\mathrm{v}}=\theta_{\mathrm{v,ref}}-(N_{\mathrm{v}}-1)\times 60° \tag{5.46}$$

每当电压矢量跨越一个相区，实时修改电压矢量状态码，并把状态码送至调制与驱动环节，用于确定双空间矢量合成所使用的电压矢量。

5.4.3.3 电流矢量相区的检测及其矢量角计算

1. 电流相区检测

电流相区检测环节将三相输入划分为六个矢量相区，用三位二进制状态码（P_2、P_1、P_0）的组合表示，称为输入状态码。状态码 P_2、P_1、P_0 分别对应三相输入量，输入为正时状态码为 1；输入为负时状态码为 0。因此，六个三位二进制数 101、100、110、010、011 和 001，分别表示电流矢量的六个相区（1~6），矢量相区与组合码的对应关系如图 5.33 所示。例如：电流矢量为相区Ⅰ时，A 相和 C 相电流为正（$P_2=P_0=1$），b 相电流为负（$P_1=0$），三位二进制数 101 表示该电流相区的输入状态码。其余相区的状态码以此类推。

系统实时检测输入状态码，并送至调制与驱动环节，用于确定双空间矢量合成所使用的电流矢量。

2. 电流矢量角

采用通用表达式表示电流矢量在所有相区的矢量角为

$$\theta_{\mathrm{c,ref}}=(\omega_{\mathrm{i}}t-\varphi_{\mathrm{i}})+(60°\times N_{\mathrm{c}}-30°) \tag{5.47}$$

式中，N_{c} 为输入电流矢量当前所处的相区号（1~6）；ω_{i}、φ_{i} 分别为矩阵变换器的输入电流频率和初相角。

方便起见，假设输入电流矢量的初始相区为 1($N_{\mathrm{c}}=1$)，初相角 φ_{i} 等于零，则

$$\theta_{\mathrm{c,ref}}\,|\,(N_{\mathrm{c}}=1)=\omega_{\mathrm{i}}t+30° \tag{5.48}$$

因此，当 $t=0$ 时，$\theta_{\mathrm{c,ref}}=30°$。因为输入电流频率为 50Hz，以调制周期 $T_{\mathrm{s}}=1/f_{\mathrm{s}}$ 为步长，将

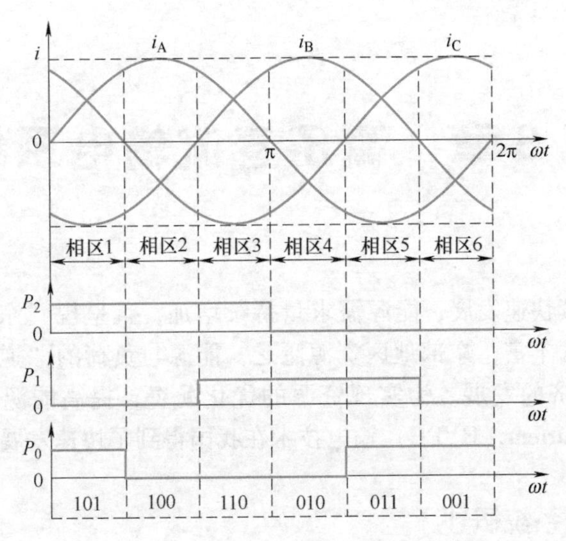

图 5.33　电流相区与输入状态组合码

式（5.48）离散化，可得

$$\theta_{c(n+1)}=\theta_{c(n)}+2\pi f/f_s+30° \tag{5.49}$$

式中，f 和 f_s 分别为电源频率和调制频率。

当输入电流更换相区时，该角度自动减去 60°，即有

$$\theta_c=\theta_{c(n+1),ref}-60° \tag{5.50}$$

以保持输入电流矢量角在 0°~60°的范围内。

习　题

1. 分析三相电压源型 PWM 变流器间接电流控制和直接电流控制有何不同，说明它们各自优点。
2. 举例说明电压源型背靠背变流器（BTB VSC）的应用场合。以不间断电源控制系统（UPS）对 BTB VSC 不同侧变流器的控制要求为例，建立出 BTB VSC 中 VSC1 和 VSC2 的统一控制策略模型。
3. 举例说明电流源型背靠背变流器（BTB CSC）的应用场合。设计一种直流母线电流的控制策略。
4. 阐述传统变压器向电力电子变压器的转变历程。
5. 对比单级式、两级式、三级式等不同类型电力电子变压器拓扑结构，分析性能特性。
6. 电力电子变压器中的高频隔离变压器有何作用？并阐述其设计准则。
7. 试给出矩阵变换器各部分电压电流输出波形，分析矩阵变换器电压电流谐波。

第6章　高压直流输电系统

随着我国经济持续快速发展，能源需求量持续增加，且呈现“东高西低”的特点；但我国西部地区自然资源丰富，东部地区资源匮乏，能源与负荷的“逆向分布”特点在一定程度上阻碍了地区经济的发展。为实现资源的优化配置，提高能源的利用率，高压直流（High Voltage Direct Current，HVDC）输电技术在我国得到了快速发展。

6.1　高压直流输电系统概述

HVDC输电技术始于20世纪20年代，1954年世界第一条直流输电工程线路，即瑞典本土至哥特兰岛的20MW、100kV海底直流电缆输电投入商业化运行，标志着基于汞弧阀换流技术的第一代HVDC技术诞生。20世纪70年代初，晶闸管阀开始应用于HVDC系统，并很快取代汞弧阀，标志着第二代HVDC技术诞生。

HVDC的核心是交直流转换，也称为“换流站”，依靠其对电能进行整流和逆变。根据所用半导体器件的不同，可将换流站分为两大类：①以晶闸管为代表的半控型器件构成的电网换相换流器（Line-Commutated Converter，LCC），由于其直流输出端口串联平波电抗器，这类变流器通常也叫电流源型换流器；②以IGBT为代表的全控型器件构成的电压源型换流器（Voltage Source Converter，VSC）。

1990年，基于VSC的HVDC概念最先由加拿大麦吉尔大学Boon-Teck-Ooi等人提出，并获得专利；随后，ABB公司获得该专利授权，将VSC和聚合物电缆相结合提出了轻型高压直流输电的概念，并于1997年在瑞典中部的赫尔斯扬和哥德堡群岛之间进行了首次工业性试验。这种以全控型器件和PWM技术为基础的HVDC被称为第三代HVDC技术。

相应地，由LCC构成的直流输电系统称为常规直流输电，由VSC构成的直流输电系统成为柔性直流输电。由于晶闸管技术更为成熟，相比于柔性直流换流站，常规直流换流站通常能够承受更高的电压等级和更大的传输容量，且损耗相对较小，抗干扰性更强。二者技术对比见表6.1。

表6.1　常规直流与柔性直流技术对比

性能指标	常规直流输电	柔性直流输电
换流器	LCC	VSC
换流器类型	电流源型	电压源型
开关器件	晶闸管	IGBT
开关器件类型	半控型	全控型

（续）

性能指标	常规直流输电	柔性直流输电
换流方式	电网换流	器件换流
有无换相失败风险	有	无
能否向无源系统供电	不能	能
谐波	含量高，需要大量滤波器	不需要或仅需要少量滤波器
控制性能	有功/无功不能独立控制	有功/无功可以独立控制
建设成本	低	高
系统容量	高	低
有功损耗	小	大
无功消耗	大	可灵活调整

在特高压直流输电（Ultra-High Voltage Direct Current，UHVDC）场合，常规直流是更经济的选择。截至2021年，我国建成投运的UHVDC线路已达16条，见表6.2。其中，南方电网公司承建投运的4条线路中，楚穗、普侨、新东3条UHVDC为LCC型，昆柳龙特高压直流为LCC型和MMC型混合的多端HVDC；在国家电网公司建成投运的12条线路中，换流站均为LCC型。

表6.2　我国已投运的HVDC工程

工程名称	送端	受端	额定电压/kV	额定容量/MW	投产时间	类型
楚穗	云南	广东	±800	5000	2010	LCC
复奉	四川	上海	±800	6400	2010	LCC
锦苏	四川	江苏	±800	7200	2012	LCC
天中	新疆	河南	±800	8000	2014	LCC
宾金	四川	浙江	±800	8000	2014	LCC
普侨	云南	广东	±800	5000	2015	LCC
灵绍	宁夏	浙江	±800	8000	2016	LCC
新东	云南	广东	±800	5000	2017	LCC
祁韶	甘肃	湖南	±800	8000	2017	LCC
昭沂	内蒙古	山东	±800	10000	2017	LCC
扎青	内蒙古	山东	±800	10000	2017	LCC
锡泰	内蒙古	江苏	±800	8000	2017	LCC
雁淮	山西	江苏	±800	8000	2017	LCC
吉泉	新疆	安徽	±1100	12000	2018	LCC
青豫	青海	河南	±800	8000	2020	LCC
昆柳龙	云南	广东/广西	±800	8000	2020	LCC/MMC

6.2 特高压直流输电系统

国内某 UHVDC 输电工程系统（额定功率达 12000MW；额定直流电压为±1100kV，额定直流电流为 5455A）主接线图如图 6.1 所示。该直流工程有 2 个极（极 1 和极 2），每极采用两组 12 脉波换流器串联，每极换流器电压按 550kV+550kV 配置，即每个完整单极由 2 个电压（550kV）相等的 12 脉波换流器串联组成，每个换流器配置一组旁路开关，两端换流站均采用单相双绕组换流变压器。每极直流母线均配有直流滤波器和平波电抗器，750kV、500kV、1000kV 交流母线均配置若干组交流滤波器，整流站接入 750kV 交流电网；逆变站采用分层接入的方式，接入 1000kV 交流电网的两组 12 脉波换流器称为低端换流器（阀组），接入 500kV 交流电网的两组 12 脉波换流器称为高端换流器（阀组）。

下面将对 UHVDC 输电工程系统一次设备进行介绍。

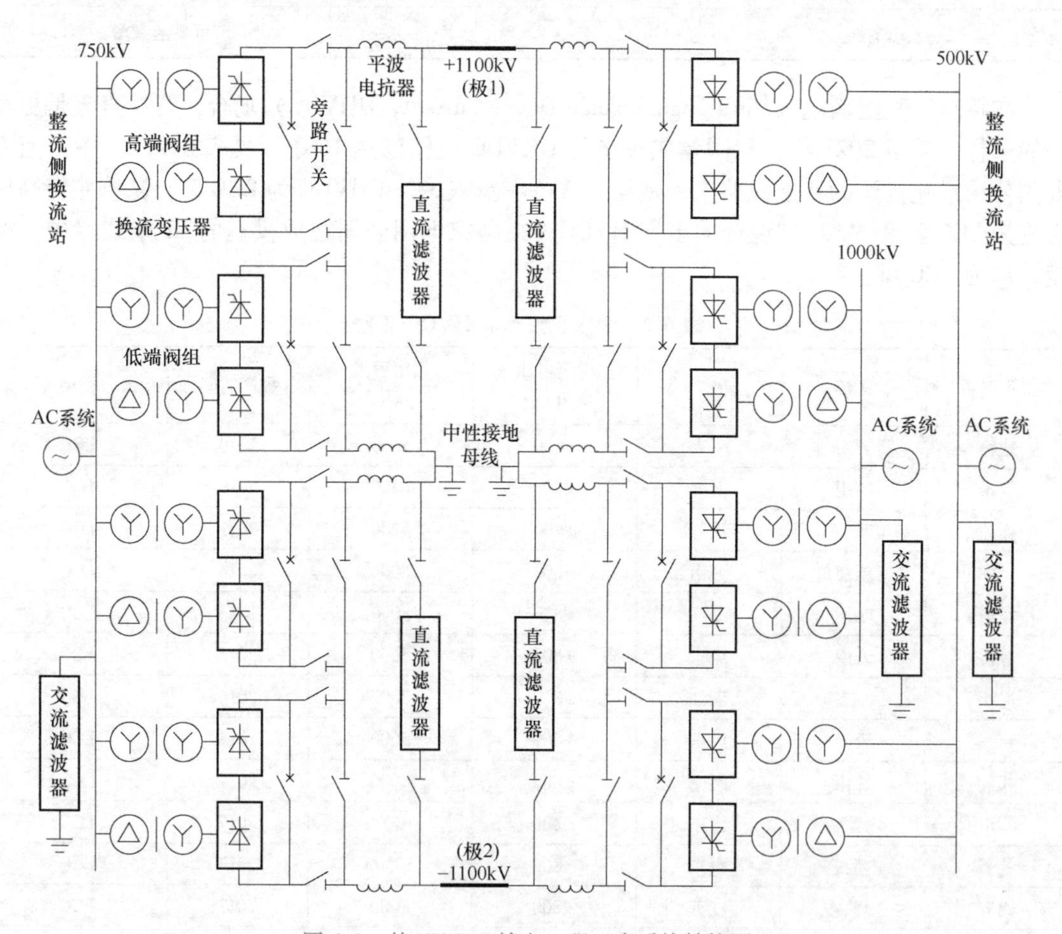

图 6.1 某 UHVDC 输电工程一次系统结构图

6.2.1 换流器

UHVDC 系统中直流侧采用两个 6 脉波换流器串联组成的 12 脉波换流器。分析以图 6.2a

所示三相桥式晶闸管整流电路分析换流器工作原理。

三相桥式整流器由6个换流阀组成，每一个阀由数十个至数百个串联的晶闸管组成。三相桥式整流器的6个阀按正常的导通顺序标号，上半桥的阀Q_1、Q_3、Q_5的阴极连接至直流母线的P端，称为共阴极组，构成桥直流端的正极；下半桥的阀Q_4、Q_6、Q_2阳极连接至直流母线的N端，称为共阳极组，构成桥直流端的负极；阀Q_1和Q_4、Q_3和Q_6、Q_5和Q_2构成三个阀对。阀Q_1~Q_6依次间隔60°触发，输出6脉波直流电压v_o。图6.2a中v_A、v_B、v_C分别为整流器交流侧的三相电压，L_f为交流系统每相的等值电感。

12脉波换流器是由两个6脉波换流器在直流侧串联，其交流侧通过两个换流变压器的网侧绕组并联于换流站的交流母线。图6.2b为12脉波换流器的接线图。

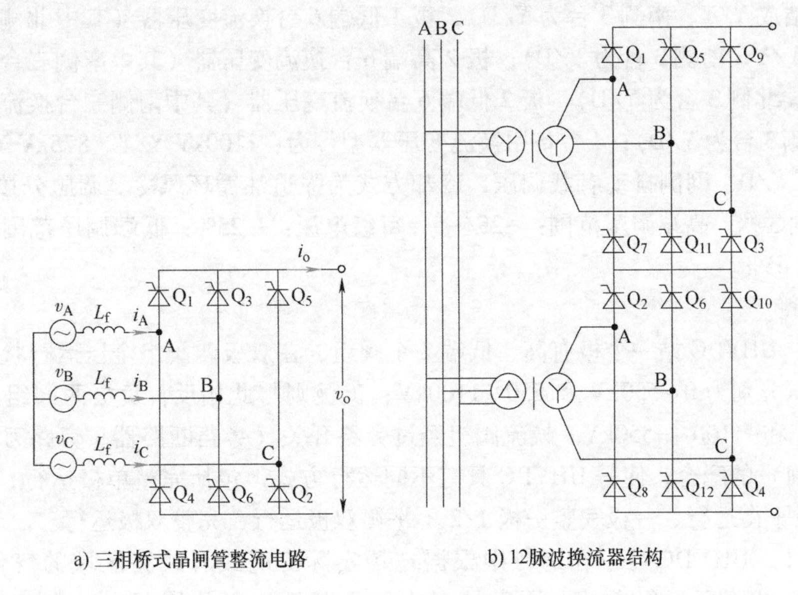

图6.2 UHVDC输电换流器电路

12脉波换流器含Q_1~Q_{12}共12组换流阀，图中换流阀序号为其导通顺序号。每一个工频周期内，12个换流阀按序号轮流导通。12个触发脉冲由与交流电压系统同步的触发逻辑器按顺序发出，相邻两个触发脉冲间距30°。

12脉波换流器的直流电压为相差30°的两个6脉波换流器输出的直流电压叠加之和，因此每个工频周期内，其直流系统电压有12个脉波，因此称为12脉波换流器；每个6脉波换流器直流电压中的$6(2k+1)$次谐波（k为任意自然数），因彼此相位相反而互相抵消，在直流电压中不再出现，有效地改善了直流侧谐波性能，具有直流电压质量好、谐波含量少等优点。12脉波换流器的另一个优点是交流电流质量好，谐波成分少。每个6脉波换流器交流电流中的$6(2k+1)\pm1$次谐波，在两个换流变压器之间换流，不进入交流电网，因此12脉波换流器的交流电流中不含这些谐波，有效地改善了交流侧谐波性能。目前大部分直流输电工程均选择12脉波换流器作为基本换流单元，以简化滤波装置，降低换流站造价。

1. 换流变压器

图6.1中12脉波换流器采用两套双绕组换流变压器，两个换流变压器的阀侧绕组分别

为Y/Y联结和Y/D联结，从而使两个6脉波换流器的交流侧得到相位差30°的换相电压。换流变压器利用磁耦合传送功率，实现交流系统与直流系统的电绝缘与隔离，进行必要的电压变换，减少由交流系统进入直流系统的过电压。换流变压器通常将送端交流电压变换为阀侧二次电压，经过整流器整流后进行直流传输。一般而言，换流变压器工作条件比较恶劣，例如：一次侧交流中含有高次谐波，将增大损耗引起发热；或者非同步触发在交流侧产生非特征谐波和直流分量，导致变压器噪声大等。换流变压器的容量根据直流额定输送功率而定。

以逆变站为例，极1、极2各有12台单相双绕组换流变压器，4台备用换流变压器，共计28台，每台换流变压器容量为587.1MVA。极1高端6台换流变压器（其中北侧三台换流变压器联结成Y/Y、南侧3台为Y/D），极1低端6台换流变压器（其中北侧三台换流变压器联结成Y/Y、南侧3台为Y/D）；极2高端6台换流变压器（其中南侧三台换流变压器联结成Y/Y、北侧3台为Y/D），极2低端6台换流变压器（其中南侧三台换流变压器联结成Y/Y、北侧3台为Y/D）；4台备用换流变压器型号为：1100kV Y/Y、875kV Y/D、550kV Y/Y、275kV Y/D，网侧自动有载调压，冷却方式为强迫油循环风冷。调压分接开关档数3档，从1档到3档。高端调压范围：+25/-5，每级电压：1.25%；低端调压范围：+20/-10，每级电压：0.65%。

2. 换流阀

图6.1中UHVDC站一个极有高、低端2个阀组，在双极四阀组全压运行状况下，正极两阀组的电压分别为0~550kV和550~1100kV；负极则与此相反，负极两阀组的电压分别为-550~0kV和-1100~-550kV。换流阀组经过旁路开关（旁路断路器、旁路刀闸、阴极刀闸、阳极刀闸）的配合，使得UHVDC具有不同运行方式，包括完整单极运行、1/2单极运行，1/2双极平衡运行、一极完整一极1/2不平衡双极运行、完整双极运行。

除此之外，UHVDC可以在运行中根据现场实际工况或者线路区域的气候条件选择采用额定电压或降压运行方式，通常情况下需要降压运行的情况主要有两种：①绝缘问题，在直流线路碰到较为恶劣的运行工况，如覆冰、强降雨或直流线路表面较重污秽，而UHVDC又在额定电压下运行，现场一次设备故障率较高时；②无功控制的需要，当直流输电系统被用来进行无功功率控制，通过提高换流阀的触发角来提高直流系统消耗无功功率时。

6.2.2 滤波器组

UHVDC系统运行时换流器的交流侧和直流侧会产生大量的谐波。根据6.2.1节分析，特征谐波的次数 n 与换流器的脉波数 p 有关，即：在交流电流中存在 $n=kp\pm1$ 次的谐波，在直流电压中存在 $n=kp$ 次的谐波，基于这一数学关系，UHVDC系统中交流侧主要谐波为11次和13次谐波，直流侧为12次、24次和36次谐波。对于交流系统而言，换流器本质上可以看作谐波电流源；而对于直流系统，换流器可以看作谐波电压源，它对电力系统稳定存在一定影响。例如：直流侧产生的谐波电压，会抬高极线上设备和线路的绝缘水平，造成设备造价的增加。而直流输电系统的直流侧安装谐波滤波器，可以将极线的出线电压控制在一个可接受的水平，从而降低极线设备的操作水平。因此，分别在交直流母线上接入滤波器组来抑制谐波，交流滤波器还能提供换流器换相时消耗的部分无功功率。

6.2.2.1 直流滤波器

直流滤波器的投入与退出是通过直流站控来实现的，在实际运行过程中，滤波器只有“接地”与“接入”两种状态，当滤波器保护发生动作时，其高压侧的隔离刀开关会被拉开，随后直流站控系统将启动直流滤波器隔离顺序将直流滤波器转为接地状态。

此直流工程每极包含2组（整流站及逆变站侧各1组）无源直流滤波器组，装配方式为“分置于极母线与中性母线之间”。直流滤波器按系统容量配置，由 R，L，C 三种基本元件组成，型式如图6.3所示，其滤波电路中对应的各元件参数见表6.3。

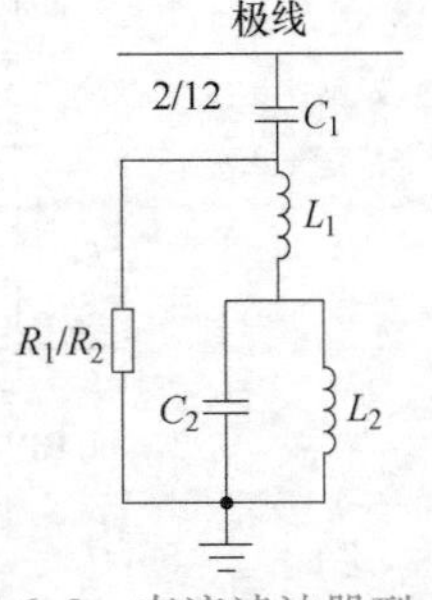

图6.3 直流滤波器型式

表6.3 直流滤波器主要参数

参数	数值
分组类型	2/12
总滤波器组数	4
调谐频率/Hz	100/600
$C_1/\mu F$	0.6
L_1/mH	408.4
$C_2/\mu F$	0.267
L_2/mH	2719.7
R_1/Ω	4130
R_2/Ω	9560
品质因数（电感）	100
电容的 $\tan\delta$（50Hz下）	0.0002

6.2.2.2 无功补偿及交流滤波器

换流器在整流和逆变的过程中会吸收大量的无功功率，当换流站无功缺额较大时，电网大量无功会流向换流站，造成电网无功不足引起电压降低。因此换流站都需要添加无功设备。由于逆变站是分层接入，高、低端换流器补偿的无功容量是分开设计的。无功设置分为几个大组，每组包含多种类型来满足最小滤波需求。

整流站750kV交流母线的交流滤波器分为4大组、20小组。其中，BP11/13交流滤波器5组，每组容量305Mvar；HP24/36交流滤波器4组，每组容量305Mvar；HP3交流滤波器3组，每组容量305Mvar；SC共8组，每组容量为380Mvar，如图6.4a~d所示，其对应滤波器参数见表6.4。

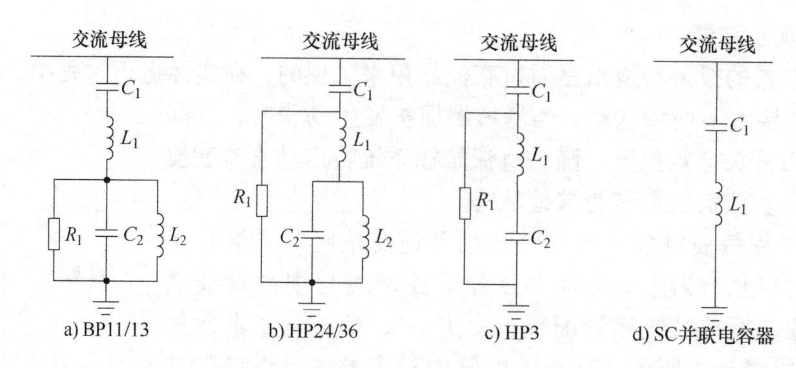

图 6.4 整流站 750kV 交流母线的交流滤波器组型式

表 6.4 整流站 750kV 交流滤波器参数

参数	滤波器分组类型数值			
	BP11/13	HP24/36	HP3	SC
$C_1/\mu F$	0.8015	1.614	1.616	2.014
L_1/mH	104.5	7.568	783.5	1.000
$C_2/\mu F$	0.8034	9.391	12.93	-
L_2/mH	74.62	1.199	-	-
R_1/Ω	8000	300	1313	-
调谐频率/Hz	550/650	1200/1800	150	-
分组数	5	4	3	8

逆变站 500kV 交流母线的交流滤波器分为 3 大组，14 小组。其中，BP12/24 交流滤波器 8 组，每组容量 285Mvar；HP3 交流滤波器 1 组，每组容量 285Mvar；SC 共 5 组，每组容量为 285Mvar；逆变站 1000kV 交流母线的交流滤波器分为 2 大组，12 小组。其中，BP12/24 交流滤波器 10 组，每组容量 340Mvar；HP3 交流滤波器 2 组，每组容量 340Mvar。图 6.5 所示为 BP12/24 交流滤波器型式，表 6.5 和表 6.6 所示分别为逆变站 500kV/1000kV 交流母线的交流滤波器元件参数。

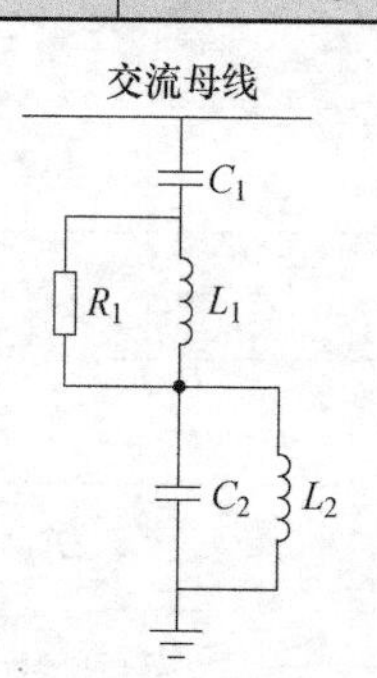

图 6.5 BP12/24 型式交流滤波器

表 6.5 逆变站 500kV 交流滤波器参数

参数	滤波器分组类型数值		
	BP12/24	HP3	SC
$C_1/\mu F$	3.469	3.488	3.488
L_1/mH	11.46	363.1	0.9000
$C_2/\mu F$	6.116	27.90	N/A
L_2/mH	5.228	N/A	N/A
R_1/Ω	400	912.6	N/A
调谐频率/Hz	592/1200	150	N/A
分组数	8	1	5

表 6.6 逆变站 1000kV 交流滤波器参数

参数	滤波器分组类型数值	
	BP12/24	HP3
$C_1/\mu F$	0.9762	0.9816
L_1/mH	38.04	1290
$C_2/\mu F$	1.763	7.8531
L_2/mH	19.89	N/A
R_1/Ω	1500	2162
调谐频率/Hz	340	340
分组数	10	2

当直流系统在额定（100%）直流电流运行方式下，换流站母线交流滤波器性能指标的最大值见表 6.7。

表 6.7 换流站母线交流滤波器参数

参数	数值		
	整流站 750kV 母线	逆变站 1000kV 母线	逆变站 500kV 母线
单次谐波电压畸变率（Dn）（%）	0.603	0.697	0.421
总谐波电压畸变率（Deff）（%）	0.819	0.855	0.86
电话谐波波形系数（THFF）（%）	0.603	0.374	0.655

6.2.3 平波电抗器

平波电抗器在直流输电系统中的作用十分关键，可以作为过电压保护的一部分，也可以阻止陡峭的闪电涌流进入换流器，限制由于换流器短路或直流线路电路故障导致的放电电流；还兼顾了能够使电流保持连续并且在一定程度上减小直流谐波。平波电抗器在选取时，并不是电感量选择得大就会有好的效果，一般遵循的原则有以下几点：

1）减少直流侧电流脉动分量。

2）如果出现阀电流间断问题，要兼顾确保电流连续。

3）如果出现换相失败问题，起到快速抑制电流突增的作用。

此 UHVDC 系统每极平波电抗器电感值为 300mH。其根据干式绝缘进行考虑，每极包含的该设备有 4 台，装配方式为“分置于极母线与中性母线”，每台平波电抗器电感值为 75mH。

6.2.4 旁路开关

在图 6.1 所示 UHVDC 的换流站内，每极每个阀组均配有相应的旁路开关（旁路断路器、阴极刀开关和阳极刀开关），通过旁路开关配合（即阀组投切）来决定相应阀组的运行方式（见 6.2.1 节），以便较好地接入交流系统，可减轻 UHVDC 单极停运对受端交流系统的影响。换流站每极的两个阀组之间是相互独立的，两个阀组在解闭锁等顺控操作中互不影响，通过断路器与刀开关的操作来进行阀组的接地、停运、备用、闭锁等操作。采用该种接线配置方式，使得 UHVDC 系统可以根据不同的运行工况采取不同的运行方式，对提高 UHVDC 系统的灵活性与可用率有直接影响。此直流工程换流站使用双阀组串联方式，并在阀组连接母线区配置有旁路断路器、隔离刀开关等，其一次系统接线的独有特点及更高可靠性的要求是 UHVDC 控制保护系统与常规高压直流控制保护系统有所区别的主要原因。

6.3 特高压直流输电控制系统

6.3.1 特高压直流输电控制系统 *V/I* 特性

就基本控制原理来说，UHVDC 系统中直流换流器是可控器件，其控制量从数学描述上看是触发角，直流输电系统的控制调节，是依靠改变换流器的触发角来实现的，而直接实现形式则是点火脉冲。无论哪种控制方式，亦或是对系统运行性能的改善，最终都要通过点火脉冲的快速控制来实现。直流输电线路两端的整流器和逆变器必须通过一定的控制和相互配合，才能保证直流系统的正常运行以及电能的传输和交换，而整流器和逆变器的协调控制很大程度上决定着 UHVDC 系统的运行特性。

换流器控制系统中电压调节器和电流调节器分开设置，而且分别装到整流端和逆变端。正常工况时，整流器保持恒电流，逆变器则保持恒电压，并留有足够的换相裕度。这一控制的基本原理如图 6.6 所示，图中整流器和逆变器特性是在整流器端测得的，逆变器特性（图中 CD 段，负斜率）包含了线路压降。整流器保持恒电流时，其伏安特性为一垂直线，如图 6.6中 AB 所示。

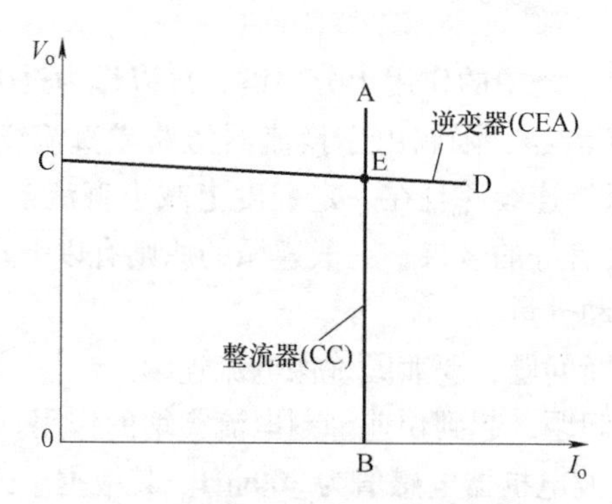

图 6.6　UHVDC 输电系统的理想运行特性

因为运行条件既要满足整流器的特性，又要满足逆变器的特性，所以运行点定义在它们的交点（E）上。电流指令变化时，换流器通过改变触发角 α 来改变电流，整流器的特性就以水平方式移动。同时也可以改变变压器分接头位置，逆变器特性可以上升或者下降，移动变压器分接头后，调节器将迅速恢复所需的息弧角（γ）。

实际运行时，整流器靠改变 α 来保持恒电流。然而 α 不能小于它的最小值（α_{min}），一旦调到了 α_{min}，电压就不能再升高，而整流器将运行在定触发延迟角（Constant Trigger

Angle，CTA）上。所有整流器的运行特性实际有两段（FA和AB），如图6.7所示。线段FA与最小触发延迟角α_{min}相对应，代表CTA控制方式；线段AB代表正常的定电流（Constant Current，CC）控制方式。正常电压下，完整的整流器特性由FAB来定义，电压降低时，它将移动如F′A′B所示。

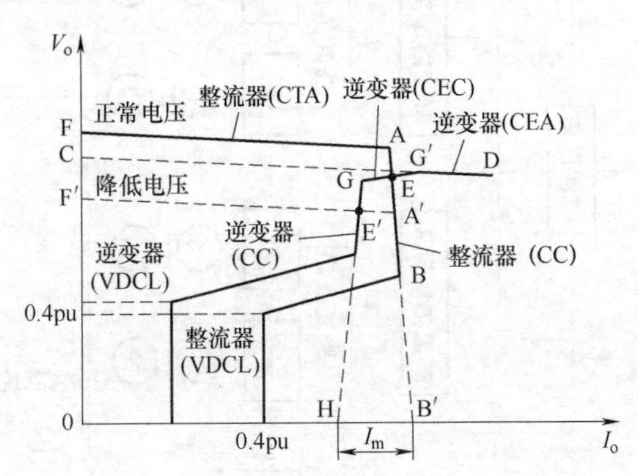

图6.7　UHVDC输电系统的实际运行特性

正常电压下逆变器的定息弧角（Constant Extinguishing Angle，CEA）控制特性和整流器特性相交于E点。然而在电压降低时，逆变器的CEA特性（CD）与F′A′B不相交。所以在电压大幅下降时，经过一段由直流电抗器限制作用的很短时间后，直流电流和功率将降到零，造成系统停运。

为避免上述情况发生，逆变器需要进行电流控制，设定其比整流器的整定值小一定比例，所以DGH才能表示完整的逆变器特性。整流器电流指令和逆变器电流指令之差称为电流裕度（I_m），它的大小通常被设定为额定电流的10%，以保证两条恒电流特性不会相交。当整流器电压降低时，其运行条件由交点E′来表示，此时逆变器定电流控制，而整流器则定电压控制，这种控制方式改变叫作方式转换。

6.3.2　分层控制系统

UHVDC输电系统控制逻辑采用分层控制的方式，控制层级从高到低，响应时间从慢到快依次为站控级（双极控制层）、极控级（极控制层）和换流器控制级（阀组控制层），分层结构如图6.8所示。各层均由双重化的主机和相应I/O设备构成，其控制系统分别置于独立的屏柜中，每块屏内均配有对应的系统切换模块，系统相互之间可通过控制总线、站内LAN（局域网）实现通信。正常运行时一套系统工作，另一套系统热备用，在运行系统出现故障时，切换至热备用系统。

图6.8中各控制级的作用分工明确，主控制系统和站控层（双极控制级）共同完成两个换流站内部的数据采集和两站间的数据通信及协调工作。双极控制级主要负责接收来自调度中心的直流功率指令，通过相应的功率分配逻辑将此指令转化为各极控制参考功率指令/电流参考指令，并将其传送至极控级。极控级是系统控制的中间环节，具有十分关键的作用，主要负责在接收功率/电流指令值后通过各种控制器的选择作用，向换流器控制层提供其所需要的电流整定值、电压整定值、息弧角整定值等指令。换流器控制层（阀控级）是系统控制的最后一环，主要负责将上一层传来的电流指令经过控制运算，生成换流阀所需要

的触发角指令。它也起到定电压控制、定熄弧角控制以及定电流控制等控制作用。

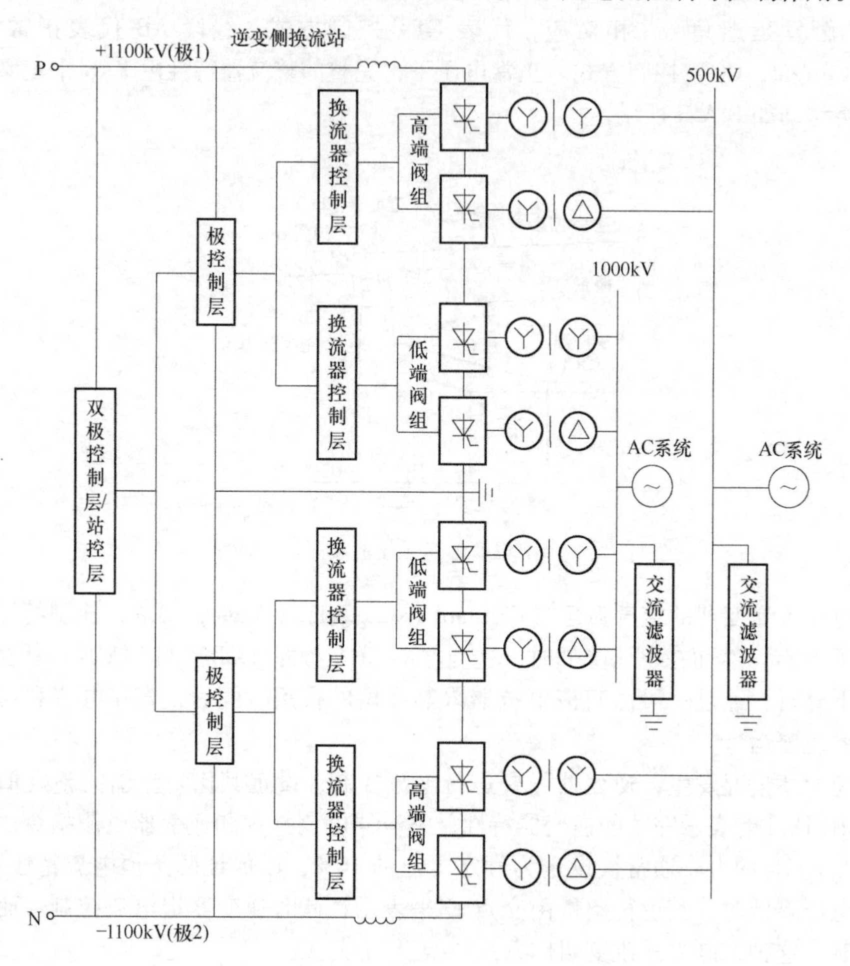

图 6.8　UHVDC 控制系统分层控制结构示意图

6.3.2.1　站控（双极控制）系统功能

UHVDC 中双极层功能放在直流站控中实现，双极层接收运行人员的指令，产生双极功率参考值，并通过控制总线下发给极控制层。双极层控制的主要功能有：双极功率控制、稳态控制、功率反转控制、低负荷无功优化和无功功率控制等。

1. 双极功率控制

双极功率控制是指极控系统根据运行人员设置的双极功率参考值来调节控制系统，使之保持双极功率恒定，它可分为自动功率控制和手动功率控制。自动功率控制模式是指双极功率定值及功率变化率按预先安排好的负荷曲线自动变化，而手动功率控制模式则是指在主控站由运行人员手动设置双极功率定值、功率变化速率和功率限定值。功率参考值的来源分为两方面：运行人员设定的功率定值和稳态控制（下面部分将介绍）生成的功率调制量。

功率控制的基本原理是用希望得到的双极功率参考值除以整流侧测量的双极直流电压，得到对应的电流指令，然后将此指令送往阀组控制以产生相应的触发角信号。双极功率控制原理如图 6.9 所示。

双极功率控制功能分配到每一极实现，任一极都可以设置为双极功率控制模式。当一极

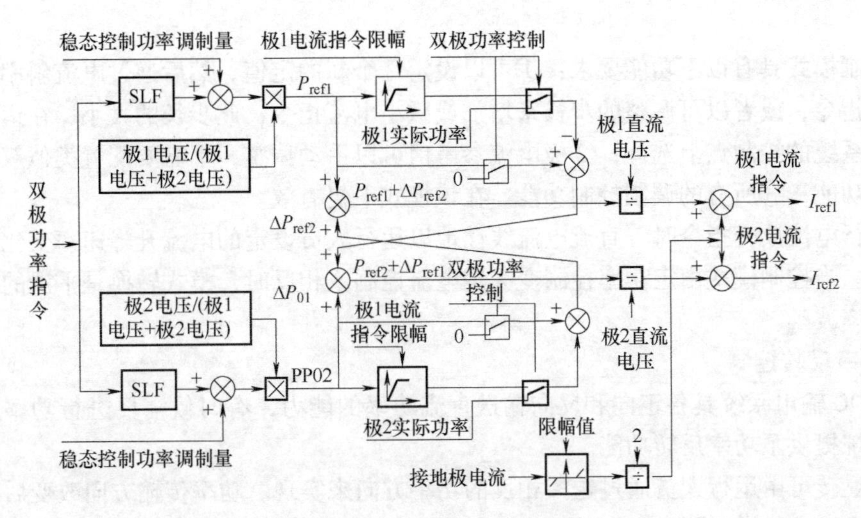

图6.9　双极功率控制原理图

按电流控制运行，功率控制确保由运行人员设置的双极功率定值仍旧可以发送到按双极功率控制运行的另一极，并可使该极完成双极功率控制任务。

如果两个极都处于双极功率控制模式下，双极功率控制功能为每个极分配相同的电流参考值，以使接地极电流最小。如果两个极的运行电压相等，则每个极的传输功率是相等的。当单极传输的功率不超过额定传输功率时，如果一个极降压运行而另外一极是全压运行，则两个极的传输功率比与两个极的电压比是一致的。

如果两个极中一个极被选为极电流控制（下面部分将介绍），则该极的传输功率可以独立改变，整定的双极传输功率由处于双极功率控制状态的另一极来维持。在这种情况下，接地极电流一般是不平衡的，双极功率控制极的功率参考值等于双极功率参考值和独立运行极实际传输功率的差值。

2. 稳态控制

稳态控制是直流系统的附加控制功能。当交流系统受到干扰时，稳态控制功能通过调节直流系统的传输功率使之尽快恢复稳定运行。稳态控制功能包括功率提升、功率回降、频率限制、双频调制和阻尼次同步振荡等。

由于逆变侧的功率控制器不起作用，极控系统通过站间通信将逆变侧生成的稳态控制功率调制量送到整流侧，并与整流侧产生的调制量相加形成最终的稳态控制参考值。功率斜率发生器的输出值和稳态控制参考值相加作为最终的功率参考值输出，去控制直流系统的功率传输。当站间通信失败时，逆变侧的稳定控制功能闭锁。

当换流站的双极都选择了极电流控制模式时，电流斜率发生器的输出值直接和稳态控制的调制电流参考值相加作为最终的电流参考值；当一极为功率控制模式，另一极为电流控制模式时，稳态控制产生的电流参考值会由极电流控制模式的极送到功率控制模式的极执行，这将通过极间功率转移（下面部分将介绍）完成。

3. 极电流控制

极电流控制模式在每个极单独实现。在极电流控制模式下，极控系统把直流电流指令保持在整定值上。逆变端和整流端之间的电流指令配合关系，经由各极的直流站间通信系统自动保持。

此控制模式具有以下功能要求：①可以设定一个新的定值，然后通过电流斜率发生器来改变电流指令，或者以可调整的步长来增加或减小电流指令，此步长的大小，在运行人员控制和监视系统的控制点上选择；②极电流参考值可以手动调整，不需要配置类似双极功率控制的自动功能；③所有的调制控制功能，在该模式下仍有效。

当执行电流改变指令时，直流电流线性地以运行人员设定的电流升降速率变化至预定的电流定值。当控制模式由定功率控制变为定电流控制或相反时，模式转换是平滑的，不会引起直流功率波动。

4. 功率反转控制

UHVDC 输电系统具备正向和反向输送直流功率的能力，有时候需要进行功率反送，直流站控系统提供了功率反转功能。

功率反转可由运行人员通过选择相反的功率方向来实现。功率传输方向改变后，原来的逆变站切换成整流站运行，原来的整流站切换成逆变站运行，两个站的控制模式互换。新的整流站运行在电流控制特性曲线上，熄弧角控制器和电压控制器不再起作用，与整流站控制模式相关的功能使能。新的逆变站运行在直流电压控制器特性曲线上，电流控制为后备控制，熄弧角控制器使能且作为限制最小熄弧角的后备控制。

5. 低负荷无功优化

低负荷无功优化是指在直流系统传输功率较低时，保持传输功率不变的情况下，通过增大换流阀的触发角，以增加换流器吸收的无功功率，减少直流系统注入到交流系统的无功，从而减轻交流系统轻载时的调压难度。这种模式下，换流变分接头调节到最高档以减小阀侧电压，进而降低直流电压值。

运行人员在工作站激活低负荷无功优化功能的同时，还需设定单阀组允许的最小电压值以保障直流电压运行在无功优化功能控制范围内。直流站控系统根据预先设定的直流功率与直流电压的对应关系，计算出当前功率水平下的直流电压参考值。直流站控将计算出的电压参考值同工作站设定的低负荷无功优化电压最小值进行比较，选择其中较大者作为低负荷无功优化的电压输出参考，该值通过控制总线传送至双极的极控系统，从而实现了直流电压调整。

6. 无功功率控制

换流器消耗的无功功率在直流系统满载运行时最大，但轻载运行时，所消耗的无功功率迅速变小。如果此时运行中的滤波器来不及切除，交流系统将被注入过剩的无功功率，将抬高交流母线电压。所以滤波器的投切控制必须实时有效，使交流系统母线电压能始终维持在额定的范围。换流站所需的无功功率由电容器和交流滤波器共同提供，正如 6.2.2 节讨论，交流滤波器分为几个大组，尽量使每个大组中均有多种的类型，便于只有一个大组运行时满足最小滤波器的要求。这样，在直流系统满负荷运行时，可投入电容器小组来控制无功功率；在轻载运行时，可以切除电容器小组或滤波器小组来控制无功功率，但滤波器小组不能切除过多，否则无法保证满足交流场谐波性能要求。

6.3.2.2 极控系统功能

极控制层完成与极相关的控制功能，从双极控制层接收极电流/功率参考值，进一步产生换流器层闭环控制所需要的直流电流、直流电压、熄弧角参考值。其主要功能有：极解锁/闭锁顺序、低压限流控制、极电流限制、电流裕度补偿、极电流指令协调等。

1. 极解锁/闭锁顺序

UHVDC每极由2个12脉波换流器串联而成，所以极解锁/闭锁逻辑比常规直流输电系统多了两种特殊的方式：解锁第二个阀组和闭锁第一个阀组。这两种情况都需要交流旁路开关和阀触发脉冲信号做密切配合，并且整流站和逆变站动作时刻也有严格要求。串联双阀组同时解闭锁的情形与常规直流系统完全一致。但当串联双阀组不同时解闭锁时，基于安全性和对交直流系统的冲击考虑，程序逻辑中需要确保第二个阀组解锁时整流侧先于逆变侧一个很短的时间；闭锁第一个阀组时，逆变侧先于整流侧一个很短的时间。并且当站间通信故障时，不建议解锁第二个阀组。

2. 低压限流控制

低压限流控制环节（Voltage Dependent Current Order Limitation，VDCOL）功能是在直流电压降低时对直流电流指令进行限制，它的主要作用是当交流电网扰动后，可以提高交流系统电压稳定性，帮助直流系统在交直流故障后快速可控地恢复，并可避免连续换相失败引起的阀过应力。如图6.7所示，当直流电压下降至0.4pu，电流指令的最大限幅值开始下降。如果当前电流参考值大于电流指令的最大限幅，则输出的电流参考值将降低。电流参考值的降低可防止逆变侧发生交流故障时造成的电压不稳。如果直流电压持续下降，电流指令的最高限幅则不再下降，保持在0.4pu。

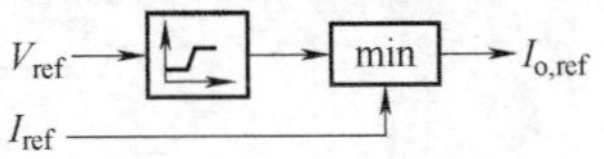

V_{ref} → [VDCOL] → min → $I_{o,ref}$
I_{ref} → min

图6.10 VDCOL的控制逻辑图

VDCOL环节控制是通过比较当前电流参考值与根据直流电压计算出的电流指令的最大限幅值，取二者中的最小值，得到的就是下发给阀组控制系统中电流调节器使用的电流指令。VDCOL的控制逻辑如图6.10所示。

3. 极电流限制

极层需要考虑各种电流限制条件，并根据允许的最大电流值计算极的功率传输能力。极电流限制主要是根据主设备的过负荷能力计算最大允许电流值，并与对站最大电流进行协调计算。即从系统主设备的过负荷能力、可用交流滤波器数计算的电流限制、功率极限计算的电流限制、直流保护请求的电流限制、降压运行的电流限制、功率反转的电流限制、站间通信失败后的电流限制、解锁/闭锁过程中的电流限制、运行人员设定的电流限制、对站的电流限制中选取一个最小的电流参考值。

4. 电流裕度补偿

电流裕度补偿功能是指当直流系统的电流控制转移到逆变侧时，在逆变侧将整流侧与逆变侧之间的电流裕度去除，使处于电流控制的逆变侧电流参考值与整流侧电流参考值相近。该功能只在整流侧并且站间通信正常情况下可用。当整流侧电流限制取消并重新恢复电流控制时，随着直流电流的上升，电流裕度补偿功能自动退出。

5. 极电流指令协调

极电流指令协调是根据各种不同情况选择用于换流器控制的电流指令，在极控系统中，电流指令的产生由多个环节组成，考虑很多因素的影响。下面阐述整个电流控制中电流参考值的产生过程。如图6.11所示。

极电流指令协调最终目的是保持逆变站电流控制器的电流裕度，以防止逆变站投入电流

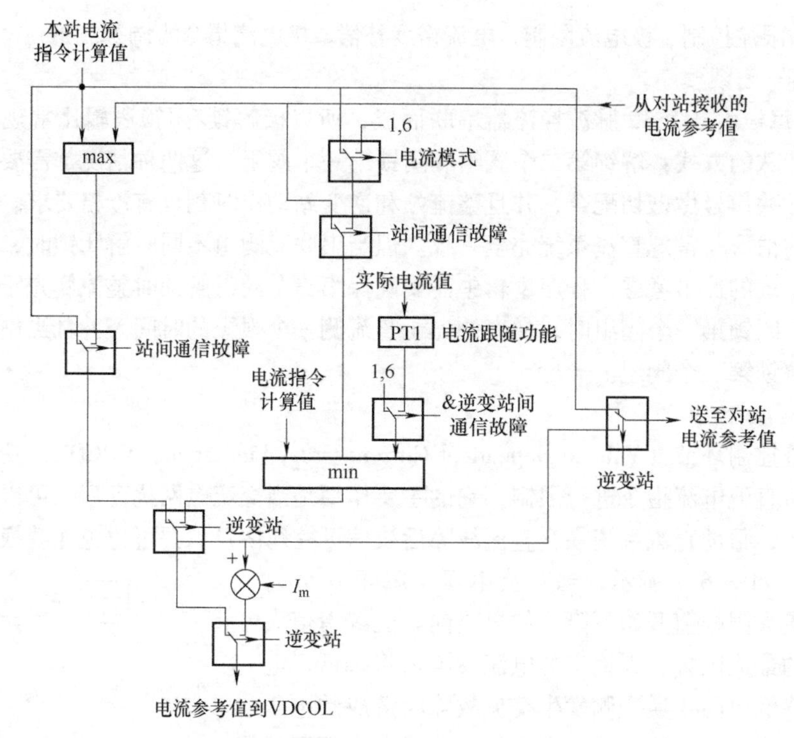

图 6.11　极电流指令协调逻辑图

控制。电流控制参考值在两站之间通过站间通信进行交换。就地主导站（整流站）的电流指令由电流指令计算器决定。用于电流控制的电流指令将用本站计算的电流指令和另一站的回检电流指令中的较大值，而远程主导站（逆变站）用于电流控制的电流指令则是取两者中的较小值。这就保证了逆变站的电流指令不大于整流站的电流指令。如果就地主导站的电流指令增加，则该增加的量将直接进入电流控制器，而不需要等待远程主站的电流指令回检信号。当就地主导站的电流指令减少时，则只有收到远程主导站的电流指令回检信号后，才能开始降低直流电流，这样可以避免逆变站瞬时裕度丢失。当站间通信故障时，逆变站的电流指令等于跟踪的直流电流值。

6. 极间功率转移

在双极功率控制模式下，由于每个极的电流指令都是由双极功率参考值除以双极直流电压得到的，所以正常情况下两个极的电流指令相等。但是在以下两种情况，极间功率转移功能将尽可能地维持稳定的功率传输。

1）当一个极运行于双极功率控制模式而另一极运行于电流控制模式时，由于电流控制模式的极的电流参考值和功率控制模式的极计算得到的电流参考值不一定相等，所以整个UHVDC 的传输功率就不一定等于操作员设定的功率参考值。这种情况下，极间功率转移功能会把两极的电流参考值之差乘以电流控制模式极的直流电压，转换为功率后送到处于功率控制模式的极，功率控制模式的极接收到另一极送过来的功率值后，除以本极直流电压转换成电流指令后加到本极，即根据功率参考值计算的电流指令上。

2）当一个极的电流处于限制状态而另一极为双极功率控制模式时，为了维持传输功率不变，极间功率转移功能将电流参考值与受限电流的差值转换成功率后送到另一极，处于功率控制模式的极将其转换成电流指令后，加到本极的电流指令上以补偿损失的传输功率。

6.3.2.3 阀控系统功能

阀控层是直接控制换流器触发的控制层。阀控层功能完成对12脉波换流阀组的闭环控制，主要包括直流电流控制、直流电压控制、熄弧角控制、控制器间协调和换流变分接头控制等。其中，换流变分接头属于慢速控制，其他属于快速闭环控制。

1. 直流电流控制

直流电流控制是UHVDC的基本控制方式，正常运行时，整流侧电流控制起作用，逆变侧电压控制或定熄弧角控制起作用。在整流侧，ΔI_o和ΔV_o经过最小值选择器选择之后，输入到PI控制器产生需要的触发角度。如果直流电流增加，ΔI_o变为负值，PI调节器会增大输出的触发角直到直流电流恢复到参考值设定的运行水平；反之，PI调节器将减小触发角直到直流电流恢复到参考值设定的运行水平。

在逆变侧，电流、电压以及熄弧角三个控制器的控制误差ΔI_o、ΔV_o和$\Delta\gamma$经过最大值选择器选择之后输出到控制器，产生需要的触发角度。正常情况下，由于逆变侧具有0.1pu的电流裕度，所以电流控制不会被选择。如果由于某种原因直流电流下降到小于直流电流参考值减去电流裕度的差，则ΔI_o变为正值，如果此变化量大于另外两个控制器的误差值，则直流电流控制被选择，控制器会通过减小触发角来增加直流电流，并且电流裕度补偿功能激活，使得逆变侧电流参考值接近整流侧的电流参考值。

2. 直流电压控制

直流电压控制在两种换流站有不同的用途。在逆变侧，直流电压控制器是正常的控制方式以维持系统的直流电压；在整流侧，正常情况下直流电压控制作为一个限制器，当直流电压大于电压参考值与电压裕度之和时，整流侧的电压控制器会瞬时投入，防止直流过电压。

如果整流侧交流电压降低，由于最小α_{min}角限制而失去电流控制，逆变侧将接管直流电流控制，此时的直流电压将取决于α_{min}角和整流侧的交流电压值；如果整流侧交流电压增加到正常值以上，整流侧直流电压控制可能会瞬时投入运行以控制直流电压。但是一般情况下，虽然整流侧交流电压增加到正常值以上了，整流侧还会维持为电流控制，因为交流电压增加也引起直流电流的增加，电流控制器会通过增大α角使直流电流恢复正常，这也就会使整流侧的直流电压降低到正常水平。究竟哪种控制器起作用，主要看直流电压和直流电流的变化幅值和变化速率。正常情况下，逆变侧直流电压控制整流侧的直流电压为设定值，用作控制变量的整流侧直流电压通过计算得到。当整流侧处于α_{min}限制时，逆变侧会切换到直流电流控制，为了使逆变侧控制方式平滑转变，极控系统中提供了电流误差控制（Current Error Control，CEC）功能，如图6.7所示。该功能是逆变侧电压控制的一部分，当电流控制器的输入误差大于5%后，逆变侧的电压参考值会减去一个与电流控制误差成比例的调制量。当逆变侧交流电压降低时，为避免熄弧角小于最小参考值，逆变侧熄弧角控制器将取代电压控制器。这种情况下可能会出现瞬时的换相失败。当交流电压增加时，逆变侧电压控制器将通过减小触发角来维持整流侧电压保持为参考值，换流变分接头控制会调节熄弧角值，这种情况下不会发生控制方式的切换。

3. 熄弧角控制

熄弧角调节器是逆变侧采用的一种调节方式，该调节器只在熄弧角降低到熄弧角最小值以下时投入，熄弧角调节器投入后会将熄弧角恢复到参考值以上，这样可以更好地防止换相失败的发生。工程中的熄弧角参考值设置为17°，这个值必须和分接头角度控制设定相配合以避免干扰，它必须低于分接头的整定值，以防止熄弧角在分接头控制动作之前对熄弧角进行控制。熄弧角控制使用实测型的熄弧角，通过测量从每个阀的电流过零到电压过零的时间，得到了每个阀实际的熄弧角的大小。当熄弧角降低到参考值以下时，如果熄弧角控制器被选择，则控制器会通过减小触发角使熄弧角恢复到参考值。

4. 控制器间协调

根据基本控制策略，阀组控制主要由三个基本控制器组成：电流调节器、电压调节器和熄弧角调节器。按照图6.7中UHVDC系统V/I运行特性曲线，需要三个调节器协调配合来完成两侧触发脉冲的产生，如图6.12所示。三个基本控制器拥有各自PI调节器，为便于阐述，图6.12示意图中采用三个控制器共用一个PI调节器方式。整流侧选取ΔI_o和ΔV_o中的最小值作为调节器的输入，而逆变侧选择ΔI_o、ΔV_o、$\Delta\gamma$中的最大值作为调节器的输入。通过3个PI调节器的协调方式，可确保输出的触发角指令在任何情况下不会发生突变。在不同的运行模式（整流/逆变）下，选取不同的输入值（ΔI_o、ΔV_o、$\Delta\gamma$）时，PI调节器的比例常数和积分常数是不同的。调节器的最终输出为触发角指令。运用这种调节器配合方式，当有效控制器在电流/电压/熄弧角调节器之间切换时，这种变化过程是平稳的，不会引起触发角指令的突变，也不会使输送的功率产生任何不期望的波动。

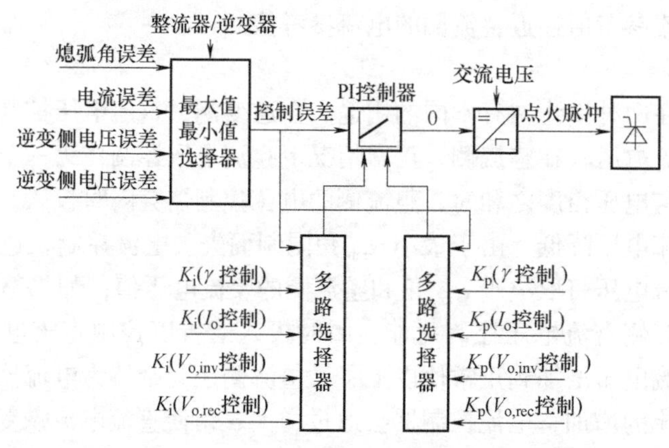

图6.12 PI调节器的协调方式示意图

5. 换流变分接头控制

换流变分接头控制是配合阀组控制的一种慢速控制，5~10s每步，并具有台阶效应，分为手动模式和自动模式。分接头控制的目的是保持触发角、熄弧角和直流电压在一定的范围内。由于分接头调节的步进特性，在角度控制和电压控制中均提供合适的死区以避免分接头的来回调节。手动控制模式是指在分接头升降允许的情况下，运行人员可以手动地升降分接头。在手动控制模式下的分接头升降也要受到最大换流变压器阀侧理想空载电压V_{oi0}的限制。自动控制模式是指控制系统根据系统运行工况自动调节换流变压器分接头档位。在自动控制模式下，运行人员不能手动升降分接头。自动控制模式下的分接头调节主要包括角度控制、V_{oi0}控制以及起动位置控制。角度控制是一种标准的分接头控制模式，整流侧为α控制，逆变侧为γ控制。当极解锁后，如果运行人员选择了角度控制，则该控制起作用。整流侧α控制使触发角在12.5°~17.5°之间，逆变侧γ控制使熄弧角在17.5°~21.5°之间。如果实际的角度超过此范围则换流变压器分接头开始动作。为了避免快速响应，实际测量到的角度要经过 500ms 的平滑滤波。V_{oi0} 控制就是维持计算得到的换流变压器二次电压 $V_{di0Calc}$ 在一定的电压范围内，如果计算的 $V_{di0Calc}$ 小于下限参考值时，分接头降低，提高换流变压器二次电压，使其恢复到参考值范围内，反之分接头上升，使其恢复到参考值范围内。在自动控制模式下，当换流变断路器闭合后分接头控制将强制为 V_{di0} 控制，这可保证在换流器解锁以前，两侧的换流变压器二次电压在理想的电压水平。

6.3.3 精细化分层控制模型

遵循上述分层控制系统功能，UHVDC 输电控制系统的精细化分层控制主要包括双极控制模块、极控制模块和换流器控制模型（包括换相失败预测控制模块、定电流/定电压/定熄弧角控制器模块、阀组电压平衡控制模块、触发角控制模块）等。下面将对各模块对应模型结构进行介绍。

6.3.3.1 双极控制模型

双极控制的主要功能是根据运行人员对特高压直流运行工况的要求向极 1 和极 2 分别分配功率参考值指令 P_{ref1} 和 P_{ref2}，两极功率的分配正比于本级的直流电压。除此之外，当直流输电系统需要进行直流附加功率控制时，双极控制系统还可向各极分配附加控制功率 ΔP_{ref1} 和 ΔP_{ref2}。双极控制模型结构如 6.13 所示。

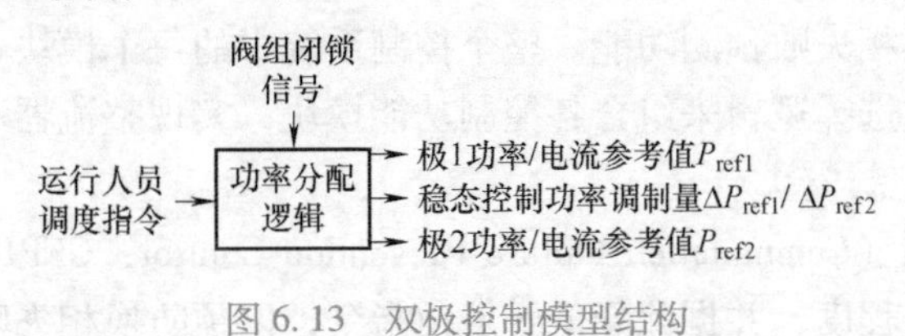

图 6.13 双极控制模型结构

其中的功率分配逻辑保证 P_{ref1} 和 P_{ref2} 分别正比于该极的运行直流电压。双极控制系统直流功率为运行调度人员设定值或预先设定的功率曲线值。

6.3.3.2 极控制模型

极控制的主要功能是向每个换流器提供电流参考值 I_{ref}，其控制结构及其输出逻辑关系如图 6.14 所示。显然，极控制模块有两种运行模式：①定（双极）功率控制模式；②定（极）电流控制模式。当采用双极功率控制模式时，极控制模块的输入为双极功率控制模块的输出：P_{ref1}、P_{ref2}、ΔP_{ref1}、ΔP_{ref2}，它可以保证该极传输的有功功率为双极控制所下达的功率指令；当采用极电流控制模式时，极控制模块的输入为电流期望值 I_{set}，它可以保证该极传输的电流为运行人员下达的电流期望指令。

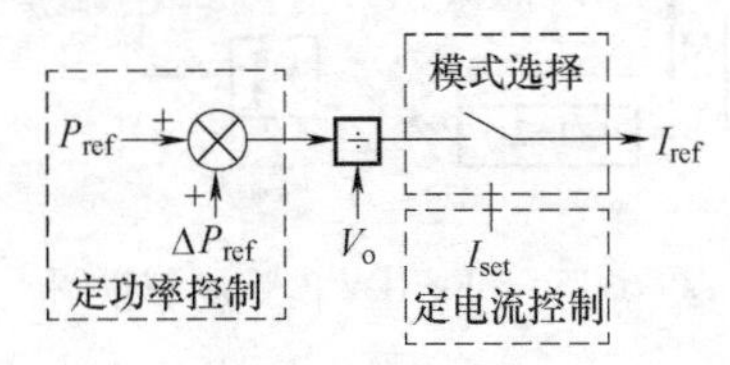

图 6.14 极控制模型结构及其输出逻辑

图 6.14 中，P_{ref} 与 ΔP_{ref} 分别表示来自双极控制的直流输送功率参考值指令以及附加控制功率指令，V_o 表示直流线路测量电压，I_{set} 表示运行人员设定的电流期望值，I_{ref} 为最终输送给下层换流器控制的电流指令值。

若采用定功率控制模式，当一极降压运行或闭锁时，直流双极电压将会下降，为维持直流输电系统传输功率恒定，定功率控制功能将会增大直流输电线路传送的电流。若采用定电流控制方式，当一极降压运行或闭锁时，由于定电流控制维持直流输电线路电流恒定，因此传送功率将会降低。因暂态期间或功率控制器暂时不能正常工作时，定功率控制模式能自动平稳地过渡到定电流控制模式，这一过程要求实测直流电流的扰动小于1%，暂态过程结束允许返回到原来的功率控制或功率控制器恢复正常后，系统可以手动或自动地返回到功率控制方式运行，这一过程同样要求实测直流电流的扰动小于1%。无论是手动还是自动从一种控制模式转换到另一种控制模式，系统将向运行人员给出提示信号。

除电流参考值外，极控制还输出熄弧角参考值γ_{ref}和电压参考值V_{ref}，这两个参考值往往是人为设定的。其中，熄弧角参考值设置为17°，直流电压参考值V_{ref}由3个量确定：①直流正常运行时由主控站指定直流电压的参考值；②当低负荷无功优化模块启动时，参考值自动切换至由主控站发出的V_{ref}指令进行低负荷的优化控制；③降压运行模块，当降压运行时主控站发出降压指令使V_{ref}切换为降压指令值。3种V_{ref}的控制优先级相同，指令值切换到最近发出的值。

6.3.3.3 换流器控制模型

换流器控制层模型结构功能包括定电流控制、定电压控制、定熄弧角控制以及低压限流控制、分接头控制、换相失败预测功能。整个控制系统中的每个模块单独实现一个具体的控制功能，通过控制方式选择逻辑来组合各控制功能模块，实现整流器和逆变器的配合控制。

1. 换相失败预测控制模块

换相失败预测控制（Commutation Failure Prevention Control，CFPREV）的作用是通过检测交流侧系统故障严重程度，并据此降低触发角指令，以预防换相失败。检测交流系统故障原理为：发生单相接地故障时，交流换相电压三相瞬时值之和应不为0；发生三相故障时，交流换相电压瞬时值经αβ变换得出的矢量应小于稳态值。因此CFPREV模块包括2个并列部分：①检测零序电压分量来判断交流系统是否发生单相短路故障；②检测abc/αβ坐标变换矢量来判断交流系统是否发生相间和三相短路故障。分层接入方式下逆变侧正、负极的高/低端阀组（见图6.8）换流器的控制均独立配置，对于CFPREV控制环节，也是如此。CFPREV的控制逻辑如图6.15所示，图中V_{level1}、V_{level2}分别为两种故障所对应的标准阈值。

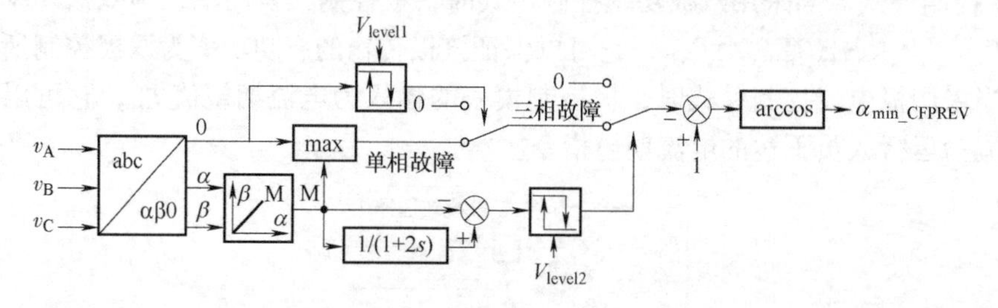

图6.15 CFPREV的控制逻辑图

当零序电压分量的绝对值大于所设标准阈值V_{level1}时，则启动CFPREV；二是利用了abc/αβ变换计算交流电压模值来检测三相故障，在系统正常时，电压模值十分接近于1。

一旦出现三相故障且电压模值在故障前后的数值之差高于限定的标准V_{level2}，CFPREV将立即被激活，发挥控制作用。CFPREV启动则表明交流系统发生了故障，此时该环节会迅

速将所检测到的差值转化为角度，输出角度α_{min_CFPREV}表示为

$$\alpha_{min\_CFPREV}=\arccos[1-\max(g_{\alpha\beta}\Delta V_{\alpha\beta},g_0V_0)] \tag{6.1}$$

式中，$\Delta V_{\alpha\beta}$为交流系统所连的换流母线电压变化量；V_0为交流系统所连的换流母线零序电压分量；$g_{\alpha\beta}$为abc/αβ变换检测电压模值时对应的角度增益；g_0为零序电压检测时对应的角度增益，直流工程中g_0取为0.15，$g_{\alpha\beta}$取为0.2。

α_{min_CFPREV}直接对定电流/定电压/定熄弧角控制器的输出进行修正，以形成最终的触发角参考值。输出角度α_{min_CFPREV}作为负增量被送至AMAX（将在图6.18中介绍），使其输送至电流调节器并充当其上限的AMAX减小，进而迫使逆变器触发角减小以提前产生触发脉冲，增大熄弧角，最终减小发生连续换相失败故障的风险。

2. 定电流/定电压/定熄弧角模块

（1）触发角闭环调节

换流器控制层的核心任务是接收来自极控层输出的电流、电压、熄弧角参考值，经过闭环调节器运算，产生晶闸管触发角指令，并输送给底层的阀控系统。该触发角指令值使直流输电系统的电流、电压或熄弧角跟踪其上层控制给定的参考值。根据基本控制策略，触发角计算包括电流调节器、电压调节器和熄弧角控制器。三个基本控制器的协调配合按图6.16所示的方式实现。

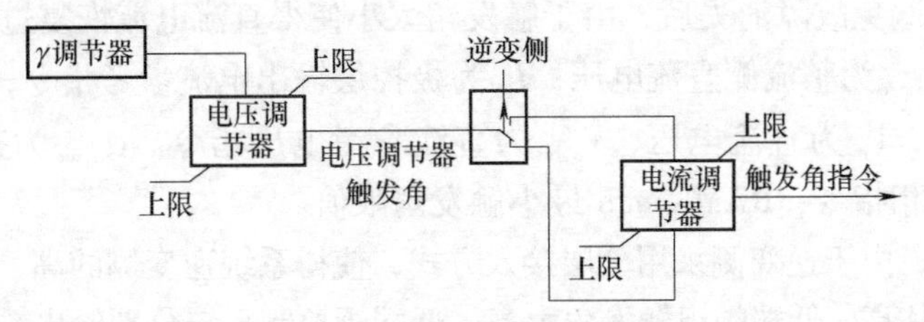

图6.16　三个基本控制器协调配合工作原理图

该方式采用限幅的方式在三个控制器之间进行协调配合。三个控制器有自己独立的PI调节器。熄弧调节器的输出作为电压调节器的最大值限幅，电压调压器的输出在逆变运行时作为电流调节器的最大值限幅，在整流运行时作为最小值限幅。随着运行模式（整流/逆变）、运行状态（起动/停运）以及外部交流系统条件的变化，三个控制器之间依次限幅的配合方式使得在有效控制器的转换过程中输出触发角指令的变化是平滑的。此外，在换流器控制中对整流和逆变运行配置不同的参数，使得在实际运行中整流侧和逆变侧由不同的控制器起作用，从而实现*V*/*I*曲线（见图6.7）。

（2）电流调节器

整流侧和逆变侧配置完全一致的电流调节器。通过在逆变侧的电流指令中减去一个电流裕度来实现整流侧电流控制。闭环电流调节器的主要目标是保证电流控制环的性能：①快速阶跃响应；②稳态时零电流误差；③平稳电流控制；④快速抑制故障时的过电流。

闭环电流控制测量实际直流电流值，与电流指令相比较后，得到的电流差值经过一个比例积分环节，输出指令值到点火控制。

（3）电压调节器

由于双向传送直流功率，整流侧和逆变侧都配置相应的电压调节器。电压调节器功能包括：①过电压限制（仅整流侧）；②直流电压调节器。电压调节器是一个PI调节器，其输

出将作为电流控制器的上限值或下限值。当处于逆变运行时，它将作为电流控制器的上限值，以限制电流控制器的最大触发角输出；当处于整流运行时，它将作为电流控制器的下限值，以限制最小触发角输出。

以整流侧的定电流控制环节为例说明触发角闭环调节，如图 6.17 为整流侧的控制系统框图，控制系统为闭环的电流控制，由 VDCOL、电流调节器和电压调节器构成。

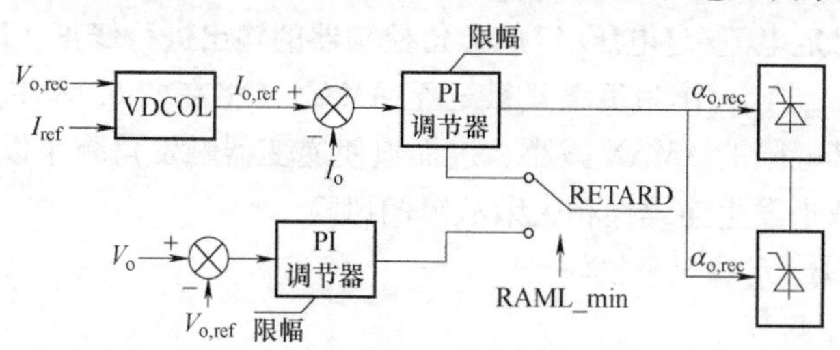

图 6.17　整流侧的控制系统框图

通过 VDCOL 输出的电流参考值 $I_{o,ref}$ 与直流电流作差，输入到电流调节器中，经 PI 调节及限幅环节获得换流阀的触发角指令值。电压调节器的输出在正常状态下作为电流控制器的下限，RAML 为整流站最小触发角 α_{min} 限制器，检测到交流系统故障出现低电压时，RAML 启动限制触发角，避免故障消失后，由于触发角太小使得直流电流恢复过快。

图 6.17 中，$V_{o,rec}$ 为整流侧直流电压；I_{ref} 为极控层输出电流参考指令；$I_{o,ref}$ 为直流参考电流；I_o 为直流电流；V_o 为直流电压，$V_{o,ref}$ 为直流参考电压指令。$\alpha_{o,rec}$ 为整流侧触发角指令值；RETARD 为移相指令；RAML_min 最小触发角限值。

与整流侧不同，由于逆变侧采用分层接入方式，使得系统逆变侧的高、低端阀组需要单独配置阀控制系统，其高、低端阀组触发角由高、低端阀控制系统分别给出。逆变器控制系统由 VDCOL、电流调节器、电压调节器和熄弧角调节器构成一个闭环控制器，如图 6.18 所示。

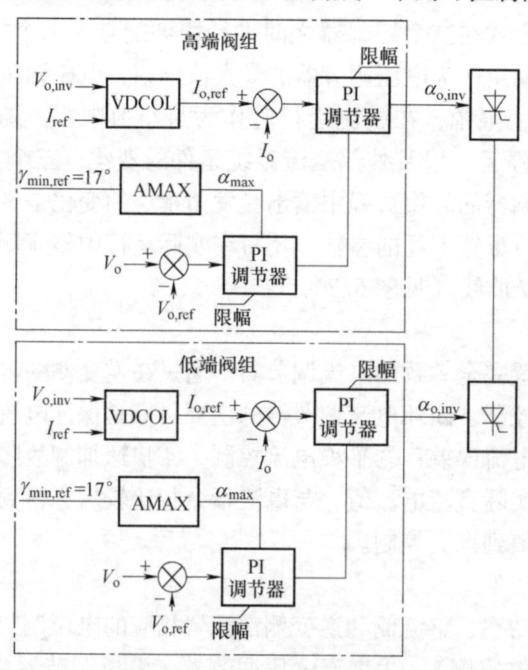

图 6.18　逆变侧的控制系统框图

图 6.18 中，$V_{o,inv}$ 为逆变侧直流电压，$\alpha_{o,inv}$ 为逆变器触发角指令值，$\gamma_{min,ref}$ 为最小熄弧角参考指令，AMAX 为最大触发角限制器，其他变量定义同图 6.17。

逆变器中特有的，熄弧角调节器的控制功能主要由 AMAX 来实现，AMAX 的控制逻辑如图 6.19 所示。

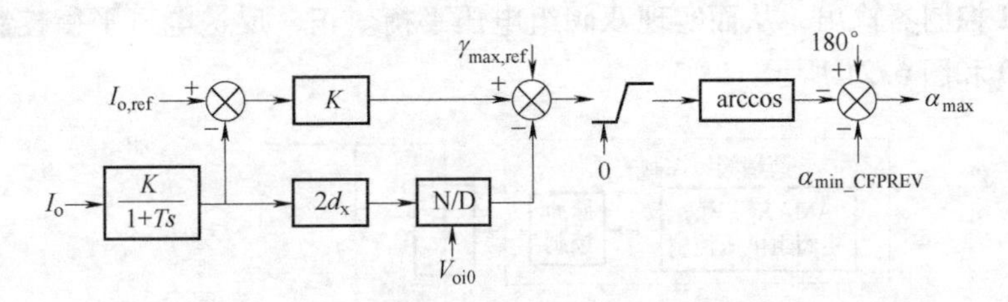

图 6.19　AMAX 的控制逻辑图

AMAX 通过直流电流指令值、空载直流母线电压及熄弧角指令值等参数计算逆变侧阀组的超前触发角 β。AMAX 它可以使逆变侧处于"负电阻"状态，当受端电网较弱，能够避免当熄弧角为定值时，直流电压将随着直流电流的增大而减小所带来的稳定性问题。AMAX 的设计原理如下式所示：

$$\beta=\arccos\left[\cos\gamma-2\times d_x\times\frac{I_o}{V_{oi0}}+K(I_{o,ref}-I_o)\right] \tag{6.2}$$

式中，β 为逆变器的触发超前角；γ 为熄弧角；d_x 是换流变压器的感性直流压降；I_o 为线路流过的直流电流；V_{oi0} 逆变侧换流器的空载直流母线电压。

计算 β 时，若将 $\Delta I_o=I_{o,ref}-I_o$ 作为附加量考虑进去，则可以增加稳定性。其中，控制电流误差项的增益 K 即可对 AMAX 曲线的正斜率进行调节。当计算 β 后，由 $\alpha_{max}=180°-\beta-\alpha_{min\_CFPREV}$ 可计算出逆变器最大触发延迟角 α_{max}。

在系统正常运行时，由于补偿项 $K(I_{o,ref}-I_o)$ 为零，AMAX 起到定熄弧角的作用。一旦系统发生故障，逆变站由定熄弧角控制向定电流控制转换时，AMAX 在 V/I 特性曲线中起到提供正向斜率的过渡效果。

3. 阀组电压平衡控制

为了保持特高压系统运行时设备安全，同极串联的双 12 脉波阀组承担的电压应基本相同。由于串联的两个 12 脉波阀组分别由不同的阀组控制系统控制，阀组电压很容易产生偏移，导致一个阀组可能小于 550kV 运行，而另一个阀组则在大于 550kV 下运行，严重时引起阀组功率和系统电压振荡。为了维持同极双 12 脉波阀组的电压值保持平衡，极控系统中的电压平衡控制功能提供了一附加的参考值 ΔV_{ref} 来保持两个 12 脉波阀组在平衡方式下运行。

在定直流电压控制中，控制系统通过计算出电压实际值与参考值之间的电压差 ΔV 输送给本极下面的两个阀控系统进行调节。阀控根据电压的分配情况，计算控制量电压差 ΔV 为

$$\begin{cases}V_{act1}=V_{oH}-V_{oM}\\V_{act2}=V_{oM}-V_{oN}\\\Delta V=\Delta V_{ref}-V_{act1}-V_{act2}\end{cases} \tag{6.3}$$

式中，V_{act1}、V_{act2} 分别为高、低端的实际动作电压；V_{oH} 为高阀组高端电压，V_{oM} 为高低阀组联

络线电压，V_{oN}为中性母线电压。

通过比较高端阀组承受的电压（$V_{oH}-V_{oM}$）与低端阀组端电压（$V_{oM}-V_{oN}$），进而计算出与（$V_{oH}-V_{oM}$）和（$V_{oM}-V_{oN}$）的差值成比例的调制量并通过控制总线将其下到高端阀组控制系统，将负调制量下发到低端阀组控制系统中。两个阀组的控制系统，根据差值调整两个阀组组控系统 PI 控制器输出，从而实现双阀组电压平衡。正、反送电压平衡控制逻辑示意图分别如图 6.20 和图 6.21 所示。

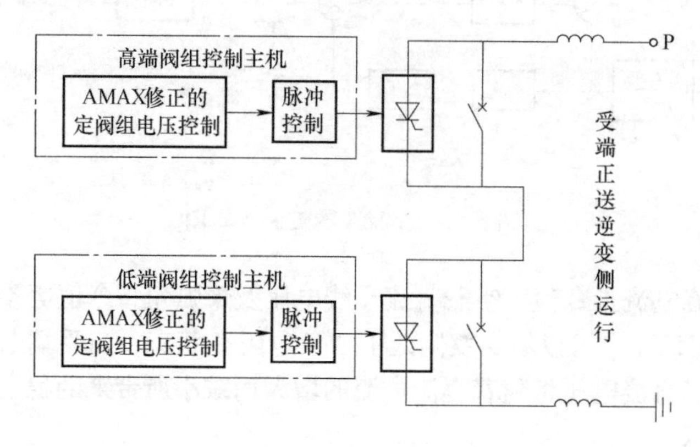

图 6.20　正送电压平衡控制逻辑示意图

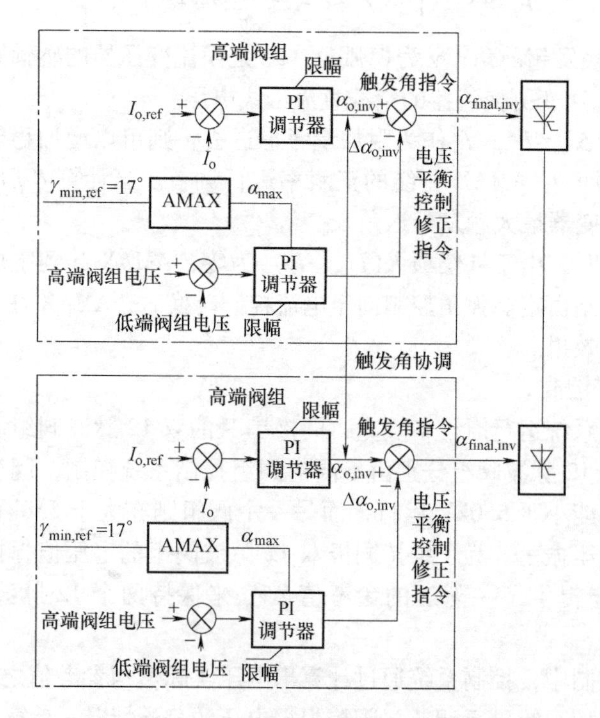

图 6.21　反送电压平衡控制逻辑示意图

（1）功率正送运行方式

如图 6.20 所示，直流功率正送运行时，受端处于逆变侧运行，高压和低压换流器正常运行中采用各自 AMAX 修正的定阀组电压控制模式，其电压控制器的控制对象分别为本换流器两端的直流电压加上线路压降的1/2计算出的整流侧直流电压，正常运行时电压控制器不起作用，由AMAX将熄弧角稳定在17°左右。两换流器的换流变压器接头控制采用定阀组电压策略，其控制对象与上述的电压控制器的控制对象一致。通过上述控制器配置，一方面能够保证把整极的直流电压控制在1100kV直流电压，另外一方面也能够自动保证两个阀组的平衡运行。

两侧协调控制的原则是电流裕度控制，即正常情况下，整流侧控制直流电流，逆变侧由于电流裕度的作用，退出电流控制，只控制直流电压。在某些特殊情况下，整流侧退出定电流控制，逆变侧两阀组退出各自修正的定电压控制，而进入各自的定直流电流控制。逆变侧两阀组电压可能会存在偏差，这时通过逆变侧配置的阀组电压平衡功能对高低压阀组换流变分接头进行调节，以保证两个阀组的平衡运行。

(2) 功率反送运行方式

如图6.21所示，直流功率反送运行时，受端处于整流侧运行，高压和低压换流器都配置有阀组电压平衡控制模块。正常运行中设置一个主控阀组，主控阀组采用定电流控制，另外一个从控阀组采用触发角跟随和电压平衡控制。电压平衡控制输入为两个阀组电压，经电压调节单元输出电压平衡控制触发角修正指令，叠加到主控阀组电流控制得到的触发角，作用于从控阀组，保持两阀组电压的一致。

4. 触发角控制模型

触发控制的作用是根据上层控制系统下达的触发角指令 α_{final}，向底层晶闸管生成触发脉冲。UHVDC工程采用等相位间隔触发系统。

等相位间隔触发系统的控制目标是使各晶闸管的触发脉冲间隔相等。对于十二脉波换流器，当系统稳态运行时，脉冲触发间隔恒为30°；当系统受到扰动后，经由等相位间隔触发系统，触发间隔以较快速度逼近30°，而系统触发角则以相对较慢的速度接近触发角参考值 α_{final}，直到最终触发间隔回到稳态值30°，而触发角维持在 α_{final}。

图6.22所示为等相位间隔触发控制模型结构，以模拟实际工程中脉冲生产逻辑。等相位间隔触发系统分为时间间隔测量环节、相控振荡环节、限幅环节和下一触发脉冲触发时间计算环节，其输入是上层控制器下达的触发角指令 α_{final}，输出是下一个脉冲的触发时刻 $t(n)$。

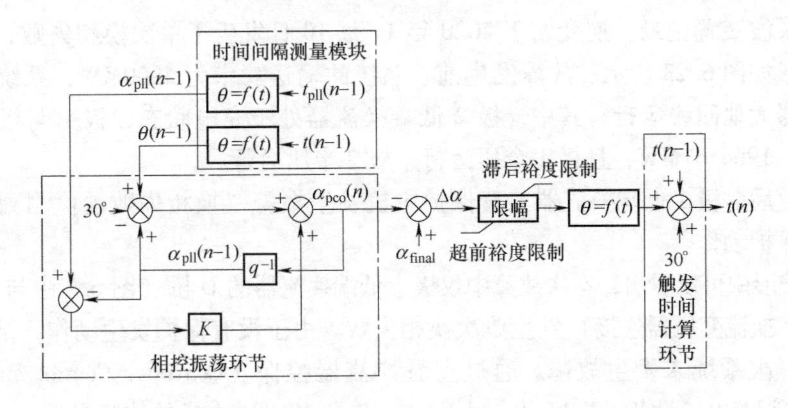

图6.22 等相位间隔触发控制模型结构示意图

图 6.22 中，$t(n-1)$ 表示第 $n-1$ 和第 $n-2$ 个触发脉冲的触发时刻之差；$t_{pll}(n-1)$ 表示第 $n-1$ 个触发脉冲的触发时刻和与之对应的交流换相电压正向过零点的时刻之差；$\theta(n-1)$ 和 $\alpha_{pll}(n-1)$ 分别表示 $t(n-1)$ 和 $t_{pll}(n-1)$ 换算成的电角度；$\alpha_{pco}(n)$ 为相控振荡环节的输出电角度；K 取值为 0.05；$\alpha_{pco}(n-1)$ 表示上一轮相控振荡环节的输出电角度；α_{final} 表示上层控制系统输出的触发角指令值；$t(n)$ 代表下一脉冲的触发时刻。下面对等相位间隔触发机理进行详细介绍。

在图 6.22 所示时间间隔测量环节中，$f(t)$ 表示时间到角度的转换函数，对于 50Hz 系统，在稳态情况下有

$$\theta=f(t)=18000t \tag{6.4}$$

式中，t 表示测量时间差；θ 表示由测量时间差换算而来的角度差。

此模型中所使用的测量角度均由测量时间转换而来。相控振荡环节所对应的计算式为

$$\begin{cases}\alpha_{pro}(n)=\alpha_{pro}(n-1)+m_1+m_2\\ m_1=\theta(n-1)-30°\\ m_2=K[\alpha_{pll}(n-1)-\alpha_{pro}(n-1)]\end{cases} \tag{6.5}$$

上式中各变量的意义和前文相同。可以看出，本轮相控振荡环节的输出电角度 $\alpha_{pco}(n)$ 相对上一轮相控振荡环节的输出电角度 $\alpha_{pco}(n-1)$ 的增量分为 m_1 与 m_2 两部分：m_1 表征了上一轮触发脉冲间隔与 30°的相对大小关系，m_2 的作用是实现实际触发角对触发角指令值的弱跟踪。其中，K 取值为 0.05。

α_{final} 与 $\alpha_{pco}(n)$ 的差值为触发角增量信号 $\Delta\alpha$，其表示下一触发脉冲 n 与最近一次触发脉冲（$n-1$）之间的角度差相对 30°的增量。限幅模块为每次触发的角度增量设定一个限制，使得触发角不至于过大或过小。

6.3.4 换相失败案例分析

2020 年 11 月 10 日，某 UHVDC 逆变站发生换相失败，虽然未引起闭锁停运，但被保护主机报“换相失败被检测到”。本节以站端录波装置记录的波形为依据，详细分析了事故发生与恢复全过程，并利用 UHVDC 详细模型对该换相失败现象进行复现。

6.3.4.1 故障描述

据站端录波装置记录，逆变站于 2020 年 11 月 10 日发生了单次换相失败，阀控主机的故障录波波形如图 6.23 所示。故障发生前，系统的输送功率为 5900MW，系统运行方式为双极三换流器大地回线运行，其中，极 2 低端换流器处于充电状态，极 1 与极 2 分别输送 3933.33MW、1966.67MW，且极 1 全压运行，极 2 半压运行。

故障发生后，极 1 低端换流器三套保护主机发生报警“换相失败被检测到”并触发录波，但没有保护动作。

从录波波形中可以看出，本次故障中仅极 1 低端换流器的 D 桥（图 6.1 中与 1000kV 交流母线通过Y/△换流变压器连接）发生单次换相失败。由于没有保护发生动作，结合交流电压波形可知，一次系统未发生故障。通过查看换流器控保（Converter Control and Protection，CCP）主机和阀基电子设备（Valve Based Electronics，VBE）主机的故障录波，可以看出极 1 低端换流器 D 桥的 Q_2 阀组出现了一次异常的控制脉冲（Control Pulse，CP），如图 6.24 所示。

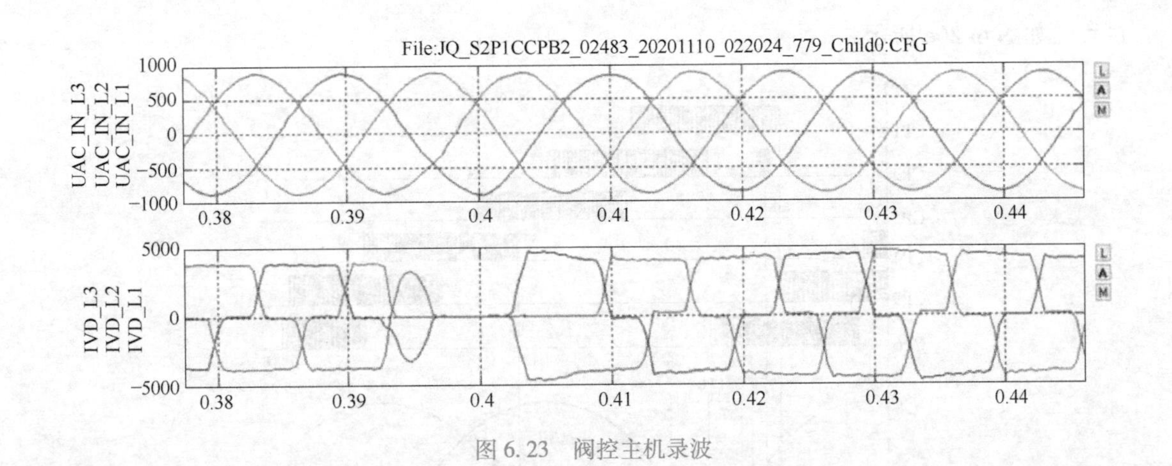

图 6.23　阀控主机录波

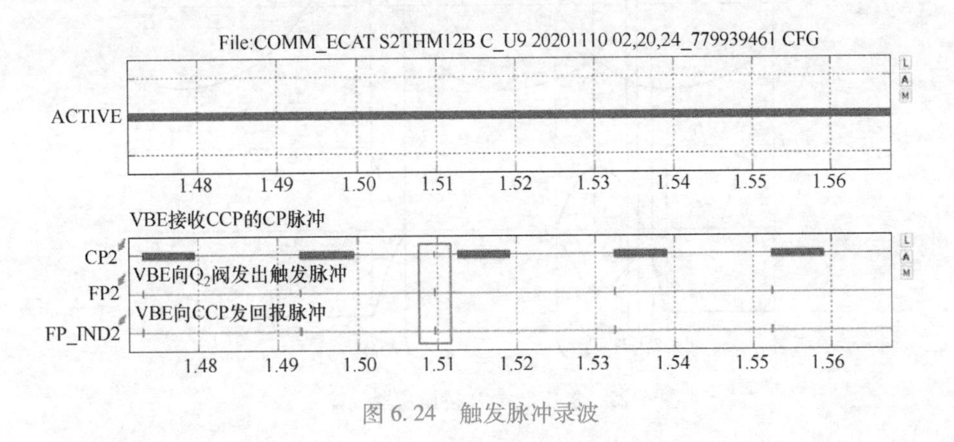

图 6.24　触发脉冲录波

本次故障没有触发换流器闭锁，系统在经历了短暂的故障状态后迅速恢复正常运行。

6.3.4.2　故障过程分析

本节将从工作原理角度分析 6.3.4.1 节所述故障的演变过程，并分析故障发生的原因。

结合一次和二次录波数据，可用 $T_0 \sim T_7$ 这 8 个时间节点将极 1 低端 D 桥换流器故障前后波形划分为 9 个阶段，如图 6.25 所示，图中 CP1 ~ CP6 为极 1 低端 D 桥六组阀组的控制脉冲，v_A，v_B，v_C 为交流侧母线电压波形，i_A，i_B，i_C 为 D 桥换流变阀侧三相电流。图 6.26 为与 9 个阶段对应的等效电路。

（1）T_0 时刻之前：换流器 A 相电流为 0，B 相电流为直流线路电流 I_o，C 相电流为 $-I_o$。此时 B 相上桥臂（Q_6）和 C 相下桥臂（Q_5）导通，如图 6.26a 所示。

（2）$T_0 \sim T_1$：在 T_0 时刻，Q_1 开始触发导通，C 相电流开始向 A 相转移，即 Q_5 的电流开始减小，Q_1 的电流从 0 开始增大，如 6.26b 所示。

（3）$T_1 \sim T_2$：在 T_1 时刻，Q_2 被误触发，Q_6 开始向 Q_2 换相，此时下桥臂仍处于 $Q_5 \to Q_1$ 的换相过程；因此出现了上、下桥臂均处于换相过程中，如图 6.26c 所示。但由于 Q_2 和 Q_5 形成了桥臂直通，直流电流 I_o 将迅速上升，换相角增大。

（4）$T_2 \sim T_3$：在 T_2 时刻，C 相电流为 0，此时 $i_{Q2} = i_{Q5}$，且此后 $i_{Q2} > i_{Q5}$，开关状态如图 6.26d 所示。

（5）$T_3 \sim T_4$：在 T_3 时刻，B 相电流降为 0，Q_6 关断，此时下桥臂仍处于 $Q_5 \to Q_1$ 的换相

过程，如图 6.26e 所示。

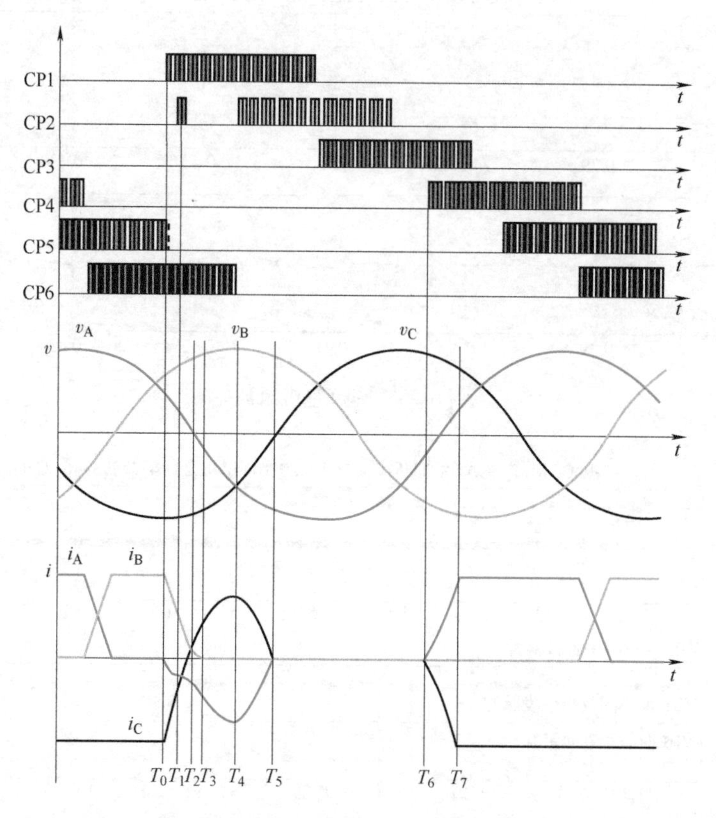

图 6.25　极 1 低端 D 桥换流器故障波形

（6）$T_4 \sim T_5$：从 T_4 时刻开始，u_{AC} 由正变负，Q_1 阳极承受反向电压使其开始关断；在此期间，本应到来的 Q_2 触发脉冲因 Q_2 已导通而无效，此时换流器导通状态与模态（5）一致。

（7）$T_5 \sim T_6$：在 T_5 时刻 Q_1 完全关断，Q_2 与 Q_5 直通，三相电流均降为 0，如图 6.26f 所示。在此期间，当 Q_3 触发脉冲到来时，由于 $u_{BN}<0$，Q_3 阳极承受反向电压而无法开通。

（8）$T_6 \sim T_7$：在 T_6 时刻，控制器发出 Q_4 的触发脉冲，又由于其承受正向电压具备了导通条件，使得上桥臂处于 $Q_2 \rightarrow Q_4$ 的换相过程，如图 6.26g 所示。

（9）T_7 后：在 T_7 时刻，上桥臂完成换相，Q_2 关断，换流器从换相失败恢复到正常运行状态，如图 6.26h 所示。

从上述分析可看出，Q_2 阀组的误触发是故障的直接原因。具体地，Q_2 的触发脉冲（Fire Pulse，FP）由 VBE 产生，而 VBE 只有在接收到 CP 信号后，在正向电压满足的条件下，才会向晶闸管发出 FP 信号，由此可判定 Q_2 的误触发是由于 VBE 收到了异常的 CP 信号。

可见，本次出现异常 CP 信号的可能原因有：CCP 主机侧的发射板异常、传输光纤受扰动异常或 VBE 侧的接收板异常。由于 CP 信号的监视仅在 VBE 单元的录波中存在，CCP 主机的录波中未发现异常的 CP 信号，但不能排除 CCP 主机电路板信号发射环节未受到干扰。

6.3.4.3　仿真

将直流系统详细模型以双极三换流器大地回线方式从停运状态启动，在传输功率稳定升至 5900MW 后的某一时刻，提前触发极 1 低端换流器 D 桥的 Q_2，可获得如图 6.27 和图 6.28

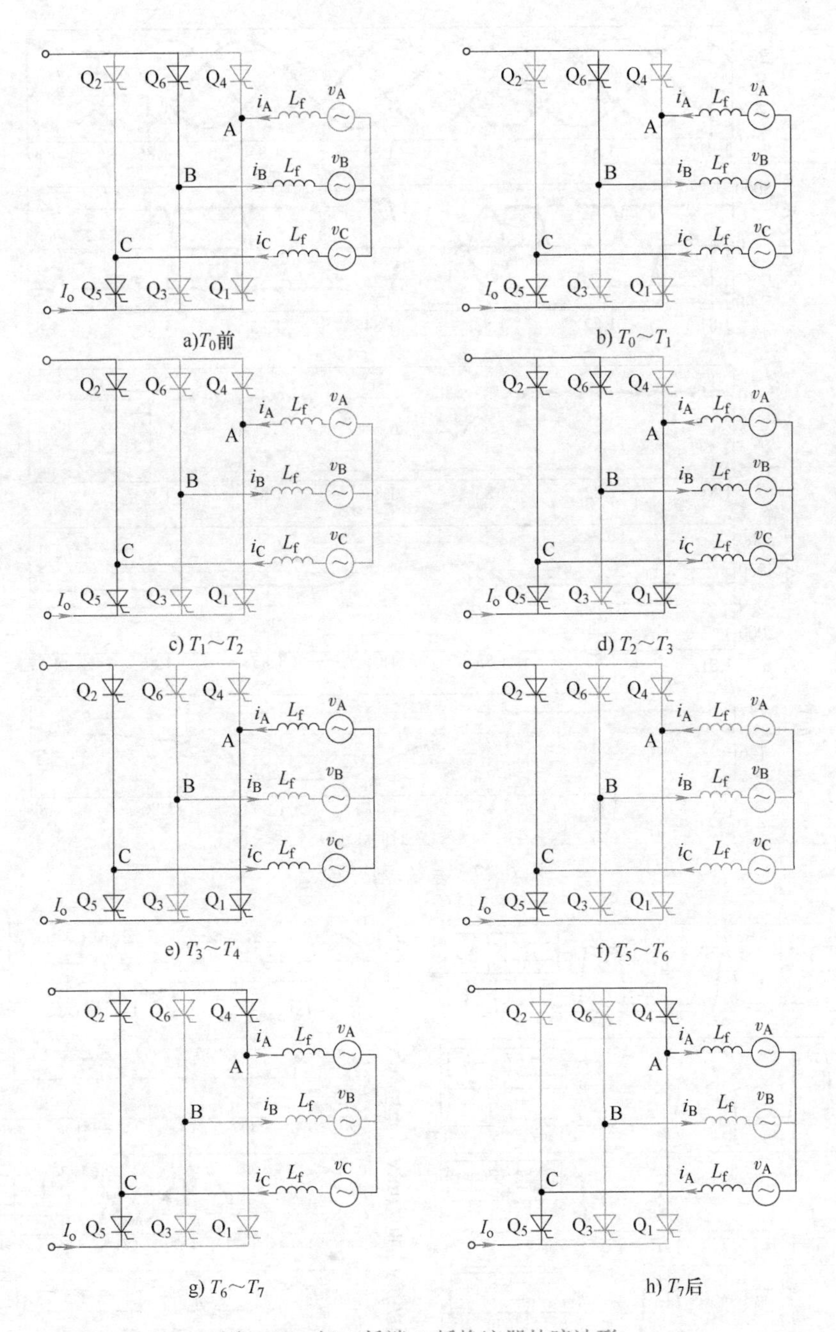

图 6.26　极 1 低端 D 桥换流器故障波形

所示的仿真波形。其中，图 6.27 所示的 5 个图形分别为交流侧 1000kV 母线电压、极 1 低端 D 桥换流变阀侧交流电流、极 1 逆变站电压、极 1 直流电流、逆变站触发角；图 6.28 所示为故障状态和正常状态下极 1 低端 D 桥阀组 Q_1 ~ Q_6 的电压、电流波形。

通过比较图 6.27 与图 6.28 的波形，可以得出结论：本节建立的直流输电系统详细模型能够较为准确地反映实际系统的稳态和动态特性，具有参考价值，可以为后续数学模型提供仿真参考。

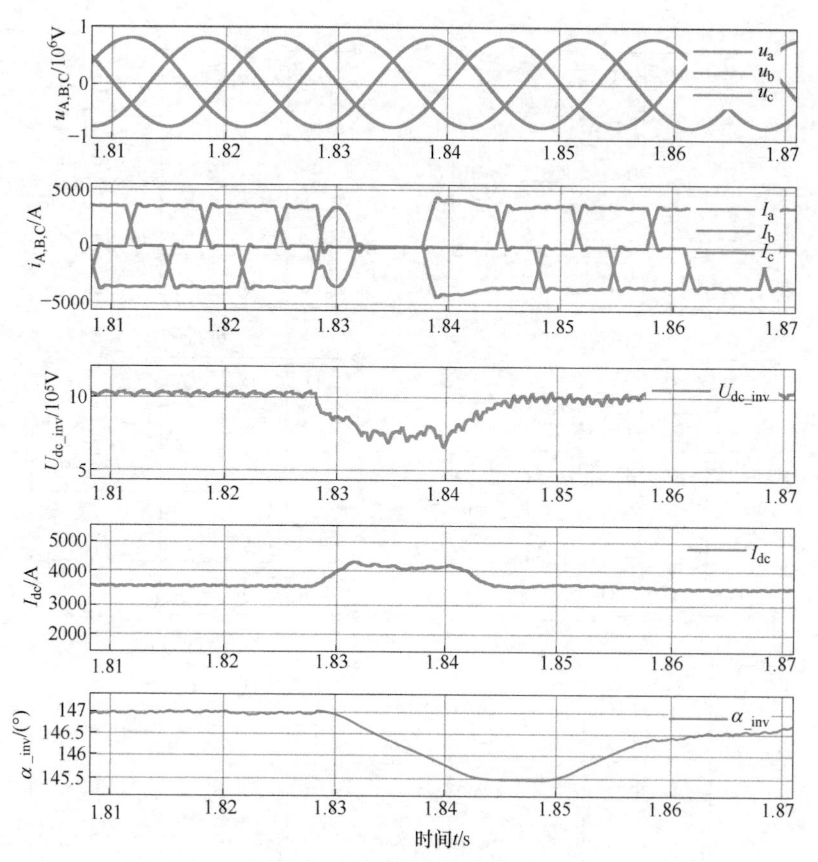

图 6.27　系统级仿真波形

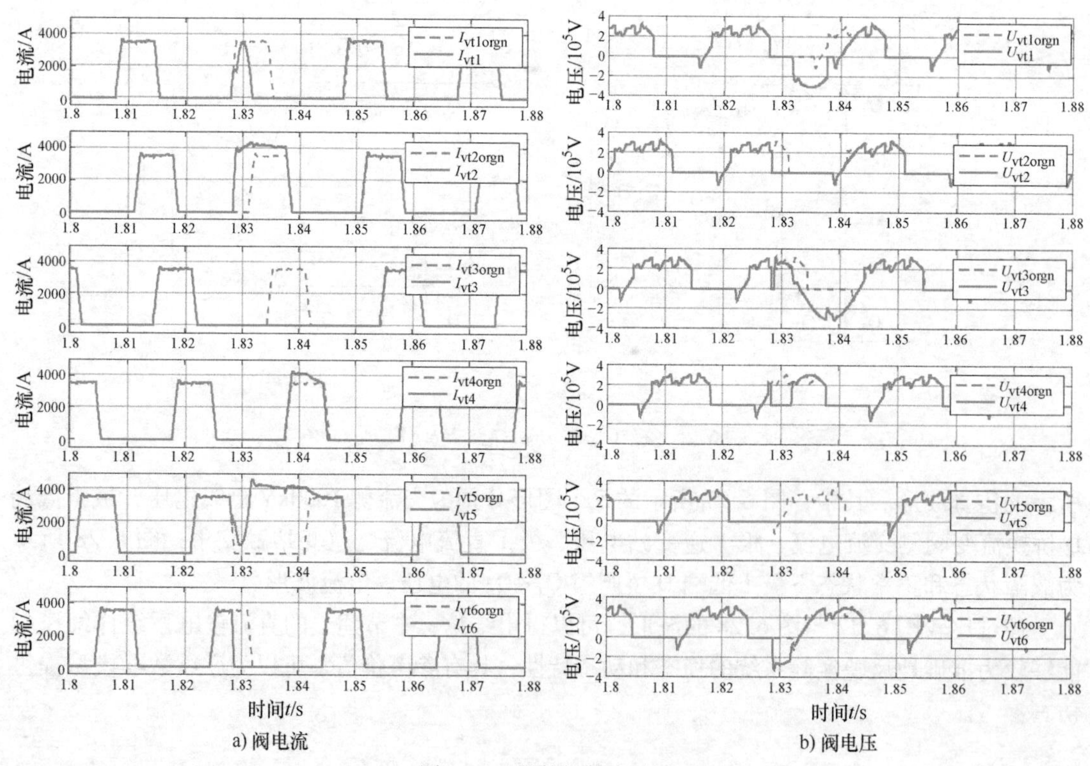

图 6.28　器件级仿真波形

此外，从上述仿真波形中可以得知，在故障发生后，由于直流电流的幅值被及时控制，且交流系统未发生故障，因而避免了换流器的连续换相失败以及直流闭锁的发生。但在故障发生期间，Q_5 经历了长时间的导通，且 Q_1、Q_3、Q_6 承受的反向电压应力超过90%，对于实际系统而言，这都可能对晶闸管造成永久性损伤，或加剧阀片的隐性故障，继而诱发重大事故，为直流系统的安全稳定运行埋下隐患。因此，需针对误触发提出相应的对策，以避免单次换相失败的发生，提高直流系统的可靠性。

习　题

1. 简述直流输电的优点及其运用场合？
2. 两端直流输电系统怎样构成的，有哪些主要部分？
3. 两端直流输电系统的类型有哪些，系统接线方式如何？
4. 试说明换流器的外特性和功率特性？
5. 试说明直流输电工程各种运行方式及特点。
6. 高压直流输电的控制系统有哪些基本控制功能？
7. 什么是逆变器的换相失败？
8. 整流站和逆变站分别有哪些基本控制配置？

第 7 章 新能源（光伏）并网发电系统

7.1 分布式光伏开发概述

光伏发电作为一种清洁可持续能源受到了世界各国的广泛关注，并被迅速普及应用。我国自 2015 年起，一直占据世界光伏累计安装量第一位，更是创造了累计安装量 5 年增长 100 倍的世界纪录，见国家能源局 2015~2022 年统计数据。国家能源局数据显示截至 2022 年 12 月底，光伏发电装机容量已达约 3.9 亿千瓦，同比增长 28.1%，占世界总发电装机容量的 37.28%左右，如图 7.1a 所示。如图 7.1b 所示，2022 年，我国新增光伏并网装机容量达 8621 万千瓦，达到历史新高。其中，在我国光伏发电快速发展的过程中，受国家政策激励和安装成本快速下降等因素的促进，分布式光伏发电（Distributed Photovoltaic Generation，DPVG）年安装占比增加迅速，已接近 60%，预计在未来的 5 年内还会继续维持这一比例。实际上，从 2020 年开始，我国分布式光伏新增装机容量就已经高于集中式光伏新增装机容量，分布式光伏具有可开发资源丰富、开发建设难度小、节能环保效益显著等优势，是光伏开发利用的重要方式之一。

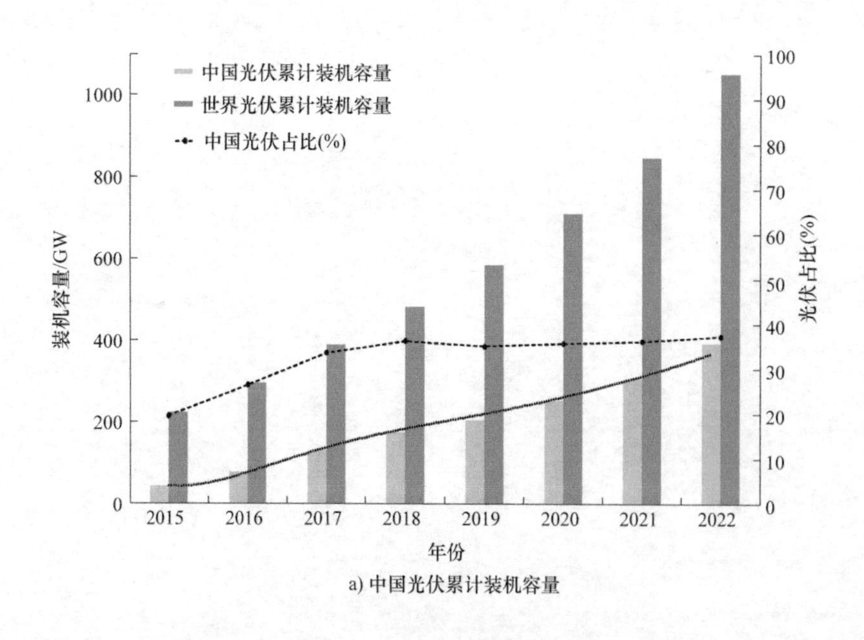

a) 中国光伏累计装机容量

图 7.1　中国年光伏装机量统计数据

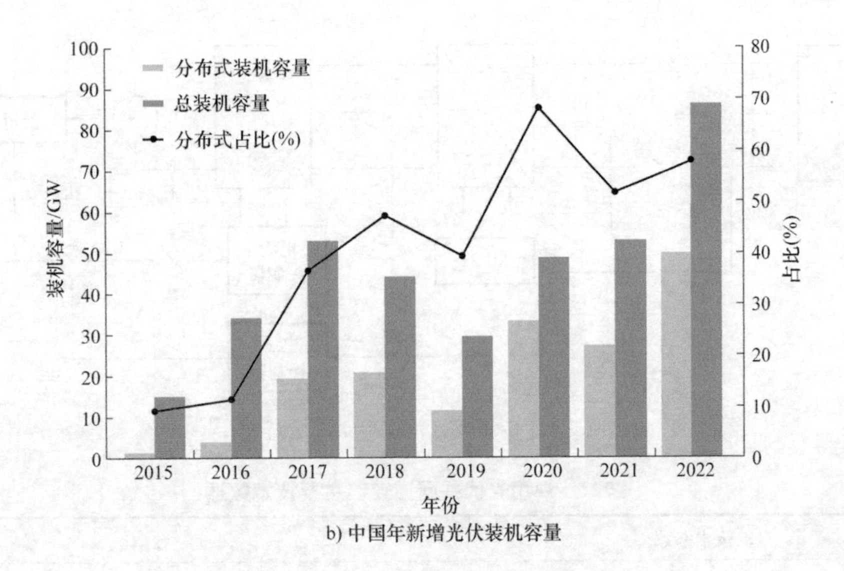

b) 中国年新增光伏装机容量

图 7.1　中国年光伏装机量统计数据（续）

分布式光伏逆变器有组串式、交流模块式、直流模块式等结构，其中组串式因对每个光伏串配有独立 DC/DC 模块可实现独立的最大功率点跟踪（Maximum Power Point Tracking，MPPT）功能，从而可以适应光伏屋顶不同朝向的电池阵列，以提高发电量，因而用得最多。组串式分布式光伏逆变器有工频隔离型、高频隔离型和非隔离型等形式，其中非隔离型光伏并网器（Transformerless Photovoltaic Grid-Connected Inverter，TLI）利用硅（包括功率器件和芯片）替代隔离型逆变器中的变压器，在提高变换效率、减小体积和降低成本的同时，可节省铜、铁等低储量不可再生资源的消耗，非常适合 DPVG 低成本的技术需求。

7.2　分布式光伏发电系统构成

一般来讲，分布式光伏发电系统建在建筑物屋顶，汇集后接入公共电网，为附近用户供电，实现“自发自用、余电上网”。户用屋顶光伏并网发电系统由多个太阳能电池板串联，其输出电压为直流 200~700V，功率等级一般在 2~5kW；工商业屋顶由于可铺设光伏电池板的面积更大，功率等级可达 MW 级，多采用 10kW 等级以上的组串式光伏逆变器，来满足系统容量需求。受光伏电池自身特性和光照条件的影响，光伏组串较宽的输出电压范围给单级式并网逆变器的优化设计带来了较大挑战，而采用两级式结构可以使系统分级优化和控制，如图 7.2 所示，因此整个系统设计非常方便。

目前，光伏并网逆变器一般采用两级式结构，其中前级直流变换器主要完成光伏电池输出电压到中间直流母线电压的变换和光伏阵列最大功率点跟踪（MPPT）；后级逆变器实现进网电流控制、直流母线电压控制和反孤岛保护等功能。

表 7.1 为户用光伏并网逆变器主要技术数据，涉及功率等级、电网情况、光伏电池串要求、电能质量、通信接口等方面。

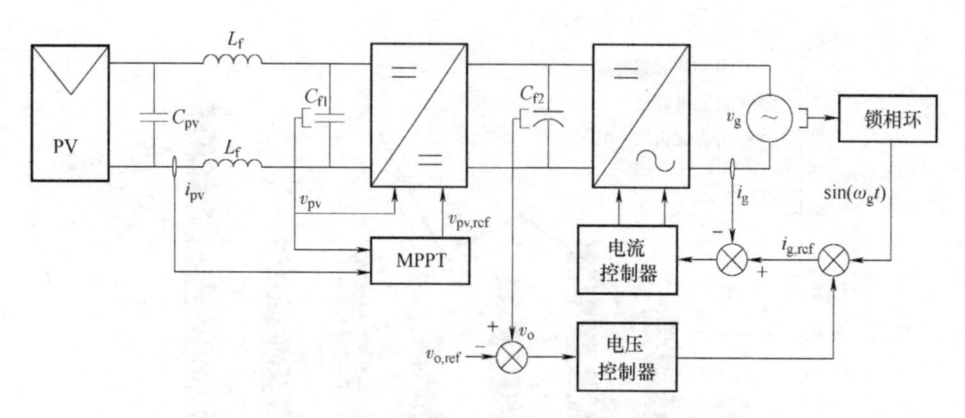

图 7.2　两级式光伏发电系统示意图

表 7.1　户用光伏并网逆变器主要技术数据

技术参数	数值
最大输出功率（AC)/W	3000
额定输出功率/W	2500
标定电网电压（AC)/V	240
电网电压范围（AC)/V	211~264
标定电网频率/Hz	50
电网频率范围/Hz	49.3~50.5
最大输出电流（AC)/A	15.8
输出过电流保护/A	20
最大输入功率（DC)/W	3330
光伏电池电压范围及 MPPT 范围/V	200~550/250~500
最大输入电流（DC)/A	16.4
最大输入直流电压保护/V	600
谐波失真 THD（%）	<5
最高转换效率（%）	>95
功率因数	>0.9
交流输出侧直流电流分量/mA	<8
输出电流和电网电压相位差/(°)	0
通信接口	RS485 和电网线（选择件）
多台逆变器并列运行方式	通过 RS485 一台主，其他辅
显示和警示	LCD 显示三只 LED 灯警示
直流输入端极性保护	是
接地漏电保护/mA	<20
晚间损耗/W	<1

7.2.1 直流变换器

非隔离式直流变换器由于不带高频变压器可以提高变换效率，主要有 Boost、Buck、Buck-Boost、双管 Buck-Boost 等拓扑得到应用。两级式并网逆变器中 Boost 变换器一般应用在电池电压低的应用场合（短串，电压低于电网的峰值）；Buck 变换器一般应用在电池电压高的场合（长串，电压高于电网的峰值），限制了用户电池板配置和扩展。目前商用光伏并网逆变器主要采用多路 Boost 变换器，基本 Boost 和 Buck 变换器的工作原理已在第 3 章详细介绍，此处不赘述。

本节特别介绍一种双管 Buck-Boost 变换器，如图 7.3a 所示，具有输入输出电压同极性和升降压特性，适合宽输入电压的两级式并网逆变器的前级直流变换，有利于后级逆变器的优化设计。双管 Buck-Boost 变换器主要有同步开关和组合开关两种控制方式：同步开关方式下需要较大的储能电感 L_f，不利于变换器效率和体积大小的改善；组合开关方式可降低开关损耗，两种工作模式的平滑过渡很困难，需要复杂的控制电路来实现。

交错控制技术在多通道变换器中应用广泛，可明显地降低输出脉动量和减小滤波电感。在已有的研究中，交错控制均施加在主电路完全对称的多通道上，而在单一变换器内部的不对称电路上未见应用。本节基于双管 Buck-Boost 变换器介绍一种新的交错开关方式。

7.2.1.1 交错控制双管 Buck-Boost 变换器工作原理

图 7.3a 所示为双管 Buck-Boost 变换器主电路图，Q_1、Q_2 为主开关管，D_3、D_4 为续流二极管，L_f 为储能电感，C_{pv} 和 C_f 分别为输入侧和输出侧的滤波电容。图 7.3b 为双管 Buck-Boost 变换器的传统控制方式（同步开关方式）下的稳态工作波形，其中 D 为占空比，Q_1 和 Q_2 同时开通或关断，2 个主要工作模态如图 7.4a、b 所示（电感电流连续时），分别为电感储能和释能。

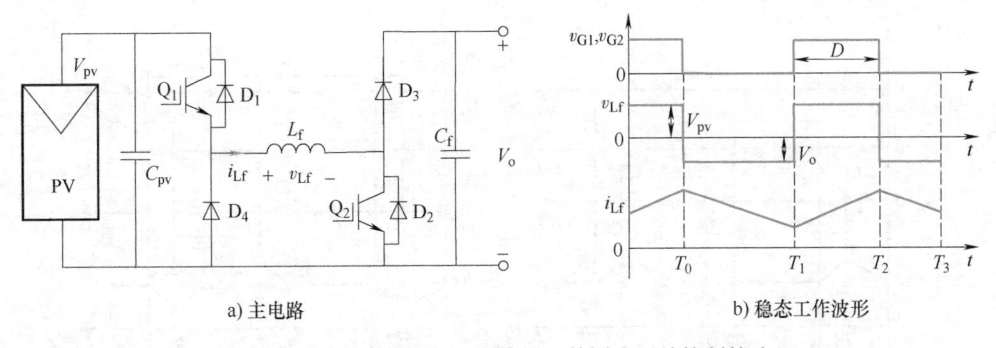

a) 主电路　　b) 稳态工作波形

图 7.3 双管 Buck-Boost 变换器及其同步开关控制策略

双管 Buck-Boost 变换器采用 2 个功率管，给开关控制方式带来了较大的灵活性。可行的控制方式有：①Q_1、Q_2 的开通持续时间相等，移相 φ 角度任意（见图 7.3 和图 7.5，分别为 $\varphi=0°$ 和 $\varphi=180°$ 的特例）；②Q_1、Q_2 开通持续时间不等，开通时刻移相 φ 角度；③Q_1 开通持续时间恒定，Q_2 开通持续时间变化，开通时刻移相 φ 角度（特例为 Q_1 一直开通，Q_2 高频 PWM 工作，即 Boost 模式）；④Q_2 开通持续时间恒定，Q_1 开通持续时间变化，开通时刻移相 φ 角度（特例为 Q_2 一直关断，Q_1 高频工作，即 Buck 模式）。其中，实现方式最简单的为 Q_1 和 Q_2 的占空比相等，可以同步开关，也可以交错任意角度开关，即下面介绍的交错开关方式。

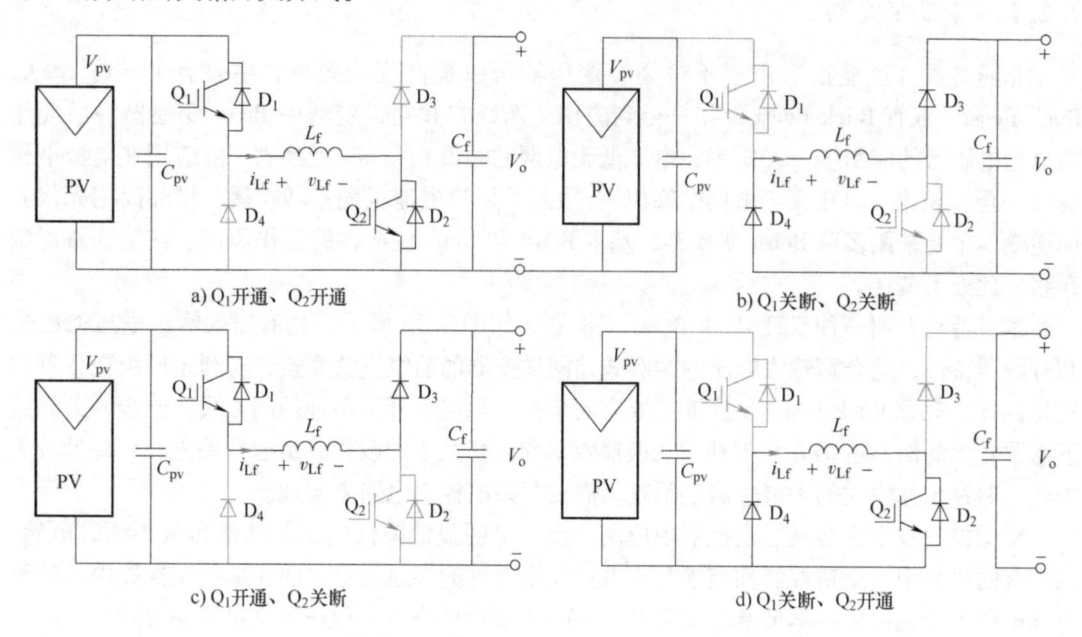

图 7.4 双管 Buck-Boost 变换器工作模态

交错开关方式工作波形图如图 7.5 所示，此时 $\varphi=180°$。当 $V_{pv}>V_o$（见图 7.4a）时，变换器的主要工作模态如图 7.4c、d 所示：当 $V_{pv}<V_o$（见图 7.4b）时，变换器的主要工作模态如图 7.4a、c、d 所示。对比图 7.5 和图 7.4b 可以发现，同步开关方式下电感 L_f 上的电压仅 V_{pv} 和 $-V_o$ 两种电平，而交错开关方式下出现三种电平，即 $V_{pv}-V_o$、0、$-V_o$，或 V_{pv}、0、V_o-V_{pv}，且幅值有所降低，这有效降低了电感电流脉动量，有利于减小电感体积。

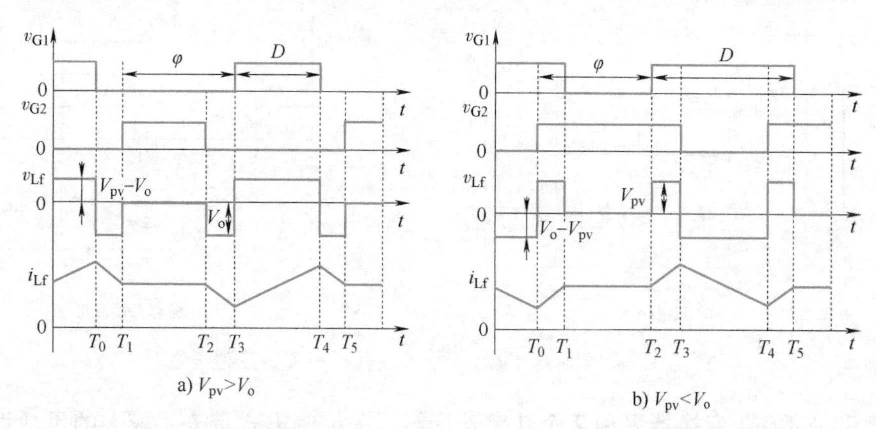

图 7.5 双管 Buck-Boost 变换器的交错控制策略

7.2.1.2 交错控制双管 Buck-Boost 变换器直流特性

以图 7.5 中描述的交错开关方式为例，分析双管 Buck-Boost 变换器的直流特性。由电感伏秒平衡得到变换器的输入输出关系和电感量的表达式为

$$\frac{V_o}{V_{pv}}=\frac{D}{1-D} \tag{7.1}$$

$$L_f=\begin{cases}\dfrac{(V_{pv}-V_o)V_o}{(V_{pv}-V_o)\Delta i f_s}, & 0.5>D<\dfrac{\varphi}{360}\text{或}\dfrac{\varphi}{360}+D<1\\ \dfrac{V_{pv}V_o/(V_{pv}-V_o)-V_{pv}(1-\varphi/360)}{\Delta i f_s}, & 0.5<D<\dfrac{\varphi}{360}\text{或}\dfrac{\varphi}{360}+D>1\\ \dfrac{V_{pv}V_o/(V_{pv}-V_o)-V_o(1-\varphi/360)}{\Delta i f_s}, & 0.5>D<\dfrac{\varphi}{360}\text{或}\dfrac{\varphi}{360}+D>1\\ \dfrac{V_{pv}V_o/(V_{pv}-V_o)-V_{pv}\varphi/360}{\Delta i f_s}, & 0.5<D>\dfrac{\varphi}{360}\text{或}\dfrac{\varphi}{360}+D<1\\ \dfrac{V_{pv}V_o/(V_{pv}-V_o)-V_o\varphi/360}{\Delta i f_s}, & 0.5>D>\dfrac{\varphi}{360}\text{或}\dfrac{\varphi}{360}+D<1\\ \dfrac{V_{pv}(V_o-V_{pv})}{(V_{pv}-V_o)\Delta i f_s}, & 0.5>D>\dfrac{\varphi}{360}\text{或}\dfrac{\varphi}{360}+D>1\end{cases} \tag{7.2}$$

在式（7.2）中“$>D<$”表示 D 要小于两个限值中最小的一个；“$<D>$”表示 D 要大于两个限制中最大的一个。由式（7.2）可得，在光伏电池串电压变化范围为 200~550V 时，电感量 L_f 与输入电压 V_{pv} 在不同移相角度时的关系如图 7.6 所示，其中纵坐标的电感量采用标幺值，其基准为同步开关方式下最高输入电压时的电感值。可见，随着移相角度在 0°~360°之间变化时达到同样的电感电流脉动量所需的电感值先变小再变大，在 $\varphi=180°$时最小。特别地，当输入电压和输出电压相等，即 $V_{pv}=V_o=400$V 时，电感电流脉动量为零。本章重点研究 $\varphi=180°$时的变换器特性，下文中交错开关方式均特指 $\varphi=180°$。

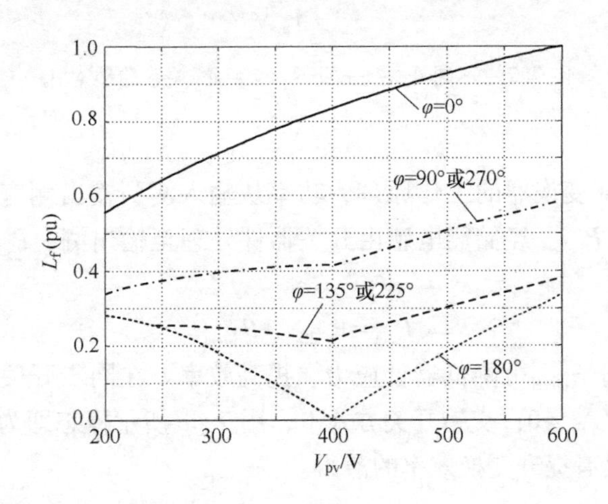

图 7.6　储能电感 L_f 与输入电压 V_{pv} 的关系曲线

7.2.1.3　几种开关方式的比较

1. 储能电感大小

在双管 Buck-Boost 变换器的开关方式中，研究和应用最普遍的是同步开关方式和 Buck、Boost 分时单独工作（根据输入输出电压大小关系而定）的组合式开关方式。

同步开关方式下双管 Buck-Boost 变换器电感量的表达式为

$$L_f = \frac{V_{pv}V_o}{(V_{pv}+V_o)\Delta i f_s} \tag{7.3}$$

单 Buck 模式下变换器电感量的表达式为

$$L_f = \frac{V_o(V_{pv}-V_o)}{V_{pv}\Delta i f_s} \tag{7.4}$$

单 Boost 模式下变换器电感量的表达式为

$$L_f = \frac{V_{pv}(V_o-V_{pv})}{V_o\Delta i f_s} \tag{7.5}$$

结合式（7.2）~式（7.5），可绘制出不同开关方式下电感量 L_f 与输入电压 V_{pv} 关系曲线如图 7.7 所示。可见，交错开关方式下所需电感量最小。

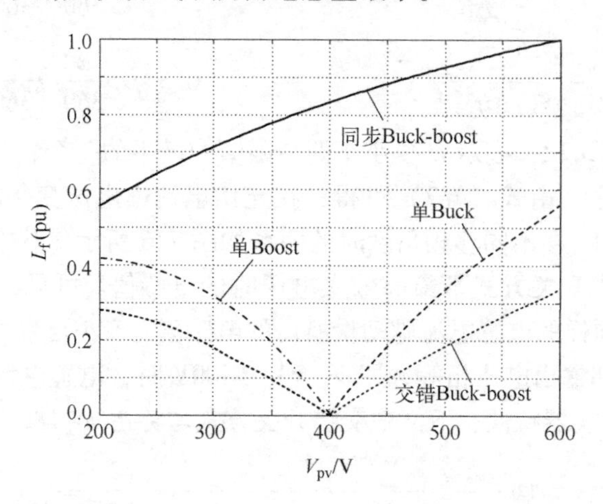

图 7.7　不同开关方式下 L_f 与 V_{pv} 的关系曲线对比

2. 能量传输方式

根据 Buck 和 Boost 变换器的工作原理，功率从输入侧到输出侧有两种形式，即输出功率 P_{out} 由两部分组成：$P_{indirect}$ 经储能电感由开关器件处理至输出侧，P_{direct} 直接由输入流向输出侧。

$$P_{out} = P_{indirect} + P_{direct} \tag{7.6}$$

功率直接传输部分 P_{direct} 可降低器件应力、提高效率。在同步开关方式下，输出功率全部经开关器件处理，$P_{direct}=0$；交错开关方式下，图 7.4c 所示模态即为功率直接由输入流向输出，故 $P_{direct}\neq 0$，具有提升变换效率的潜力。

3. 控制方式

双管 Buck-Boost 变换器无论用同步开关方式还是交错开关方式控制，2 个开关管在整个输入电压范围内均高频工作，仅需一套 PWM 形成电路和闭环补偿电路，实现简单，稳定性和可靠性高。而在 Buck、Boost 组合开关方式下存在两种工作模式的切换（当输入电压与输出电压相等时为切换点），且寄生参数和元件导通损耗的存在导致不同输出功率时模式切换点不同，这就需要引入过渡状态，如 Buck-Boost 模式或滤波模式，增加控制复杂度，降低了输出电压质量；另外，一般需要两套 PWM 形成电路和闭环补偿电路，稳定性和可靠性不高。

表7.2为三种开关方式下几个主要性能的定性比较。可以看出，组合开关方式和交错开关方式各有优劣。对于以效率为设计目标的应用场合，组合开关方式是最优的，它可在较复杂的实现方式下使高频工作的器件最少，特别适合用于锂电池供电的便携式产品，可延长电池的使用时间，而高集成度实现技术可缓解控制电路复杂的劣势。在太阳能并网发电领域，成本仍是当前制约其普及的重要因素，本章介绍的交错开关方式是更适合的选择，它使成本最低并兼顾了效率的提高，性价比高。

表7.2　三种开关方式下性能比较

性能指标	同步开关	组合开关	交错开关
储能电感	最大	较大	最小
能量直接传输	无	有	有
控制电路实现	简单	复杂	简单

7.2.2　并网逆变器

两级式并网逆变器的后级逆变器将中间直流母线电压变换为与电网电压同频同相的交流电压作用在进网滤波器的输入端。考虑到当前主流分布式光伏发电系统为非隔离型，电路拓扑和开关方式必须保证有低的共模电压；进网滤波器是抑制进网电流高频谐波的关键，滤波器的形式同样与系统稳定性相关；同时由于单相交流输出功率为脉动功率，为此需要直/交流功率解耦环节。

7.2.2.1　逆变拓扑与开关方式

最常用的单相逆变器拓扑和开关方式为全桥电路和SPWM开关方式，关于全桥逆变器的工作原理已在第4章详细讲述，此处不再赘述。

图7.8为德国研究机构弗劳恩霍夫太阳能系统研究所最早提出的针对分布式光伏并网应用的非隔离并网逆变器。拓扑采用带有交流旁路环节单极性SPWM开关方式电路结构和驱动信号，是德国Sunways公司的专利技术。

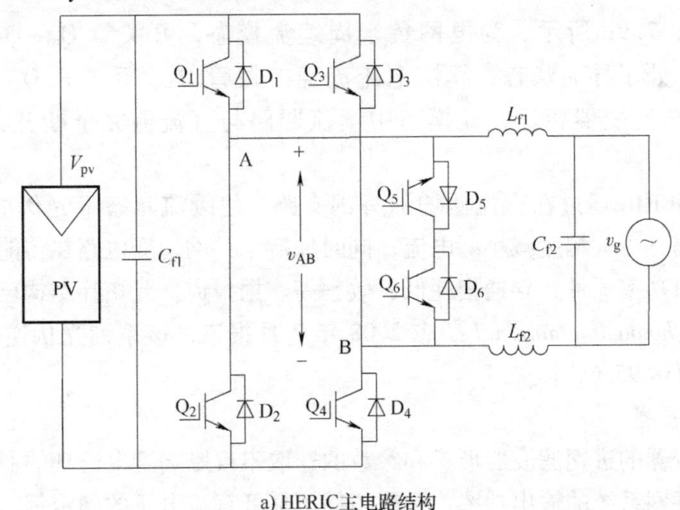

a) HERIC主电路结构

图7.8　HERIC逆变器拓扑和开关方式

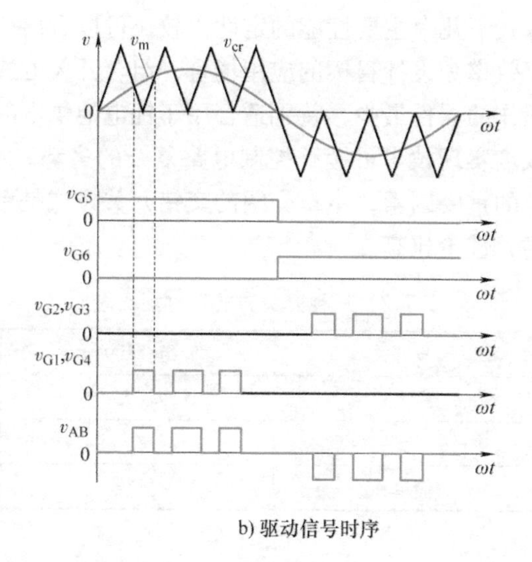

b) 驱动信号时序

图 7.8　HERIC 逆变器拓扑和开关方式（续）

当高效可靠逆变器（High Efficiency and Reliable Inverter，HERIC）工作在单位功率因数时，根据电网电压的极性和能量传递方向共有四种工作模态，如图 7.9 所示。当电网电压为正时，工作模态为图 7.9a 和 b；当电网电压为负时，工作模态为图 7.9c 和 d。

模态 1：如图 7.9a 所示，为电网正半周能量传递模态，电流流经开关管 Q_1、Q_4、滤波电感向电网传递。与基本单极性调制全桥逆变器一致。

模态 2：如图 7.9b 所示，为电网正半周续流模态，开管 Q_1 ~ Q_4 均处于关断状态，而开关管 Q_5 处于导通状态，续流电流流经二极管 D_6、开关管 Q_5 和滤波电感回到电网。与基本全桥逆变器相比，续流回路与直流侧完全断开，从而切断了漏电流的回路。

模态 3：如图 7.9c 所示，为电网负半周能量传递模态，电流流经开关管 Q_2、Q_3、滤波电感向电网传递。

模态 4：如图 7.9d 所示，为电网负半周续流模态，开关管 Q_1 ~ Q_4 均处于关断状态，而开关管 Q_6 处于导通状态，续流电流流经二极管 D_5、开关管 Q_6、滤波电感回到电网。与基本全桥逆变器相比，此模态中续流回路与直流侧完全断开，同样切断了漏电流的回路。

综上分析，HERIC 通过在交流侧增加解耦支路，使续流状态下光伏板侧和电网解耦，以此切断共模回路，可大幅度减小漏电流；同时保持了并网逆变电路在传能阶段和续流阶段电流都仅流经两只功率器件，导通损耗低、效率高。据报道，此拓扑结构已被 Sunways 公司商业化应用，据 *Photon International* 杂志 2008 年 7 月报道，该系列光伏逆变器欧洲效率为 95%，最高效率可达 95.6%。

7.2.2.2　进网滤波器

光伏并网逆变器的进网滤波器形式和参数的选取不仅影响到电流环的稳定性、动静态响应，而且还制约并网系统的输出功率、系统功耗、最低直流电压的确定等。现阶段常用的滤波器结构如图 7.10 所示，单 L 型滤波器拥有好的控制特性，但对高次电流谐波的抑制能力

较差；三阶 LCL 型滤波器具有高的谐波电流衰减能力，但存在谐振极点不利于系统稳定；LC 型滤波器可以与电网的线路感抗构成 LCL 型滤波器结构，但由于网侧阻抗较小引起的谐振频率相对电流环带宽频率大许多，在控制特性上可近似处理为单 L 型结构，因此它的滤波特性和控制特性介于上述两种滤波器之间，是一种折中方案，在光伏并网逆变器产品中被广泛采用。

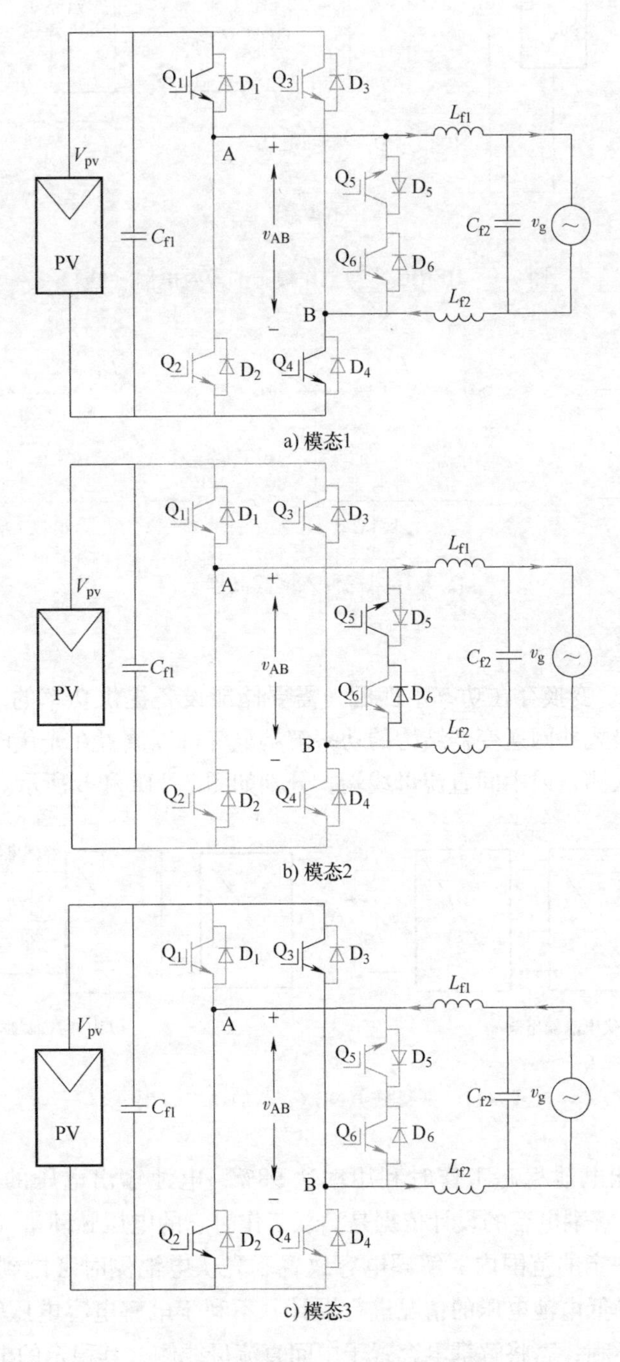

图 7.9　HERIC 典型工作模态的等效电路

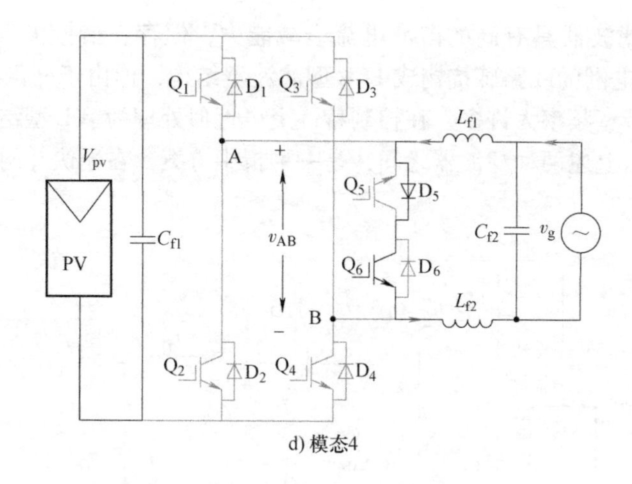

图 7.9　HERIC 典型工作模态的等效电路（续）

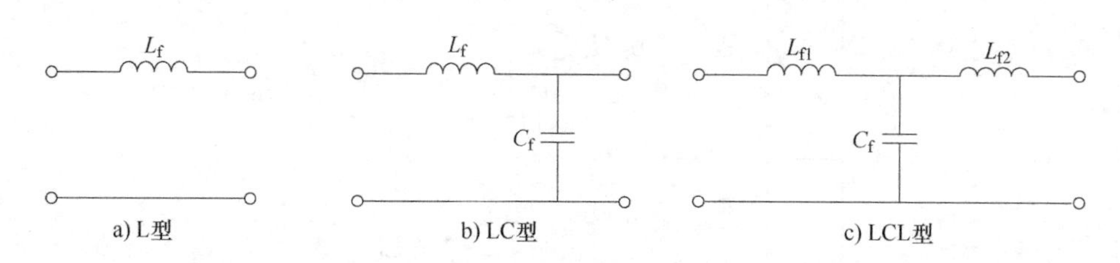

图 7.10　三种入网滤波器结构

7.2.2.3　解耦电容

对于单相 DC/AC 变换存在功率不匹配，需要储能设备提供功率的“削峰填谷”，电解电容常被选用。两级式并网逆变器结构的功率解耦电容可以放置在光伏电池的输出端，即前级直流变换器的输入侧，或中间直流母线端，分别如图 7.11a 和 b 所示。

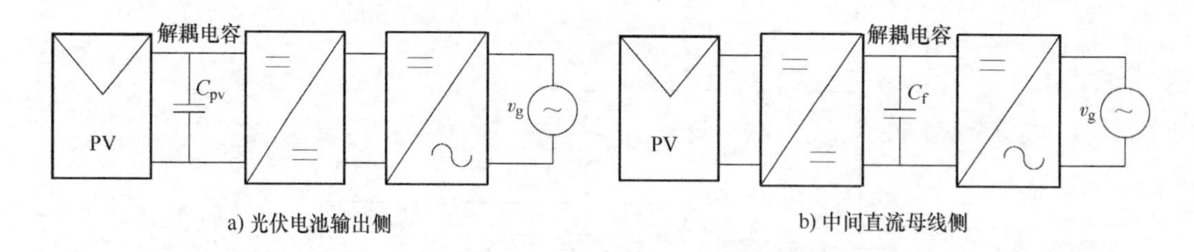

图 7.11　两级式并网逆变器的功率解耦电容

为了保证太阳能电池稳态工作时利用率达 98%，电池输出电压的低频脉动应该小于 MPP 电压的 8.5%。解耦电容的设计依据是满载工作时它的电压脉动量（脉动频率为电网频率的 2 倍）限制在一定的范围内。解耦电容放置于光伏电池侧时考虑到较宽的电压变化范围，需要考虑满足最低电池电压的情况进行设计，不利于电解电容电压等级和容量的优化，对发电系统的寿命不利；若将解耦电容置于中间直流母线侧，其稳定的电压等级有利于解耦电容的优化选取。

7.2.3 控制策略

本节介绍两级式并网逆变器的控制器选择，包括最大功率点跟踪（MPPT）控制器、直流母线电压控制器和进网电流控制器。

7.2.3.1 最大功率点跟踪（MPPT）

MPPT算法采用扰动观察法加恒定电压法相结合，流程图如图7.12所示。i_{pv}为电池输出电流的采样值；$I_{critical}$对应光照强度为50W/m^{2}时电池的输出电流；$P_{critical}$对应电池额定功率的1%。在光照强度比较大的时候，太阳能电池板的功率-电压曲线斜率比较大（绝对值），扰动观察法可以有效跟踪最大功率点；但在光照强度比较弱的时候，功率-电压曲线斜率比较小（绝对值），几乎为零，使得扰动观察法的有效性大打折扣。这时采用恒定电压法可以取得比较好的效果，恒定电压法的电压基准可以取电池板开路电压的74%作为参考。

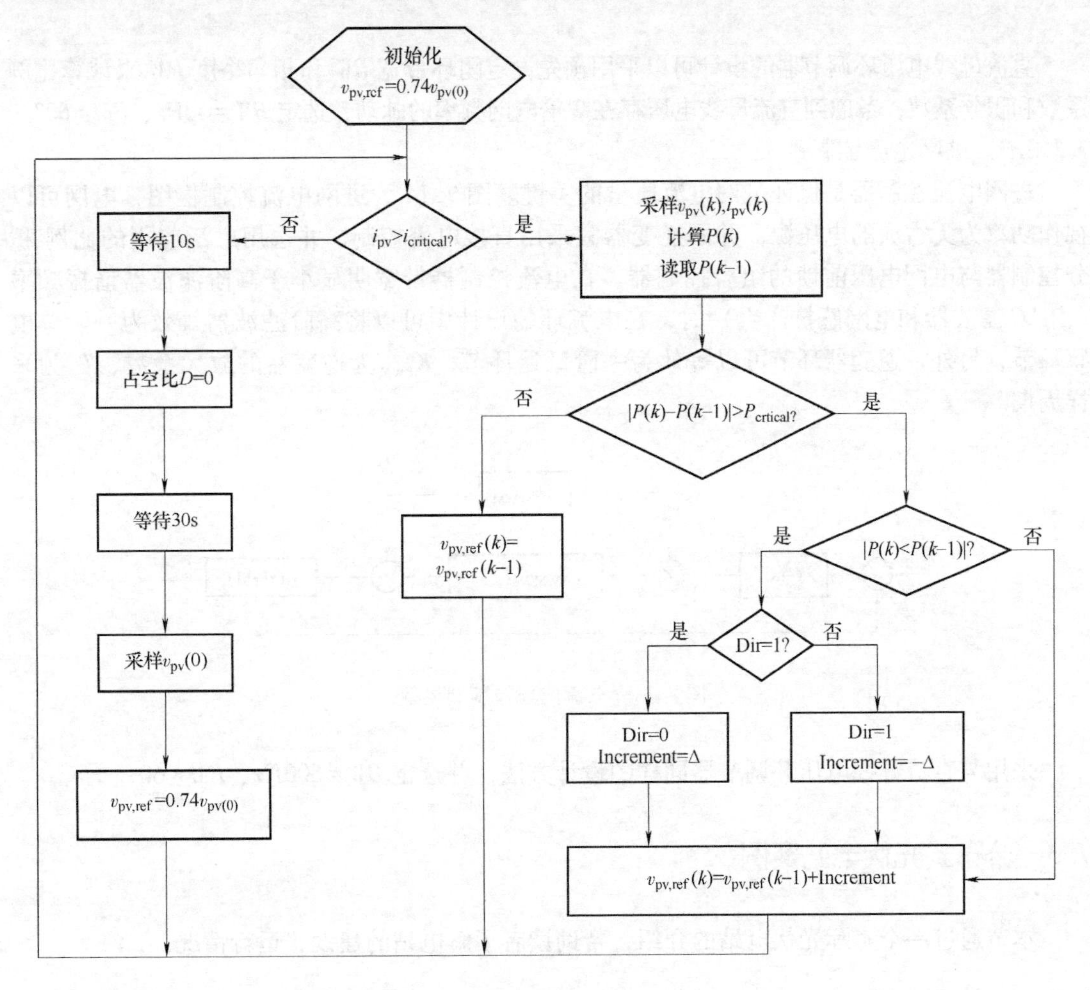

图7.12 MPPT算法流程图

另外，在光照强度强的时候，为了避免光照强度突变或瞬时阴影造成算法失效，此时可以结合恒定电压法，避免参考电压变化方向的紊乱。

7.2.3.2 直流母线电压控制

直流母线电压的闭环控制为进网电流提供幅值基准，可以参考图 7.1。从电容功率平衡的角度可以建立直流电压环的模型，如图 7.13 所示，并忽略低频脉动功率的影响。其中，$G_{vo}(s)$ 为比例-积分调节器；v_o 为解耦电容电压；V_o 为 v_o 有效值；I_{gp} 为进网电流幅值；V_{gp} 为电网电压幅值；$P_{g,ave}$ 为进网功率平均值；$P_{o,out}$ 为前级直流变换器的输出功率；P_{Cf2} 为解耦电容吸收的功率；i_{Cf2} 为解耦电容电流。

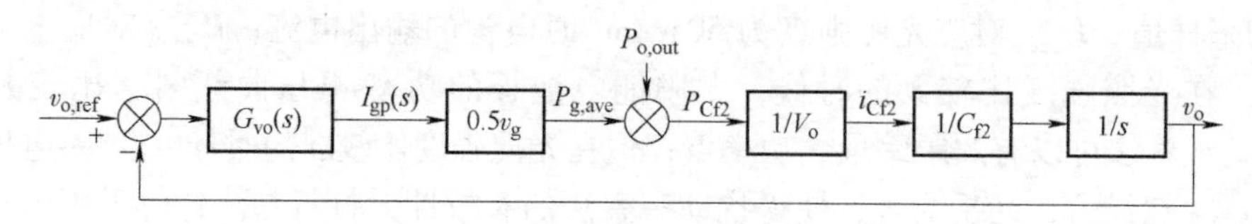

图 7.13 直流母线电压控制器模型

直流母线电压环调节器的设计可以采用预先设定闭环带宽 BW 和相角裕度 PM 来计算比例系数和积分系数，考虑到直流母线电压存在 2 倍电网频率的脉动，选定 BW = 40Hz、PM = 60°。

7.2.3.3 进网电流控制

进网电流控制器是保证进网电流质量的关键。图 7.14 为进网电流控制框图，电网可以视作功率为无穷大的电压源，并网逆变器宜采用直接电流控制，并选用广泛应用的比例-积分控制器与电网电压前馈的组合控制器。在电流控制器带宽明显小于高阶滤波器谐振频率（由 LC 滤波器和电网感抗产生）时，在电流环的设计中可以将高阶滤波器等效为一阶单电感环节，另外，逆变器环节可以等效为一阶延迟环节，K_{PWM} 为逆变器的放大系数、T_s 为采样周期。

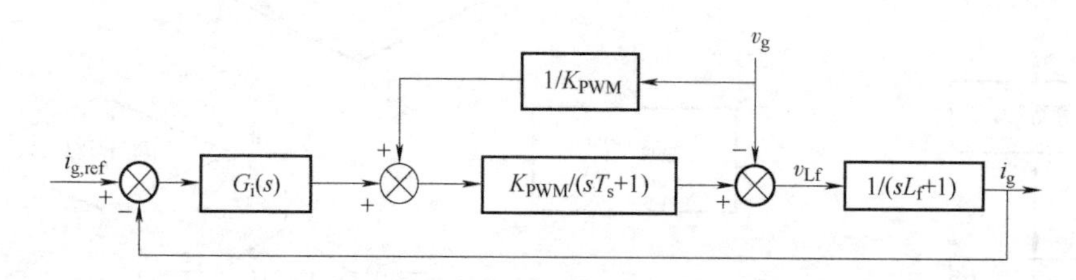

图 7.14 电流内环控制器模型

采用与直流母线电压环调节器同样的设计方法，并选定 BW = 600Hz、PM = 60°。

7.3 分布式光伏电站实例

本节通过一个实际光伏电站的介绍，帮助读者了解电站的建设、运行情况。

7.3.1 地理位置

华能灌云光伏电站位于连云港灌云县燕尾港中小产业园区，位于东经 119.711731°，北纬 34.416666°，所在地每年辐射量为 4941MJ/m²，属我国第三类太阳能资源区域。

光伏电站项目总容量达 14.1MW，选用 290W 单晶硅电池组件 6990 块、295W 单晶硅电

池组件40926块，共有47916块电池组件，总面积约为78270m²，铺设于24个屋面，如图7.15所示。其中，22座彩钢瓦屋顶采用顺坡布置形式，2座混凝土屋顶采用固定式安装形式。电池方阵的最佳固定倾角为28°，以获得最大的太阳辐射。

图7.15　华能灌云光伏电站光伏屋顶鸟瞰图

7.3.2　一次电气接线

华能灌云光伏电站采用分块发电、集中并网的方案。具体电气连接为：每个组串并联汇入1台50kW组串式逆变器，采用的华为品牌逆变器如图7.16a所示，共282台逆变器；光伏电站每22块电池组件为1个组串，电池板铺设如图7.16b所示；然后，每4或6台组串式逆变器汇入1台交流汇线箱，如图7.16c所示，共53台交流汇流箱；最后，每4或5台交流汇流箱汇入1000kVA或1250kVA箱式升压变压器，项目共13台箱式升压变压器。

a) 华为牌并网逆变器

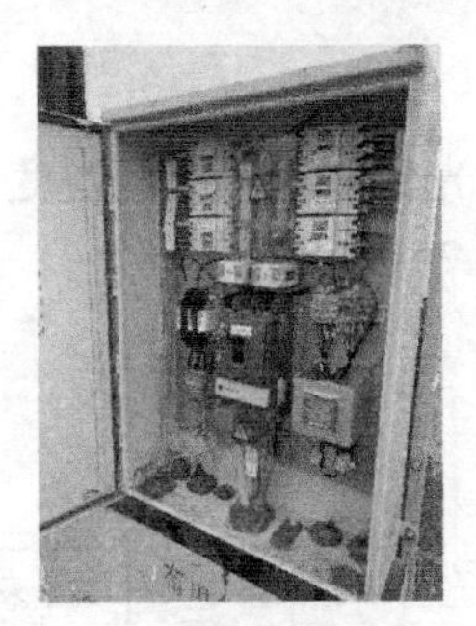

b) 交流汇线箱

c) 箱式升压变压器

图7.16　分布式光伏电站主要一次电气装置

光伏电站发电系统分为13个光伏子系统，每个子系统约为1.1MW，每个子系统连接1座箱式变压器，组成子系统：箱式变单元接线，如图7.17所示，该单元接线将子系统逆变输出的0.5kV电压升至10kV。将1组6台变压器、1组7台变压器经两条独立的10kV集电线路（地埋电缆）汇流（见图7.18）后，通过两个10kV开关柜分别接入两段10kV母线，10kV母线采用单母线分段式（不设母联）。Ⅰ段母线以一回“10kV灌华线”、Ⅱ段母线以一回“10kV灌能线”分别送至对侧灌西变的10kV母线。

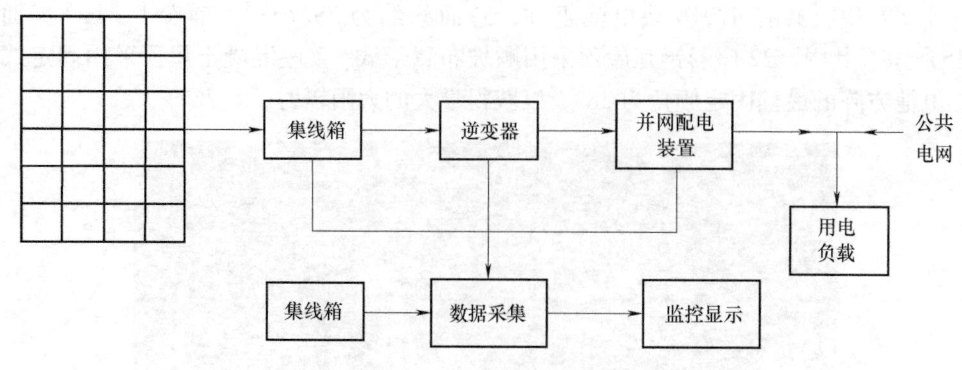

图 7.17　单元子系统接线图

图 7.18　10kV 集电线路汇流箱

7.3.3　二次通信接线

灌云光伏电站对单元子系统中的光伏阵列、并网逆变设备、汇流箱、变压器等关键部件进行数据采集及监控，二次接线如图 7.19 所示。

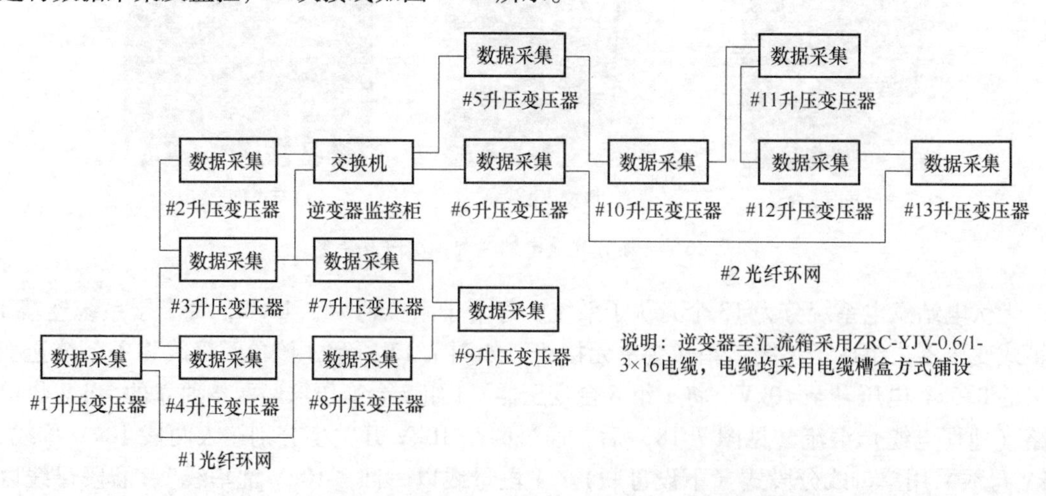

图 7.19　灌云光伏通信光缆敷设示意图

7.3.4 发电收益概况

华能灌云光伏电站项目于2017年3月25日开工，于2017年6月30日全部并网。平均每年可为电网提供1529.9万kWh，与相同发电量的火电相比，相当于每年可节约标煤0.5万吨（以平均标煤煤耗为326g（kW·h）计），相应每年可减少二氧化硫排放量约5.8吨，二氧化碳排放量约1.2万吨，氮氧化物排放量约5.8吨，同时还可节约大量淡水资源。项目投产后的生产数据见表7.3。

表7.3 灌云光伏电站投产后生产数据

年度	发电量/（万kWh）	上网电量/（万kWh）	综合场用电量/（万kWh）	综合场用电率（%）	利用小时数/h	运行小时/h	弃光电量/（万kWh）	弃光率（%）
2017年（07.01—12.31）	673.68	652.15	20.53	3.08	993.18	4340.55	26.96	3.88
2018年	1372.14	1336.02	46.70	3.40	973.15	8660.13	11.56	0.84
2019年	1439.22	1398.76	51.27	3.56	1020.72	8590.37	0	0
2020年（01.01—10.31）	1323.83	1288.48	43.8	3.31	938.89	7227	9	0.68

习　题

1. 非隔离型光伏并网系统优势有哪些？
2. 我国光伏逆变器厂商有哪些？试分析行业发展现状与进出口情况。
3. 分布式光伏逆变器有哪些结构，它们分别有什么特点？
4. 利用MATLAB/Simulink，搭建图7.2所示光伏发电系统仿真模型。
5. 按照图7.8所示HERIC逆变器拓扑及其驱动逻辑，搭建仿真模型，绘制主要器件电压电流波形。
6. 试分析光伏逆变器效率提升的路径与方式。

第 8 章　电力电子装置仿真与开发

电力电子仿真技术作为分析电力电子变换器以及电力电子装置前期开发和测试的必要手段，越来越受到工业界和学术界的重视。传统电力系统的仿真一般采用机电暂态仿真，仿真步长一般为毫秒级，无法满足高开关频率的电力电子装置仿真的精度要求。因此，电力电子设备的精确仿真一般采用电磁暂态仿真。随着新能源发电、柔性直流输电、电气化交通等领域的快速发展，电力电子装置的功率等级以及拓扑复杂程度都在不断提高，这也对仿真技术提出了更高的挑战。

8.1　电磁暂态仿真求解算法

电磁暂态仿真最早是由加拿大 Dommel 教授于 20 世纪 60 年代提出，奠定了电力系统暂态仿真的理论基础。电磁暂态仿真求解算法一般可分为状态空间法和节点分析法。目前应用较多的仿真软件有美国 MathWorks 公司的 Matlab/Simulink 采用状态空间法、加拿大曼尼托巴水电局开发的 PSCAD、加拿大魁北克水电局开发的 Hypersim 以及加拿大 RTDS 公司开发的实时仿真软件 RSCAD，它们均采用节点分析法；而加拿大 OPAL-RT 公司开发的实时仿真软件 RT-LAB，则采用状态空间法和节点分析法混合的方法。

8.1.1　状态空间法

状态空间法是对状态变量列写状态空间方程，一般以电感电流和电容电压作为状态变量，电压源和电流源作为输入量列写方程。状态空间法通过一阶微分方程组对系统进行求解。状态空间法的方程如下：

$$\dot{x}=Ax+Bu \tag{8.1}$$

式中，x 为状态变量；u 为输入量。

以图 8.1 为例，对 RLC 电路列写状态空间方程如式（8.2）所示，其中 x_1 是电容电压值，x_2 是电感电流值，u 为电压源 E。求解式（8.2），即可求得状态变量（电容电压和电感电流值），从而根据状态变量值进一步求解电路中其他元件的电流和电压值，比如电阻电压值。

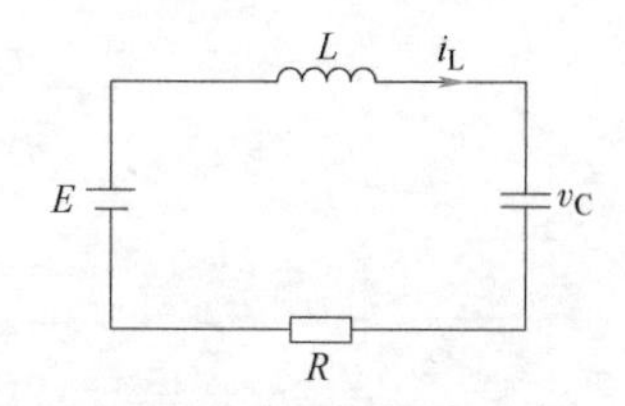

图 8.1　状态空间法示例电路

$$\begin{bmatrix}\dot{x}_1\\ \dot{x}_2\end{bmatrix}=\begin{bmatrix}0 & \dfrac{1}{C}\\ -\dfrac{1}{L} & -\dfrac{R}{L}\end{bmatrix}\begin{bmatrix}x_1\\ x_2\end{bmatrix}+\begin{bmatrix}0\\ \dfrac{1}{L}\end{bmatrix}E \tag{8.2}$$

8.1.2 节点分析法

节点分析法首先将电路元件采用诺顿等效来替代，然后对系统列写支路电流和节点电压方程进行求解。以电感为例，其电压和电流的微分方程为

$$v_{\mathrm{L}}=L\frac{\mathrm{d}i_{\mathrm{L}}}{\mathrm{d}t} \tag{8.3}$$

对式（8.3）采用梯形法离散后可得到

$$\begin{aligned}i_{\mathrm{L}}(t)&=i_{\mathrm{L}}(t-T_{\mathrm{s}})+\frac{T_{\mathrm{s}}}{2L}[v_{\mathrm{L}}(t)+v_{\mathrm{L}}(t-T_{\mathrm{s}})]\\&=i_{\mathrm{L}}(t-T_{\mathrm{s}})+\frac{T_{\mathrm{s}}}{2L}v_{\mathrm{L}}(t-T_{\mathrm{s}})+\frac{T_{\mathrm{s}}}{2L}v_{\mathrm{L}}(t)\\&=I_{\mathrm{His}}(t-T_{\mathrm{s}})+\frac{1}{R_{\mathrm{equ}}}v_{\mathrm{L}}(t)\end{aligned} \tag{8.4}$$

式中，T_{s} 为仿真步长；R_{equ}为等效电阻，其阻值为

$$R_{\mathrm{equ}}=\frac{2L}{T_{\mathrm{s}}} \tag{8.5}$$

根据式（8.4），电感可以等效成一个电流源和等效电阻并联的诺顿等效电路，如图8.2所示，其中电流源的值为式（8.4）中前一步历史电流的值。

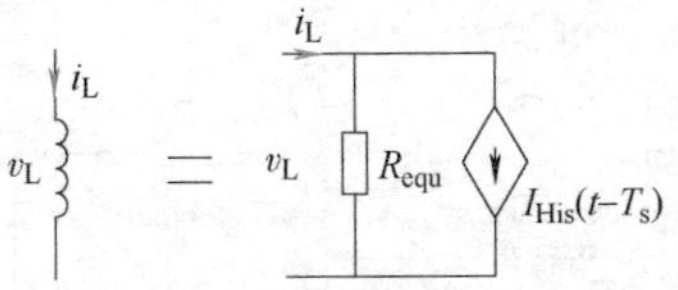

图8.2　电感等效电路

同理，电容的电压和电流的微分方程为

$$i_{\mathrm{C}}=C\frac{\mathrm{d}v_{\mathrm{C}}}{\mathrm{d}t} \tag{8.6}$$

对式（8.6）采用梯形法离散后可得

$$v_{\mathrm{C}}(t)=v_{\mathrm{C}}(t-T_{\mathrm{s}})+\frac{T_{\mathrm{s}}}{2C}[i_{\mathrm{C}}(t)+i_{\mathrm{C}}(t-T_{\mathrm{s}})] \tag{8.7}$$

式中，T_{s} 为仿真步长。

将式（8.7）整理后可得电容电流的表达式为

$$\begin{aligned}i_{\mathrm{C}}(t)&=\frac{2C}{T_{\mathrm{s}}}v_{\mathrm{C}}(t)-i_{\mathrm{C}}(t-T_{\mathrm{s}})-\frac{2C}{T_{\mathrm{s}}}v_{\mathrm{C}}(t-T_{\mathrm{s}})\\&=\frac{1}{R_{\mathrm{equ}}}v_{\mathrm{C}}(t)+I_{\mathrm{His}}(t-T_{\mathrm{s}})\end{aligned} \tag{8.8}$$

等效电阻 R_{equ} 的阻值为

$$R_{equ}=\frac{T_s}{2C} \tag{8.9}$$

同理，电容也可以等效成一个电流源和等效电阻并联的诺顿等效电路，如图 8.3 所示，其中电流源的值为式（8.8）中前一步历史电流的值。

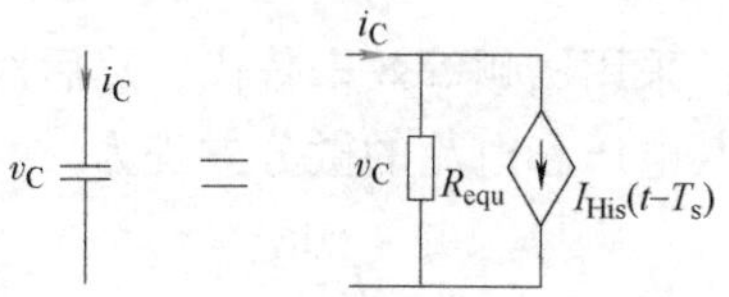

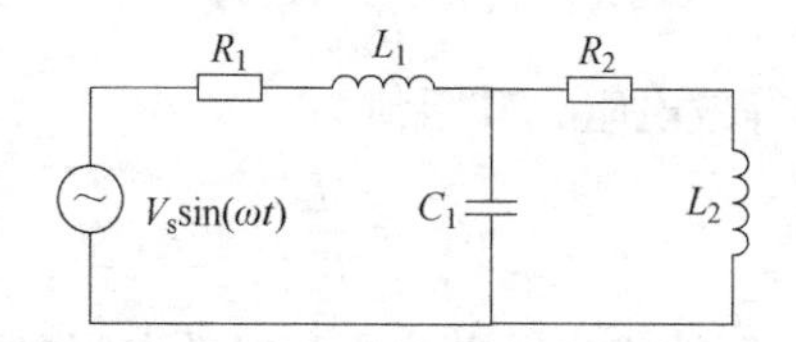

图 8.3　电容等效电路

节点分析法基于元件的诺顿等效，对电路列写节点方程进行求解，如式（8.10）所示，其中，$\boldsymbol{G}$ 为系统导纳矩阵，$V(t)$ 和 $I(t)$ 为节点电压和支路电流，I_{His} 为前一步的历史电流值。

$$\boldsymbol{GV}(t)=I(t)+I_{His} \tag{8.10}$$

以图 8.4 所示的电路为例，介绍节点分析法的求解过程。首先对图 8.4 中所示的电路元件采用诺顿等效后，可得图 8.5。

R_1　L_1　R_2　$V_s\sin(\omega t)$　C_1　L_2

图 8.4　节点分析法示例电路

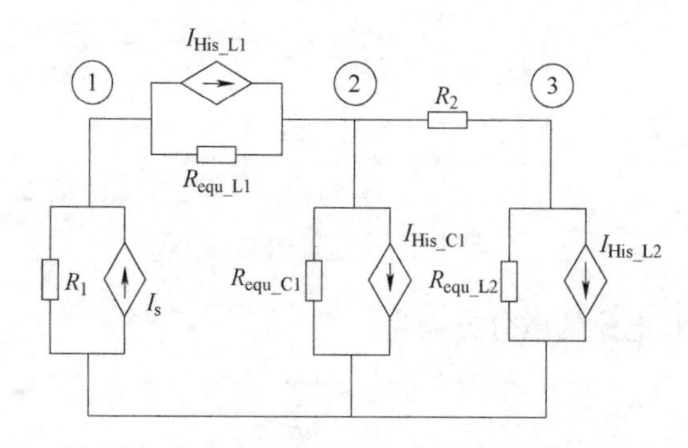

图 8.5　节点分析法示例电路的诺顿等效电路

图 8.5 包含三个节点电压，列出节点方程为

$$\begin{bmatrix} \frac{1}{R_1}+\frac{T_s}{2L_1} & -\frac{T_s}{2L_1} & 0 \\ -\frac{T_s}{2L_1} & \frac{T_s}{2L_1}+\frac{1}{R_2}+\frac{2C_1}{T_s} & -\frac{1}{R_2} \\ 0 & -\frac{1}{R_2} & \frac{1}{R_2}+\frac{T_s}{2L_2} \end{bmatrix}\begin{bmatrix} v_1(t) \\ v_2(t) \\ v_3(t) \end{bmatrix}=\begin{bmatrix} V_s\sin(\omega t)/R_1-I_{His\_L1} \\ I_{His\_L1}-I_{His\_C1} \\ I_{His\_L2} \end{bmatrix} \tag{8.11}$$

对式（8.11）所示的节点电压进行求解，根据节点电压计算各支路电流，为下一个步长的计算提供历史电流源的值，重复这一过程直至仿真结束。

8.2 电力电子装置建模方法

电力电子装置的仿真不仅对变换器本身的运行特性包括拓扑和控制策略的研究有帮助，也对系统层面的分析有重要的意义。电力电子仿真对数值计算的稳定性和精度的要求，都高于传统的电力系统仿真。由于电力电子装置的非线性及高开关频率特性，使传统基于相量模型的电力系统仿真难以再现电力电子化系统的快速时间尺度动态特性。

由于电力电子装置的开关频率可以高达几十千赫兹甚至上百千赫兹，为了精确反映开关动作，含有电力电子变换器系统的仿真步长通常在数百纳秒到几微秒之间。然而，仿真步长越小会造成仿真平台单个步长内的计算压力越大，同时开关状态的改变也会改变系统的导纳矩阵。随着开关数量及仿真规模的增加，仿真计算所需的时间也会大幅增加，例如基于 MMC 的柔性直流输电系统，由于含有成百上千的开关器件，如何实现电力电子化电力系统的高精度快速仿真一直是电磁暂态建模的难点。

电力电子装置的建模方法可以分为详细开关模型、二值电阻模型、伴随离散电路模型、平均值模型、开关函数模型等。其中，详细开关模型、二值电阻模型、伴随离散电路模型都是以单个开关器件为对象进行建模；平均值模型和开关函数模型以电力电子装置端口特性为对象进行建模。

8.2.1 详细开关模型

详细开关模型能详细地反映电力电子装置中开关器件的每一个开关动作过程，也可以精确模拟出功率损耗，物理意义清晰。因此，详细开关模型适合分析电力电子装置的损耗和热效应，但是其仿真效率较低，不适用于大规模电力电子化系统的仿真。

8.2.2 二值电阻模型

电磁暂态离线仿真软件如 PSCAD/EMTDC，采用基于 R_{on}/R_{off} 等效的二值电阻模型来模拟电力电子开关器件的导通和关断。其原理是基于开关导通和关断的状态来改变等效电阻值：当开关器件导通时采用小电阻 R_{on} 来等效；当开关器件关断时采用大电阻 R_{off} 来等效。这种等效方法实现简单，容易收敛。但是二值电阻模型在开关状态发生改变时需要重新生成系统导纳矩阵，因此仿真效率不高。

8.2.3 伴随离散电路模型

加拿大 RTDS 公司开发的实时仿真软件 RSCAD 和加拿大 OPAL-RT 公司开发的实时仿真软件 RT-LAB 中，基于 FPGA 的电力电子解算器（electrical Hardware Solver，eHS）都采用基于 L/C 等效的伴随离散电路（Associated Discrete Circuit，ADC）模型对电力电子装置进行小步长仿真。ADC 模型由悉尼大学 Hui 教授最早提出，并由科罗拉多大学的 Pejovic 等人改进。ADC 模型基本原理是用电感来等效开关的导通，用电容来等效开关的关断，分别如图 8.6 和图 8.7 所示，电感和电容又可以等效成电流源和电阻的并联。

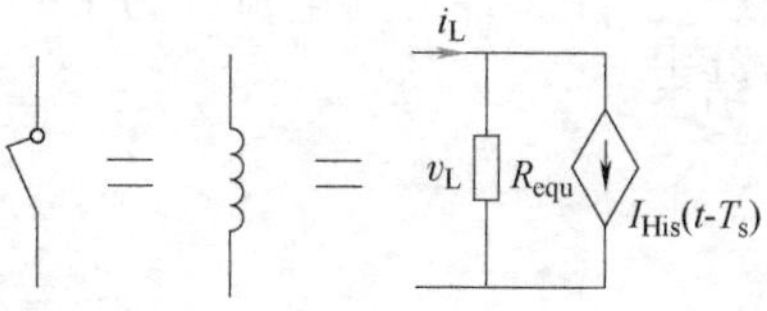

图 8.6　开关导通时等效成电感

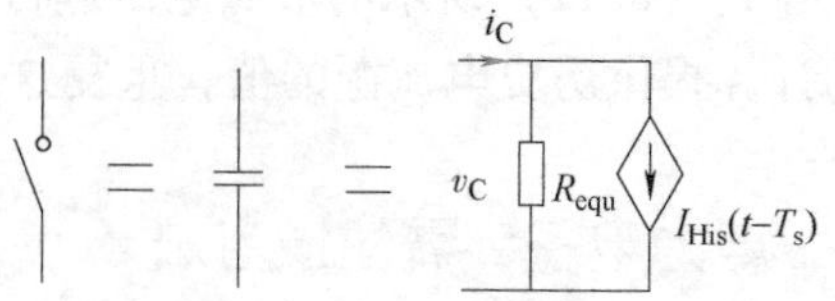

图 8.7　开关关断时等效成电容

通过电感、电容的参数设置，保证电感和电容的等效电阻相等，即

$$R_{\mathrm{equ}}=\frac{T_{\mathrm{s}}}{2C}=\frac{2L}{T_{\mathrm{s}}} \tag{8.12}$$

就能保证 ADC 模型具有在开关状态改变时系统导纳矩阵不变的优点，因此被广泛地应用于电力电子装置的实时仿真中。以两电平变换器为例，其 ADC 等效电路如图 8.8 所示，每个开关器件都可等效成一个等值电阻和电流源的并联。

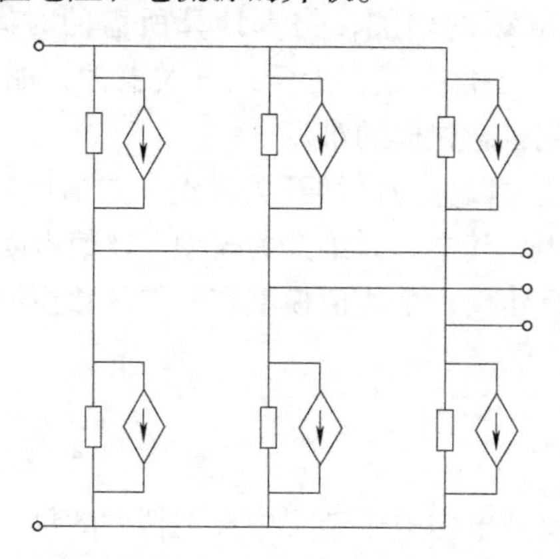

图 8.8　两电平变换器 ADC 等效电路

在开关状态切换过程中，由于等效电感和电容的大小不能忽略，ADC 模型在暂态过程中会产生振荡。并且每次开关动作都会对等效电感和电容充能，因此会产生大于实际的虚拟功率损耗，影响仿真精度。

8.2.4　平均值模型

平均值模型（Average-Value Model，AVM）是将电力电子装置等效成可控电压源，分别对交直流侧建立模型。三相电力电子装置的平均值模型如图 8.9 所示，交流测每一相均可等效成一个电压源，其电压值为参考电压，如式（8.13）所示，直流侧用电流源进行等效，即

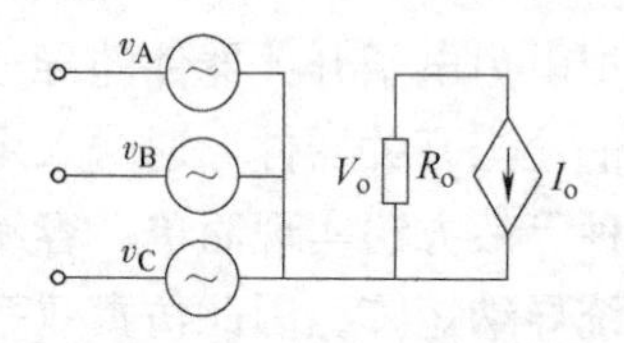

图 8.9　电力电子变换器平均值模型等效电路

$$v_i=M\frac{V_{\mathrm{o}}}{2}\sin(\omega t+\theta) \tag{8.13}$$

式中，M 是调制比。

平均值模型的优点是仿真速度快，能提供较准确的外部系统特性仿真，并且仿真速度不随变换器拓扑本身的复杂程度增加而改变，但是忽略了电力电子装置的内部特性和 PWM 产

生的高次谐波，且无法精确模拟电力电子装置在故障下的运行情况。

8.2.5 开关函数模型

开关函数模型是将电力电子装置整体进行等效，开关状态用开关函数表示，对外输出特性用等效电路来表征。其等效电压源的赋值是由不同开关状态下的电力电子装置对外输出电压决定。以H桥电路为例，可以等效成两个可控电压源和两个二极管组合而成。其中，等效电压源的值包含两部分，分别为电容电压和开关器件导通压降，如图8.10所示，当Q_1和Q_4导通时，根据不同的电流方向，其等效电压值也相应发生变化，其中V_{fd}代表二极管导通压降，V_{fg}代表IGBT导通压降。H桥在不同开关状态下的等效电压源的赋值见表8.1。

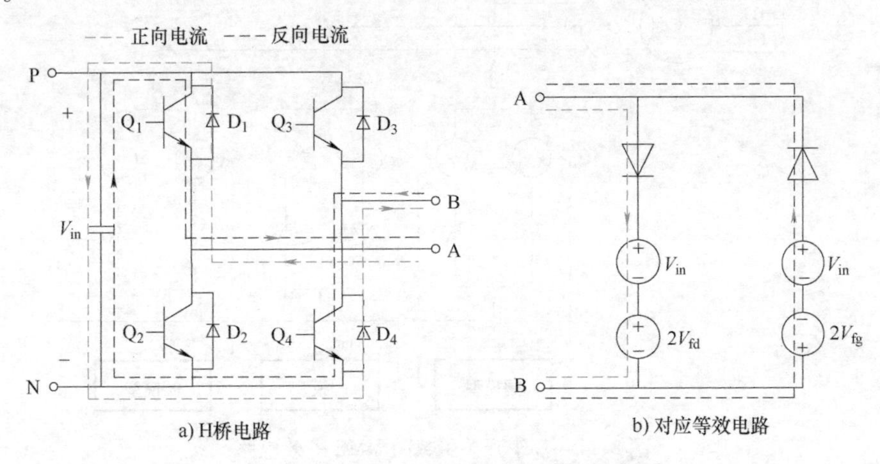

图8.10 H桥电路Q_1和Q_4导通时等效电路

与平均值模型类似，开关函数模型不对具体的开关器件动作过程进行描述，因此可以大幅减少变换器内部的节点数，适合具有复杂拓扑的电力电子装置的仿真，比如MMC、多电平电力电子变压器等。以MMC为例，其开关函数模型通过等效电路和阀模型进行解耦，如图8.11所示，可以大幅提高仿真速度。阀模型由MMC的子模块拓扑结构所决定，可以单独进行计算。

表8.1 H桥电路在不同开关状态下的等效电压值

模式	Q_1	Q_2	Q_3	Q_4	V_{sP}	V_{sN}
正向接入	开通	关断	关断	开通	V_o+2V_{fd}	V_o-2V_{fg}
反向接入	关断	开通	开通	关断	$-V_o+2V_{fg}$	$-V_o+2V_{fd}$
二极管模式	关断	关断	关断	关断	V_o+2V_{fd}	$-V_o-2V_{fd}$
旁路模式	开通	关断	开通	关断	$V_{fg}+V_{fd}$	$-V_o-V_{fd}$
	关断	开通	关断	开通		
混合模式	关断	关断	开通	关断	$V_{fg}+V_{fd}$	$-V_o-2V_{fd}$
	关断	开通	关断	关断		
	开通	关断	关断	关断	V_o+2V_{fd}	$-V_{fg}-V_{fd}$
	关断	关断	关断	开通		

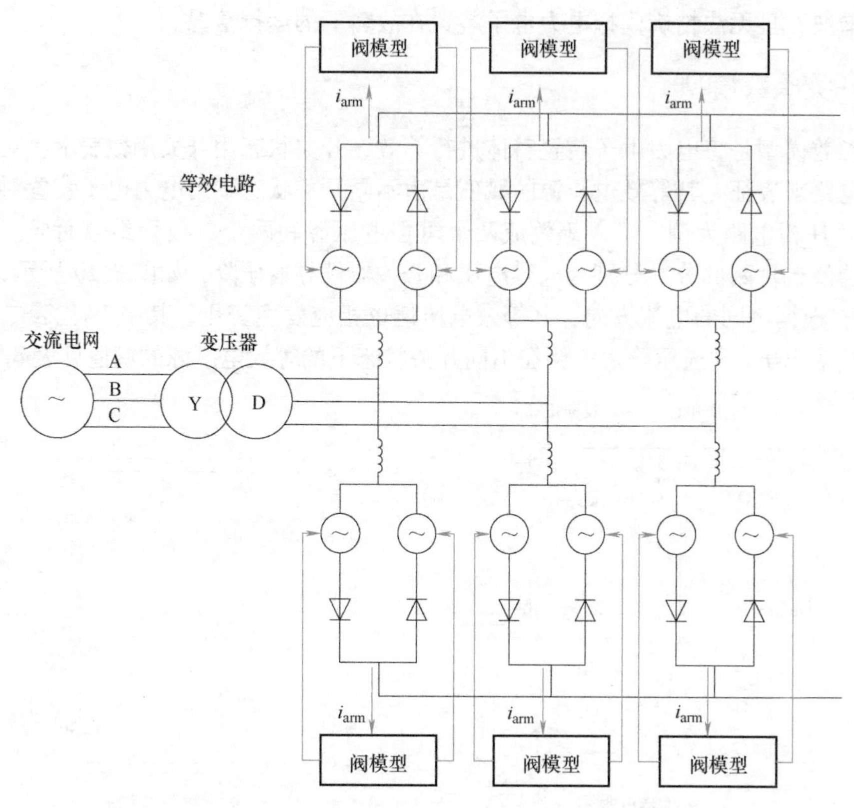

图 8.11 基于开关函数的 MMC 等效电路

8.3 测试系统验证及对比

8.3.1 测试系统

在相同的系统架构和参数配置下，对 MMC 分别采用详细模型和开关函数模型的建模方法，针对两者的仿真效率和仿真精度进行对比。搭建的测试系统包含 1 个交流源、充电电阻、1 个 MMC 模型等，其中充电电阻用于限制 MMC 通电时的充电电流。详细模型作为参考，是由 Matlab SPS 库中的模块构建。详细模型计算量较大，需要比较小的步长才能取得精确的仿真结果。开关函数模型可以在 CPU 中运行，以实现快速或实时仿真。与 CPU 仿真不同，FPGA 具备并行处理能力，且具有更低的仿真步长和通信延迟，因此更适合小步长的电力电子装置仿真。其中，MMC 阀模型在 FPGA 中实现仿真，仿真步长设为 500ns，而系统其他动态响应慢的元件在 CPU 中进行仿真，时间步长为 20~50μs。测试系统参数见表 8.2。

表 8.2 MMC 不同建模方法测试系统电气参数

参 数	数 值
直流电压/kV	±100
功率等级/MW	200

（续）

参　数	数　值
载波频率/Hz	600
交流线电压/kV	100
子模块个数	8
桥臂电感/mH	24
子模块电容/mF	3

8.3.2　仿真精度验证

仿真精度的对比结果如图 8.12 和图 8.13 所示，仿真步长对详细模型的精度有较大影响。在图 8.12 中，与 $T_s=1\mu s$ 和 $T_s=0.2\mu s$ 的详细模型相比，$T_s=5\mu s$ 和 $T_s=25\mu s$ 的详细模型有较大误差。而 $T_s=25\mu s$ 的开关函数模型与 $T_s=1\mu s$ 或更小的详细模型一样准确，这表明开关函数模型更适用于实时仿真。

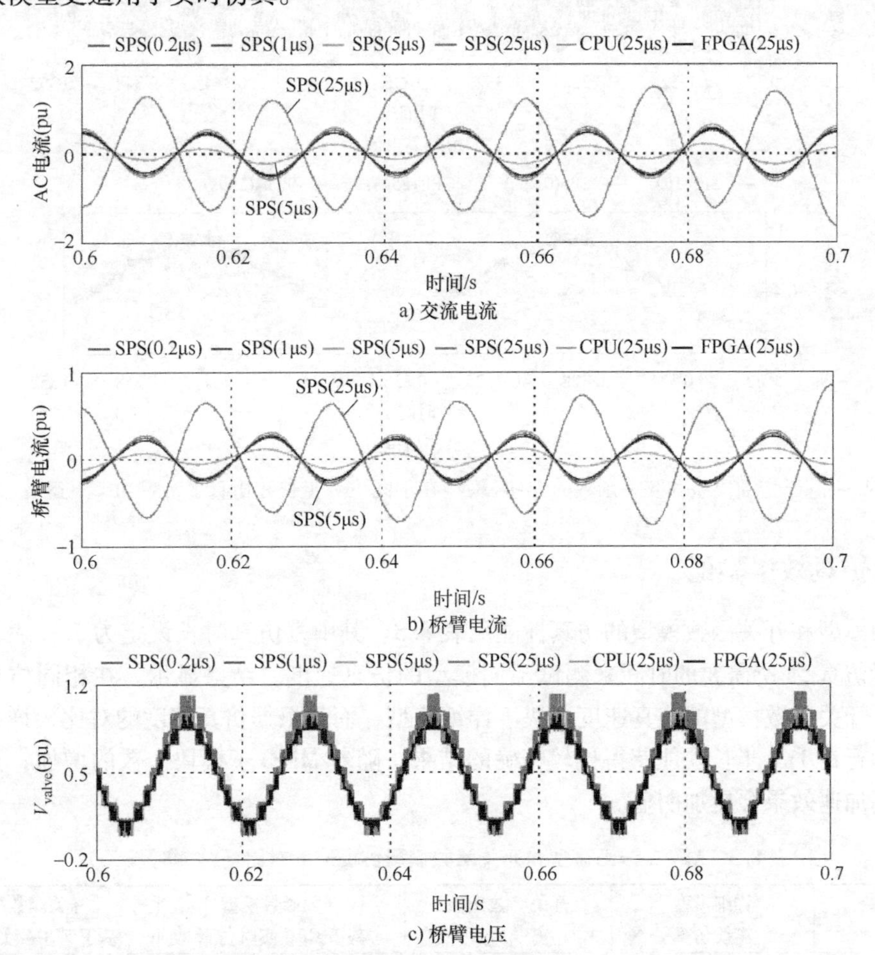

图 8.12　基于详细模型和开关函数的 MMC 模型在不同仿真步长和仿真平台小功率下运行的对比

在图 8.13 中，子模块电容电压保持 1pu，且有功和无功功率的参考值设为 0，因此交流电流几乎为0。图8.13a和b中的交流电流接近于0，对比结果显示，即使是$T_s=1\mu s$的详细模型也不够准确。运行在CPU和FPGA的$T_s=25\mu s$开关函数模型与$T_s=0.2\mu s$的详细模型具有相同的精度。

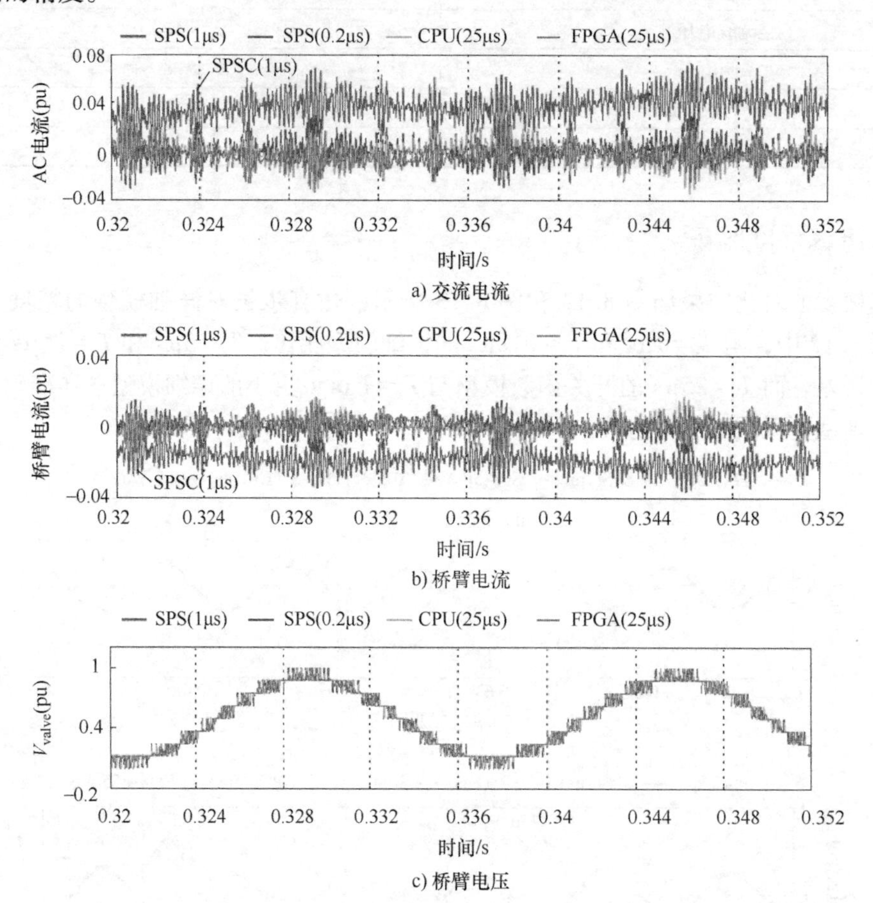

图8.13 基于详细模型和开关函数的MMC模型在不同仿真步长和仿真平台零功率下运行的对比

8.3.3 仿真效率验证

详细模型和开关函数模型的仿真性能见表8.3。其中，仿真时长设定为5s，表8.3中列举了实际仿真5s所需要的时间来测试不同模型的仿真速度。结果显示，在相同仿真步长的情况下，开关函数模型的仿真速度要快于详细模型，而且根据仿真精度的对比，详细模型需要至少运行在1μs步长才能获得比较精确的结果。随着MMC子模块个数的增加，开关函数模型仿真加速效果会更加明显。

表8.3 MMC详细模型和开关函数模型仿真速度对比（仿真时长5s）

模型	详细模型离线仿真		开关函数模型离线仿真	开关函数模型基于CPU实时仿真	开关函数模型基于FPGA实时仿真
子模块个数	8		8	8	8
仿真步长/μs	1	25	25	25	25
实际时长/s	1740	100	80	5	5

8.4 实时仿真技术

电力电子的实时仿真技术是将电力电子模型运行在数字仿真器平台上，并得到计算结果，其响应速度与实际装置的响应速度相同，即模型仿真运行所需的时间与装置实际运行的时间相等。含有大量电力电子装置的系统，由于开关器件数量巨大，导致其模型的计算量非常大，因此需要在计算能力强大的多核 CPU 或者 FPGA 硬件平台上来进行运算，同时利用硬件平台并行计算能力，才能实现系统的实时仿真。实时仿真器是实时仿真系统必不可少的组成部分，其硬件资源决定了实时仿真系统的仿真规模。

8.4.1 实时仿真硬件平台

实时仿真硬件平台主要包括 CPU 和 FPGA。CPU 主要采用串行结构，其计算效率不高，在 CPU 上运行计算的系统其仿真步长一般为几十微秒，适合用于系统动态响应相对较慢的仿真，比如与电力电子装置连接的电网和电感等，同时也可以仿真对开关频率要求不高的电力电子装置。而 FPGA 采用并行计算，其仿真步长最低可以达到几十纳秒，适合开关频率较高的电力电子装置，比如开关频率达到几十或者上百千赫兹的电力电子变压器。

如图 8.14 所示的实时仿真平台同时搭载了 CPU 和 FPGA，因此可以对系统进行解耦，将动态响应慢的子系统在 CPU 上进行运算，而动态响应快的子系统则在 FPGA 上进行运算。其中，子系统包含电网和负载部分以及生成电力电子装置参考电压的上层控制器在 CPU 中运行，生成开关信号的底层控制器和电力电子装置的开关器件在 FPGA 中运行。

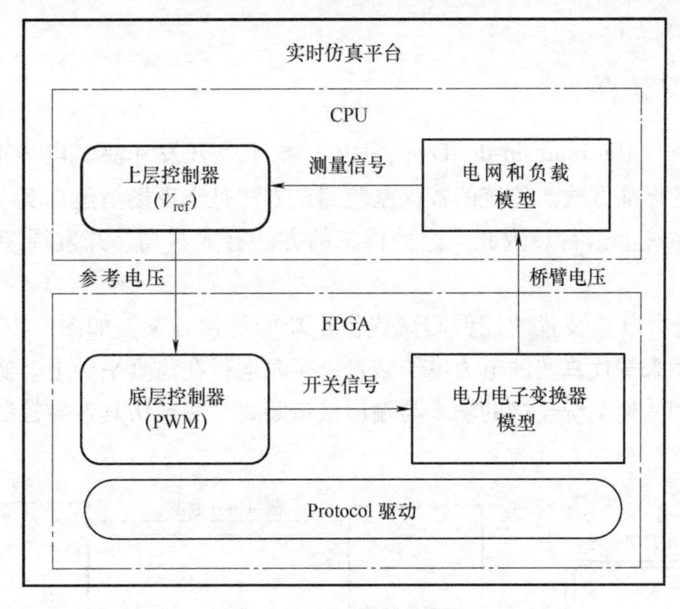

图 8.14 基于 CPU 和 FPGA 的实时仿真平台

8.4.2 实时仿真开发流程

目前主流的实时仿真软件包括 RTDS 公司的 RSCAD 和 OPAL-RT Technologies 公司的

RTLAB。以 RTLAB 为例，电力电子装置实时仿真的开发流程如图 8.15 所示。电力电子装置实时仿真的第一步是搭建实时仿真模型。RSCAD 的实时仿真模型基于 RTDS 自行研发的电力电子库搭建，RTLAB 的实时仿真模型基于 MATLAB 的 Simulink 工具库搭建，同时也搭配了 OPAL-RT 自行研发的电力电子库以提高实时仿真的效率和精度。在建立仿真模型之后，需要对模型进行编译以符合实时仿真器运行的要求。通过编译以后，将模型加载到实时仿真器进行运算，最后通过人机交互界面设置系统运行参数进行测试。

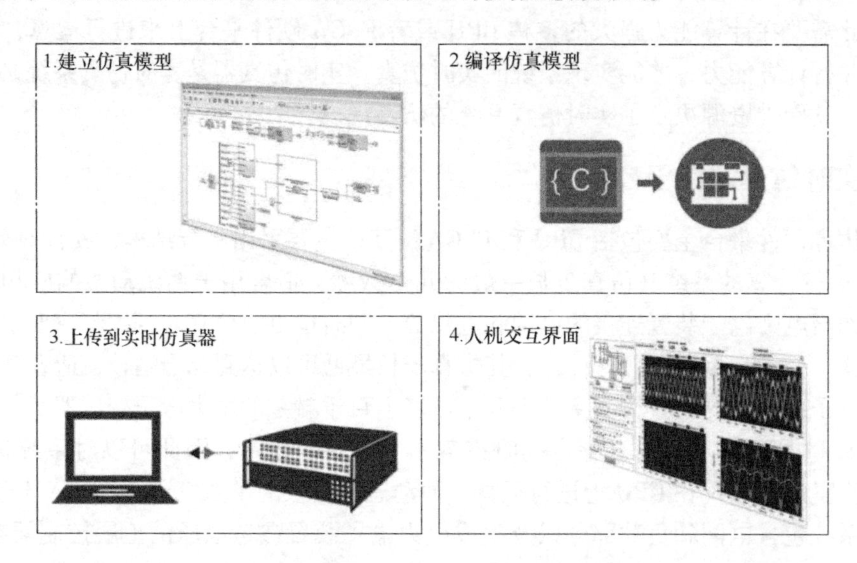

图 8.15　电力电子装置实时仿真开发流程

8.4.3　硬件在环仿真

硬件在环仿真（Hardware-in-the-Loop，HIL）技术是开发和测试电力电子装置的控制、保护和监测系统的标准方法。传统的控保系统测试方法是在现场搭建真实设备，或在实验室建立的电力测试系统上进行。因此，这种传统的方法有成本高、开发周期长和安全性低等缺点。

HIL 技术为电力电子装置的控保测试提供了新的替代方案。如图 8.16 所示，HIL 仿真使用物理仿真模型来替代真实的电力电子装置，实时运行在仿真平台上。实时仿真器上配备了与控制器系统和其他系统连接的输入与输出接口装置，实现仿真器与控制器硬件之间的闭环测试。

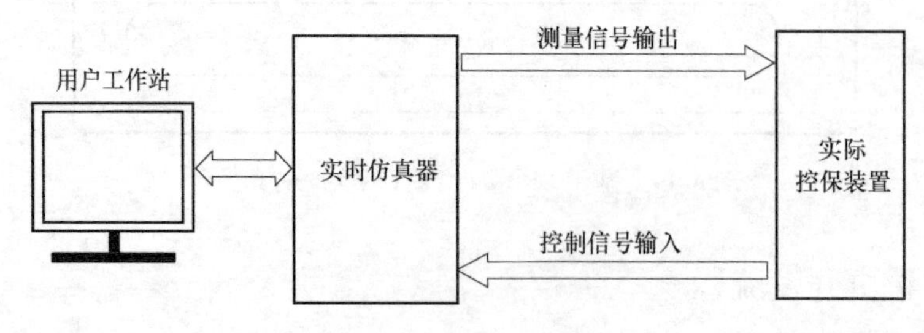

图 8.16　硬件在环仿真

图8.17是HIL用于MMC-HVDC控保装置测试的典型应用场景。MMC-HVDC系统在实时仿真器中进行建模和仿真计算，通过I/O接口和SFP光纤与实际的MMC控保装置连接，从而组成一个闭环半实物仿真系统。HIL有利于测试MMC控保装置前期设计的缺陷，并且配合控保完成整体系统的测试验证。

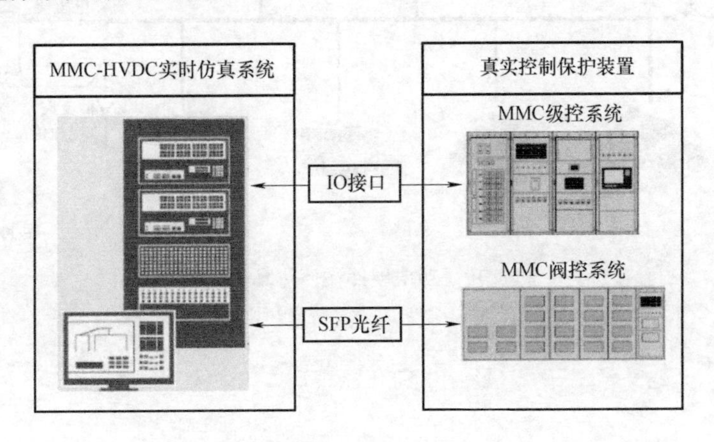

图8.17　MMC-HVDC硬件在环仿真系统

功率硬件在环仿真（Power Hardware-in-the-Loop，PHIL）是基于HIL的一种延伸，如图8.18所示。PHIL不仅能够提供控制信号的交互，而且能够提供仿真器与被测设备之间实际功率的交互。为了实现功率交互，在仿真器与测试设备之间需要功率放大器（Power Amplifier，PA），同时提供反馈信号实现闭环测试。功率放大器基于四象限运行，既可以吸收功率，也可以发出功率。PHIL能够测试多个系统，包括电力电子装置、电机和新能源，同时也受益于高保真仿真，比传统的测试方式具有更大的灵活性和安全性。

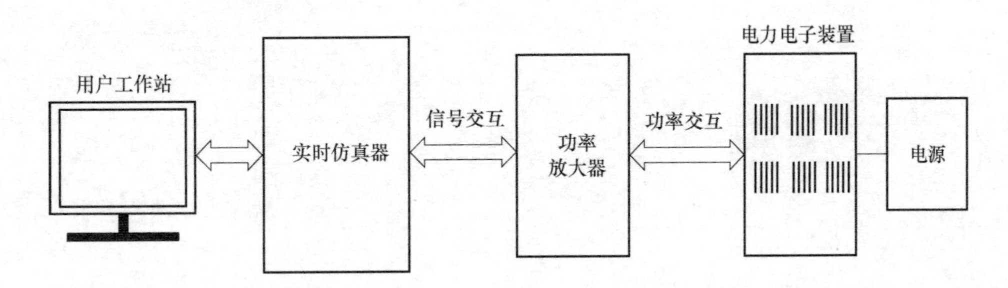

图8.18　功率硬件在环仿真

PHIL的典型示例如图8.19所示，配电网包括大部分负载和新能源发电系统在实时仿真器中进行仿真，小部分实际的光储系统通过功率放大器与仿真器相连，这部分实际的光储系统在仿真系统中一般采用电流源来表征。仿真器中测得的该光储系统接入网侧的节点电压输出到功率放大器中作为其参考电压，而电力电子装置中测得实际电流值，作为输入反馈到仿真系统中的电流源。因此，实时仿真器中运行的配电系统是通过功率放大器与实际设备实现功率的交互。

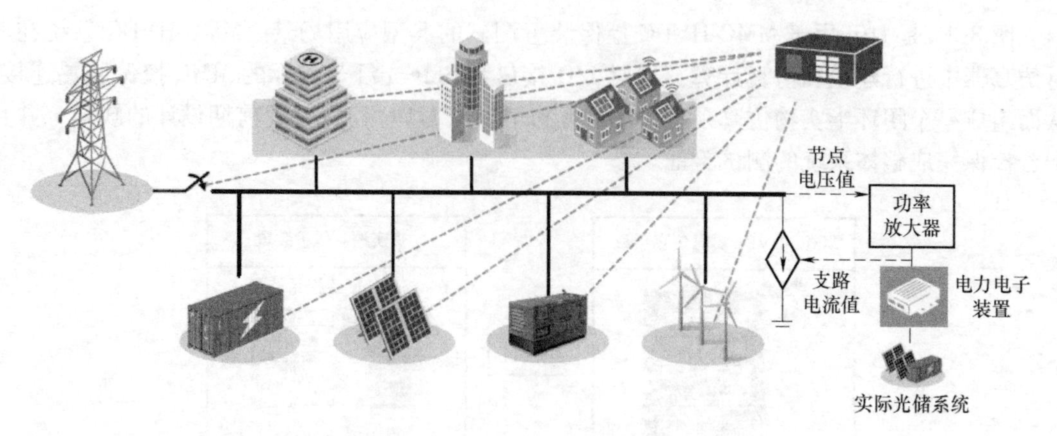

图 8.19　功率硬件在环仿真测试示

习　题

1. 电力电子装置仿真软件有哪些，简述各自特点？
2. 分析并总结电力电子装置建模方法及对应优缺点，并以表格形式展示。
3. 根据 1~7 章所学内容，构想电力电子装置建模分析与示例设计方案。
4. 实时仿真硬件平台开发流程包括哪些环节？

参考文献

[1] BIN WU. 大功率变频器及交流传动［M］. 卫三民，苏位峰，宇文博，等译. 北京：机械工业出版社，2012.

[2] 徐德鸿. 电力电子系统建模及控制［M］. 北京：机械工业出版社，2006.

[3] 张崇巍，张兴. PWM 整流器及其控制［M］. 北京：机械工业出版社，2003.

[4] 陈坚. 电力电子学［M］. 北京：高等教育出版社，2002.

[5] 阮新波，严仰光. 直流开关电源的软开关技术［M］. 北京：科学出版社，2000.

[6] 王聪. 软开关功率变换器及其应用［M］. 北京：科学出版社，2000.

[7] 严百平. 不连续导电模式高功率因数开关电源［M］. 北京：科学出版社，2000.

[8] 李爱文，张承慧. 现代逆变技术及其应用［M］. 北京：科学出版社，2000.

[9] 阮新波，严仰光. 脉宽调制 DC/DC 全桥变换器的软开关技术［M］. 北京：科学出版社，1999.

[10] 王兆安. 谐波抑制和无功功率补偿［M］. 北京：机械工业出版社，1998.

[11] 林海雪，孙树勤. 电力网中的谐波［M］. 北京：中国电力出版社，1998.

[12] 汤广福. 基于电压源换流器的高压直流输电技术［M］. 北京：中国电力出版社，2009.

[13] 赵畹君. 高压直流输电工程技术［M］. 北京：中国电力出版社，2004.

[14] 张承慧，崔纳新，李珂. 交流电机变频调速及其应用［M］. 北京：机械工业出版社，2008.

[15] 李华德. 交流调速控制系统［M］. 北京：电子工业出版社，2003.

[16] LUTZ J，SCHIANGENOTTE H，SCHEUERMANN U，等. 功率半导体器件［M］. 卞抗，杨莺，刘静，译. 北京：机械工业出版社，2013.

[17] 李永东，肖曦，高跃. 大容量多电平变换器［M］. 北京：科学出版社，2005.

[18] 何仰赞，温增银. 电力系统分析［M］. 武汉：华中科技大学出版社，2002.

[19] 张皓，续明进，杨梅. 高压大功率交流变频调速技术［M］. 北京：机械工业出版社，2006.

[20] 谢小荣，姜齐荣. 柔性交流输电系统的原理与应用［M］. 北京：清华大学出版社，2006.

[21] 谢毓城. 电力变压器手册［M］. 北京：机械工业出版社，2003.

[22] 赵东. 中国太阳能长期变化及计算方法研究［D］. 南京：南京信息工程大学，2009.

[23] 中国产业信息网. 2015 年中国光伏装机量分析及未来供需情况预测［EB/OL］.（2016-07-01）［2019-10-09］. http://www. chyxx. com/industry/201607/427821. html.

[24] 华北电力大学. 点亮绿色云端：中国数据中心能耗与可再生能源使用潜力研究［EB/OL］. https://www. greenpeace. org. cn.

[25] 中国电子技术标准化研究院. 中国数据中心能效研究报告（2015 年）［EB/OL］. http://www. cesi. cn/uploads/soft/150716/1-150G6142J4. pdf.

[26] 国务院. "十三五" 国家信息化规划［EB/OL］. http://www. gov. cn/zhengce/content/2016-12/27/content_5153411. htm.

[27] 三菱电机官网. 1200V SiC Hybrid IGBT Modules for High Frequency Applications［EB/OL］. https://www. mitsubishichips. eu/wp-content/uploads/2018/04/BPs_14-08_Mitsubishi-Electric. pdf .

[28] FRIEDLI T，KOLAR J W，RODRIGUEZ J，et al. Comparative evaluation of three-phase AC-AC matrix converter and voltage DC-link back-to-back converter systems［J］. IEEE Transactions on Industrial Electronics，2012，59（12）：4487-4510.

[29] ZHAO B，SONG Q，LIU W. Power characterization of isolated bidirectional dual-active-bridge DC-DC converter with dual-phase-shift control［J］. IEEE Transactions on Power Electronics，2012，27（9）：

4172-4176.

[30] TIAN J, MAO C, WANG D, NIE S, et al. A short-time transition and cost saving redundancy scheme for medium-voltage three-phase cascaded H-bridge electronic power transformer [J]. IEEE Transactions on Power Electronics, 2018, 33 (11): 9242-9252.

[31] SON G T, LEE H J, NAM T S, et al. Design and control of a modular multilevel HVDC converter with redundant power modules for noninterruptible energy transfer [J]. IEEE Transactions on Power Delivery, 2012, 27 (3): 1611-1619.

[32] HILTUNEN J, VAISANEN V, JUNTUNEN R, et al. Variable-frequency phase shift modulation of a dual active bridge converter [J]. IEEE Transaction on Power Electronics, 2015, 30 (12): 7138-7148.

[33] FAN H, LI H. High-frequency transformer isolated bidirectional DC-DC converter modules with high efficiency over wide load range for 20kVA solid-state transformer [J]. IEEE Transaction on Power Electronics, 2011, 26 (12): 3599-3608.

[34] MENG T, BEN H Q, SONG Y L, et al. Analysis and design of an input-series two-transistor forward converter for high-input voltage multiple-output applications [J]. IEEE Transactions on Industrial Electronics, 2018, 65 (1): 270-279.

[35] GROGAN S A S, HOLMES D G, MCGRATH B P. High-performance voltage regulation of current source inverters [J]. IEEE Transactions on Power Electronics, 2011, 26 (9): 2439-2448.

[36] MAJUMDER R, GHOSH A, LEDWICH G, et al. Power management and power flow control with back-to-back converters in a utility connected microgrid [J]. IEEE Transactions on Power Systems, 2010, 25 (2): 821-834.

[37] DOMMEL H W. Digital computer solution of electromagnetic transients in single-and multiphase networks [J]. IEEE transactions on power apparatus and systems, 1969 (4): 388-399.

[38] PEJOVIC P, MAKSIMOVIC D. A method for fast time-domain simulation of networks with switches [J]. IEEE Transactions on Power Electronics, 1994, 9 (4): 449-456.

[39] HUI S Y R, MORRALL S. Generalised associated discrete circuit model for switching devices [J]. IEE Proceedings-Science, Measurement and Technology, 1994, 141 (1): 57-64.

[40] RTDS Technologies. VSC small time-step modeling user's manual [M]. Manitoba, Canada: RTDS Technologies, 2005.

[41] OPAL-RT Technologies. Real-time simulation for power electronics on FPGA[OL]. https://blob.opal-rt.com/medias/L00161_0267.pdf.

[42] WATSON N, ARRILLAGA J. Power systems electromagnetic transients simulation [M]. London: Institution of Engineering and Technology, 2002.